房屋建筑和市政基础设施工程常见质量问题防治指南系列丛书

市政公用工程常见质量问题防治指南

金孝权　主编

唐祖萍　冯　成　副主编

U0196309

中国建筑工业出版社

图书在版编目（CIP）数据

市政公用工程常见质量问题防治指南/金孝权主编.
北京：中国建筑工业出版社，2015.11
房屋建筑和市政基础设施工程常见质量问题防治指
南系列丛书
ISBN 978-7-112-18573-3

Ⅰ.①市… Ⅱ.①金… Ⅲ.①市政工程—工程质量—质
量管理—指南 Ⅳ.①TU99-62

中国版本图书馆 CIP 数据核字（2015）第248140号

本书内容共6篇，包括城市道路工程；城市桥梁工程；给水排水管道工程；城市隧道工程；城镇燃气输配工程质量；园林绿化工程。依次是现象、规范规定、原因分析、预防措施、治理措施，从5个方面对市政公用工程中的问题进行讲解。

本书适合于施工、监理现场人员学习使用，也可供相关专业大中专学生学习参考。

责任编辑：万　李　张　磊　岳建光
责任校对：李美娜　党　蕾

房屋建筑和市政基础设施工程常见质量问题防治指南系列丛书
市政公用工程常见质量问题防治指南
金孝权　主编
唐祖萍　冯　成　副主编

*

中国建筑工业出版社出版、发行（北京西郊百万庄）
各地新华书店、建筑书店经销
南京碧峰印务有限公司制版
南京碧峰印务有限公司印刷

*

开本：787×1092 毫米　1/16　印张：25½　字数：616千字
2016年9月第一版　　2016年9月第一次印刷
定价：66.00元
ISBN 978-7-112-18573-3
（27771）

房屋建筑和市政基础设施工程常见质量问题防治指南系列丛书

编委会

主　　编：金孝权

副主编：唐祖萍　冯　成

编　　委：沈中标　梁新华　胡全信　谭　鹏

　　　　　刘玉军　林建国　王卫星　许琼鹤

　　　　　吕如楠　罗　震　刘建华　李嘉慎

　　　　　芮万平　许　斌　王玉国　周若涵

　　　　　沈　嵘　李俊才　金瑞娟　张　鹏

　　　　　韩秋宏　王秋明　韩天宇　李　峰

　　　　　高　洁

前　言

随着我国改革开放的深入和经济建设的快速发展,我国房屋建筑和市政基础设施工程建设也在飞跃发展。在"百年大计,质量第一"方针指引下,工程质量不断提高,出现了一批高标准、高质量的房屋建筑和市政基础设施工程,有些深受国外同行瞩目。但是随着工程建设规模的不断加大,工程质量水平发展不平衡,工程质量问题还经常出现、普遍存在,质量事故亦时有发生,严重影响了房屋建筑和市政基础设施工程的耐久性和使用功能及观感质量,对工程质量危害极大。

工程质量问题产生的原因是多方面的:一是由于建设单位片面追求工程速度,所谓献礼工程,不按合理工期建设,违反科学规律;二是近年来施工队伍的迅速扩大,管理和技术素质却严重滞后,工地现场缺乏熟练操作工人和施工管理技术人员;三是施工单位为了片面追求利润,使用低劣工程材料,甚至是一些假冒伪劣产品;四是工程设计不太合理,不注重对特殊部位的深化设计。

为了确保和稳步提高工程质量,帮助工程技术人员和施工操作人员掌握防治和控制质量通病的基本理论知识和施工实践技能,编制组以现行国家标准、规范为依据,广泛调查研究,反复实践,编制了这套《房屋建筑和市政基础设施工程常见质量问题防治指南系列丛书》,本丛书从质量问题的现象、规范标准的要求、产生的原因分析,以及设计、材料、施工三方面采取的防治措施和质量问题的治理措施,作了详细的描述,内容全面、翔实、通俗易懂,是施工企业和管理部门预防、诊断、处置工程质量问题的工具书。

本套丛书共分四册,分别是《建筑结构工程常见质量问题防治指南》、《建筑装饰装修和防水工程常见质量问题防治指南》、《建筑机电安装工程常见质量问题防治指南》、《市政公用工程常见质量问题防治指南》。

本套丛书在编写过程中广泛征求了质监机构、施工单位、设计单位等方面有关专家的意见,经多次研讨和反复修改,最后审查定稿。

由于书中引用的标准、规范、规程及相关法律、法规日后都有被修订的可能,因此,在使用本套丛书时应关注所引用标准、规范、规程等的变更,及时使用当时发行的有效版本。

本套丛书的编写者都是多年从事工程质量监督等方面的专家,在编写的过程中,尽管参阅、学习了许多文献和有关资料,做了大量的协调、审核、统稿和校对工作,但限于时间、资料和水平,仍有不少缺点和问题,敬请谅解。为了不断完善本套丛书,请读者随时将意见和建议反馈至中国建筑工业出版社(北京市海淀区三里河路 9 号,邮编 100037),电子邮箱:289052980@ qq. com,留作再版时修正。

目　　录

第一篇　城市道路工程

第三篇　给水排水管道工程

第四篇　城市隧道工程

14

第五篇　城镇燃气输配工程质量

第六篇　园林绿化工程

第一篇　城市道路工程

第1章　路　基

1.1　土方路基

1.1.1 路基沉陷

1. 现象

路基局部路段在垂直方向产生较大的沉落,形成坑塘和裂纹或因地基沉降路基整体下沉。

2. 规范规定

《城镇道路工程施工与质量验收规范》CJJ 1-2008:

6.8.1 土方路基(路床)质量检验应符合下列规定:

4 路床应平整、坚实,无显著轮迹、翻浆、波浪、起皮等现象,路堤边坡应密实、稳定、平顺等。

6.3.2 路基范围内遇有软土地层或土质不良的地段,当设计未做处理规定时,应办理变更设计。

3. 原因分析

(1)填筑前对基底没有处理。如:对基底表面的杂草、有机土、种植土及垃圾等没有清理;对耕地和土质松散的基底在填筑前没有压实。

(2)路基填料选择不当,如采用粉质土或含水过高的黏土等填料,不易压实。

(3)不同土质的材料没有分层填筑,而采用混合填筑。

(4)压实机械选择不当或压实方法不对,压实遍数不够等形成压实度不够或压实不均匀。

(5)路基下存在软基,路基填筑前没有对软基进行处理,在路基自重作用下,软基压缩沉降或因承载力不足向两侧挤出,引起路基沉陷。

(6)软基虽经处理,但因工期较紧,沉陷时间不足,引起工后沉降过大。

4. 预防措施

(1)材料

宜选用级配较好的粗粒土作为填筑材料,填筑材料最小强度和最大粒径应满足表1-1的要求。

填方类型	路床顶面以下深度（cm）	最小强度（CBR）（%）	
		城市快速路、主干路	其他等级道路
路床	0～30	8.0	6.0
路床	30～80	5.0	4.0
路基	80～150	4.0	3.0
路基	>150	3.0	2.0

（2）施工

1）路基施工前，应将现状地面上的积水排除、疏干，将树根坑、井穴、坟坑等进行技术处理，并将地面整平。

2）填筑前应对基底进行彻底清理，挖除杂草、树根、清除表面有机土、种植土和垃圾，对耕地和土质疏松的基底进行压实处理，城市快速路、主干路基底压实度不应小于 85%，路基填土高度小于 80cm 时，不宜小于路床的压实标准。

3）当采用细粒土时，如含水量超过最佳含水量两个百分点以上，应采取晾晒或渗入石灰、固化材料等技术措施进行处理。

4）不同性质的土应分类、分层填筑，不得混填，填土中大于 10cm 的土块应打碎或剔除。

5）土方路基应分层压实，每层的压实厚度不宜超过 20cm，路床顶面最后一层的最小压实厚度不应小于 8cm，压实机械的功能及碾压遍数应经过试验确定，压实标准参见 1.1.2 条中表 6.3.12－2。

6）对软土地基应视不同情况用不同的处理方法，常用处理方法见表 1－2。

常用软土地基处理方法　　　　　　　　　　表 1－2

名称	方法	适用情况
换填土层法	将湿软土部分挖除，换填强度较大的砂、碎石、灰土、素土等	软土较薄，数量较少，且在表层
土工材料处理法	土工材料铺设前，应对基面压实整平。宜在原地基上铺设一层 30～50cm 厚的砂垫层； 土工材料铺设时，应将其沿垂直于路轴线展开、固定、拉直； 土工材料铺设后，应立即铺设上层填料	软基较厚，含水量较大
挤密桩法	在软基中成孔后，在孔中灌入砂、碎石、石灰、钢渣等材料，捣实而成直径较大的桩体	软基有一定的厚度并且承载力较低，需要提高承载力
加固土桩法	用水泥、生石灰粉煤灰等加固料通过深层搅拌机与土搅拌成桩，可分为拌合桩法和粉喷桩法两种	软基有一定的厚度并且承载力较低，需要提高承载力

5. 治理措施

（1）在路面铺筑前产生路基下沉，应查明原因，采取不同的处理方法，如系路基压实度不够，可参照 1.1.2 条进行处理。

（2）路面铺筑后产生沉陷时，一般路基的整体下沉可不做处理，如与人工结构物产生错

2

台或影响路面纵坡时,可参照 1.1.5 条处理。

1.1.2 路基填土压实度达不到要求

1. 现象

填土经压实后达不到规范规定的压实度。

2. 规范规定

《城镇道路工程施工与质量验收规范》CJJ 1 - 2008:

6.3.12 填方施工应符合下列规定:

13 压实度应符合下列要求

1) 路基压实度应符合表 6.3.12 - 2 的规定。

路基压实度标准 表 6.3.12 - 2

填挖类型	路床顶面以下深度(cm)	道路类别	压实度(%)(重型击实)	检验频率 范围	检验频率 点数	检验方法
挖方	0~30	城市快速路、主干路	≥95			
		次干路	≥93			
		支路及其他小路	≥90			
填方	0~80	城市快速路、主干路	≥95	1000m²	每层3点	环刀法、灌水法或灌砂法
		次干路	≥93			
		支路及其他小路	≥90			
	>80~150	城市快速路、主干路	≥93			
		次干路	≥90			
		支路及其他小路	≥90			
	>150	城市快速路、主干路	≥90			
		次干路	≥90			
		支路及其他小路	≥87			

3. 原因分析

(1)填土含水量偏大或偏小,达不到最佳含水量。

(2)填土颗粒过大(>10cm),颗粒之间空隙过大,或者填料不符合要求,如:粉质土、有机土及高塑指的黏土等。

(3)填土厚度过大或压实功不够。

4. 预防措施

(1)材料

优先选择级配较好的粗粒土等作为路基填料,填料的最小强度应符合第 1.1.1 条、表 1 - 1 要求。

(2)施工

1)应使土的含水量在最佳含水量附近(±2%)时进行压实。土路基压实度应达到表 6.3.12 - 2 的要求。

3

2)填土应水平分层填筑,分层压实,通常压实度厚度不超过20cm,路床顶面最后一层的最小压实厚度不小于8cm。

3)填土的压实遍数,应按压实度要求,经现场试验确定。

5. 治理措施

(1)填料不符合要求应挖出换土;

(2)对含水量过大的土,可采用翻松晾晒或均匀掺入石灰粉来降低含水量;对含水量过小的土,则洒水湿润后再进行压实;

(3)如压实厚度过大或压实机具压实功不够,则应翻挖厚层重新减薄厚度后再进行压实,或用增大压实功的机具来压实。

1.1.3 路基边坡滑塌

1. 现象

路基边坡塌陷或沿某滑裂面滑塌。

2. 规范规定

《城镇道路工程施工与质量验收规范》CJJ 1 - 2008:

6.8.1 土方路基(路床)质量检验应符合下列规定:

4 路床应平整、坚实,无显著轮迹、翻浆、波浪、起皮等现象,路堤边坡应密实、稳定、平顺等。

3. 原因分析

(1)路基边坡坡度过陡,尤其在路基填土高度较大时,未进行滑裂验算。

(2)路基边坡没有同路基同步填筑。

(3)坡顶,坡脚没有做好排水措施,由于水的渗入,填土内聚力降低,或坡脚被冲刷掏空。

(4)位于沿河的路基,由于未采取防护措施,长期受水侵蚀,使路基坡脚和边坡逐渐侵蚀,造成坍塌。

4. 预防措施

(1)设计

路基应按设计要求或有关施工规范要求的坡度放坡。如因现场条件所限达不到规定的坡度要求时,应请设计进行验算,制定处理方案,如采取砌筑短墙,用土工合成材料包裹等;

(2)施工

1)路基边坡应同路基一起全断面分层填筑压实。路基填土宽度每侧应比设计规定宽度大出50cm,然后削坡成型。新旧路基填方,边坡的衔接处,应开挖台阶。台阶底应为2% ~ 4%向内倾斜的坡度(如图1 - 1)。

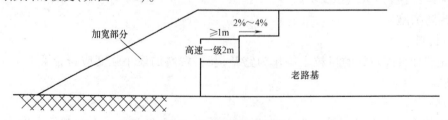

图1 - 1　新老路基连接

2)坡顶、坡脚要开好排水沟或做好其他排水措施。

3)沿河地段的路基可设边坡防护。如抛石防护、石笼防护、浆砌或干砌块石护坡,或加大边坡,一般在设计水位以下可采用1:(1.75~1.2),常水位以下为1:2~1:3。

5. 治理措施

把失稳路基的松填料清除,然后对软路基进行加固处理,常用加固方法有置换土层、袋装砂井、碎石桩、砂桩等,再将路基分层填筑,分层压实。

1.1.4 路基失稳

1. 现象

路基以下的软基向两侧挤出,路基坍塌或塌陷。

2. 规范规定

> 《城镇道路工程施工与质量验收规范》CJJ 1-2008:
> 6.8.1 土方路基(路床)质量检验应符合下列规定:
> 4 路床应平整、坚实,无显著轮迹、翻浆、波浪、起皮等现象,路堤边坡应密实、稳定、平顺等。

3. 原因分析

路基筑于软土基之上,路基填筑前未对软基进行处理,而路基的重量又超过软基的承载能力。

4. 预防措施

施工:

在路基施工以前对软基进行处理,提高其承载力,处理措施见1.1.1条表1-2。

5. 治理措施

把失稳路基的松填料清除,然后对软基进行加固处理。常用加固方法有置换土、碎石桩、砂桩、深层加固等,再将路基分层填筑,分层压实。

1.1.5 路床与构筑物错台

1. 现象

由于路基与构筑物的纵向不均匀沉降,造成构筑物连接处在道路运行先期产生沉降差,引起错台,车辆行驶过程中跳车。

2. 规范规定

> 《城镇道路工程施工与质量验收规范》CJJ 1-2008:
> 6.8.1 土方路基(路床)质量检验应符合下列规定:
> 4 路床应平整、坚实,无显著轮迹、翻浆、波浪、起皮等现象,路堤边坡应密实、稳定、平顺等。

3. 原因分析

(1)构筑物与路堤之间的纵向不均匀沉降,一般伤害地区桥梁多为桩基础,桩尖落到持力层,设计控制之后的沉降量一般为2~3cm,而桥台后路基,往往由于预压荷载或固结时间不足,路基压缩及软基沉降没有完全完成,致使路基竣工后沉降偏大,引起错台。

(2)构筑物后的填土,特别是开挖后的回填土,施工时分层填筑不严格,碾压效果差,压实度偏低。

4. 预防措施

（1）设计

1）桥台后设一定长度的搭板，起缓冲作用。

2）小桥涵允许有自身适量的、均匀的沉降，使之与路基沉降相协调，例如采用箱形结构、联合基础，加筋土桥台等。

（2）施工

1）路基填筑超前，待桥头路基沉降固结后（一般需预压半年）再开挖进行桥台施工。

2）进行软土地基处理。

5. 治理措施

对错台引起的桥头跳车，需加强经常性的养护。对沥青混凝土路面，需局部（桥头部分）罩面；对桥头混凝土砌块式面层需进行适当加补基层，抬高面层砌块；对水泥混凝土路面，可采用加罩沥青面层，以消除错台影响。

1.1.6 路基弹簧

1. 现象

路基土在压实时产生受压处下陷，四周弹起，如弹簧般上下抖动，路基土形成软塑状态，体积没有压缩，压实度达不到要求，俗称弹簧土。

2. 规范规定

《城镇道路工程施工与质量验收规范》CJJ 1 - 2008：

6.8.1 土方路基（路床）质量检验应符合下列规定：

4 路床应平整、坚实，无显著轮迹、翻浆、波浪、起皮等现象，路堤边坡应密实、稳定、平顺等。

3. 原因分析

（1）填土为黏性土，含水量过大，而水分又无法散发，在这种情况下进行压实，就会产生弹簧土。

（2）下卧层软弱，含水量过大，在上层碾压过程中下层产生弹簧反映到上层引起弹簧，或下层水分通过毛细作用，渗入上层路基，增加了上层的含水量，引起弹簧。

（3）过度的碾压，使土颗粒之间空隙减小，水膜增厚，抗剪力减小，引起弹簧。

4. 预防措施

（1）材料

避免用液限大于50%，塑性指数大于26，含水量大于最佳含水量两个百分点的土作为路基填料。

（2）施工

1）填土在压实时，含水量应控制在最佳含水量两个百分点之内。

2）填上层土时，应对下层填土的压实度和含水量进行检查，待检查合格后方能填筑上层土。

3）在填土时应开好排水沟，或采取其他措施降低地下水位到路基50cm以下。

5. 治理措施

（1）将弹簧土翻开晾晒、风干至最佳含水量附近（±2%）时再进行压实，或将弹簧土挖除换干土或透水性材料，如砂砾、碎石等回填、压实。

（2）用石灰粉或其他固化材料均匀拌入弹簧土中，经一定时间闷料，吸收土中水分，减低含水量，然后再进行压实。

1.1.7 沟槽回填土沉陷

1. 现象

沟槽中填土局部或大片出现沉降，形成下凹现象。

2. 规范规定

> （1）《给水排水管道工程施工及验收规范》GB 50268－2008：
>
> 4.6.3 沟槽回填应符合下列规定：
>
> 1 回填材料符合设计要求。
>
> 2 沟槽不得带水回填，回填应密实。
>
> （2）《城镇道路工程施工与质量验收规范》CJJ 1－2008：
>
> 6.8.1 土方路基（路床）质量检验应符合下列规定：
>
> 4 路床应平整、坚实，无显著轮迹、翻浆、波浪、起皮等现象，路堤边坡应密实、稳定、平顺等。

3. 原因分析

（1）沟槽中积水、淤泥、砖、石、木块等没有清除干净就进行回填。

（2）回填厚度过大，没有做到分层回填、分层压实，回填土压实度没有达到标准。

4. 预防措施

（1）材料

1）尽可能采用砂石、砂砾等透水性好的材料回填，其质量应符合设计要求。

2）路面范围内的井室周围，应采用石灰土、砂、砂砾等材料回填，其回填宽度不宜小于400mm。

3）严禁在槽壁取土回填。

4）回填土的含水量应控制在最佳含水率±2%的范围内。

5）回填作业每层土的压实遍数，按压实度要求、压实工具、虚铺厚度和含水量，应经现场试验确定。

（2）施工

1）沟槽回填前，应排干积水，清除淤泥，沟槽内大于50mm的砖、石、木块等杂物应清除干净，再进行回填。

2）回填土应分层回填，分层压实至达到规定压实度，每层回填土的虚铺厚度，应根据所采用的压实机具按表1－3的规定选取。

每层回填土的虚铺厚度 表1－3

压实机具	木夯、铁夯	轻型压实设备	压路机	振动压路机
虚铺厚度（mm）	≤200	200～250	200～300	≤400

5. 治理措施

（1）如果局部沉陷应将沉陷部分松土挖出，然后用符合要求的土分层回填，分层压实，修复沉陷。如果土的含水量过大，无法压实到规定的压实度，则可以均匀的拌入石灰后再压实，修复沉陷。

（2）如为大面积沉陷，而采用翻挖有困难时，则可以对沟槽采用加固措施，如回填石灰土、砾石砂来修复沟槽，并对沟槽上的路面厚度作适当的加厚。

1.1.8 路床积水

1. 现象

路床上有水无法排走。

2. 规范规定

《城镇道路工程施工与质量验收规范》CJJ 1－2008：

6.3.12 填方施工应符合下列规定：

7 路基填筑中宜做成双向横坡，一般土质填筑横坡宜为2%～3%，透水性小的土质填筑横坡宜为4%。

3. 原因分析

（1）路床平整度差，凹凸不平，在凹槽处形成积水。

（2）路床横坡过小，无法将水通过横坡排除。

（3）路床开挖后，没有做好排水盲沟，或排水盲沟淤塞，使路槽水无法排除到边沟中去。

（4）路床标高低于周围地面标高，而路基又没有边沟或其他排水设施，以致路床水无法排除。

4. 预防措施

施工：

（1）路床平整度应达到规范要求。

（2）路床横坡应≥2%～3%，以利排水。

（3）路槽开挖后，应开设盲沟，并同边沟连通。

（4）路基应开好排水边沟，或做好其他排水措施。

5. 治理措施

应找出路床积水原因，然后根据不同的情况采取不同的措施（如以上预防措施），将路面积水排除。

1.2　特殊土路基

1.2.1 砂石垫层表面不平整

1. 现象

不密实，粗细分离，表面松散，有凹坑，车辙等。

2. 规范规定

《城镇道路工程施工与质量验收规范》CJJ 1－2008：

6.8.4 换土路基施工质量检验应符合下列规定：

2 砂垫层处理软土路基质量检验应符合下列规定：

1）砂石垫层的材料质量应符合设计要求。

2）砂石垫层的压实度应大于等于90%。

3. 原因分析

（1）原材料级配，粗、细料含量不对，大多是细料不足。

（2）碾压法施工时，含水量过低。

（3）上覆层施工不及时，重型车辆在其表面行驶时变速、转向。

4. 预防措施

（1）材料

原材料级配应符合规范要求。

（2）施工

1）碾压时含水量控制一般为 8% ~ 12%。

2）碾压成型后，应及时进行上覆层施工。在上覆层未施工前严禁重型车辆行驶。

5. 治理措施

（1）添加适量细料，重新翻拌，控制合适的含水量进行碾压。

（2）碾压成型后封闭交通，并及时进行上覆层的施工。

1.2.2 袋装砂井灌砂率不足

1. 现象

袋装砂井就位后，砂袋顶端部分由于砂粒下沉袋内无砂。

2. 规范规定

《城镇道路工程施工与质量验收规范》CJJ 1 – 2008：

6.8.4 换土路基施工质量检验应符合下列规定：

5 袋装砂井质量检验应符合下列规定：

1）砂的规格和质量、砂袋织物质量必须符合设计要求。

2）砂袋下沉时不得出现扭结、断裂等现象。

3. 原因分析

（1）袋内砂料过分潮湿，干燥后体积减少。

（2）灌砂时采用不正确的方式，造成灌砂量不足。

（3）砂袋缝制时，砂袋直径过大。

（4）砂袋破裂使袋内砂粒流失。

4. 预防措施

（1）材料

砂应保持干燥，不应采用过分潮湿砂料。

（2）施工

1）灌砂时应架设门架，吊起砂袋自上而下灌满砂粒，使砂保持在自重状态下的密度。

2）砂袋缝制时应保证质量，特别是直径的大小，从严掌握。

3）当采用两节套管沉入时，用人工输入砂袋时，在管口应装设滚轮，徐徐下沉，以防砂袋与管口直接磨损。

5. 治理措施

（1）砂袋沉入前，应把破损部分修补好，补足砂料后，方能沉入套管。

（2）砂袋沉入后，打开上端封口，补足砂袋，封口结扎。

（3）短井严重者，在相邻位置补打。

1.2.3 袋装砂井插入深度不足

1. 现象

袋装砂井沉入后，井底标高未达到设计标高位置，使砂袋外露地表部分超过设计长度。

2. 规范规定

> 《城镇道路工程施工与质量验收规范》CJJ 1-2008：
>
> 6.8.4 换土路基施工质量检验应符合下列规定：
>
> 5 袋装砂井质量检验应符合下列规定：
>
> 3) 井深不小于设计要求，砂袋在井口外应伸入砂垫层30cm以上。

3. 原因分析

（1）井架导向架标尺有误或打桩架套管长度不足。

（2）打桩机械故障。

（3）在井深范围内，地基下有硬层，造成套管遇阻打不下去。

4. 预防措施

施工：

（1）施工前，选择架套管型号应与袋装砂井长度相匹配，当套管长度小于袋装砂井长度时，应采用两节套管。

（2）导向架应有明显标记，准确可靠，使操作人员一目了然。

（3）施工前操作人员应注意机械保养，及时修复机械损伤部分，应保证在施工过程中机械保持完好状态。

5. 治理措施

一旦出现插入深度不足，必须在邻近位置重新补打。

1.2.4 砂井排水不畅

1. 现象

由于袋内砂粒污染，使排水受阻不畅。

2. 规范规定

> 《城镇道路工程施工与质量验收规范》CJJ 1-2008：
>
> 6.8.4 换土路基施工质量检验应符合下列规定：
>
> 5 袋装砂井质量检验应符合下列规定：
>
> 1) 砂的规格和质量、砂袋织物质量必须符合设计要求。

3. 原因分析

（1）砂袋灌砂时，砂料含泥量过大或砂粒不纯，混有黏土杂质或砂粒过细。

（2）袋装砂井沉入时，砂袋破损，就位后周围淤泥质软土，通过破损面渗入袋内砂粒，封闭空隙，造成阻水。

（3）地表砂垫层砂料含泥量过大或混有黏土杂质或砂料过细。

4. 预防措施

（1）材料

砂料质量要保证，应采用中、粗砂，含泥量必须小于3%。

（2）施工

袋装砂井沉入套管时,应按操作规程进行,垂直起吊后进入套管,若因机械高度不足,须采用人工操作时,必须在管口安设滚轮,防止砂袋与管口磨损破坏。

5. 治理措施

(1)应用符合质量要求砂料,替换不合格的砂料,重新返工处理。

(2)在砂袋沉入过程中一旦出现砂袋表面破损,严禁继续下降,须立即吊起,重新修补完好后方可使用。

1.2.5 砂袋埋入砂垫层不足

1. 现象

砂袋沉入后,高出原地面部分过短,没有足够的长度埋入砂垫层,影响砂袋的排水效果。

2. 规范规定

> 《城镇道路工程施工与质量验收规范》CJJ 1 - 2008:
>
> 6.7.2 软土路基施工应符合下列规定:
>
> 8 采用袋装砂井排水应符合下列要求:
>
> 3)砂袋安装应垂直入井,不应扭曲、缩颈、断割或磨损,砂袋在孔口外的长度应能顺直伸入砂垫层不小于30cm。

3. 原因分析

(1)砂袋制作时长度偏短不符合设计要求。

(2)袋装砂井沉入过深,超过设计井底标高。

4. 预防措施

施工:

(1)砂袋制作应按设计要求,严格掌握几何尺寸,砂袋制作长度为砂井设计长度加伸入砂垫层部分长度之和。

(2)袋装砂井沉入前应复测砂袋长,符合要求后才能沉入,凡是过短者不得沉入套管。

(3)套管沉入施工时,应根据导管所示的尺寸,严格控制沉入的管底标高,符合设计要求。

5. 治理方法

松开砂袋上的端结扎口按设计要求进行接长,灌满砂粒后重新结扎。

1.2.6 粒料桩桩身颈缩

1. 现象

粒料桩成型后,桩身直径产生紧缩现象,在整个桩长范围内出现一处或多处缩颈,桩的直径小于设计值。

2. 规范规定

> 《城镇道路工程施工与质量验收规范》CJJ 1 - 2008:
>
> 6.7.2 软土路基施工应符合下列规定:
>
> 10 采用砂桩处理软土地基应符合下列要求:
>
> 3)砂桩应砂体连续、密实。
>
> 4)桩长、桩距、桩径、填砂量应符合设计规定。

3. 原因分析

（1）浅层软土地基加固处理层内有硬土夹层。

（2）制桩过程中每次填料数量不均衡，差异过大。

（3）振冲器振击时，工作电流强度或留振持续时间不均衡差异过大。

（4）制桩过程中，突然发生机械故障，或断电故障，出现局部停振现象。

4. 预防措施

施工：

（1）施工前对加固处理层内的地质情况，软土层变化，进行了解。

（2）对大型重要工程，施工前进行现场制桩试验和必要的测试工作，正确论证设计参数的确定和制定施工工艺的控制标准。

（3）施工中严格控制电压稳定，一般为（380＋20）V，控制通过制桩试验后确定的控制标准。

（4）填料添加要分批加入不宜一次加料过量，保证试桩确定的装料量，每一深度的桩体在未达到规定的密实电流时应继续加料，继续振实，防止"颈缩桩"的出现。

（5）振冲器的留振时间，应严格按试桩确定的控制标准。

（6）施工机械按规定定时保养，施工前核查机械的运转状况，严禁机械带病作业。

5. 治理措施

当出现桩身颈缩严重时（核查评为不合格）应在原位附近补桩。

1.2.7 粒料桩粒料密度不足

1. 现象

粒料桩成型后，实际灌料量未达到设计用量或制桩试验确定的用量，或经测试用动力触探法测贯入量 10cm 时击入次数小于 5 次（碎石桩）。

2. 规范规定

3. 原因分析

（1）制桩过程中，一次投料量过大，形成下部振击力不足。

（2）制桩过程中工作电流未达到试桩确定的密实电流。

（3）振冲器的留振时间过短。

（4）浅层地基的软土层中出现流沙层或呈流动状的软土层。

(5)制桩过程中突然发生机械故障或断电故障,出现后部停振。

4.预防措施

(1)材料

各类填料(碎石、卵石、砂砾、矿渣等)最大粒径一般不大于50mm,粒径过大容易卡孔,选料时其粒径宜为20~50mm。

(2)施工

1)施工前认真做好试桩试验,收集、验证必要的施工控制有关参数。施工前严格控制水压,电流和振冲器在固定深度位置的留振时间。

2)填料要分批加入,不宜一次加料过量,一般控制0.15~0.5m³,原则上要"少吃多餐",保证试桩确定的标定量。当每一密度的桩体未达到密实电流时应继续加料,继续振实,防止粒料密度不足。

3)对软弱黏性土中成型困难时,可选用隔离施工,或间隔施工,以确保桩体连续、密实。

4)施工机械(主要是振冲器、吊机和水泵)注意保养,在施工中,保持机械良好的运转性能。

5.治理措施

(1)地面以下1~2m土层由于侧向约束软弱,不利成桩,可采用超量投料通过振击提高桩体的密实度。

(2)当某一深度的桩体未达到规定的密实电流时,应继续加料,继续振实。

(3)当出现桩体密实度严重不足时,应查明原因在其邻近位置补打。

1.2.8 粒料桩塌孔

1.现象

在成孔过程中出现孔壁土体坍塌,称其为坍孔。

2.规范规定

《城镇道路工程施工与质量验收规范》CJJ 1-2008:

6.7.2 软土路基施工应符合下列规定:

11 采用碎石桩处理软土地基应符合下列要求:

3)应分层加入碎石(砾石)料,观察振实挤密效果。防止断桩、缩颈。

3.原因分析

(1)地下软土层过于软弱,抗剪强度极低。

(2)孔内水量不充足而造成失水。

(3)水压掌握不当,未按试桩确定的控制指标,水压过小。

4.预防措施

施工:

(1)成孔时,水量要充足,使孔内充满水。

(2)水压视土质及其强度而定,一般对强度较低的软土,水压要小些,对强度较高的软土,水压要大,施工时严格按试验确定的冲水量和水压进行控制。

5.治理措施

(1)浅层出现塌孔,可采用护套保护。

（2）改变施工方式，变管外投料为管内投料，一般不会出现塌孔。

1.2.9 粉喷桩、搅拌桩桩喷料不足

1. 现象

加固土桩，桩体加固料（浆液固化剂或粉体固化剂）的剂量少于室内配方试验所要求的剂量，使桩体强度达不到设计强度。

2. 规范规定

> 《城镇道路工程施工与质量验收规范》CJJ 1－2008：
>
> 6.8.4 软土路基施工质量检验应符合下列规定：
>
> 8 碎石桩处理软土路基质量检验应符合下列规定：
>
> 2）复合地基承载力应不小于设计规定值。

3. 原因分析

（1）供浆或供粉不连续，由于机械故障出现停浆或停粉事故。

（2）钻头提升速度过快，超过成桩试验所标定的提升速度。

（3）操作人员失误在尚未喷浆或喷粉时，就进行提桩作业。

（4）室内配比试验的固化剂品种或标号与施工现场所用的固化剂品种或标号不同。

（5）室内配比试验用的试料土与施工现场地基原状软土含水量，土质差异较大。

4. 预防措施

（1）材料

室内配比试验，试料土的采集其土样与含水量，应与施工现场原状软土一致。当施工现场所用固化剂品种与标号同室内试验所用的不同时，对每一种不同规格的固化剂应备样进行配比操作。

（2）施工

1）操作人员在施工过程中，应随时记录压力、喷入量、提升速度等有关参数的变化，当出现喷入量不足时，及时下沉复喷，至满足设计要求。

2）严格控制喷粉标高和喷粉标号，不得无故中断停喷，严禁在尚未喷料的情况下进行桩杆提升作业。

3）施工机具设备的固化剂发送设备必须配置送料计量装置，并记录瞬时喷入量和累计喷入量，严禁无喷入计量装置的发送设备投入使用。

5. 治理措施

（1）在施工过程中，供料必须连续，拌合要均匀，一旦由于机械故障或停电而停喷，浆体固化剂中断时，应使浆搅拌机下沉至停浆面以下0.5m，待恢复供浆以后再喷浆提升。如因故停机超过3h，为防止浆液结硬堵管，应先拆卸输浆管路，清洗后备用；粉体固化剂中断时，应下沉搅拌，复拌重叠孔段应大于1m。

（2）成桩后经检测喷料不足，视强度损失情况以降低处理，必要时重新补打。

1.2.10 粉喷桩、搅拌桩桩混合料不匀

1. 现象

桩体施工搅拌不均匀。

2. 规范规定

> 《城镇道路工程施工与质量验收规范》CJJ 1－2008:
> 6.8.4 软土路基施工质量检验应符合下列规定:
> 8 碎石桩处理软土路基质量检验应符合下列规定:
> 2)复合地基承载力应不小于设计规定值。

3. 原因分析

(1)机械故障或停电造成在喷入固化剂过程中施工中断。

(2)钻头提升速度均衡,而软土基各层次密实度差异造成喷入量的差异。

(3)软土基存在不同深度的喷入阻力的差异,一般讲深度愈深,阻力愈大。

(4)操作施工时,未能按照规程要求进行桩头部分的复拌,即提升出地面桩头部分不均匀。

4. 预防措施

施工:

(1)供料必须连续,拌合必须均匀,储料罐容量应不小于一根桩的用量加规定的备用量(50kg)。当储量不足时,不得进行下一根的施工。

(2)施工时,操作人员必须按规定对桩头部分进行复拌,使固化剂与地基土均匀拌合。

5. 治理措施

(1)在施工过程中,供料必须连续,拌合要均匀,一旦由于机械故障或停电而停喷,浆体固化剂中断时,应使浆搅拌机下沉至停浆面以下 0.5m,待恢复供浆以后再喷浆提升。如因故停机超过 3h,为防止浆液结硬堵管,应先拆卸输浆管路,清洗后备用;粉体固化剂中断时,应下沉重复搅拌,复拌重叠孔段应大于 1m。

(2)成桩后经检测,拌合不匀时,应关闭发送器,再次将钻杆下沉至要求的深度,再搅拌提升至地面,以保证拌合均匀。

第 2 章　基　层

2.1　路拌石灰土基层

2.1.1 混合料不均匀

1. 现象

混合料出现花料,灰、土分布不均匀。

2. 规范规定

> 《城镇道路工程施工与质量验收规范》CJJ 1－2008:
> 7.2.5 采用人工搅拌石灰土应符合下列规定:
> 1 所用土应预先打碎、过筛(20mm 方孔)、集中堆放、集中拌合。
> 2 应按需要量将土和石灰按配合比要求,进行掺配。掺配时土应保持适宜的含水量,掺配后过筛(20mm 方孔),至颜色均匀一致为止。

3. 原因分析

（1）翻松与拌合机具功率不足，齿深不够，路槽土未充分翻深、翻松。

（2）直径大于 15mm 的土块未先粉碎或剔除。

（3）土的塑性指数较大，容易结团，拌合困难。

4. 预防措施

施工：

（1）应选用合适的机具进行路拌法施工，保证有足够的翻拌深度和打碎能力，通常宜选用专用的稳定土拌合机；在没有专用拌合机械的情况下，也可用农用旋耕机与多铧犁相结合，用多铧犁将土翻松，旋耕机拌合，再用多铧犁将底部料翻起，旋耕机再拌合，如此反复5~6遍；在翻拌过程中，应随时检查调整翻犁的深度，务必使稳定土层全部翻透。

（2）土块应尽可能粉碎，最大尺寸不应超过 15mm，对于超尺寸土块应予剔除。

（3）对于塑性指数较大的土，应用专用机械加强粉碎，在使用石灰稳定时，可采用两次拌合法，第一次加部分石灰拌合后，闷料一夜，再加入其他石灰，进行第二次拌合。

2.1.2 混合料强度达不到要求

1. 现象

混合料取样送试验室做标准强度试验，强度不能达到规范或设计要求。

2. 规范规定

《城镇道路工程施工与质量验收规范》CJJ 1－2008：

7.8.1 石灰稳定土，石灰、粉煤灰稳定砂砾（碎石），石灰、粉煤灰稳定钢渣基层及底基层质量检验应符合下列规定：

3 基层、底基层试件作 7d 无侧限抗压强度，应符合设计要求。

3. 原因分析

（1）混合料配合比确定不当或现场未按规范或设计要求的配合比施工。

（2）石灰质量未达到规范要求，或因存放时间过长，品质下降，造成混合料强度达不到要求。

（3）混合料拌合不匀，强度波动大，使混合料强度代表值达不到要求，即不能满足下式：

$$\overline{R}(1 - Z_a C_v) \geqslant R_d$$

式中　R_d——设计抗压强度（MPa）；

　　　C_v——试验结果的偏差系数（以小数计）；

　　　Z_a——标准正态分布表中随保证率而变的系数，城市快速路和城市主干路应取保证率95%，即 $Z_a = 1.645$，其他道路应取保证率90%，即 $Z_a = 1.282$。

4. 预防措施

施工：

（1）以工地实际使用的材料，重新检验或修改配合比。

（2）检查工地实际配合比，检查投料、计算、计量是否有误；需要注意的是，工地施工时实际采用的石灰剂量应比室内试验确定的剂量多 0.5%~1.0%。

（3）石灰过多或过少都会造成混合料强度不足，所以应避免局部地段石灰过多或过少，并充分拌合均匀。

2.1.3 压实度不足

1. 现象

石灰土压实后,表面轮迹明显,经检测,压实度未达到要求。

2. 规范规定

《城镇道路工程施工与质量验收规范》CJJ 1 - 2008:

7.8.1 石灰稳定土,石灰、粉煤灰稳定砂砾(碎石),石灰、粉煤灰稳定钢渣基层及底基层质量检验应符合下列规定:

2 基层、底基层的压实度应符合下列要求:

1)城市快速路、主干路基层压实度应大于或等于97%,底基层大于或等于95%。

2)其他等级道路基层应大于或等于95%,底基层大于或等于93%。

3. 原因分析

(1)压实机具选用不当或碾压层太厚。

(2)碾压遍数不够。

(3)含水量过多或过少。

(4)下卧层软弱。

4. 预防措施

施工:

(1)石灰土应选用12t以上的压路机或振动压路机碾压。压实厚度在15cm以下时,可选用12~15t的压路机碾压;压实厚度在15~20cm时,应采用18~30t的三轮压路机碾压;压实厚度超过上述时,应分层碾压;压实机具应轻、重配备,碾压时注意先轻后重。

(2)混合料摊铺后应在1~2d内充分碾压完毕,并保证一定的碾压次数,直至碾压到要求的密实度为止,同时表面无明显轮迹。一般需碾压6~7遍;路面的两侧应多压2~3遍。

(3)当含水量过高或过低时,应采取措施,在达到最佳含水量(或略高,但不超过2%)时才碾压。

(4)石灰稳定土施工前,应对其下卧层进行严格检查,确保质量达到规范要求,否则易引起许多不良后果。

2.1.4 碾压时弹簧

1. 现象

在碾压过程中,混合料出现弹簧现象。

2. 规范规定

《城镇道路工程施工与质量验收规范》CJJ 1 - 2008:

7.2.7 石灰稳定土类基层碾压应符合下列规定:

2 碾压时的含水量宜在最佳含水量的允许偏差范围内。

3. 原因分析

(1)碾压时,混合料含水量过高。

(2)下卧层过软,压实度不足或弹簧。

4. 预防措施

施工:

(1)混合料拌合时应控制原材料的含水量,如土壤过湿应先行翻晒,并宜采用生石灰粉,以缩短晾晒时间,降低混合料的含水量;如粉煤灰过湿,应先堆高沥干,一般两、三天即可。

（2）施工时应注意气象情况，摊铺后应及时碾压，避免摊铺后碾压前的间断期间遭雨袭击，造成含水量过高以致无法碾压或勉强碾压引起弹簧。

（3）当石灰土过干时，可洒水闷料后再进行碾压，水量应予控制并力求均匀，避免局部地方水量过多造成弹簧。

（4）碾压时应遵循先轻后重的原则。

（5）混合料摊铺前，应对下卧层的质量进行检查，保证下卧层的压实度，若有"弹簧"现象应先处理后再做上层。

2.1.5 碾压时发生龟裂

1. 现象

石灰土在碾压或养护过程中出现局部或大面积龟裂。

2. 规范规定

> 《城镇道路工程施工与质量验收规范》CJJ 1 - 2008：
> 7.2.7 石灰稳定土类基层碾压应符合下列规定：
> 　2 碾压时的含水量宜在最佳含水量的允许偏差范围内。

3. 原因分析

（1）石灰土含水量严重不足。

（2）土块未充分粉碎或拌合不均匀。

（3）下卧层软弱，在压实机械碾压下出现弹簧。

（4）养护期间，有重车通过，引起结构层破坏。

4. 预防措施

施工：

（1）混合料在拌合碾压过程中，应经常检查含水量。含水量不足时，应及时洒水。应使混合料的含水量等于或略大于最佳值时进行碾压。

（2）加强混合料粉碎和拌合，对不易粉碎的黏土宜采用专用机械，并可采用二次拌合法。所用土应超过筛（20mm 方孔）以剔除大土块。

（3）石灰土基层，应保证下卧层的充分压实，对土基不论路堤或路堑，必须用 10～15t 三轮压路机或等效的碾压机械进行碾压检验（压 3～4 遍），在碾压过程中，如发现土过干或表层松散，应适当加水；如土过湿，发生"弹簧"现象，应采用挖开晾晒、换土、掺石灰或粒料等措施进行处理。

（4）养护期间，应禁止重型车辆通行。

2.1.6 未结成整体

1. 现象

混合料经碾压养护一定时间后，仍较松散，未结成板体。

2. 规范规定

> 《城镇道路工程施工与质量验收规范》CJJ 1 - 2008：
> 7.2.2 石灰土配合比设计应符合下列规定：
> 　7 实际采用的石灰剂量应比室内试验确定的剂量增加 0.5%～1%。采用集中厂拌时可增加 0.5%。

3. 原因分析

(1)石灰质量差或掺加量不足。

(2)压实度不足。

(3)冬期(气温低于5℃)施工,气温偏低,强度增长缓慢。

4. 预防措施

(1)材料

施工前,应对石灰质量进行检验,避免使用存放时间过长的石灰或劣质石灰,消解石灰应在两周内用完。

(2)施工

1)进行充分的压实,达到规定的压实度。

2)冬期施工应尽量避免;必须施工时注意养护,防止冰冻,并封闭交通。一般在气候转暖后,强度会继续增长;必要时可选用外掺加剂,以提高早期强度;或采用塑料薄膜或沥青膜等覆盖措施养护,保持一定湿度,加强强度增长。

2.1.7 横向裂缝

1. 现象

石灰土结构层在上层铺筑前后出现横向裂缝。

2. 规范规定

《城镇道路工程施工与质量验收规范》CJJ 1-2008:

　7.8.1 石灰稳定土,石灰、粉煤灰稳定砂砾(碎石),石灰、粉煤灰稳定钢渣基层及底基层质量检验应符合下列规定:

　4 表面应平整、坚实、无粗细集料集中现象,无明显轮迹、推移、裂缝,接茬平顺,无贴皮、散料。

3. 原因分析

(1)结构层由于干缩和温缩而产生横向裂缝;混合料碾压含水量越大,越易开裂。

(2)有重车通行。未筑上层的石灰土,不能承担重车荷载的作用,当重车通过时,易造成损坏,产生裂缝,尤其当下卧层的强度不足和在养护期间更易产生强度性裂缝。

(3)横向施工接缝,包括结构层成型后再开挖横沟所发生的接缝,是最易产生横向裂缝的薄弱面。

(4)结构层横穿河浜处由于沉陷或重车作业所引起的裂缝。

4. 预防措施

施工:

(1)施工过程中应严格控制混合料的碾压含水量,使其接近于最佳含水量,以减少结构层干缩。

(2)混合料碾压完毕后,应及时养护,并保持一定的湿度。不应过干、过湿或忽干忽湿。养护期一般不少于7d,有条件时可采用塑料膜覆盖。

(3)混合料施工完毕后,应尽早铺筑上层。在铺筑上层之前,应封闭交通,严禁重车通行。

(4)延长施工段落,减少接缝数量。做好接缝处理,使新旧混合料相互密贴。缩短接缝两侧新旧混合料铺筑的时间间隔。

2.1.8 表面起皮松散

1. 现象

灰土结构层施工完毕后,表面起皮,呈松散状。

2. 规范规定

> 《城镇道路工程施工与质量验收规范》CJJ 1 – 2008:
>
> 7.8.1 石灰稳定土,石灰、粉煤灰稳定砂砾(碎石),石灰、粉煤灰稳定钢渣基层及底基层质量检验应符合下列规定:
>
> 4 表面应平整、坚实、无粗细集料集中现象,无明显轮迹、推移、裂缝,接茬平顺,无贴皮、散料。

3. 原因分析

(1)碾压时含水量不足。

(2)碾压时为弥补厚度或标高不足,采用薄层贴补。

(3)碾压完毕,未及时养护即遇雨雪天气,表面受冰冻。

4. 预防措施

施工:

(1)施工时应在最佳含水量左右碾压,表面干燥时,应适量洒水。

(2)禁止薄层贴补,局部低洼之处,应留待修筑上层结构时解决;如在初始碾压后发现高低不平,可将高处铲去,低处翻松(须10cm以上)、补料摊平、再压实。碾压过程中有起皮现象,应及时翻开重新拌合碾压。

(3)灰土施工时应密切注意天气情况,避免在雨雪、霜冻较严重的气候条件下施工。

5. 治理措施

灰土表面发生起皮现象后,应予铲除,其厚度或标高不足部分,可留待修筑上层结构时解决。

2.1.9 平整度不符合要求

1. 现象

灰土基层施工完毕后,经平整度检测,不能达到规范或设计要求。

2. 规范规定

> 《城镇道路工程施工与质量验收规范》CJJ 1 – 2008:
>
> 7.8.1 石灰稳定土,石灰、粉煤灰稳定砂砾(碎石),石灰、粉煤灰稳定钢渣基层及底基层质量检验应符合下列规定:
>
> 5 基层及底基层平整度允许偏差应符合下列规定:
>
> 3)平整度(mm):基层≤10,底基层≤15。

3. 原因分析

(1)下卧层平整度不够好,造成灰土基层松铺厚度不匀,影响平整度。

(2)摊铺碾压过程中,未采取适当措施,提高平整度。

(3)接缝未处理好。

4. 预防措施

施工:

(1)灰土结构层施工前,应对下卧层的平整度进行检验,平整度很差时,可先用部分灰土罩平,然后进行灰土结构层施工。

(2)摊铺可采用平地机或人工摊铺。平地机摊铺应有熟练工操作,控制好平整度。人工摊铺时应拉线,仔细整平。如采用场外拌合供料,应控制卸料地点和数量。堆料处应彻底翻松、整平。

(3)边碾压边整平。轻型初压以后,应及时检测与整平。卸料和碾压时应避免在碾压层上停车或急转弯。终压以后,可将局部高出部分铲平,低洼处不可采用薄层罩面办法提高平整度。

(4)两个工作段的搭接部分,应采用对接形式。前一段拌合后,留 5~8m 不碾压;后一段施工时,将前段预留未压部分翻松后一起再进行碾压。

2.1.10 回弹弯沉达不到设计要求

1. 现象

灰土结构层施工完毕经过一定龄期后,进行弯沉检验,达不到规范或设计要求。

2. 规范规定

《城镇道路工程施工与质量验收规范》CJJ 1-2008:

7.8.4 级配碎石及级配碎砾石基层和底基层施工质量检验应符合下列规定:

3 灰土结构层施工完毕经过一定龄期后,弯沉值应不大于设计要求。

3. 原因分析

(1)下卧层强度差。

(2)灰土基层未充分碾压密实,强度、厚度不足。

(3)低温或雨季,强度增长缓慢。

4. 预防措施

(1)灰土结构层施工前,一定要对下卧层的施工质量进行检查,确保下卧层的施工质量。

(2)混合料配合比和压实度要严格掌握,确保质量。

5. 治理措施

低温和雨季,灰土结构层强度增长缓慢,一旦温度回暖或雨季过后,强度会恢复增长,但需要一定的养护。

2.2 水泥混凝土类基层

2.2.1 混合料配合比不稳定

1. 现象

厂拌混合料的"骨灰比"含水量变化大,其偏差常超出允许范围。混合料的含水量多变。在现场碾压 2~3 遍后,出现表面粗糙,石料露骨。现场取样的试件强度离散较大。

2. 规范规定

《城镇道路工程施工与质量验收规范》CJJ 1-2008:

7.5.5 集中搅拌水泥稳定土类材料应符合下列规定:

3. 原因分析

(1) 采石厂供应的碎石级配不准确,料源不稳定;料堆不同部位的碎石由于离析而粗细分布不均匀、影响了配比、外观及强度。

(2) 拌合场混合料配合比控制不准,含水量变化对重量的影响未正确估算;计量系统不准确,甚至连续进料和出料,使混合料配合比波动。

4. 预防措施

(1) 材料

集料级配必须满足设计要求,采购时应按规定采购,进料时进行抽检,符合要求后使用。

(2) 施工

1) 混合料拌合场,必须配备计量斗,对各种原材料按规定的重量比计算;当含水量变化时,要随时调整计量。

2) 混合料拌合时,拌合机应具备联锁装置,即进料门和出料门不能同时启动,以防连续出料,造成配合比失控。

3) 加强混合料配合比抽检,凡超出质量标准范围,必须重新拌制,到达质量要求后才能出场。

5. 治理措施

(1) 发现现场的混合料粗细料分离,应在现场重新翻拌均匀后再摊铺或者退料。

(2) 局部范围内出现露骨,可局部翻松 10cm 厚度以上,拌匀后,再重新碾压。

2.2.2 混合料离析

1. 现象

混合料粗细料分布不匀,局部集料或细料比较集中,集料表面无细料粘附或粘附不好。混合料离析会造成平整度不好和结构强度不均匀等病害。

2. 规范规定

3. 原因分析

(1) 混合料拌合时含水率控制不好,过干或过湿。

(2) 混合料机拌时间不足,粗细料未充分拌匀。

(3) 混合料未按规定配合比进行拌合或者石料级配不好。

4. 预防措施

施工:

(1) 混合料在拌合时应控制好含水量。含水量应符合施工要求,并搅拌均匀。

(2) 集料应过筛,级配应符合设计要求。

(3) 混合料配合比应符合要求,计量准确。

5. 治理措施

(1)混合料由于集料级配不好或配合比控制不当,而造成的离析,则应通过增加细料或者粒料进行复拌,以消除离析现象。

(2)进入施工现场的混合料发现有离析现象时应在现场路床外拌匀后再摊铺,或者退料。

2.2.3 混合料摊铺时离析

1. 现象

(1)用摊铺机摊铺后,摊铺机两侧集料明显偏多,压实后,表面呈现带状露骨现象。

(2)人工摊铺后,混合料局部离析,粗细料局部集中。

2. 规范规定

> 《城镇道路工程施工与质量验收规范》CJJ 1 - 2008:
>
> 7.3.4 石灰、粉煤灰稳定砂砾基层摊铺应符合下列规定:
>
> 3 摊铺中发生粗、细集料离析时,应及时翻拌均匀。

3. 原因分析

(1)出厂混合料不均匀,或者运输与倾卸过程中产生离析。

(2)摊铺机的摊铺过程中,大粒径石料被搅到两侧而二灰集中在中间。摊铺宽度愈宽,混合料含水量越小,粗细料分离越明显。

4. 预防措施

(1)材料

进混合料前,应先对供料单位原材料质量情况进行实地考查,并对混合料的配合比、拌合工艺进行试拌、复验,保证出厂混合料均匀,含水量合适。

(2)施工:

1)摊铺机摊铺时,分料器内始终充满混合料,以保证分料器转动时混合料均匀搅动。

2)根据摊铺机的机型以及配合比中的细料多少,通过试铺确定摊铺的最大宽度,一般应控制在机器最大摊铺宽度的2/3,摊铺速度不大于4m/min。

3)非机铺时进入现场的混合料应按摊铺厚度来估算卸料堆放距离。卸车时宜采用拖卸,即车边走边卸,以减少翻卸造成离析。

4)严禁使用钉耙摊铺混合料和铁锹高抛混合料。

5. 治理措施

(1)基层表面出现小范围细料集中或露骨松散时,应及时进行翻挖,挖深10cm以上,撒上适量的碎石,洒水、拌匀、摊平、碾压,并与周边接顺。

(2)离析严重,涉及范围大,应挖除、重铺。

2.2.4 混合料碾压时弹簧

1. 现象

混合料碾压时不稳定、随着碾轮隆起,脚踩上如橡皮土。

2. 规范规定

> 《城镇道路工程施工与质量验收规范》CJJ 1 - 2008:
>
> 7.5.7 水泥稳定土类基层碾压应符合下列规定:
>
> 1 应在含水量等于或略大于最佳含水量时进行。

3. 原因分析

土基或下卧层弹簧,基础承载力不足。

4. 预防措施

施工:

铺筑混合料前,必须对土基或者下卧层进行检测,达到质量要求后才能进行铺筑。否则应进行处理和加固。

5. 治理措施

产生弹簧的地方,必须将混合料翻挖掉。若土路基"弹簧",应将"弹簧"土清除,在该处进行换土或加固后,重新铺筑。铺筑时,应将周边混合料刨松,与新铺的成为一体,再进行压实。

2.2.5 基层压实度不足

1. 现象

压实度不合格或合格率低。开挖样洞可看到集料松散、不密实。

2. 规范规定

《城镇道路工程施工与质量验收规范》CJJ 1 - 2008:

7.8.2 水泥稳定土类基层及底基层质量检验应符合下列规定:

2 基层、底基层的压实度应符合下列规定:

1)城市快速路、主干路基层压实度应大于或等于97%;底基层大于等于95%。

2)其他等级道路基层应大于或等于95%;底基层大于等于93%。

3. 原因分析

(1)碾压时,压路机吨位与碾压遍数不够。

(2)碾压厚度过厚,超过施工规范规定的碾压厚度。

(3)下卧层软弱,或混合料含水量过高或过低无法充分压实。

(4)混合料碾压已超过初凝时间,无法压实。

(5)混合料的实际配合比及使用的原材料同确定最大干密度时的配比及材料有较大差异。

4. 预防措施

施工:

(1)碾压时,压路机按规定的碾压工艺要求进行,一般先用8~12t压路机作初步稳定碾压,混合料初步稳定后用大于18t的压路机碾压,压至表面平整,无明显轮迹。

(2)严格控制压实厚度,一般不大于20cm。

(3)严格控制好混合料的配比和混合料的均匀性,以及混合料的碾压含水量。

(4)对送至工地的混合料,一定要在混合料初凝前完成碾压工作。

(5)下卧层软弱或发生"弹簧"时,必须进行处理或加固。

(6)分层摊铺时,应在下层养护7d后,方可摊铺上层材料。

2.2.6 施工接缝不顺

1. 现象

基层表面拼缝不顺直,或在拼缝处有明显高低不平。

2. 规范规定

3. 原因分析

(1) 先铺的混合料压至边端时，由于推挤原因，造成"低头"现象，而在拼缝时未作翻松，直接加新料，由于压缩系数不同，使该处升高。

(2) 先铺的边端部分碾压时未压，后摊铺时部分接下去摊铺，虽然松方标高一致，但先摊铺部分含水量较低压缩性较小，碾压后形成高带。

(3) 摊铺机摊铺时，纵向拼缝未搭接好。先铺段边缘的成型密度较低；后铺段搭接时抛高又未控制好，碾压后形成接缝不顺直，或高或低。

4. 预防措施

施工：

(1) 精心组织施工，尽可能减少施工段落和纵向拼缝，减少接缝。

(2) 在分段碾压时，拼缝一端应预留一部分不压(3～5m)以防止推移、影响压实，同时又利于拼接。

(3) 摊铺前，应将拼缝处已压实的一端先翻松(长度约为0.5～1m)至松铺厚度，连同未压部分及新铺材料一起整平碾压，使之成为一体。对横向接缝压路机可以横向碾压以利端部压实。

(4) 人工摊铺时，尽可能整个路幅摊铺，以消除纵向拼缝。摊铺机摊铺时，应考虑新铺的一端要与已摊好的结构层有0.5m左右的搭接，发现接缝局部漏料应随即修整。待第二幅摊好后，才开始第一幅的碾压，以防止碾压时的横向推移。

2.2.7 施工平整度不好

1. 现象

压实后表面平整度不好，不符合质量验收标准。

2. 规范规定

3. 原因分析

(1) 人工摊铺时没有按方格网控制平整度，只靠肉眼在小面积内控制平整，大面积就无法控制。

(2) 机铺时不能均匀行驶、连续供料，停机点往往成为不平点。由于分料器容易将粗料往两边送，压实后形成"集料窝"，影响平整度。

(3) 下卧层不平，混合料摊铺时虽表面平整，但压缩量不均匀，产生高低不平。

4. 预防措施

施工：

（1）非机铺时，在基层两侧及中间设立标高控制柱，纵向每5m设一个断面，形成网格，并计算混合料摊铺量。以此作为控制摊铺的基准和卸料的依据。

（2）机铺时要保证连续供料，匀速摊铺，分料器中的料应始终保持在分料器高度的2/3以上。

（3）下卧层的平整度应达到验收要求。

（4）卸料后宜及时摊铺，若堆放时间较长，摊铺时，应将料堆彻底翻松，使混合料松铺系数均匀一致。

（5）摊铺好以后，应进行摊铺层平整度修整，然后进行碾压。

5. 治理措施

先进行初压，初压后，若发现局部平整度不好，可将其至少翻松至10cm以上，摊平碾压密实。严禁贴薄层。

2.2.8 表面起尘松散

1. 现象

基层表面局部有松散石子或灰料，干燥时尘土飞扬。

2. 规范规定

《城镇道路工程施工与质量验收规范》CJJ 1－2008：

7.8.2 水泥稳定土类基层及底基层质量检验应符合下列规定：

4 表面应平整、坚实，接缝平顺，无明显粗、细集料集中现象，无推移、裂缝、贴皮、松散、浮料。

3. 原因分析

养护期不足、强度未充分形成就通车，将表面压坏使石料松散。

4. 预防措施

施工：

（1）混合料在最佳含水量时碾压。并应在水泥初凝前碾压成活。

（2）碾压成型的混合料必须及时洒水养护，保持混合料表面处于湿润状态。养护期不得少于7d。

（3）混合料在养护期要封锁交通。强度形成后应严格控制重车通过。

2.2.9 弯沉值达不到要求

1. 现象

养护期满后，基层弯沉值超过设计规定。

2. 规范规定

《城镇道路工程施工与质量验收规范》CJJ 1－2008：

7.8.3 级配砂砾及级配砾石基层及底基层施工质量检验应符合下列规定：

3 弯沉值，不应大于设计规定。

3. 原因分析

（1）混合料自搅拌至摊铺完成、碾压成活已超过水泥初凝时间。

（2）冬期施工，气温低或经受冰冻，影响了强度的发展。

（3）混合料碾压时，含水量过小，碾压时不成型，影响强度增长。

（4）混合料碾压时，发生"弹簧"，压实度不足使混合料不结硬或强度低下。

4. 预防措施

施工：

（1）施工前应根据天气、料场距离、作业机械等情况，周密安排施工长度，确保混合料在水泥初凝前碾压成活。

（2）混合料碾压应在含水量等于或略大于最佳含水量时进行。

（3）铺好的混合料应在水泥初凝前碾压成活。

（4）基层宜采用洒水养护，保持湿润。养护期间应封闭交通。常温下成活后应经 7d 养护，方可在其上铺筑面层。

2.2.10 横向裂缝

1. 现象

碾压成型的混合料经过几个月或一、二年后在基层表面或沥青面层上出现横向裂缝，裂缝宽可达几毫米甚至更宽，深度不一，缝距一般 10～30m，缝长可为部分路幅或全路幅。裂缝数量和宽度随路龄而增长。

2. 规范规定

> 《城镇道路工程施工与质量验收规范》CJJ 1-2008：
>
> 　　7.8.2 水泥稳定土类基层及底基层质量检验应符合下列规定：
>
> 　　4 表面应平整、坚实，接缝平顺，无明显粗、细集料集中现象，无推移、裂缝、贴皮、松散、浮料。

3. 原因分析

（1）施工接缝衔接不好产生的收缩缝。接缝前后二段混合料摊铺间隔时间越长越易裂。

（2）干缩裂缝。由于混合料中水分蒸发后，干燥收缩，产生裂缝。含水量越大收缩越严重。

（3）温缩裂缝。碾压后的混合料，在低温季节由于冷缩而产生温缩裂缝。

（4）混合料未充分压实，强度不足或厚度不够在外荷载下产生强度裂缝。

（5）土基施工时沟槽填浜处理不好，当混合料成型后，下层发生沉降使基层产生裂缝。

（6）软基沉降不均匀有时会使基层产生裂缝；如桥头搭板端部处。

4. 预防措施

施工：

（1）混合料应在接近最佳含水量的状态下碾压，严禁随意浇水；要防止碾压含水量过小，压实度和强度不足，造成强度裂缝。

（2）合理选择混合料的配比；重视结构层的养护，经常洒水，防止水分过快损失，及时铺筑上层或进行封层，以利减少干缩。

（3）对于基层下的横向沟槽，必须采取措施填实，防止下沉。

5. 治理措施

在基层上或沥青面层铺筑后出现横向裂缝时，可在裂缝内灌胶乳化沥青或填缝料进行修补。以减少水分的渗入,裂缝比较严重时,可将面层挖除,在面层处加铺土工布、塑料网格等隔裂材料,然后铺筑沥青面层,此法可延缓裂缝的反射。

第3章　沥青混合料面层

3.1　热拌沥青混合料面层

3.1.1　横向裂缝

1. 现象

裂缝与路中心线基本垂直,缝宽不一,缝长有贯穿整个路幅的,也有部分路幅的。

2. 规范规定

《城镇道路工程施工与质量验收规范》CJJ 1－2008:

8.5.1 热拌沥青混合料面层质量检验应符合下列规定:

3 表面应平整、坚实,接缝紧密,无枯焦;不应有明显轮迹、推挤裂缝、脱落、烂边、油斑、掉渣等现象,不得污染其他构筑物。面层与路缘石、平石及其他构筑物应接顺,不得有积水现象。

3. 原因分析

(1)施工缝未处理好,接缝不紧密,结合不良。

(2)沥青未达到适合于本地区气候条件和使用要求的质量标准,致使沥青面层温度收缩或温度疲劳应力(应变)大于沥青混合料的抗拉强度(应变)。

(3)半刚性基层收缩裂缝的反射缝。

(4)桥梁、涵洞或通道二侧的填土产生固结或地基沉降。

4. 预防措施

(1)材料

沥青宜优先采用 A 级沥青作为道路面层使用。

(2)施工

1)合理组织施工,摊铺作业连续进行,减少冷接缝。冷接缝的处理,应先将已摊铺压实的摊铺带边缘切割整齐、清除碎料,然后用热混合料敷贴接缝处,使其预热软化;铲除敷贴料,对缝壁涂刷 0.3～0.6kg/㎡ 粘层沥青,再铺筑新混合料。

2)充分压实横向接缝。碾压时,压路机在已压实的横幅上,钢轮伸入新铺层 15cm,每压一遍向新铺层移动 15～20cm,直到压路机全部在新铺层为止,再改为纵向碾压。

3)桥涵两侧填土充分压实或进行加固处理;沉降严重地段事前应进行软土地基处理和合理的路基施工组织。

5. 治理措施

为防止雨水由裂缝渗透至路面结构,对于细裂缝(2～5mm)可用改性乳化沥青灌缝。对于大于5mm 的粗裂缝,可用改性沥青(如 SBS 改性沥青)灌缝。灌缝前,须清除缝内、缝边碎粒料、垃圾,并使缝内干燥。灌缝后,表面撒上粗砂或 3～5mm 石屑。

3.1.2 纵向裂缝

1. 现象

裂缝走向基本与行车方向平行,裂缝长度和宽度不一。

2. 规范规定

《城镇道路工程施工与质量验收规范》CJJ 1-2008:

8.2.19 热拌沥青混合料面层接缝应符合下列规定:

1 沥青混合料面层的施工接缝应紧密、平顺。

2 上、下两层的纵向热接缝应错开15cm,冷接缝应错开30~40cm。相邻两幅及上、下层的横向接缝均应错开1m以上。

3 表面层接缝应采用直茬,以下各层可采用斜接茬,层较厚时也可做梯形接茬。

3. 原因分析

(1)前后摊铺幅相接处的冷接缝未按有关规范要求认真处理,结合不紧密而脱开。

(2)纵向沟槽回填土压实质量差而发生沉降。

(3)拓宽路段的新老路面交界处沉降不一。

4. 预防措施

施工:

(1)采用全路幅一次摊铺,如分幅摊铺时,前后幅应跟紧,避免前摊铺幅混合料冷却后才摊铺后半幅,确保热接缝。

(2)如无条件全路幅摊铺时,上、下层的施工纵缝应错开15cm以上。前后幅相接处为冷接缝时,应先将已施工压实完整的边缘坍斜部分切除,切线须顺直,侧壁要垂直,清除碎料后,宜用热拌混合料敷贴接缝处,使之预热软化,然后铲除敷贴料,并对侧壁涂刷0.3~0.6 kg/㎡粘层沥青,再摊铺相邻路幅。摊铺时控制好松铺系数,使压实后的接缝结合紧密、平整。

(3)沟槽回填土应分层填筑、压实,压实度必须达到要求。如符合质量要求的回填土来源或压实有困难时,须作特殊处理,如采用黄砂、砾石砂。

(4)拓宽路段的基层厚度和材料须与老路面一致,或稍厚。土路基应密实、稳定。铺筑沥青面层前,老路面侧壁应涂刷0.3~0.6 kg/㎡粘层沥青。沥青面层应充分压实。新老路面接缝宜用热熔铁烫密。

5. 治理措施

2~5mm的裂缝可用改性乳化沥青灌缝,大于5mm的裂缝可用改性沥青(如SBS改性沥青)灌缝。灌缝前,须清除缝内、缝边碎粒料、垃圾,并使缝内干燥。灌缝后,表面撒上粗砂或3~5mm石屑。

3.1.3 网状裂缝

1. 现象

裂缝纵横交错,缝宽1mm以上,缝距40cm以下,面积1㎡以上。

2. 规范规定

《城镇道路工程施工与质量验收规范》CJJ 1-2008:

8.5.1 热拌沥青混合料面层质量检验应符合下列规定:

1 热拌沥青混合料质量应符合下列规定：
1）道路用沥青的品种、标号应符合国家现行标准。
2）沥青混合料品种应符合马歇尔试验配合比技术要求。

3. 原因分析

（1）路面结构中央有软弱层，粒料层松动，水稳性差。

（2）沥青与沥青混合料质量差，延度低，抗裂性差。

（3）沥青层厚度不足，层间粘结差，水分渗入，加速裂缝的形成。

4. 预防措施

（1）设计

路面结构设计应做好交通量调查和预测工作，使路面结构组合与总体强度满足设计使用期限内交通荷载要求。

（2）材料

1）原材料质量和混合料质量严格按照《城镇道路工程施工与质量验收规范》CJJ 1－2008 的要求进行选定、拌制和施工。

2）上基层必须选用水稳定性良好的有粗粒料的石灰、水泥稳定类材料。

（3）施工

1）沥青面层摊铺前，对下卧层应认真检查，及时处理好软弱层，保证下卧层稳定，并宜喷洒 $0.3 \sim 0.6 kg/m^2$ 粘层沥青。

2）沥青面层各层应满足最小施工厚度的要求，保证上下层的良好结合；并从设计施工养护上采取措施有效地排除雨后结构层内积水。

5. 治理措施

（1）如夹有软弱层或不稳定结构层时，应将其铲除；如因结构层积水引起网裂时，铲除面层后，需加设将路面渗透水排除至路外的排水设施，然后再铺筑新混合料。

（2）如强度满足要求，网状裂缝出自沥青面层厚度不足时，可采用铣削网裂的面层后加铺新料来处理。加铺厚度按现行设计规范计算确定；如在路面上加罩，为减轻反射裂缝，可采取各种"防反"措施进行处理。

（3）由于路基不稳定导致路面网裂时，可采用石灰或水泥处理路基，或注浆加固处理，深度可根据具体情况确定，一般为 20～40cm。消石灰用量 5%～10%，或水泥用量 4%～6%。待土路基处理稳定后，再重做基层、面层。

（4）由于基层软弱或厚度不足引起路面网裂时，可根据情况，分别采取加厚、调换或综合稳定的措施进行加强。水稳定性好、收缩性小的半刚性材料是首选基层。基层加强后，再铺筑沥青面层。

3.1.4 反射裂缝

1. 现象

基层产生裂缝后，在温度和行车荷载作用下，裂缝将逐渐反射到沥青层表面，路表面裂缝的位置形状与基层裂缝基本相似。对于半刚性基层以横向裂缝居多，对于在柔性路面上加罩的沥青结构层，裂缝形式不一，取决于下卧层。

2. 规范规定

3. 原因分析

(1)半刚性基层收缩裂缝的反射裂缝。

(2)在旧路面上加罩沥青面层后原路面上已有裂缝包括水泥混凝土路面的接缝的反射。

4. 预防措施

施工：

(1)采取有效措施减少半刚性基层收缩裂缝。

(2)在旧路面加罩沥青路面结构层前，可铣削原路面后再加罩，或采用铺设土工织物、玻纤网后再加罩，以延缓反射裂缝的形成。

5. 治理措施

(1)缝宽小于2mm时，可不作处理。

(2)缝宽大于2mm时，可采用改性乳化沥青或改性沥青(如SBS改性沥青)灌缝。灌缝前须先清除缝内垃圾，缝边碎粒料，并保持缝内干燥。灌缝后撒粗砂或3~5mm石屑。

3.1.5 翻浆

1. 现象

基层的粉、细料浆水从面层裂缝或从多孔隙率面层的空隙处析出，雨后路表面呈淡灰色。

2. 规范规定

3. 原因分析

(1)沥青面层厚度较薄，孔隙率较大，未设置下封层和没有采取结构层内排水设施，促使雨水下渗，加速翻浆的形成。

(2)表面处治和贯入式面层竣工初期，由于行车作用次数不多，结构层尚未达到应有密实度就遇到雨季，使渗水增多，基层翻浆。

4. 预防措施

(1)设计

1)根据道路等级和交通量要求，选择合适的面层类型和适当厚度。沥青混凝土面层宜采用二层或三层式，其中一层须采用密级配。当各层均为沥青碎石时，基层表面必须做下封层。

2)设计时，对孔隙率大、易渗水的路面，应考虑设置排除结构层内积水的结构措施。

(2)材料

采用含粗粒料的水泥稳定类材料作为高等级道路的上基层。粒料级配应符合要求。

(3)施工

表面处治和贯入式面层经施工压实后，孔隙率仍然较大，需要长时间借助行车进一步压密成型。因此,这两种类型面层宜在热天或少雨季节施工。

5．治理措施

（1）采取切实措施,使路面排水顺畅,及时清除雨水进水孔垃圾,避免路面积水和减少雨水下渗。

（2）对轻微翻浆路段,将面层挖除后,清除基层表面软弱层,铺设下封层后铺筑沥青面层。

（3）对严重翻浆路段,将面层、基层挖除,如涉及路基,还要对路基处理之后,铺筑水稳性好、含有粗集料的半刚性材料作基层,用适宜的沥青结构层进行修复。并做好排除路面结构层内积水的技术措施。

3.1.6 车辙

1．现象

路面在车辆荷载作用下轮迹处下陷,轮迹两侧往往伴有隆起,形成纵向带状凹槽。在实施渠化交通的路段或停刹车频率较高的路段较易出现（见图3－1）。

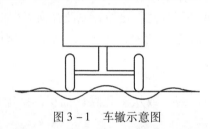

图3－1　车辙示意图

2．规范规定

《城镇道路工程施工与质量验收规范》CJJ 1－2008:

8.5.1 热拌沥青混合料面层质量检验应符合下列规定:

3 表面应平整、坚实,接缝紧密,无枯焦;不应有明显轮迹、推挤裂缝、脱落、烂边、油斑、掉渣等现象,不得污染其他构筑物。面层与路缘石、平石及其他构筑物应接顺,不得有积水现象。

3．原因分析

（1）沥青混合料热稳定性不足。矿料级配不好,细集料偏多,集料未形成嵌锁结构;沥青用量偏高;沥青针入度偏大或沥青质量不好。

（2）沥青混合料面层施工时未充分压实,在车辆反复荷载作用下,轮迹处被进一步压密,而出现下陷。

（3）基层或下卧层软弱或未充分压实,在行车荷载作用下,继续压密或产生剪切破坏。

4．预防措施

（1）设计

1）对于通行重车比例较大的道路,或启动、制动频繁、陡坡的路段,必要时可采用改性沥青混合料,提高抗车辙能力。但在选用时,必须兼顾高低温性能。

2）道路结构组合设计时,沥青面层每层的厚度不宜超过混合料集料最大粒径的4倍。否则较易引起车辙。

（2）材料

32

1)粗集料应粗糙且有较多的破碎裂面。密级配沥青混凝土中的粗集料应形成良好的骨架作用,细集料充分填充空隙,沥青混合料稳定度及流值等技术指标应满足规范要求,高等级道路应进行车辙试验检验。

2)根据当地气候条件按《城镇道路工程施工与质量验收规范》CJJ 1 - 2008 选用合适标号的沥青,针入度不宜过大,一般选用 70 号重交通道路石油沥青。

3)沥青混合料品质应符合马歇尔试验配合比技术要求。

(3)施工

1)密级配沥青混凝土宜优先采用重型的轮胎压路机进行碾压,碾压到要求的压实度为止。

2)施工时,必须按照有关规范要求进行碾压,基层和沥青混合料面层的压实度应分别达到98%和95%或96%。

5.治理措施

(1)如仅在轮迹处出现下陷,而轮迹两侧未出现隆起时,则可先确定修补范围,一般可目测或直接将直尺架在凹陷上,与长直尺底面相接的路面处可确定为修补范围的轮廓线,沿轮廓线将 5 ~ 10cm 宽的面层完全凿去或用机械铣削,槽壁与槽底垂直。并将凹陷内的原面层凿毛,清扫干净后,涂刷 0.3 ~ 0.6 kg/㎡粘层沥青,用与原面层结构相同的材料修补,并充分压实,与路面接平。

(2)如在轮迹的两侧同时出现条状隆起,应先将隆起部位凿去或铣削,直至其深度大于原面层材料最大粒径的 2 倍,槽壁与槽底垂直,将波谷处的原面层凿毛,清扫干净后涂刷 0.3 ~ 0.6 kg/㎡粘层沥青,再铺筑与面层相同级配的沥青混合料,并充分压实与路面接平。

(3)若因基层强度不足、水稳性不好等原因引起车辙时,则应对基层进行补强或将损坏的基层挖除,重新铺筑。新修补的基层应有足够的强度和良好的水稳性,坚实平整;如原为半刚性基层,可采用早期强度较高的水泥稳定碎石修筑,但其厚度不得小于 15cm。修补时应注意与周边原基层的良好衔接。

(4)对于受条件限制或车辙面积较小的街坊道路,可采用现场冷拌的乳化沥青混合料修补。

3.1.7 拥包

1.现象

沿行车方向或横向出现局部隆起。拥包较易发生在车辆经常启动、制动的地方,如停车场、交叉口等。

2.规范规定

《城镇道路工程施工与质量验收规范》CJJ 1 - 2008:

8.5.1 热拌沥青混合料面层质量检验应符合下列规定:

3 表面应平整、坚实,接缝紧密,无枯焦;不应有明显轮迹、推挤裂缝、脱落、烂边、油斑、掉渣等现象,不得污染其他构筑物。面层与路缘石、平石及其他构筑物应接顺,不得有积水现象。

3.原因分析

(1)沥青混合料的沥青用量偏高或细料偏多,热稳定性不好。在夏季气温较高时,不足以抵抗行车引起的水平力。

（2）面层摊铺时，底层未清扫或未喷洒（涂刷）粘层沥青，致使路面上下层粘结不好；沥青混合料摊铺不均，局部细料集中。

（3）基层或下面层未经充分压实，强度不足，发生变形位移。

（4）在路面日常养护时，局部路段沥青用量过多，集料偏细或摊铺不均匀。

（5）陡坡或平整度较差路段，面层沥青混合料容易在行车作用下向低处积聚而形成拥包。

4.预防措施

（1）设计

对于通行重车比例较大的道路，或启动、制动频繁、陡坡的路段，必要时可采用改性沥青混合料，提高抗车辙能力。但在选用时，必须兼顾高低温性能。

（2）材料

1）在混合料配合比设计时，要控制细集料的用量，细集料不可偏多。选用针入度较低的沥青，并严格控制沥青的用量。

2）沥青混合料品质应符合马歇尔试验配合比技术要求。

（3）施工

1）在摊铺沥青混合料面层前，下层表面应清扫干净，均匀洒布粘层沥青，确保上下层粘结。

2）人工摊铺时，由于料车卸料容易离析，应做到粗细料均匀分布，避免细料集中。

3）施工时，必须按照有关规范要求进行碾压，基层和沥青混合料面层的压实度应分别达到98%和95%或96%。

5.治理措施

（1）凡由于沥青混合料本身级配偏细，沥青用量偏高，或者上下层粘结不好而形成的拥包，应将其完全铣削掉，并低于原路表，然后待开挖表面干燥后喷洒0.3~0.6 kg/㎡粘层沥青，再铺筑热稳定性符合要求的沥青混合料至与路面齐平。当拥包周边伴有路面下陷时，应将其一并处理。

（2）如基层已被推挤应将损坏部分挖除，重新铺筑。

（3）修补时应采用与原路面结构相同或强度较高的材料。如受条件限制，则对于面积较小的修补，可采用现场冷拌的乳化沥青混合料，但应严格控制矿料的级配和沥青用量。

3.1.8 搓板

1.现象

路表面出现轻微、连续的接近等距离的起伏状，形似洗衣搓板。虽峰谷高差不大，但行车时有明显的频率较高颠簸感。

2.规范规定

《城镇道路工程施工与质量验收规范》CJJ 1－2008：

8.5.1 热拌沥青混合料面层质量检验应符合下列规定：

1 热拌沥青混合料质量应符合下列要求：

4）沥青混合料品质应符合马歇尔试验配合比技术要求。

3. 原因分析

(1)沥青混合料的矿料级配偏细,沥青用量偏高,高温季节时,面层材料在车辆水平力作用下,发生位移变形。

(2)铺设沥青面层前,未将下层表面清扫干净或未喷洒粘层沥青,致使上层与下层粘结不良,产生滑移。

(3)旧路面上原有的搓板病害未认真处理即在其上铺设面层。

4. 预防措施

(1)设计

合理设计与严格控制混合料的级配。

(2)施工

1)在摊铺沥青混合料前,须将下层顶面的浮尘、杂物清扫干净,并均匀喷洒粘层沥青,保证上下层粘结良好。

2)基层、面层应碾压密实。

3)旧路上进行沥青罩面前,须先处理原路面上已发生的搓板病害,否则,压路机无法将搓板上新罩的面层均匀碾压密实,新的搓板现象随即就会出现。

5. 治理措施

(1)如属混合料中沥青用量偏多引起的不很严重的搓板时,参照 3.1.7 治理方法(1)处理。

(2)因上下面层相对滑动引起的搓板,或搓板较严重、面积较大时,应将面层全部铲除,并低于原路面,其深度应大于用于修补沥青混合料最大集料粒径的 2 倍,槽壁与槽底垂直,清除下层表面的碎屑、杂物及粉尘后,喷洒 0.3 ~ 0.6 kg/㎡ 的粘层沥青,重新铺筑沥青面层。

(3)在交通量较小的街坊道路上,可采用冷拌的乳化沥青混合料找平或进行小面积的修补。

(4)属于基层原因形成的搓板,应对损坏的基层进行修补。详见 3.1.6 治理方法(3)。

3.1.9 坑槽

1. 现象

表层局部松散,形成深度 2cm 以上的凹槽。在水的侵蚀和行车作用下,凹槽进一步扩大,或相互连接,形成较大较深坑槽,严重影响行车的安全性和舒适性。

2. 规范规定

3. 原因分析

（1）面层厚度不够,沥青混合料粘结力不佳,沥青加热温度过高,碾压不密实,在雨水和行车等作用下,面层材料性能日益恶化松散、开裂,逐步形成坑槽。

（2）摊铺时,下层表面泥灰、垃圾未彻底清除,使上下层不能有效粘结。

（3）路面罩面前,原有的坑槽、松散等病害未完全修复。

（3）养护不及时。当路面出现松散、脱皮、网裂等病害时,或被机械行驶刮铲损坏后,未及时养护修复。

4. 预防措施

（1）设计

沥青面层应具有足够的设计厚度,特别是上面层,不应小于施工压实层的最小厚度,以保证在行车荷载作用下有足够的抗力。沥青混合料配合比设计宜选用具有较高粘结力的较密实的级配。若采用空隙率较大的抗滑面层或使用酸性石料时,宜采用改性沥青或在沥青中掺加一定量的抗剥落剂以改善沥青和石料的粘附功能。

（2）施工

1）沥青混合料拌制过程中,应严格掌握拌合时间、沥青用量及拌合温度,保证混合料的均匀性,严防温度过高沥青焦枯现象发生。

2）在摊铺沥青混合料面层前,下层应清扫干净,并均匀喷洒粘层沥青。面层摊铺后应按有关规范要求碾压密实。如在老路面上罩面,原路面上坑槽必须先行修补之后,再进行罩面。

3）当路表面出现松散、脱皮、轻微网裂等可能使雨水下渗的病害,或路面被机械刮铲受损,应及时修补以免病害扩展。

5. 治理措施

（1）如路基完好,坑槽深度仅涉及下面层的维修。

1）确定所需修补的坑槽范围,一般可根据路面的情况略大于坑槽的面积,修补范围应方正,并与行车方向平行或垂直。

2）若小面积的坑槽较多或较密时,应将多个小坑槽合并确定修补范围。

3）采用人工或机械的方法将修补范围内的面层削去,槽壁与槽底应垂直。槽底面应坚实无松动现象,并使周围好的路面不受影响或松动损坏。

4）将槽壁槽底的松动部分、损坏的碎块及杂物清扫干净,然后在槽壁和槽底表面均匀涂刷一层粘层沥青,用量为 $0.3 \sim 0.6 kg/m^2$。

5）将与原面层材料级配基本相同的沥青混合料填入槽内,摊铺平整,并按槽深 1.2 倍掌握好松铺系数。摊铺时要特别注意将槽壁四周的原沥青面层边缘压实铺平。

6）用压实机具在摊铺好的沥青混合料上反复来回碾压至与原路面平齐。如坑槽较深或面积较小,无法用压实机具一次成型时,应分层铺筑,下层可采用人工夯实,上层则应采用机械压实。

（2）如基层已损坏,须先将基层补强或重新铺筑。基层应坚实平整,没有松散和软弱现象。

（3）对于交通量较小的街坊道路,采用热拌沥青混合料材料有困难时,可用冷拌的乳化沥青混合料来修补面层,但须采用较密实的级配,并充分碾压,以防止雨水再次下渗。

3.1.10 松散

1. 现象

面层集料之间的粘结力丧失或基本丧失,路表面可观察到成片悬浮的集料或小块混合料,面层的部分区域明显不成整体。干燥季节,在行车作用下可见轮后粉尘飞扬。

2. 规范规定

> 《城镇道路工程施工与质量验收规范》CJJ 1-2008:
>
> 8.5.1 热拌沥青混合料面层质量检验应符合下列规定:
>
> 1 热拌沥青混合料质量应符合下列要求:
>
> 4)沥青混合料品质应符合马歇尔试验配合比技术要求。
>
> 3 表面应平整、坚实,接缝紧密,无枯焦;不应有明显轮迹、推挤裂缝、脱落、烂边、油斑、掉渣等现象,不得污染其他构筑物。面层与路缘石、平石及其他构筑物应接顺,不得有积水现象。

3. 原因分析

(1)沥青混凝土中的沥青针入度偏小,粘结性能不良;混合料的沥青用量偏少;矿料潮湿或不洁净,与沥青粘结不牢;拌合时温度偏高,沥青焦枯;沥青老化或与酸性石料间的粘附性能不良,造成路面松散。

(2)摊铺施工时,未充分压实,或摊铺时,沥青混凝土温度偏低;雨天摊铺,水膜降低了集料间的粘结力。

(3)基层强度不足,或呈湿软状态时摊铺沥青混凝土,在行车作用下可造成面层松散。

(4)在沥青路面使用过程中,溶解性油类的泄漏,雨雪水的渗入,降低了沥青的粘结性能。

4. 预防措施

施工:

(1)对使用酸性石料拌制沥青混合料时,须在沥青中掺入抗剥落剂或在填料中掺用适量的生石灰粉、干净消石灰、水泥,以提高沥青与酸性石料的粘附性能。

(2)在沥青混合料生产过程中,应选用标号合适的沥青和干净的集料,集料的含泥量不得超过规定的要求,集料在进入拌缸前应该完全烘干并达到规定的温度;除按规定加入沥青外,还应在拌制过程中随时观察沥青混合料的外观,是否有因沥青含量减少而呈暗淡无光泽的现象,拌制新的级配的沥青混合料时尤应加强观测;集料烘干加热时的温度一般控制不超过180℃,避免过高,否则会加快沥青中的轻质油分挥发,使沥青过早老化,影响沥青混凝土整体性。

(3)沥青混合料运到工地后应及时摊铺,及时碾压。摊铺温度及碾压温度偏低会降低沥青混合料面层的压实质量。摊铺后应及时按照有关施工技术规范要求碾压到规定的压实度,碾压结束时温度应不低于70℃;应避免在气温低于10℃或雨天施工。

(4)路面出现脱皮等轻微病害时,应及时修补。

5. 治理措施

将松散的面层清除,重铺沥青混凝土面层。如涉及基层,则应先对基层进行处理。

3.1.11 脱皮

1. 现象

沥青路面上层与下层或旧路上的罩面层与原路面粘结不良,表面层呈成块状或成片状的脱落,其形状、大小不等,严重时可成片。

2. 规范规定

《城镇道路工程施工与质量验收规范》CJJ 1－2008:

8.5.1 热拌沥青混合料面层质量检验应符合下列规定:

3 表面应平整、坚实,接缝紧密,无枯焦;不应有明显轮迹、推挤裂缝、脱落、烂边、油斑、掉渣等现象,不得污染其他构筑物。面层与路缘石、平石及其他构筑物应接顺,不得有积水现象。

3. 原因分析

(1)摊铺时,下层表面潮湿或有泥土或有灰尘等,降低了上下层之间的粘结力。

(2)旧路面上加罩沥青面层时,原路表面未凿毛,未喷洒粘层沥青,造成新面层与原路面粘结不良而脱皮。

(3)面层偏薄,厚度小于混合料集料最大粒径两倍,难以碾压成型。

4. 预防措施

施工:

(1)在铺设沥青面层前,应彻底清除下层表面的泥土、杂物、浮尘等,并保持表面干燥,喷洒粘层沥青后,立即摊铺沥青混合料,使上下层粘结良好。

(2)在旧路面上加罩沥青面层时,原路面应用风镐或"十"字镐凿毛,有条件时,采用铣削机铣削,经清扫、喷洒粘层沥青后,再加罩面层。

(3)单层式或双层式面层的上层压实度厚度必须大于集料粒径的两倍,利于压实成型。

5. 治理措施

(1)脱皮较严重的路段,应将沥青面层全部削去,重新铺筑面层。

(2)脱皮面积较小,且交通量不大的街坊道路,可按 3.1.10 治理方法进行修复。

(3)脱皮部位发现下层松软等病害时,可参照 3.1.10 治理方法对基层补强后修复。

3.1.12 啃边

1. 现象

路面边缘破损、脱落。

2. 规范规定

《城镇道路工程施工与质量验收规范》CJJ 1－2008:

8.5.1 热拌沥青混合料面层质量检验应符合下列规定:

3 表面应平整、坚实,接缝紧密,无枯焦;不应有明显轮迹、推挤裂缝、脱落、烂边、油斑、掉渣等现象,不得污染其他构筑物。面层与路缘石、平石及其他构筑物应接顺,不得有积水现象。

3. 原因分析

(1)路边积水,使集料与沥青剥离、松散。

(2)路面边缘碾压不足,面层密实度较差。

(3)路面边缘基层松软,强度不足,承载力差。

4. 预防措施

施工：

（1）合理设计路面排水系统、注意日常养护，经常清除雨水口进水孔垃圾，使路面排水畅通。

（2）施工时，路面边缘应充分碾压，压实后的沥青层与缘石齐平、密贴。因此，摊铺时要正确掌握上面层的松铺系数。

（3）基层宽度须超出沥青层 20～30cm，以改善路面受力条件。

5. 治理措施

在啃边路段修补范围内，离沥青面层损坏边缘 5～10cm 处划出标线，选择适用机具沿标线将面层材料挖除，经清扫后，在底面、侧面涂刷粘层沥青，然后按原路面的结构和材料进行修复，接缝处以热烙铁烫边，使接缝紧密。

3.1.13 与收水井、检查井衔接不顺

1. 现象

收水井、检查井盖框标高比路面高或低，汽车通过时有跳车或抖动现象，行车不舒适，路面容易损坏。

2. 规范规定

《城镇道路工程施工与质量验收规范》CJJ 1－2008：

8.5.1 热拌沥青混合料面层质量检验应符合下列规定：

3 表面应平整、坚实，接缝紧密，无枯焦；不应有明显轮迹、推挤裂缝、脱落、烂边、油斑、掉渣等现象，不得污染其他构筑物。面层与路缘石、平石及其他构筑物应接顺，不得有积水现象。

3. 原因分析

（1）施工放样不仔细，收水井、检查井盖框标高偏高或偏低，与路面衔接不齐平。

（2）收水井、检查井基础下沉。

（3）收水井、检查井周边回填土及路面压实不足，交通开放后，逐渐沉陷。

（4）井壁及管道接口渗水，使路基软化或掏空，加速下沉。

4. 预防措施

施工：

（1）施工前，必须按设计图纸做好放样工作，标高要准确，收水井、检查井中所在位置的标高与道路纵向标高、横坡相协调，避免出现高差。

（2）收水井、检查井的基础及墙身结构应合理设计，按规范施工，减少或防止下沉。

（3）井周边的回填土、路面结构必须充分压实。回填土压实有困难时，可采用水稳定性好，压缩性小的粒状材料或稳定类材料进行回填。

（4）在铺筑沥青混合料前，须先在井壁涂刷粘层沥青再铺设面层，压实后，宜用热烙铁烫密封边，以防井壁渗水。

5. 治理措施

（1）当收水井、检查井高出路面时，可吊移盖框，降低井壁至合适标高后，再放上盖框，并处理好周边缝隙。

（2）当收水井、检查井低于路面时，可先将盖框吊开，以合适材料调平底座，调平材料达

到强度后再放上盖框。盖框安置妥当后,认真做好接缝处理工作,使接缝密封不渗水。

3.1.14 施工接缝明显

1. 现象

接缝歪斜不顺直;前后摊铺幅色差大、外观差;接缝不平整有高差,行车不舒适。

2. 规范规定

《城镇道路工程施工与质量验收规范》CJJ 1－2008:
8.2.19 热拌沥青混合料面层接缝应符合下列规定:
1 沥青混合料面层的施工接缝应紧密、平顺。
4 对冷接茬施工前,应在茬面涂少量沥青并预热。

3. 原因分析

(1)在后铺筑沥青层时,未将前施工压实好的路幅边缘切除,或切线不顺直。

(2)前后施工的路幅材料有差别,如石料色泽深浅不一或级配不一致。

(3)后施工路幅的松铺系数未掌握好,偏大或偏小。

(4)接缝处碾压不密实。

4. 预防措施

施工:

(1)在同一个路段中,应采用同一料场的集料,避免色泽不一;上面层应采用同一种类型级配,混合料配合比要一致。

(2)纵横冷接缝必须按有关施工技术规范处理好。在摊铺新料前,须将已压实的路面边缘塌斜部分用切削机切除,切线顺直,侧壁垂直,清扫碎粒料后,涂刷 0.3～0.6 kg/㎡ 粘层沥青,然后再摊铺新料,并掌握好松铺系数。施工中及时用三米直尺检查接缝处平整度,如不符合要求,趁混合料未冷却时进行处理。

(3)纵横向接缝须采用合理的碾压工艺,在碾压纵向接缝时,压路机应在已压实路面上行走,碾压新铺层的 10～15cm,然后压实新铺部分,再伸过已压实路面 10～15cm。如图 3－2 所示。接缝须得到充分压实,达到紧密、平顺要求。

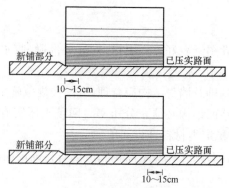

图 3－2　纵缝冷接缝的碾压

3.1.15 压实度不足

1. 现象

压实未达到规范要求。在压实度不足的面层上,用手指甲或细木条对路表面的粒料进

40

行拨挑时,粒料有松动或被挑起的现象发生。

2. 规范规定

《城镇道路工程施工与质量验收规范》CJJ 1 - 2008:

8.5.1 热拌沥青混合料面层质量检验应符合下列规定:

2 热拌沥青混合料面层质量检验应符合下列规定:

1)沥青混合料面层压实度,对城市快速路、主干路不应小于96%;对次干路及以下道路不应小于95%。

3. 原因分析

(1)碾压速度未掌握好,碾压方法有误。

(2)沥青混合料拌合温度过高,有焦枯现象,沥青丧失粘结力,虽经反复碾压,但面层整体性不好,仍呈半松散状态。

(3)碾压时面层沥青混合料温度偏低,沥青虽裹覆较好,但已逐渐失去粘性,沥青混合料在压实时呈松散状态,难以压实成型。

(4)雨天施工时,沥青混合料内形成的水膜,影响矿料与沥青间粘结以及沥青混合料碾压时,水分蒸发所形成的封闭水汽,影响了路面有效压实。

(5)压实厚度过大或过小。

4. 预防措施

施工:

(1)在碾压时应按初压、复压、终压三个阶段进行,行进速度须慢而均匀。碾压速度应符合表3-1规定。

压路机碾压速度(kg/h)   表3-1

压路机类型	初压		复压		终压	
	适宜	最大	适宜	最大	适宜	最大
钢筒式	1.5~2	3	2.5~3.5	5	2.5~3.5	5
轮胎式	—	—	3.5~4.5	8	4~6	8
振动式	1.5~2(静压)	5(静压)	4~5(振动)	4~5(振动)	2~3(静压)	5(静压)

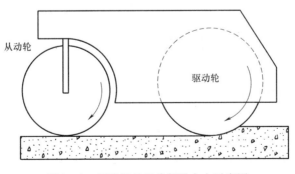

图3-3 压路机的正确行进方向示意图

(2)碾压时驱动轮面向摊铺机方向前进,驱动轮在前,从动轮在后。如图3-3所示。

(3)沥青混合料拌制时,集料烘干温度要控制在160~180℃之间,温度过高会使沥青出现焦枯,丧失粘结力,影响沥青混合料压实性和整体性。

（4）沥青混合料运到工地后应及时摊铺,及时碾压,碾压温度过低会使沥青的黏度提高,不易压实。应尽量避免气温低于10℃或雨期施工。

（5）压实层最大厚度不得超过10cm,最小厚度应大于集料最大粒径1.5倍(中、下面层)或2倍上面层。压实度应符合规定。

5.治理措施

压实度不足的面层在使用过程中极易出现各种病害,一般应铣削后重新铺筑热拌沥青混合料。

热拌沥青混合料种类 表3－2

混合料类型	密级配			开级配		半开级配	公称最大粒径(mm)	最大粒径(mm)
	连续级配		间断级配	间断级配		沥青碎石		
	沥青混凝土	沥青稳定碎石	沥青玛蹄脂碎石	排水式沥青磨耗层	排水式沥青碎石基层			
特粗式	－	ATB－40	－	－	ATPB－40	－	37.5	53.0
粗粒式	－	ATB－30	－	－	ATPB－30	－	31.5	37.5
	AC－25	ATB－25	－	－	ATPB－25	－	26.5	31.5
中粒式	AC－20	－	SMA－20	－	－	AM－20	19.0	26.5
	AC－16	－	SMA－16	OGFC－16	－	AM－16	16.0	19.0
细粒式	AC－13	－	SMA－13	OGFC－13	－	AM－13	13.2	16.0
	AC－10	－	SMA－10	OGFC－10	－	AM－10	9.5	13.2
砂粒式	AC－5	－	－	－	－	－	4.75	9.5
设计孔隙率(%)	3~5	3~6	3~4	>18	>18	6~12	－	－

注:设计孔隙率可按配合比设计要求适当调整。

第4章 水泥混凝土面层

4.1 混凝土混合料

4.1.1 混凝土和易性不好

1.现象

（1）混合料胶凝材过少,松散,粘结性差,结构物表面粗糙。

（2）混合料胶凝材过多,粘聚力大、容易成团,流动性差,浇筑比较困难。

（3）混合料中水泥砂浆量过少,石子间空隙充填不良混凝土不密实。

（4）混合料在运输、浇筑过程中,产生离析分层,表面泌水严重。

2.规范规定

《城镇道路工程施工与质量验收规范》CJJ 1－2008：
  10.2.1 混凝土面层的配合比应满足弯拉强度、工作性、耐久性三项技术要求。

3. 原因分析

（1）水泥用量选用不当。当水泥用量过少,水泥浆量不足,混合料松散;当水泥用量过多,水泥浆量富裕太多,易成团,难浇筑。

（2）砂率选择不当。砂率过大,混合料黏聚性不够,过小则不易振捣密实。

（3）水灰比选择不当。混合料在运输过程中出现离析,均匀度难以保证,出现分层离析。

（4）水泥品种选择不当。选择玻璃体含量大的水泥,如矿渣水泥,粉煤灰水泥,较易造成泌水,离析。

（5）混合料配合比不准,计量不精确,搅拌时间不足,管理不严格都会对混合料的均匀性、和易性产生直接的影响。

4. 预防措施

施工：

（1）正确进行路面混凝土的配合比设计与试验,严格按《城镇道路工程施工与质量验收规范》CJJ 1－2008 要求执行。在保证设计强度要求前提下,单位水泥用量不宜过大。

（2）混凝土的水灰比及坍落度应根据道路的性质、使用要求及施工条件来合理选用,表4－1。路用混凝土单位用水量的常用范围见表4－2。

路面混凝土的最大水灰比和最小单位水泥用量   表4－1

道路等级		城市快速路、主干路	次干路	其他道路
最大水灰比		0.44	0.46	0.48
抗冰冻要求最大水灰比		0.42	0.44	0.46
抗盐冻要求最大水灰比		0.40	0.42	0.44
最小单位水泥用量（kg/m³）	42.5 级水泥	300	300	290
	32.5 级水泥	310	310	305
抗冰（盐）冻时最小单位水泥用量（kg/m³）	42.5 级水泥	320	320	315
	32.5 级水泥	330	330	325

注：水灰比计算以砂石料的自然风干状态计算（砂含量≤1.0%；石子含量≤0.5%）。

不同摊铺方式混凝土工作性及用水量要求   表4－2

混凝土类型	项目	摊铺方式			
		滑模摊铺机	轨道摊铺机	三轴机组摊铺机	小型机具摊铺
砾石混凝土	出机坍落度（mm）	20~40①	40~60	30~50	10~40
	摊铺坍落度（mm）	5~55②	20~40	10~30	0~20
	最大用水量（kg/m³）	155	153	148	145
碎石混凝土	出机坍落度（mm）	25~50①	40~60	30~50	10~40
	摊铺坍落度（mm）	10~65②	20~40	10~30	0~20
	最大用水量（kg/m³）	160	156	153	150

①为设超铺角的摊铺机。不设超铺角的摊铺机最佳坍落度砾石为 10~40mm;碎石为 10~30mm。

②为最佳工作性允许波动范围。

43

（3）混合料砂率对于保证路面混凝土的和易性十分重要,应合理选用。当砂粗时,宜选用较大砂率,砂细时,可选用较小砂率。

（4）为改善混凝土和易性必要时可掺减水剂,为延长作业时间可掺缓凝剂,但事前必须经过试验,符合要求后方可使用。

（5）严格计量装置的标定与使用,加强原材料和混合料的质量检测与控制,保证混合料配备准,和易性好。

（6）混凝土和易性不好会影响路面工程质量及耐久性,不能应用于原等级路面工程,但可降级使用。

4.1.2 外加剂使用不当

1. 现象

（1）混凝土浇筑后较长时间内不能凝结硬化。

（2）混凝土浇筑后表面鼓包或在夏季较早出现收缩裂缝。

（3）混凝土坍落度损失快,商品混凝土运至工地出现倾料不畅;普通混合料浇筑时,难以振捣密实。

2. 规范规定

《城镇道路工程施工与质量验收规范》CJJ 1-2008:

10.8.1 水泥混凝土面层质量检验应符合下列规定:

1 原材料质量应符合下列要求:

2）混凝土中掺加外加剂应符合现行国家标准《混凝土外加剂》GB 8076 和《混凝土外加剂应用技术规范》GB 50119 的规定。

3. 原因分析

（1）缓凝型减水剂掺量过多。

（2）外加剂以干粉状掺入,其中未碾成粉的颗粒遇水膨胀,使混凝土表面起鼓包。

（3）夏季缓凝减水剂选择不当,缓凝时间不够,过快结硬,或由于缩缝切缝不及时,导致过早出现收缩裂缝。

（4）外加剂选择不当或混合料运输时间过长,造成坍落度严重损失。

4. 预防措施

施工:

（1）应熟悉各类外加剂的品种与使用性能。在使用前必须结合工程的特点与施工工艺进行试验,确定合适的配比,符合要求后方可使用。目前市场上外加剂品种繁多,有普通减水剂和高效减水剂,缓凝剂及缓凝减水剂,早强剂及早强减水剂等,其性能各有区别,使用场合不一,应严格按产品说明书要求予以使用。

（2）不同品种不同用途的外加剂应分别堆放,专职保管。

（3）粉状外加剂要保持干燥状态,防止受潮结块。已结块的粉状外加剂应烘干、碾碎,过0.6mm 筛后使用。

（4）选择离施工现场较近的搅拌站,以缩短运输时间减少坍落度损失。

5. 治理措施

（1）缓凝减水剂掺量过多,造成混凝土长时间不凝结,则可延长养护时间,视后期强度达

到设计要求时方可使用。

（2）因缓凝时间不够,致使混凝土过快凝结而产生收缩裂缝时,应采用适当的措施予以修补;"鼓包"部分应在凿除后再修补。

（3）坍落度损失已超过标准的,则应退货。

4.1.3 抗折强度低

1. 现象

不同期间抽样测得的混凝土抗折强度波动大,合格判断强度不符合要求。合格判断强度应大于或等于设计强度与均方差同合格判断系数之积的和。强度离散越大,均匀性越差,要求的合格强度越高。

2. 规范规定

> 《城镇道路工程施工与质量验收规范》CJJ 1 - 2008:
> 10.8.1 水泥混凝土面层质量检验应符合下列规定:
> 2 混凝土面层质量应符合设计要求。
> 1)混凝土弯拉强度应符合设计规定。

3. 原因分析

（1）混凝土原材料不符合要求。水泥过期或受潮结块;砂、石集料,级配不好,孔隙率大,含泥量、杂质多;外加剂种类选择不当或外加剂质量、掺量不当。

（2）混凝土配合比不准确,或者没有按抗折强度确定配合比。在混合料制备过程中,没有认真计量,严格控制配比、用水量与搅拌时间,影响了混合料的强度与均匀性。

（3）混凝土试件没有按规定取样与养护。如随意取样或多加水泥;试件没有振捣密实;试件养护温度与湿度不标准,随意堆置等,均会影响试块强度的均匀性与代表性。

4. 预防措施

（1）材料

确保混凝土原材料质量。

1）水泥进场必须有质量证明文件,并按规定取样检验,合格后方可使用。

2）加强对水泥的储存保管。水泥堆放时,下面要垫高30cm,四周离墙30cm以上,以防受潮。不同品种、版号、标号、出厂日期的水泥分别堆放,分别使用,先到先用。存放期不应超过三个月。散装水泥应置于水泥筒仓内。

3）砂、石堆放场地要进行清理,防止杂物混入,各种粒径的砂石,不得混放,应隔离堆放,批量达规定量时,应及时交试验室检验。

4）外加剂的保管工作也应与水泥一样,特别是干粉外加剂,应避免受潮。

（2）施工

1）严格控制混凝土配合比:

①现场来料应及时交于试验室,通过试验来确定或调整现场施工配合比,确保其正确、可靠。

②严格按配合比计量施工,当集料含水率变化时,应根据实际情况,及时调整配合比。在规定计量偏差内称重。

2）如混凝土强度不符合要求,应进行调查研究,查明原因,采取必要措施进行处理。

4.2 路面裂缝

4.2.1 龟裂

1. 现象

混凝土路面表面产生网状、浅而细的发丝裂纹,呈小的六角形花纹,见图4-1,深度5~10mm。

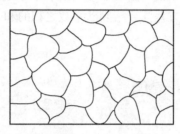

图4-1 龟裂

2. 规范规定

《城镇道路工程施工与质量验收规范》CJJ 1-2008:
  10.8.1 水泥混凝土面层质量检验应符合下列规定:
  2 混凝土面层质量应符合设计要求。
  4)水泥混凝土面层应板面平整、密实,边角应整齐、无裂缝,并不应有石子外露或浮浆、脱皮、踏痕、积水等现象,蜂窝麻面面积不得大于总面积的0.5%。

3. 原因分析

(1)混凝土浇筑后,表面没有及时覆盖,在炎热或大风天气,表面游离水分蒸发过快,体积急切收缩,导致开裂。

(2)混凝土在拌制时水灰比过大;模板与垫层过于干燥,吸水大。

(3)混凝土配合比不合理,水泥用量砂率过大。

(4)混凝土表面过度震荡或抹平,使水泥和细集料过多浮至表面,导致缩裂。

4. 预防措施

施工:

(1)混凝土路面浇筑后,及时用潮湿材料覆盖,认真浇水养护,防止强风和曝晒。在炎热季节,必要时应搭棚施工。

(2)配制混凝土时,应严格控制水灰比和水泥用量,选择合适的粗集料级配和砂率。

(3)在浇筑混凝土路面时,将基层和模板浇水湿透,避免吸收混凝土中的水分。

(4)干硬性混凝土采用平板振捣器时,防止过度震荡,使砂率集聚表面。砂浆层厚度应控制在2~5mm范围内。抹平时不必要过度抹平。

5. 治理措施

(1)如混凝土在初凝前出现龟裂,可采用镘刀反复压抹或重新振捣的方法来消除,再加强湿润覆盖养护。

(2)一般对结构无甚影响,可不予处理。

(3)必要时应用注浆进行表面涂层处理,封闭裂缝。

4.2.2 横向裂缝

1. 现象

沿着道路中线大致相垂直的的方向产生裂缝,这类裂缝,往往在行车与温度的作用下,逐渐扩展,最终贯穿板厚。

2. 规范规定

> 《城镇道路工程施工与质量验收规范》CJJ 1－2008:
>
> 10.6.6 横缝施工应符合下列规定:
>
> 4 机切缝时,宜在水泥混凝土强度达到设计强度25%～30%时进行。
>
> 10.8.1 水泥混凝土面层质量检验应符合下列规定:
>
> 2 混凝土面层质量应符合设计要求。
>
> 1)混凝土弯拉强度应符合设计规定。
>
> 2)混凝土面层厚度应符合设计规定,允许误差为±5mm。

3. 原因分析

(1)混凝土路面切缝不及时,由于温缩和干缩发生断裂。混凝土连续浇筑长度越长,浇筑时气温越高,基层表面越粗糙越易断裂。

(2)切缝深度过浅,由于横断面没有明显削弱,应力没有释放,因而在临近缩缝处产生新的收缩缝。

(3)混凝土路面基础发生不均匀沉陷(如穿越河浜、沟槽,拓宽路段处),导致底板脱空而断裂。

(4)混凝土路面厚度与强度不足时,在荷载和温度应力作用下产生强度裂缝。

4. 预防措施

施工:

(1)严格掌握混凝土路面的切割时间,一般在抗压强度达到10MPa左右即可切割,以边口切割整齐,无碎裂为度,尽可能及早进行。尤其是夏天,昼夜温差大,更需注意。

(2)当连续浇捣长度很长,切缝设备不足时,可在二分之一长度处先切,之后再分段切;在条件比较困难时,可间隔几十米设一条压缝,以减少收缩应力的集聚。

(3)保证基础稳定、无沉陷。在沟槽、河浜回填处必须按规范要求,做到密实、均匀。

(4)混凝土路面的结构组合与厚度设计应满足交通要求,特别是重车、超重车的路段。

5. 治理措施

(1)当板块裂缝较大,咬合能力严重削弱,则应局部反挖修补。先沿裂缝两侧一定范围划出标线,最小宽度不宜小于1m,标线应与中线垂直,然后沿缝切齐,凿去标线间的混凝土,浇捣新的混凝土。具体修补方法可参见本章附录。

(2)整个板块翻挖后重新铺筑新的混凝土板块。

(3)用聚合物灌浆法封缝或沿裂缝开槽嵌入弹性或刚性粘合修补材料,起封缝防水的作用,有一定的效果。详见本章附录。

4.2.3 角隅断裂

1. 现象

混凝土路面板角处,沿与角隅等分线大致相垂直方向产生断裂,在胀缝处特别容易发生。块角到裂缝两端距离小于横边长的一半。

2. 规范规定

《城镇道路工程施工与质量验收规范》CJJ 1 - 2008:

10.8.1 水泥混凝土面层质量检验应符合下列规定:

2 混凝土面层质量应符合设计要求。

4)水泥混凝土面层应板面平整、密实,边角应整齐、无裂缝,并不应有石子外露或浮浆、脱皮、踏痕、积水等现象,蜂窝麻面面积不得大于总面积的0.5%。

3. 原因分析

(1)角隅处于纵横缝交叉处,容易产生唧泥,形成脱空,导致角隅应力增大,产生断裂。

(2)基础在行车荷载和水的综合作用下,逐步产生塑性变形累积,使角隅应力逐渐递增,导致断裂。

(3)胀缝往往是位于端模板处,拆模时容易损伤;而在下一相邻板浇筑时,由于已浇板块强度有限,极易受伤,造成隐患,故此处角隅较易断裂。

4. 预防措施

施工:

(1)选用合适的填料,减少或防止接缝渗水;重视经常性的接缝养护,是接缝处于良好的防水状态。

(2)采用抗冲刷、水稳定性好的材料,如水泥稳定粒料作基层,以减少冲刷与塑性变形。

(3)混凝土路面拆模与浇捣时要防止角隅损伤并注意充分捣实。

(4)胀缝处角隅应采用角隅钢筋补强。

5. 治理措施

若裂缝较小,可采用灌浆法封闭裂缝,继续使用;若板角松动,则可以沿裂缝切齐凿去板块后,采用具有良好粘结性能的混凝土进行修补(详见附录)。

4.2.4 化学反应引起裂缝

1. 现象

化学反应引起的裂缝分为碱 – 集料反应引起的裂缝、由钢筋锈蚀引起的裂缝,主要表现为呈杂乱的"地图"状裂缝和顺筋开裂,在裂缝处有白色沉淀的胶体和锈迹斑出现。

2. 规范规定

《城镇道路工程施工与质量验收规范》CJJ 1 - 2008:

10.8.1 水泥混凝土面层质量检验应符合下列规定:

2 混凝土面层质量应符合设计要求。

4)水泥混凝土面层应板面平整、密实,边角应整齐、无裂缝,并不应有石子外露或浮浆、脱皮、踏痕、积水等现象,蜂窝麻面面积不得大于总面积的0.5%。

3. 原因分析

(1)材料

1)碱 – 集料反应产生的裂缝是由于混凝土内部的碱和碱活性集料经若干年化学反应,生成物积累到一定数量后,吸水膨胀,导致裂缝。

2)混凝土中铝酸三钙受硫酸盐的侵蚀,产生难溶而体积增大的反应物,使混凝土体积膨胀而出现裂缝。

（2）施工

钢筋锈蚀产生的裂缝是由于混凝土钢筋保护层太薄或混凝土抗渗性差,导致外界有害离子侵入混凝土内部,使钢筋锈蚀、膨胀,导致混凝土开裂。

4. 治理措施

水泥中游离 CaO 过多,在混凝土硬化后,继续水化,发生固相体积增大,使混凝土崩裂。

5. 预防措施

（1）加强集料的碱活性检验,禁止使用会产生碱－集料反应的集料;使用低碱水泥,控制外加剂的含碱量,应用活性掺合料,以抑制碱－集料反应。

（2）增加混凝土钢筋保护层厚度;对钢筋涂刷防腐蚀涂料;混凝土采用级配良好的粗集料,低水灰比,以增加混凝土密实度,提高抗渗透性,减少水分的渗入。

（3）加强水泥检验,防止用游离 CaO 过多的水泥。

（4）对钢筋锈蚀引起的裂缝,可把钢筋周围混凝土凿除,彻底清除锈蚀,然后用各类修补混凝土进行修补。

4.2.5 纵向裂缝

1. 现象

顺道路中心方向出现的裂缝。这种裂缝一旦出现,经过一段营运时间后,往往会变成贯穿裂缝。

2. 规范规定

> 《城镇道路工程施工与质量验收规范》CJJ 1－2008：
>
> 10.8.1 水泥混凝土面层质量检验应符合下列规定：
>
> 2 混凝土面层质量应符合设计要求。
>
> 4）水泥混凝土面层应板面平整、密实,边角应整齐、无裂缝,并不应有石子外露或浮浆、脱皮、踏痕、积水等现象,蜂窝麻面面积不得大于总面积的 0.5%。

3. 原因分析

（1）路基发生不均匀沉陷,如纵向沟槽下沉,路基拓宽部分沉陷、河浜回填沉陷、路基一侧降水、排管等导致路面基础下沉,板块脱空而产生裂缝。

（2）由于基础不稳定,在行车荷载与水温的作用下,产生塑性变形,或者由于基层材料安定性不好（如钢渣结构层）,产生膨胀,导致各种形式的开裂。纵缝亦是一种可能的形式。

（3）混凝土板厚度与基础强度不足产生的荷载型裂缝。

4. 预防措施

（1）材料

混凝土板厚度与基层结构应按现行规范设计,以保证应有的强度和使用寿命。基层必须稳定。宜优先采用水泥,石灰稳定类基层。

（2）施工

1）对于填方路基,应分层填筑、碾压,保证均匀、密实。

2）在新旧路基界面处应设置台阶或格栅,防止相对滑移。

3)河浜地段,游泥务必彻底清除;沟槽地段,应采取措施保证回填材料有良好的水稳性和压实度,以减少沉降。

4)在上述地段应采用半刚性基层,并适当增加基层厚度(如≥50cm);在拓宽路段应加强土基,使其具有略高于旧路的结构强度,并尽可能保证有一定的基层能全幅铺筑;在容易发生沉陷地段混凝土路面板应铺设钢筋网或改用沥青路面。

5. 治理措施

(1)出现裂缝后,必须查明原因,采取对策。

(2)如属于土基沉陷等原因引起的,则宜先从稳定土基着手或者等待自然稳定后,再着手修复。在过渡期可采用一些临时措施,如封缝防水;严重影响交通的板块,挖除后可用沥青混合料修复等。

(3)裂缝的修复,采用一般性的扩缝嵌填或浇筑专用修补剂有一定效果,但耐久性不易保证。采用扩缝加筋的办法进行修补,具有较好的增强效果。

(4)翻挖重铺是一个常用的有效措施,但基层必须稳定可靠;否则必须从加强、稳定基层着手。

4.2.6 检查井周围裂缝

1. 现象

在检查井或收水井周边转角处呈放射线裂缝,或在检查井周边呈现纵横向裂缝。

2. 规范规定

《城镇道路工程施工与质量验收规范》CJJ 1–2008:

10.8.1 水泥混凝土面层质量检验应符合下列规定:

2 混凝土面层质量应符合设计要求。

4)水泥混凝土面层应板面平整、密实,边角应整齐、无裂缝,并不应有石子外露或浮浆、脱皮、踏痕、积水等现象,蜂窝麻面面积不得大于总面积的0.5%。

3. 原因分析

(1)水泥混凝土路面板中设置检查井或收水井,使混凝土纵横截面积减小,同时,板中孔穴的存在,造成应力集中,大大增加了井周特别是转角处的温度和荷载应力。

(2)井体在使用过程中,由于基础和回填土的沉降使板体产生附加应力。

(3)在井周边的混凝土所受的综合疲劳应力大于混凝土路面设计抗折强度而产生裂纹。

4. 预防措施

施工:

(1)合理布置检查井的位置,如将其骑在横缝上;当检查井离板纵、横 <1m 时,将窨井上的板块放大至板边。这样布置有助于缓解裂缝的形成。

(2)井基础和结构要加固,回填土要密实稳定,使井及周边不易沉降,减少附加应力。

(3)井周围的混凝土板块用钢筋加固或用抗裂性优良的钢纤维混凝土替代,以抑制混凝土裂缝发生或控制裂缝的宽度。

5. 治理措施

(1)如裂缝宽小,仍能传递荷载,可不维修。

(2)如裂缝较宽,咬合力削弱较大,则可采用粘结法,即沿裂缝全深度扩缝,选择适用灌浆材料进行填充缝修补,使板体恢复整体功能。

(3)如属于严重裂缝,则可采用翻修法,即将部分或整块检查井周围混凝土板全部凿除,必要时对基层进行处理后,重新浇筑新的混凝土。

4.3 其他病害

4.3.1 露石
1.现象

露石又称露骨,是指混凝土路面在行车作用下水泥砂浆磨损或剥落后石子裸露的现象。

2.规范规定

《城镇道路工程施工与质量验收规范》CJJ 1—2008:

10.8.1 水泥混凝土面层质量检验应符合下列规定:

2 混凝土面层质量应符合设计要求。

4)水泥混凝土面层应板面平整、密实,边角应整齐、无裂缝,并不应有石子外露或浮浆、脱皮、踏痕、积水等现象,蜂窝麻面面积不得大于总面积的0.5%。

3.原因分析

(1)由于施工时混合料坍落度小,夏季施工时失水快,或掺入早强剂不当,在平板振实后,混凝土就开始凝结,以致待辊筒滚压和收水时,石子已压不下去,抹平后,石子外露表面。

(2)水泥混凝土的水灰比过大或水泥的耐磨性差,用量不足使混凝土表面砂浆层的强度和磨耗性差,在行车作用下很快磨损或剥落,形成露石。

4.预防措施

施工:

(1)严格控制混凝土的水灰比和施工坍落度;合理使用外加剂,使用前应进行试验;组织好混合料的供应和施工,防止坍落度损失过快。夏季施工时,现场要设遮阳棚。

(2)按规范要求,选择好水泥、砂等原材料,根据使用要求及施工工艺,确定合理配合比,掌握好用水量。

(3)应采用粘结性良好的结合料,如聚合物水泥砂浆或新加坡 RP 道路修补剂对水泥混凝土路面露骨部分进行罩面修补(详见附录)。

4.3.2 蜂窝
1.现象

混凝土板体侧面存在明显的孔穴,大小不一,状如蜂窝。

2.规范规定

《城镇道路工程施工与质量验收规范》CJJ 1—2008:

10.8.1 水泥混凝土面层质量检验应符合下列规定:

2 混凝土面层质量应符合设计要求。

4)水泥混凝土面层应板面平整、密实,边角应整齐、无裂缝,并不应有石子外露或浮浆、脱皮、踏痕、积水等现象,蜂窝麻面面积不得大于总面积的0.5%。

3.原因分析

(1)施工振捣不足,甚至漏振,是混凝土颗粒间的空隙未能被砂浆填满。特别是在模板处,颗粒移动阻力大,更易出现蜂窝。

(2)模板漏浆造成侧面蜂窝。

4.预防措施

施工:

(1)严格控制混合料坍落度,并配以相应的捣实设备,保证有效的捣实。

(2)沿模板边的混凝土灌实,先用插入式振捣器仔细振捣,不得漏振,最后,再用平板式振捣器(路用商品混凝土可不用)振实。

(3)模板要有足够的刚度和稳定性,不得有空隙,如发现模板有空隙时,应予堵塞,防止漏浆。

(4)模板拆除后,及时修补。为了使色泽统一,可用道路混凝土除去石子后的砂浆进行修补。

4.3.3 胀缝不贯通

1.现象

混凝土路面胀缝在厚度和水平方向不贯通。

2.规范规定

《城镇道路工程施工与质量验收规范》CJJ 1 - 2008:

10.8.1 水泥混凝土面层质量检验应符合下列规定:

2 混凝土面层质量应符合设计要求。

5)伸缩缝应垂直、直顺,缝内不应有杂物,伸缩缝在规定的深度和宽度范围内应全部贯通,传力杆应与缝面垂直。

3.原因分析

(1)浇捣前仓混凝土时胀缝处封头板底板漏浆,拆除填充头时又没有将漏浆清除,造成前后仓混凝土粘结。

(2)接缝板尺寸不够,两侧不能紧靠模板;胀缝处上下接缝板,在施工过程中发生相对移位,致使在浇捣后一仓混凝土大量砂浆挤进,使前后仓混凝土粘结。

(3)当胀缝采用切缝时,切缝深度不足,没有切到接缝板顶面,造成混凝土粘结。

4.预防措施

施工:

(1)封头板要与侧面模板,底面基层接触紧密,要有足够的刚度和稳定性,在浇捣混凝土时不得有走动和漏浆现象。

(2)在浇捣后一仓混凝土前,应将胀缝处清理干净,确保基层平整,接缝板摆放时要贴紧模板和基层,不得有空隙,以免漏浆。

(3)切缝后应检查是否露出嵌缝板,否则继续切,直至露出嵌缝板为止。

(4)接缝板质量应符合设计规范要求。

(5)发现胀缝不贯通,由人工整理贯通,并做好回填与封缝。

4.3.4 摩擦系数不足

1.现象

水泥混凝土路面光滑,摩擦系数低于设计标准或养护要求。

2. 规范规定

《城镇道路工程施工与质量验收规范》CJJ 1-2008:

10.6.5 混凝土面层应拉毛、压痕或刻痕,其平均纹理深度应为1~2mm。

3. 原因分析

(1)水泥混凝土路面水泥砂浆层较厚,而砂浆中的砂偏细,质地偏软易磨,致使光滑;

(2)混凝土坍落度及水泥用量大,经振捣后,路表汇集砂浆过多,经行车碾磨后,形成光滑面。

(3)路面施工时,抹面过光,又未采取拉毛措施。

(4)路面使用时间较长,由于自然磨损而磨光。

4. 预防措施

施工:

(1)严格按照规范要求控制现拌或路用商品混凝土的水灰比与坍落度及水泥、黄砂等原材料质量。

(2)在混凝土路面施工过程中应采取拉毛、刻槽等防滑措施。

(3)如采用裸骨法施工的防滑路面,则对石料的磨光值应有严格要求,如PVS≥42。

5. 治理措施

(1)用表面刻槽来提高路面的摩擦系数。刻槽可为3mm宽,4mm深的窄缝,间距30~55mm效果比较显著。

(2)在磨光的表面用各种类型道路修补剂的罩面,同时采取相应防滑措施。重要的是保证上下面良好粘结。

(3)铺设沥青罩面层,是一项比较可行,有效的措施,但需要有一定厚度以保证层间良好粘结。沥青面层上的反射裂缝是尚待解决的问题。

4.3.5 传力杆失效

1. 现象

胀缝或缩缝处传力杆不能正常传递荷载而在接缝一侧板上产生裂缝或碎裂。胀缝处传力杆失效最为普遍,较为严重。

2. 规范规定

《城镇道路工程施工与质量验收规范》CJJ 1-2008:

10.4.3 钢筋安装应符合下列规定:

3 传力杆安装应牢固、位置准确。胀缝传力杆应与胀缝板、提缝板一起安装。

3. 原因分析

(1)混凝土路面施工过程中,传力杆垂直与水平方向位置不准;或振捣时发生移动;传力杆滑动端与混凝土粘结,不能自由伸缩;对胀缝传力杆短板未加套子留足空隙,这些病害都使混凝土板的伸缩受阻,导致接缝一侧被挤碎、拉裂,传力杆不能正常传递荷载。

(2)胀缝被砂浆或其他嵌入物堵塞,造成胀缝胀裂,使传力杆失效。

4. 预防措施

施工:

（1）胀缝处滑动传力杆应采用支架固定。如图4-2所示。传力杆穿过封头板上预设的孔洞，两端用支架固定。先浇传力杆下部混凝土，放上传力杆，正确固定后，再浇上部混凝土。传力杆水平、垂直方向误差应≤3mm。浇捣时要检查传力杆是否移动，发现问题及时纠正。拆除封头板后，如传力杆有偏差，应采用人工整理顺直。

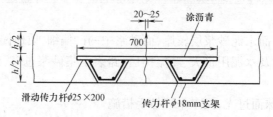

图4-2 胀缝传力杆支架

（2）传力杆必须涂刷沥青，防止粘结；胀缝传力杆在滑动端必须设10cm长的小套管，留足3cm空隙。严防套管破损，砂浆流入，堵塞空隙。

（3）防止施工及使用过程中，胀缝被砂浆石子堵塞。

5. 治理措施

如接缝处混凝土已破碎，可以首先凿除破碎混凝土，然后重新设置或校正传力杆，再浇筑混凝土。

4.3.6 错台

1. 现象

在混凝土路面接缝或裂缝处，两边的路面存在台阶，车辆通过时发生跳车，影响行车安全性和舒适性。这种现象发生在通车一定时期以后。

2. 规范规定

《城镇道路工程施工与质量验收规范》CJJ 1-2008：

10.7.5 填缝应符合下列规定：

1 混凝土板养护期满后应及时填缝，缝内遗留的砂石、灰浆等杂物，应剔除干净。

3 浇筑填缝料必须在缝槽干燥状态下进行，填缝料应与混凝土缝壁粘附紧密，不渗水。

3. 原因分析

（1）雨水沿接缝或裂缝渗入基层，使基层冲刷，形成很多细粉料。在行车荷载作用下，发生唧泥，同时相邻板块间产生抽吸作用，使细料向后方板移动、堆集、造成前板低，后板高的错台现象见图4-3。

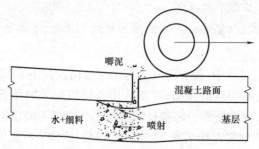

图4-3 混凝土路面错台

（2）基层不均匀沉降，使相邻板块或断裂块产生相应的沉降，导致缝的两侧形成台阶。

（3）基层抗冲刷能力差；基层表面采用砂或石屑等松散细集料作整平层。

4. 预防措施

（1）设计

1）路面结构设计时，应增设结构层内部排水系统，减少水的侵蚀；采用硬路肩，防止细料从路肩渗入缝内，减少细料的移动，堆集。

2）易产生不均匀沉降地段，应进行加固；并宜采用较厚的半刚性基层（如50cm以上）和钢筋混凝土板。

（2）材料

1）填缝材料质量应符合要求（详见4.3.9），以减少渗水和冲刷。

2）基层应采用耐冲刷材料如水泥稳定粒料，基层表面应平整，密实，不得用松散细集料整平。

5. 治理措施

（1）错台高差为0.5～1cm时，采用切削法修补。使用带扁头的风镐，均匀地将高处凿下去并与邻板齐平。

（2）当错台高低落差大于1.0cm时，采用凿低补平罩面法修补。将低下去的一侧水泥板凿去1～2cm，使用具有良好粘结力的混凝土材料罩平。修补长度按错台高度除以1.0%坡度计算。详见附录。

（3）如错台引起碎裂，则应锯切1m以上宽度，同时安设传力杆或校正传力杆位置，重浇混凝土板块。

4.3.7 拱胀

1. 现象

混凝土路面在接缝处拱起，严重时混凝土发生碎裂，见图4-4。

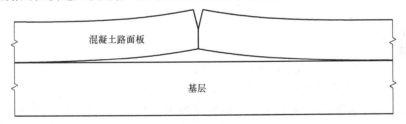

图4-4 混凝土路面拱胀

2. 规范规定

《城镇道路工程施工与质量验收规范》CJJ 1-2008；

10.7.5 填缝应符合下列规定：

1 混凝土板养护期满后应及时填缝，缝内遗留的砂石、灰浆等杂物，应剔除干净。

10.8.1 水泥混凝土面层质量检验应符合下列规定：

2 混凝土面层质量应符合设计要求。

5）伸缩缝应垂直、直顺，缝内不应有杂物，伸缩缝在规定的深度和宽度范围内应全部贯通，传力杆应与缝面垂直。

3. 原因分析

（1）胀缝被砂、石、杂物堵塞，使板伸胀受阻。

（2）胀缝设置的传力杆水平、垂直方向偏差大，使板伸胀受阻。

（3）长胀缝混凝土板在小弯道，陡坡处以及厚度较薄时，易发生纵向的失稳，引起拱胀。

（4）长胀缝拱胀的发生同施工季节、连续铺筑长度、基层与面板之间的摩阻力等因素有关。

（5）由于基层中存在生石灰，亦会导致路面拱胀，但这种拱胀不一定在接缝处。

4. 预防措施

施工：

（1）填缝料应符合规范要求，严格操作规程，使异物不易嵌入，保证应有的胀缝间隙。

（2）传力杆设置要正确定位，水平、垂直方向偏差应≤3mm，并防止施工过程中的移动，传力杆滑动部分必须按要求操作，防止水泥浆侵入和粘连，传力杆端部要有足够空隙，以利热胀。

（3）胀缝的设置长度要根据规范规定与当地的实践经验，并考虑气象条件、施工季节、板厚、基层以及平面、纵断面情况综合论定。

5. 治理措施

（1）一旦出现拱胀，立即锯切拱起部分，宽度约1m，全深度切割、挖除。重新铺设等厚度、同强度等级钢筋混凝土板。由于通常发生在夏季，故板间适当留有缝隙即可。

（2）如基层不稳定而产生拱胀，则根据情况，可以置换基层或消除不稳定材料后，再用等厚度混凝土捣实整平。

4.3.8 脱空与唧泥

1. 现象

在车辆荷载作用下，路面板产生明显的翘起或下沉，这表明混凝土路面板与基础已部分脱空。在车辆荷载作用下，雨后基层中的细料从接缝和裂缝处与水一同喷出，并在接缝或裂缝附近有污迹存在。这就是唧泥现象。

2. 规范规定

《城镇道路工程施工与质量验收规范》CJJ 1－2008：

10.7.5 填缝应符合下列规定：

1 混凝土板养护期满后应及时填缝，缝内遗留的砂石、灰浆等杂物，应剔除干净。

3 浇筑填缝料必须在缝槽干燥状态下进行，填缝料应与混凝土缝壁粘附紧密，不渗水。

3. 原因分析

与4.3.6 相同。

4. 预防措施

与4.3.6 相同。

5. 治理措施

对于因裂缝产生的板体脱空和唧泥，可采用压力注浆法进行修复。

4.3.9 填缝料损坏

1. 现象

填缝料的剥落、挤出、老化碎裂。

2. 规范规定

3. 原因分析

(1)填缝料质量差。如粘结强度低,延伸率及弹性差,不耐老化等。

(2)混凝土路面填缝料施工时,粘结面没有处理好,如缝壁有泥灰潮湿等,影响填缝料与缝壁的粘结,造成填缝料剥落、挤出。

(3)接缝缺少应有的养护、更换。

4. 预防措施

(1)材料

用优质的填缝料。填缝料的性能应符合设计要求。

(2)施工

1)在混凝土路面填缝料施工过程中,应严格按照操作要求进行施工,对施工断面进行严格处理,确保缝壁洁净、干燥,与填缝料粘结良好,不脱落、挤出。

2)加强养护,在雨季来临前应进行检查,养护,更换,使其保持良好的粘结状态和防水能力。

5. 治理措施

填缝料损坏后,应铲去填缝料,用钢丝刷子将缝壁刷清,用压缩空气彻底清除残料,然后在缝壁涂刷一层沥青,再浇灌填缝料。

4.3.10 接缝剥落、碎裂

1. 现象

水泥混凝土路面纵横接缝两侧50cm宽度内,板边碎裂,裂缝面与板面成一定角度,但未贯通板厚。

2. 规范规定

3. 原因分析

(1)胀缝被泥砂、碎石等杂物堵塞或传力杆设置不当,阻碍了板块热膨胀,过大的温度应力使板边胀裂。胀缝的碎裂深度往往可达板厚一半,表面纵向延伸宽度可达30～50cm。

(2)缩缝使混凝土板形成临空面,再加上填缝料质量不保证,使得板边在车轮荷载反复作用下易被压碎。

(3)由于切缝时间过早或采用压缝,使缝边受到损伤导致日后破坏。

4. 预防措施

施工：

（1）施工时要保证胀缝正确安置、移动自如；缝内的水泥砂浆及碎石应彻底清除；设置符合要求的接缝板与填缝料。

（2）在混凝土路面浇筑后，应适时对路面进行切缝避免过早开锯而损伤缝边。少用压缝。

（3）保证混凝土具有应有的设计强度。

（4）重视接缝经常性养护。

5. 治理措施

（1）对破损比较严重的胀缝应在比破损范围略大区间内进行全深度的清凿，校正传力杆位置，铺设钢筋网重新设置胀缝。为利于尽早开放交通宜采用早强混凝土进行修补。

（2）对缩缝剥落，破损严重处进行清凿并清理干净，然后用修补混凝土进行修补。不严重时，可继续使用，到一定程度时再修补。修补方法详见附录。

4.3.11 黑白路面接头处砌块沉陷

1. 现象

在水泥混凝土路面与黑色沥青路面接头处砌块出现沉陷、破损。

2. 规范规定

《城镇道路工程施工与质量验收规范》CJJ 1－2008：
　10.8.1 不同材质路面接头处应平整、密实。

3. 原因分析

（1）由于混凝土路面与沥青路面的结构强度与刚度不同，在交界处行车冲击比较大，容易引起砌块沉陷。

（2）水泥混凝土路面与沥青路面接头处砌块容易发生水平位移，容易渗水、积水，导致基层软化和垫层（砂、水泥砂浆）损坏，引起变形、沉陷。

（3）砌块施工没按照操作要求进行，基层松散，垫层过厚，砌块嵌挤不实。

4. 治理措施

翻挖砌块，调整垫层，再铺筑砌块。如基层损坏，则基层需翻挖，为便于及早通车，可用贫混凝土替代。

附录　水泥混凝土路面裂缝治理方法

1. 修补原则

1.1 必须充分了解混凝土路面设计意图与使用要求，弄清路面损坏的类型、程度与密度，分析造成损坏的原因及其影响因素，采取相应的对策，进行有效的修补。

1.2 混凝土路面一旦开始损坏，便会迅速发展，因此必须重视经常性养护，加强日常的观察，及早发现缺陷，及早采取措施，延缓或制止路况的恶化，使路面处于良好的工作状态。

1.3 路面损坏的修复要尽可能保持原有结构的承载力，整体性和耐久性，以防止出现新的损坏，有效地延长路面使用寿命。

1.4 修复方法的选择应从当地的实际出发，在可靠、耐久、满足水泥混凝土路面修补质量的（附表 1－1）基础上，力求简单易行，经济合理。

项　目	规定值及允许偏差	检验方法
切割	四周切割整齐垂直，不得附有损伤碎片，切角不得小于 90°	用尺量
铺筑	1. 抗压、抗折强度不低于原有路面强度，板厚度允许误差 +10mm，–5mm； 2. 路面无露骨、麻面，板边蜂窝麻面不得大于 3%，面层拉毛应整齐	试块测试及用尺量
平整度	路面平整度高差不大于 3mm	3m 直尺
抗滑	抗滑值 $BPN \geqslant 45$ 或横向力系数 $SFC \geqslant 0.38$	测试
相邻板差	新版块接边，高差不得大于 5mm	1m 直尺量
伸缩缝	1. 顺直，深度、宽度不得小于原规定； 2. 嵌缝密实，高差不得大于 3mm	1m 直尺量
路框差	1. 座框四周宜设置混凝土保护护边； 2. 座框或护边与路面高差不得大于 3mm	1m 直尺量
纵横坡度	与原路面纵坡、横坡相一致，不得有积水	目测

2. 修补材料

修补材料按其固化后的刚度不同可分为低模量封缝材料和高模量补强材料。前者具有良好的柔性，适用于裂缝的密封、防水，可作裂缝修补材料；后者具有较高强度和模量，适用于板体的加固与整体性的提高，可作为板体的修补材料。

2.1 裂缝修补材料

目前国内外较为常用的有聚硫改性环氧灌浆材料及 914 双组分常温快速固化胶粘剂。二者都属于改性环氧树脂。具有凝结快，强度高，在 3 ~ 5h 以内抗剪强度可达 20MPa 以上。

聚氨酯类灌浆材料亦是一种较好的补缝材料，其有多异氰酸酯胶粘剂，端异氰酸酯基聚氨酯顶聚体型胶粘剂。此类材料胶结性好，弹性好、耐低温、耐疲劳。

此外（甲基）丙烯酸酯树胶粘剂，亦可用于裂缝修补，它具有黏度低、收缩率小，耐老化、强度高的特点，可在市场上直接购得，亦可以自行配制。

2.2 板体修补材料

板体修补材料必须具有早强、快硬，粘结力大，收缩小，施工和易性好的特点，以利混凝土路面能及早开放交通，并具有良好的使用性能和施工性能。

板体修补材料正在不断开放和日益完善。目前我国生产的快硬硅酸盐水泥，高铝水泥以及聚合物水泥砂浆和混凝土均有较好的使用效果。

（1）快硬硅酸盐水泥具有早强快硬的特点，但其强度对环境温度甚为敏感。20°C 时，24h 抗折强度 3.5 ~ 4.0MPa，在 5°C 时仅 1.0 ~ 1.5MPa。这种水泥初、终凝快，间隔短，坍落度损失快，所以修补时要合理安排，精心施工，并尽可能避开高温季节。

（2）高铝水泥属于快硬早强型水泥。1d 抗折强度可达 3 ~ 5MPa，但长期强度下降，特别是在较高温度下，更为显著，所以对于南方地区不一定合适。

掺聚合物的水泥砂浆和混凝土由于其良好的技术性能而受到广泛重视。聚合物是以乳液状态掺加于混合料中。乳液通常采用与水泥粒子电性一致的正离子表面活性剂制成，其常用的有天然橡胶乳液,合成橡胶乳液和热塑性聚合物乳液。聚合物乳液亦有不同的品种。聚合物掺量为水泥的 10% ~20% 。该类材料的特点是强度,粘结性,抗冲击、防水、耐磨均有明显改善。

(3)聚合物亦可以水溶液状态加入混合料中,其掺量为水泥的 1% ~2% 。用得较多的是水溶性环氧树脂。它能有效地降低水灰比,提高抗冻性和耐久性,对粘结性能,抗冲击、疲劳都有明显的改善效果,是一种有效的板体修补材料。

(4)此外,国内已成功开发了各种产品,如江苏省建筑科学研究院的 JK 系列修补混凝土,上海市市政工程研究院的 F 型修补材料等,在混凝土路面修补工程中均取得较为满意的成效。

JK 系列的特点是早强,4 ~6h 就可通车,收缩小,粘结力强,凝结时间适中。F 型材料具有早强,4 ~6h 就可通车,高耐久性、低脆性,良好的粘结强度。这些材料在混凝土板的修补中都可以发挥积极作用。

(5)压力注浆材料:

对于板底脱空类损坏,可以采用压力注浆来封堵。注浆材料主要是水泥浆。水泥应采用 425 号以上的普通水泥。水灰比 0.8 ~1.0。水泥浆中加入 1% ~3% (水泥重)速凝剂,起促凝作用。水泥浆中还可以加入磨细粉煤灰,变成水泥粉煤灰浆(水泥:粉煤灰:水 =1:3:1.5),或加入水玻璃,提高早期强度。

3. 修补方法

混凝土路面的损坏有结构性损坏(严重裂缝、碎裂、拱起、错台、沉陷)和非结构性损坏,(龟裂、露骨、剥落、填缝材料脱落)两类。裂缝可分表面裂缝和贯穿裂缝,以裂缝宽度大小可分成不同等级。不同性质的裂缝用不同方法处理。附表 1-2 刚性路面裂缝分类表可以作为选择处理方法的参考。

对于轻微(<0.5mm)的非结构性损坏的裂缝宜采用封缝修补的方法或灌浆法。

裂缝类型及修补方法 附表 1-2

开裂类型	横向裂缝	纵向裂缝
窄裂缝 (0 ~0.5mm)	常见型—对板体结构无影响,缝间咬合程度高,荷载传递正常,仅有少量路表水渗入缝中。一般可不作处理。亦可采用灌浆法或条带罩面法	不常见—为板体初期破坏的征兆。会继续发展,需要及时处理。处理方法为加筋增强法
中等裂缝 (0.5 ~1.5mm)	板体结构明显弱化,大量路表水渗水需要按接缝处理一样处理,沿裂缝凿一狭槽,灌入适当填缝料,起封闭、防水作用,亦可采用灌浆法或条带罩面法	情况同左 需要及时处理,处理方法同上
宽裂缝 (>1.5mm)	裂缝间咬合功能完全丧失,路表水很容易流入。需要作全厚度维修	情况及处理方法同左

对于裂缝比较宽,板体的刚度明显削弱的裂缝,需要进行部分厚度或全厚度修补,以恢复其整体性和承载力。

对于混凝土板由于沉陷,唧泥仪器的脱空,可以采用钻孔压力注浆法来填堵板底空隙与抬高板块使之恢复原位。

裂缝修补相关内容如下:

3.1 龟裂治理

（1）龟裂即为浅而密的发丝状表面裂缝。当裂缝较窄时可不予处理；当裂缝继续发展则应进行修补。

（2）将修补范围内较松散的裂缝层凿去，直至较稳固的结构层，其厚度应≥3cm。

（3）将碎块清除，并用空气压缩机彻底吹干净。

（4）浇筑聚合物砂浆，或其他粘结性良好的修补料（F 型或 JK）。

（5）湿治养护，到龄期，开放交通。

3.2 非贯穿性裂缝治理

对非扩展性、非贯穿性裂缝可用如下方法进行封闭治理：

（1）压注灌浆法，对于缝宽≤0.5mm 的窄缝，要采取压力灌浆，以利浆液渗透至缝隙中。

1）配细铅丝小钩及压缩空气清除缝隙中的泥土杂物，必要时，用压力水冲洗干净。

2）沿裂缝每隔一定距离如 30cm 设置灌浆嘴。

3）用胶带将缝口贴好，并涂上松香和石蜡，以防漏浆。

4）将灌浆材料，如聚硫改性环氧、聚酯类材料等拌好的材料在 30~40min 内用压力灌入缝中，直至灌满。

5）必要时可用红外线加热，温度控制在 50~60°C，为时 1~3h，以提高早期强度，及早开放交通。

（2）扩缝灌浆法。对于裂缝较宽但不能直接灌浆时，可以扩缝后再灌浆。

1）沿裂缝用电钻打一排直径 15mm 的孔，形成带状槽。深度不大于板厚 2/3。

2）用压缩空气彻底清除残屑。

3）槽内铺设洁净的 5~10mm 石子。

4）将灌浆材料灌入槽内并整平。

5）养护或用红外线加热 2~3h，即可通车。

（3）直接灌浆材料。对宽的裂缝，可直接灌浆。步骤如上。

3.3 贯穿性裂缝治理

对贯穿性裂缝修补，需要提高其承载力和整体性，一般有如下几种方法可供选用：

（1）条带罩面法（附图 1-1）

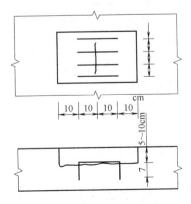

附图 1-1 条带面罩法

1）沿裂缝两侧，平行于缩缝标出施工范围线。该线离裂缝距离应不小于 20cm。

2)沿线锯出深5～10cm的横缝（视裂缝的宽度和深度而定），并凿除该深度范围内的混凝土。

3)沿裂缝两侧10cm，每隔50cm钻一直径2cm深8cm的圆孔，并用空气压缩机或高压水冲洗干净。

4)将φ16螺纹钢筋弯成长20cm，两弯钩各为7cm的扒钉，备用。

5)在孔内填入有良好粘结性的砂浆，安装扒钉。

6)用空气压缩机将施工范围内的残屑吹干净，周壁涂刷砂浆。

7)浇筑修补混凝土，振实抹平。

8)湿治养护。

9)当修补范围涉及原有路面接缝，则应按原结构锯出接缝并浇灌填缝料。

10)达到要求强度后，开放交通。

（2）全厚维修法（附图1-2）

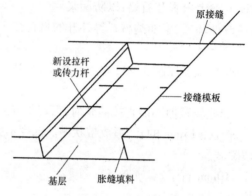

附图1-2　全厚维修法

全厚维修法是一种较为耐久的处置方法，能有效地提高路面的使用功能。

1)沿裂缝周边划出与板块纵横缝平行的长方形（板角处为扇形）修补范围。该范围的周边应是未受损伤的，结实的混凝土。周边离裂缝最小距离≥30cm，板宽≥1m，当附近有接缝，且离周边<1m，则应将修补范围延伸至接缝处。

2)采用大直径锯缝机沿修补范围线，锯出边线，并尽可能深。若锯片直径不足以全厚度锯出，则用机器或人工打凿至板底。要防止周边混凝土在施工中发生结构性损伤。

3)在保留板厚度的中央，沿横断面钻孔，孔的直径较传力杆或拉杆（纵缝）直径大6mm，深为传力杆或拉杆长度的一半，其具体尺寸应按规范选用。为保证传力杆位置的准确，传力杆偏差≤3mm，钻具应固定在刚性框架上操作。

4)将孔穴彻底清洗，干燥后，注入改性环氧砂浆，插入传力杆或拉杆，仔细捣实，与侧壁齐平。

5)在传力杆露出端，涂刷沥青；浇筑修补混凝土；捣实，并使与周边混凝土接平、接顺；表面拉毛。

6)当修补范围涉及原有路面的纵、横接缝处，应按原结构设置接缝与缝料。

7)湿治养护到期后开放交通。

（3）纵向裂缝加筋维修法（附图1-3）

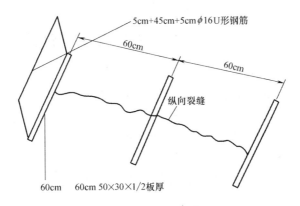

附图1-3 加筋维修法

1)沿纵向裂缝每隔60cm,锯出并铺以人工开凿50cm×3cm×1/2板厚的凹槽,槽与横缝平行。

2)清除槽内残屑,松浮的颗粒要彻底清除。

3)用φ16螺纹筋弯折成5+45+5cm"∏"形筋。每隔60cm放置一根。

4)槽内先填入2cm左右砂浆,随即放入"U"形筋。捣实、整平,与周边接顺。筋的四周应有不小于2cm的保护层。

5)湿治养护,到期后开放交通。

3.4 板底脱空维修法

板底脱空维修法可采用压力注浆法。

(1)根据脱空的部位,布置注浆孔的位置。通常采用梅花型(附图1-4)。孔径为3.5~4.0cm,孔径1.5~2m。孔深应穿过路面至基层。用钻机钻孔。

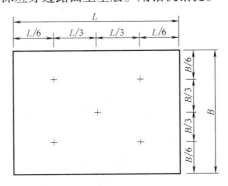

附图1-4

(2)注浆孔成孔后,将膨胀橡胶灌浆栓塞装入孔内,连接好软管。

(3)泵送灌浆材料。水泥喷射压力可达到1.75MPa,5.7L/min泵送能力。灌浆压力一般为0.3~0.5MPa。泵送过程中要加强压力监视与控制。当发现板块顶升或超过预定的标高时,应停止泵送。直接观察到浆液从一孔流入另一孔。一孔注满后,应拔出灌浆栓塞用木塞代替(待其凝固后方可拔除木塞)再灌另一孔。

(4)灌浆材料应边拌、边用、边泵送。

(5)及时清除留在板体及周边的浆料,用水冲洗干净,免留痕迹。

(6)封锁交通进行养护。根据灌浆材料的强度增长规律确定合适的开放交通时间。

第5章 广场与停车场面层

5.1.1 广场与停车场的路基施工中的质量问题防治
参看本篇第1章中相关条文。

5.1.2 广场与停车场的基层施工中的质量问题防治
参看本篇第2章中相关条文。

5.1.3 广场与停车场的沥青混合料面层施工中的质量问题防治
参看本篇第3章中相关条文。

5.1.4 广场与停车场的现浇混凝土面层施工中的质量问题防治
参看本篇第4章中相关条文。

5.1.5 广场与停车场的砖块面层施工中的质量问题防治
参看本篇第6章中相关条文。

第6章 人行道铺筑

6.1 预制砌块铺砌人行道面层

6.1.1 沉陷开裂

1. 现象

预制人行道板铺面,经过一段时间的使用,有时会产生不同程度的沉陷、开裂。现浇人行道铺面,也会产生局部沉陷、开裂,但比预制板数量少。

2. 规范要求

《城镇道路工程施工与质量验收规范》CJJ 1 – 2008:

13.4.2 混凝土预制砌块铺砌人行道(含盲道)质量检验应符合下列规定:

1 路床与基层压实度应大于或等于90%。

2 混凝土预制砌块(含盲道预制砌块)强度应符合设计要求。

3 砂浆平均抗压强度等级应符合设计规定,任一组试件抗压强度最低值不应低于设计强度的85%。

3. 原因分析

(1)预制人行道板铺面基础强度不足是产生沉陷、开裂的主要原因。

(2)由于人行道上各种管线的敷设和人行道宽度狭小,使土基和基层难以有效压实,导致日后发生沉陷。

(3)预制板间接缝无防水功能,雨水下渗和冲刷,使垫层流失,铺面沉陷、开裂。

(4)人行道上违章停车是造成人行道损坏的外在重要原因。

4. 预防措施

（1）材料

加强基础,提高基础材料的强度和水稳定性。

（2）施工

1）严格遵循先管线、后土基、基础、再做铺面的顺序施工。对土基及基础进行有效压实,必须满足设计压实度要求。在碾压困难的地段可采用混凝土基层。

2）人行道铺面的施工必须严格要求,认真执行规范要求。

3）人行道铺面有临时停车需要时,铺面结构厚度应适当增加。

5. 治理措施

人行道铺面沉陷或开裂的地方应予翻挖,重作基层或垫层,调换破损的人行道板或浇筑新的混凝土铺面。

6.1.2 铺面板松动冒浆

1. 现象

行人在人行道上行走时,出现板块翘动、不稳,雨后冒浆溅水。这种现象在彩色人行道板中,甚为常见,普通混凝土预制板中,亦时有发现。

2. 规范规定

《城镇道路工程施工与质量验收规范》CJJ 1－2008:

11.1.6 铺砌中砂浆应饱满,且表面平整、稳定、缝隙均匀。与检查井等构筑物相接时,应平整、美观,不得反坡。不得用在斜石下填塞砂浆或支垫方法找平。

11.1.9 铺砌面层完成后,必须封闭交通,并应湿润养护,当水泥浆达到设计强度后,方可开放交通。

3. 原因分析

（1）人行道铺面板与基础之间的粘结层,未采用水泥砂浆,而用黄砂或石屑替代,使上下层间失去粘结;铺设面板时,水泥砂浆过干、过湿或已初凝,影响上下层粘结,也会使人行道铺面板松动。

（2）用细粒混凝土作为粘结层,而铺面板未适量敲振,使其紧密;铺设面板时,面板与基础湿润不够,过于干燥,影响粘结力,造成松动、冒浆。

（3）普通混凝土预制板下的垫层流失或走动,使面板翘动,而后冒浆。

4. 预防措施

施工:

（1）严格遵守施工工艺规程,精心施工,确保砂浆粘结层和面板的施工质量。做到"砂浆准确配比,面板坐浆敲振"。

（2）砂浆要做到随拌、随用、随铺,防止时间过长,使砂浆凝结或流动性不够,以确保面板平整密贴,与基层有良好的粘结。

（3）采用水泥砂浆作为粘结层的人行道铺面,要注意成品保护,刚刚完成的人行道铺面上,禁止行人或车辆行走,达到一定强度后方可使用。

（4）普通混凝土板的基础要平整、密实,垫层厚度要均匀。垫层可采用石屑,其抗冲刷性较黄砂为好。

5. 治理措施

翻掉松动的铺面砖,凿去 1~2cm 的粘结层,重新铺以砂浆与铺面板;若采用找平层直铺预制板的,可将垫层清除或补充,整平后重铺。

6.1.3 铺面与构筑物衔接不顺

1. 现象

人行道范围内各种公用设施的检查井、开关、阀门等构筑物高出人行道面或低于人行道面,给行人带来不便,有时造成伤害,甚至引起法律纠纷。

2. 规范规定

> 《城镇道路工程施工与质量验收规范》CJJ 1－2008:
>
> 11.1.6 铺砌中砂浆应饱满,且表面平整、稳定、缝隙均匀。与检查井等构筑物相接时,应平整、美观,不得反坡。不得用在斜石下填塞砂浆或支垫方法找平。

3. 原因分析

(1)施工时不重视,发现问题未及时解决。

(2)市政设施和公用设施协调不够,高程不统一,造成衔接不顺。

4. 预防措施

施工:

(1)市政、公用等设施的主管部门应进行有效协调,保证各项设施高程统一。

(2)分期实施的各种设施应贯彻"后施工者衔接"的原则,避免构筑物与人行道衔接不顺的现象发生。

5. 治理措施

(1)对于影响行人通行的高出地面的构筑物应降低高程,保证平顺。

(2)对于不可降低的构筑物可将人行道铺面抬高,予以接顺。

(3)构筑物不能降低、人行道不能抬高时可将高出的构筑物以缓坡与人行道接顺,或者将高出的构筑物扩大升高,使行人及时发现和避开。

第 7 章　人行地道结构

7.1.1 挖方区人行地道基槽开挖的施工问题

参见本篇土方路基中的相关条文。

7.1.2 钢筋混凝土方面的质量问题

现浇(预制安装)钢筋混凝土人行地道中的模板的制作、安装;钢筋的加工、成型与安装;混凝土的原材料、配合比与施工出现的问题

参见本手册城市桥梁施工与质量中的相关条文。

7.1.3 砌筑墙体中的质量问题

参见本篇"挡土墙"中的相关条文。

第8章 挡土墙

8.1 浆砌块石挡土墙

8.1.1 泄水孔堵塞

1. 现象

挡土墙背后填土潮湿,含水量大,但泄水管却长期不出水,周围块石表面干燥无水迹。

2. 规范规定

> 《城镇道路工程施工与质量验收规范》CJJ 1－2008:
>
> 15.6.1 现浇钢筋混凝土挡土墙质量检验应符合下列规定:
>
> 3 混凝土表面应光洁、平整、密实,无蜂窝、麻面、露筋现象,泄水孔通畅。

3. 原因

(1)泄水孔进水口处反滤材料被堵塞,因反滤层碎石含泥量大或反滤层外未包滤布,填土进入反滤层。

(2)反滤层设置位置不当,不起排水作用。

(3)泄水孔被杂物堵塞。

4. 预防措施

施工:

(1)反滤层材料的级配要按设计要求施工,外包滤布,防止泥土流入。

(2)用含水量较高的黏土回填时,可在墙背设置用渗水材料填筑厚度大于30cm的连续排水层,见图8－1。

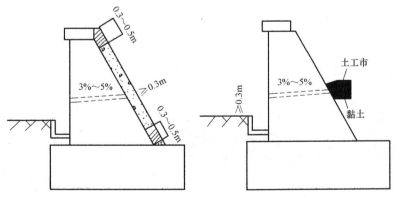

图8－1 连续排水层　　　图8－2 泄水孔位置

(3)泄水孔应高出地面30cm,墙高时,可在墙上部加设一排泄水孔,泄水孔间距离为2～3m,孔径为5～10cm,见图8－2。

5. 治理措施

(1)如条件许可,可挖开墙后填土,重新填筑反滤材料。

(2)如泄水孔堵塞,则清除孔内堵塞物。

8.1.2 沉降缝不垂直

1. 现象

沉降缝不垂直或上、下错位,缝宽不一致;有时表面虽垂直,但墙身内部块石相互交叉重叠,形成假缝。

2. 规范规定

> 《城镇道路工程施工与质量验收规范》CJJ 1–2008:
>
> 14.2.13 人行地道的变形缝安装应垂直,变形缝埋件(止水带)应处于所在结构的中心部位。严禁用铁钉、钢丝等穿透变形带材料,固定止水带。

3. 原因分析

(1)砌筑时,沉降缝处未设样架,或样架不垂直,位置不正确。

(2)块石规格不符合要求,转角石两个面不垂直,表面不平整。

(3)砌筑时,上、下块石没有对直,相互错位或者边线不垂直。

(4)压顶混凝土浇筑时,沉降缝处模板胀模或走动。

4. 预防措施

施工:

(1)砌筑前必须认真放样,竖好样架,并经检查后方能施工,在砌筑过程中应随时检查样架是否走动,如有走动应随时纠正样架。

(2)用于砌筑沉降处块石应经过加工,块石形状应基本方正,大小适中,表面平整,相邻面相互垂直;用于转角处的块石至少有二个面经过加工,平面处有一个面经过加工。

(3)砌筑时做到上、下对齐,侧面垂直,坐浆饱满,填缝密实,缝宽一致。

(4)用于浇筑混凝土压顶的模板做到支立牢固,尺寸符合要求,缝隙与墙身一致。

5. 治理措施

视现场挡土墙沉降情况,将影响沉降的块石拆除重砌;如条件许可或质量另有要求时应全部拆除重砌。

8.1.3 勾缝砂浆脱落

1. 现象

勾缝砂浆出现裂缝,缝后起壳成块状或条状脱落。

2. 规范规定

> 《城镇道路工程施工与质量验收规范》CJJ 1–2008:
>
> 15.6.3 砌体挡土墙质量检验应符合下列规定:
>
> 4 挡土墙应牢固,外形美观,勾缝密实、均匀,泄水孔通畅。

3. 原因分析

(1)勾缝前砌体没有洒水湿润,勾缝后砂浆中水分被干燥的块石吸收,导致砂浆因水化反应不充分强度下降,碎裂脱落。

(2)砂浆配合比不准,强度不够,在外力作用下,碎裂脱落;或水泥含量过大,收缩裂缝增多,造成碎裂脱落。

(3)块石砌筑时,砂浆填缝不饱满,空隙太大,块石松动,造成表面勾缝砂浆脱落。

(4)砂浆勾缝养护不充分,造成收缩裂缝或强度减低,导致砂浆松缩脱落。

4. 预防措施

施工：

（1）勾缝前应先将块石之间的缝隙用砂浆填满捣实，并用刮刀刮出深于砌体 2cm 的凹槽，然后洒水湿润，再进行勾缝。

（2）严格控制砂浆的配合比，做到配比正确，拌合充分，随拌随用，严禁隔夜砂浆掺水后重拌再用。

（3）加强洒水养护，气温较高时应覆盖草袋或塑料薄膜养护。

5. 治理措施

将脱落的砂浆铲除，并将粘附在块石表面的砂浆清理干净，重新按施工规范要求勾缝。

8.1.4 表面不平整

1. 现象

砌体表面凹凸不平，块石之间出现错台，用 3m 直尺检查，平整度超过验收标准。

2. 规范规定

《城镇道路工程施工与质量验收规范》CJJ 1－2008：

14.5.3 砌筑墙体、钢筋混凝土顶板结构人行道质量检验应符合下列规定：

11 砌筑墙体应丁顺均匀，表面平整，灰缝均匀、饱满，变形缝垂直贯通。

3. 原因分析

（1）块石表面未经加工，表面平整度不够。

（2）砌筑时没有挂样线，凭肉眼找平，或样架走动，样线松弛失准。

（3）砌筑时，相邻块石没有对齐，没有按样线砌筑，或者坐浆不饱满，填缝不密实，引起块石松动。

（4）砌体砂浆没有达到强度时，就进行墙后回填土，引起砌体走动。

4. 预防措施

（1）材料

用于表面砌筑的块石须进行加工，做到表面平整，边线顺直。

（2）施工

1）砌筑前要仔细放样挂线，竖立样架，并在砌筑过程中随时检查样架是否走动，样线是否松弛。

2）砌筑时要严格按样线砌筑，做到相邻块石对齐，座浆饱满，为防止块石松动，在块石晃动处可用小片石垫平。

3）严格按规范要求进行墙后回填土施工，砌体砂浆强度达到 70% 以上时方可进行回填土施工。

5. 治理措施

（1）将影响平整度的块石挖出，重筑；或将个别凸出的表面进行加工。

（2）如外观质量有特殊要求或影响验收时应将不平部分拆除重砌。

8.1.5 挡墙滑移

1. 现象

挡土墙整体外移，与相邻挡土墙产生错位，且上、下位移大致相等。

2. 规范规定

3. 原因分析

（1）基底碎石垫层未夯实，碎石没有嵌入土基内，使基底摩擦系数没有达到设计要求。

（2）挡墙基础两侧填土没有同时回填，被动土压力减少，导致滑移。

（3）挡墙墙身后回填土采用推土机或挖机回填时，没有按要求做到分层填筑，分层压实，而是将大量土推向墙身或堆靠在墙身上，由于推土机引起的主动土压力和未压实土主动土压力增加形成很大的水平推力。

（4）采用淤泥或过湿土回填，减低了填土的摩擦角力，增大了土压力，如挡墙排水不畅，还会引起静水压力和膨胀压力。

（5）基础埋深不够，被动土压力减少。

4. 预防措施

（1）设计

1）设计上可把基底做成向内倾斜的斜面（斜面坡度应小于0.2∶1）（图8 – 3）或在基底设置混凝土凸榫，利用凸榫前土体的被动土压力来增加抗滑稳定性，见图8 – 4。

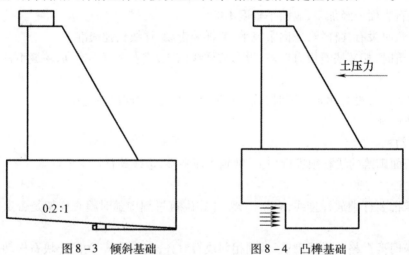

0.2∶1

土压力

图8 – 3　倾斜基础　　　　　图8 – 4　凸榫基础

2）宜采用稳定土和渗水材料做墙后填料，以改善墙身受力情况。

（2）施工

1）基底碎石垫层必须夯实，嵌入土基内，以增加挡墙基础与土基的摩擦力。

2）基础回填必须两侧同时填筑，分层填筑，分层夯实；每层填筑厚度不宜超过30cm，夯实后为20cm，且分层夯实的密实度必须达到设计要求。

3）严禁用推土机将大量的土直接推向墙身或用挖掘机向墙身扔堆填土，必须采用分层填筑，分层压实的方法回填土方。

5. 治理措施

（1）可将墙身后填土挖除，按规范要求重新分层填筑，分层压实，必要时采用稳定土或渗水材料作为回填材料。

（2）如条件许可,可增加墙前填土高度,以增加挡墙的被动土压力。

8.1.6 挡墙倾斜

1. 现象

挡土墙整体前倾,与相邻挡土墙产生位移,且位移上大下小成楔形状。

2. 规范规定

《城镇道路工程施工与质量验收规范》CJJ 1 – 2008:

15.6.3 砌体挡土墙质量检验应符合下列规定:

5 墙面垂直度应≤0.5%H 且≤30mm（H 为构筑物全高）。

3. 原因分析

（1）墙身后填土未分层压实或填土含水量过大,没有达到设计要求的密实度,使填土的内摩擦角减少,土压力增加。

（2）挡墙地基不均匀或地基超挖后用素土回填未夯实,或淤泥、垃圾等不良土质没有清除干净,导致地基承载能力下降,使受力最大处前墙趾下沉,挡墙随之前倾。

（3）设计上墙身断面不合理,如墙趾较短,力臂小,抗倾覆能力差,或墙背倾斜过大,形成较大的土压力。

（4）排水不良或采用含水量过大的黏土回填,引起静水压力和膨胀压力。

4. 预防措施

（1）设计

合理设计挡墙断面,展宽墙趾,增大力臂,或采用衡重式墙身和减少墙背的倾斜度等措施。

（2）施工

1）墙身背后填土必须按规范要求,做到分层填筑,分层压实,每层填筑厚度应小于30cm,压实后为20cm,并须检查密实度,达到设计要求后才能填筑下一层。

2）采用稳定土或渗水材料作为回填材料,以增加内摩擦角和减少静水压力。

3）控制地基质量,严禁超挖回填;地基面的淤泥、垃圾、浮土必须彻底清理干净;地基要做到平整、结实;如遇超挖不大时,可回填碎石、道碴,并夯实,超挖较大时,应与设计部门联系加深基础。

5. 治理措施

（1）挖开墙后填土,重新按规范要求回填。

（2）改用稳定土或渗水材料回填。

（3）套墙加固法。在原墙外侧加宽基础,加厚墙身,见图 8 – 5。施工时,应挖除一部分墙后填土,减小土压力,同时应注意新旧基础和墙身的结合。方法是凿毛旧基础和旧墙身,必要时设置钢筋锚栓或石榫,以增强联结。墙后回填土必须分层填筑并夯实。

（4）增建支撑墙加固法。在挡墙外侧,每隔一定的间距,增建支撑墙。支撑墙的基础埋置深度、尺寸和间距应通过计算确定,见图 8 –6。

8.1.7 砌体断裂或坍塌

1. 现象

砌体产生较大的裂缝,整体倾斜或下沉,严重时砌体发生倒塌或墙身断裂。

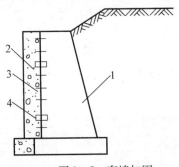

图 8-5 套墙加固
1—原挡墙;2—套墙;
3—钢筋锚栓;4—连系石榫

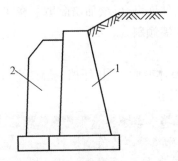

图 8-6 支撑墙加固
1—原挡墙;2—支撑墙

2. 规范规定

《城镇道路工程施工与质量验收规范》CJJ 1-2008:

15.6.3 砌体挡土墙质量检验应符合下列规定:

1 地基承载力应符合设计要求。

2 砌块、石料强度应符合设计要求。

3 砂浆平均抗压强度等级应符合设计规定,任一组试件抗压强度最低值不应低于设计强度的85%。

3. 原因分析

(1)地基处理不当,例如:淤泥、软土、垃圾等没有清理干净;地基超挖后用素土回填未经夯实;地基土质不均匀,又未按规定设置沉降缝,或地基应力超限。

(2)砌筑质量低下,例如:砂浆填筑不饱满,捣鼓不密实;砂浆强度等级不够;采用强度低的风化石砌筑;块石竖向没有错缝,形成通缝;小石块过分集中等,都将影响砌体质量。

(3)沉降缝不垂直,或者块石间相互交叉重叠,甚至不设沉降缝导致地基不均匀下降时,挡墙相互牵制拉裂。

(4)挡墙一次砌筑高度过高或者砌筑砂浆强度未达到要求时,过早进行墙后填土,导致砌体断裂或坍塌。

(5)墙身断面过小,拉应力超限或基础底面过小,应力超限导致挡墙破坏。

4. 预防措施

施工:

(1)严格控制基槽开挖的质量,基槽中的淤泥、软土等必须清理干净,基槽要做到平整结实。如超挖宜用碎石回填或加深基础。

(2)挡土墙砌筑时应做到坐浆饱满,缝隙填浆密实,砂浆配合比正确,拌合均匀,随拌随用,保证砌体密实牢固。

(3)地基应力过大时,可加宽基础底面的尺寸,必要时可改用钢筋混凝土基础以增大基础底面尺寸(同时可减薄基础高度),或采用打入基桩,提高基础承载能力。

(4)地基不均匀地段,或地基设台阶时,应设置沉降缝,避免不均匀下沉出现裂缝。

5. 治理措施

（1）沉陷、倒塌的砌体应查明原因后,拆除重砌。

（2）如系基础原因,可挖开墙前基础填土,加宽基础或打入基桩但新基础必须与原基础连成一体。

（3）较小的裂缝可采用墙体注浆办法解决。

8.2　加筋挡土墙

8.2.1　挡墙鼓凸

1. 现象

挡土墙面板向外鼓凸和面板之间出现错缝,导致表面不平整。

2. 规范规定

> 《城镇道路工程施工与质量验收规范》CJJ 1-2008:
>
> 15.6.4　加筋挡土墙质量检验应符合下列规定:
>
> 10　墙面平整度≤15mm

3. 原因分析

（1）挡土墙背面填料不密实,使筋带与填料的摩擦力降低,拉力减少。

（2）筋带长度不够或者筋带安装时未拉紧,相互重叠、弯曲、折叠影响长度。

（3）面板的拉环脱落(拉出)或断裂,插销破裂或插销变形。

（4）大型机具碾压填料时离面板过近(小于1m),挤压面板,或碾压机具在未覆盖填料的筋带上行驶,压裂或压断筋带。

（5）下层面板没有完成填料时,在其上安装上一层面板,引起下层面板走动或者下层面板填料时,影响上层面板。

（6）安装面板放样不准确或未挂样线调整。

4. 预防措施

施工:

（1）碾压前应进行压实试验,以确定填料分层厚度和碾压遍数,并做到分层摊铺,分层碾压。

（2）筋带安装应按施工技术规范进行,筋带必须拉直,不宜重叠,应成扇形辐射状放置,更不得弯曲、折叠;穿孔时筋带与拉环应隔离,对穿的筋带应绑扎不能抽动,但不得在环上绕成死结。

（3）面板安装前应先检查面板的质量,面板应平整无掉角;拉环完好无损伤,与面板间锚固结实,并已进行防锈处理;插销无裂缝不变形,位置正确。

（4）大型压实机具距面板距离不小于1.0m,不得在未覆盖填料的筋带上行驶;距面板1m内的填料,选用透水性材料填筑,由小型压实机械先由墙面板后轻压,再逐渐向路中线压实。

（5）不得在未完成填土作业的面板上安装上一层面板。

（6）面板安装前应检查样板位置是否正确,样线是否拉紧。

（7）面板安装时应注意安装质量,做到板面上下、左右对齐,为防止相邻板错位,宜用夹木螺栓或斜撑固定面板见图 8-7。

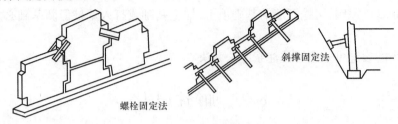

斜撑固定法
螺栓固定法
图 8-7　固定面板

5. 治理措施

如在施工过程中发现面板鼓凸时,应查明原因,重新安装。

8.2.2 挡墙倾斜

1. 现象

挡土墙前倾,与相邻挡土墙产生错位,且位移上大下小成楔形。

2. 规范规定

> 《城镇道路工程施工与质量验收规范》CJJ 1-2008:
>
> 15.6.4 加筋挡土墙质量检验应符合下列规定:
>
> 10 墙面倾斜度 +(≤0.5%H)且≤+50mm; -(≤1.0H)且≥-100mm("+"指向外, "-"指向内)。

3. 原因分析

(1)填料不密实,导致填料内摩擦角减小,土压力增大。

(2)地基强度不够或未按设计要求进行清基,引起地基不均匀沉降造成倾斜。

(3)面板安装时,倾斜误差没有逐层调整,造成误差积累过大,无法调整。

(4)排水不良或采用含水量过大的黏土材料做填料,引起静水压力和膨胀压力。

4. 预防措施

施工:

(1)严格按实际要求进行填料摊铺、压实;填料必须做到分层摊铺、分层压实。采用稳定土做填料时,要做到配比正确,拌合均匀,随拌随用,随铺随压。

(2)做好基底清理工作,做到基槽平整、密实、无浮土杂质。设计有要求时,应按设计做好垫层的摊铺、夯压、整修等工作。

(3)安装下层面板时一般可向内倾斜 1/100~1/200,作为填料压实时面板外倾的预留度;安装时产生的水平和倾斜误差应逐层调整,不得将误差累计后再进行总调整。

(4)应按设计要求设反滤层,透水层和隔水层等排水措施。

(5)采用路肩式挡土墙时,路肩部分应进行封闭。

5. 治理措施

施工时如发现挡墙前倾,应立即停止施工,查明原因,采取纠正措施和拆除重砌;如系填料原因,应挖除填料,纠正面板位置后,重新填筑。

8.2.3 挡墙沉陷

1. 现象

挡墙下陷或者局部沉陷,面板出现错位,开裂等现象。

2. 规范规定

3. 原因分析

（1）基槽处理不当，如基槽清理不彻底，槽面不平，地基未经夯实，或者排水不通畅，基槽被水浸泡等，均影响地基的承载能力。

（2）设计上面板过厚过重，超过地基承载能力。

（3）地基沉降导致盆状沉降，影响挡墙稳定。

（4）基础埋置深度不够，易受浸水损坏或冻胀影响。

4. 预防措施

施工：

（1）按施工技术规范要求进行基槽修正，做到基底平整，夯实、排水通畅。

（2）如软土地基或地基承载力较低时，应进行地基处理，以提高地基的承载能力和减小沉降量，特别是高路堤更应考虑盆状沉降的影响，增设沉降缝。

（3）采用适当的排水和防水措施，如在墙后设置反滤层，封闭加筋体顶面，以防渗水，在墙前地面设置 1.0m 宽混凝土或浆砌片石散水坡，防止雨水直接渗入基础。

5. 治理措施

（1）如发现挡土墙沉陷应查明原因，如属地基不良，可将墙前基础填土挖开，加宽基础，减少地基应力，防止继续沉陷。

（2）如系防水原因，可封闭渗水部分裂缝，设置地表散水坡等措施，以堵截水源，加强防水。

8.2.4 挡墙漏土

1. 现象

面板接缝处或沉降缝缝隙渗出细粒填料或浆水，严重时加筋体顶面出现沉陷，路面开裂等现象。

2. 规范规定

3. 原因分析

（1）面板接缝不密贴，接缝过大或板面掉角，出现空洞。

（2）面板后未设置透水土工织物或者土工织物在摊铺填料过程中走动、错位，接缝重叠部分脱开。

（3）沉降缝未按规定设置防水填塞物或者填塞物深度不够，填塞不严密。

（4）沉降缝不垂直或错缝，因挡墙沉陷不均匀，拉开裂缝，出现漏土。

4. 预防措施

施工：

（1）安装底层面板时，要用砂浆调平，以后各层面板安装时要使面板之间相互密贴，平顺，当缝隙较大时，应用填塞材料进行填塞。

（2）挡墙背后设置砂砾材料或透水土工织物。

（3）按设计要求设置沉降缝，沉降缝必须垂直，缝间填塞材料的深度不得小于8cm。

5. 治理措施

出现漏土的部位，先将漏土清理干净，将面板缝隙晒干，用沥青麻絮、沥青甘蔗板等填塞材料嵌塞缝隙内。

第9章　附属构筑物

9.1　路缘石

9.1.1 路缘石线型不顺

1. 现象

路缘石该直不直，该弯顺处不弯顺，看上去不协调，不美观。

2. 规范规定

《城镇道路工程施工与质量验收规范》CJJ 1－2008：

16.1.7 路缘石应以干硬性砂浆铺砌，砂浆应饱满、厚度均匀。路缘石砌筑应稳固，直线段顺直、曲线段圆顺、缝隙均匀；路缘石灌缝应密实，平缘石表面应平顺不阻水。

16.1.8 路缘石背后宜浇筑水泥混凝土支撑，并还土夯实。还土夯实宽度不宜小于50cm，高度不宜小于15cm，压实度不得小于90%。

3. 原因分析

路缘石线形不好，完全是由施工不当造成的，多数是放样拉线不准，施工时又未进行调整。

4. 预防措施

施工：

必须精心施工，坚持拉线定位，放线施工，直线段可采用定桩拉线，弯道处坚持"多放点，反复看"的原则，放样满意后再浇捣基础及坞牓混凝土，以保证路缘石线形直顺。

9.1.2 转角处路缘石、人行道铺面衔接不顺

1. 现象

城市交叉口处路缘石及人行道铺面，弯道不和顺，有很多折线（路缘石）、无规律的三角（人行道铺面补缝）组成，外表不美观。

2. 规范规定

《城镇道路工程施工与质量验收规范》CJJ 1－2008：

16.1.7 路缘石应以干硬性砂浆铺砌，砂浆应饱满、厚度均匀。路缘石砌筑应稳固，直线段顺直、曲线段圆顺、缝隙均匀；路缘石灌缝应密实，平缘石表面应平顺不阻水。

3. 原因分析

由于各交叉口转弯半径不同,没有能满足需要的特殊规格的预制品(路缘石、人行道预制板)供应,安装时又比较草率,形成了不和顺的交叉口设施。

4. 预防措施

施工:

交叉口处的路缘石和人行道铺面最好采用现场浇筑,按图纸放样、施工。铺面可以是素色(即素混凝土),亦可以是彩色。如果是预制安装,则宜定制加工或按标准定型生产,供设计、施工应用。

9.1.3 路缘石色差大

1. 现象

颜色不一,色差明显,影响工程外观质量。

2. 规范规定

《城镇道路工程施工与质量验收规范》CJJ 1－2008:

16.1.7 预制混凝土路缘石应符合下列规定:

4 预制混凝土路缘石外观要求色差、杂色不明显。

3. 原因分析

不同厂家用不同品种与强度等级的水泥、不同的砂石料与配合比生产的路缘石,是形成色差的主要原因。

4. 预防措施

施工:

(1)路缘石成品应由一两家生产,避免多家供应。供应商应使原材料色泽与配合比尽可能保持稳定。

(2)对于铺设路缘石线路较长的工程,可将颜色相近的成品放在一个区域内使用,使其颜色较为接近,减少色差。

9.1.4 缘石坡度不顺

1. 现象

平原地区的城市道路,地面自然坡度很小,为了有利排水,缘石设置挑落水点(纵坡),以提高其排水能力。挑落水点位置不准,不仅坡度不顺,个别会出现倒落水现象,影响路面排水,造成边缘积水。

2. 规范规定

《城镇道路工程施工与质量验收规范》CJJ 1－2008:

16.1.7 路缘石应以干硬性砂浆铺砌,砂浆应饱满、厚度均匀。路缘石砌筑应稳固,直线段顺直、曲线段圆顺、缝隙均匀;路缘石灌缝应密实,平缘石表面应平顺不阻水。

3. 原因分析

道路缘石坡度有较严格的要求,缘石坡度不顺多数是因为施工人员未放样或放样不准造成的,由于反复变坡,且挑、落水点位置及高程常按标准图施工,故易疏忽,造成缘石坡度不准、不顺。

4. 预防措施

施工：

加强对操作人员的培训,施工交底要详细,一般落水点标高低3cm,挑水点标高高3cm,挑水点的位置通常在两个落水点中间。每个操作者都应掌握这个原理,认真执行,以保证缘石坡度平顺。侧石一般是平坡,有纵坡地段缘石不另设挑落水点。

9.2 雨水支管与雨水口

9.2.1 雨水支管堵塞开裂

1. 现象

下雨时局部路段排水不畅,收水井处积水很深,多数是由于支管堵塞,或者开裂引起的。

2. 规范规定

《城镇道路工程施工与质量验收规范》CJJ 1－2008:

16.2.3 雨水支管、雨水口基底应坚实,现浇混凝土基础应振捣密实,强度符合设计要求。

16.2.6 雨水支管与雨水口四周回填应密实。处于道路基层内的雨水支管应做360°混凝土包封,且在包封混凝土达至设计强度75%前不得放行交通。

16.11.2 雨水支管与雨水口质量检验应符合下列规定:

6 雨水支管安装应直顺,无错口、反坡、存水、管内清洁,接口处内壁无砂浆外露及破损现象。管端面应完整。

3. 原因分析

(1)支管堵塞开裂的主要原因是基础沉陷,管口抹带不牢、管节脱离造成的。

(2)支管覆土太浅,经车辆或施工机具碾压后,管节破损。

(3)管材本身强度不够,造成管节破坏。

(4)支管的堵塞多数是不文明施工所致,如泥浆排入管道,临时筑坝未拆掉,施工结束时封头未开等。

4. 预防措施

施工:

(1)施工前结合工地管线的实际情况,仔细审核图纸的标高、管线平面、立面位置,各管线施工期间是否有干扰,从而制定合理施工方案,并加强质量管理。如支管覆土太浅,应将管道用混凝土包裹、加固,防止损坏。

(2)严格施工程序,管道封堵与开封必须做好记录,并加强检查。

(3)讲究文明施工,严禁泥浆排入管道,防止堵物流入管中。

(4)加强日常养护,确保管道通畅。

9.2.2 路边积水

1. 现象

路边小雨积水,大雨流水不快,严重时从挑水点到落水点(进水口)处都有积水,给机动车和非机动车的运行带来不便。

2. 规范规定

16.2.2 雨水支管、雨水口位置应符合设计规定,且满足路面排水要求。当设计规定位置不能满足里面排水要求时,应在施工前办理设计变更。

3. 原因分析

(1)收水井或支管被垃圾堵塞,流速减慢,路面水难以及时排走,或者部分支管、收水井完全堵塞,造成积水。

(2)由于施工原因,挑落水点高程错误,支管倒落水,以及收水井处标高比周围高,引起路边积水。

4. 预防措施

施工:

(1)加强施工放样复核,加强施工质量检查,将挑落水点高程错误、收水井偏高等病害,在施工过程中及时纠正。

(2)加强养护管理,清除垃圾、防止堵塞,保证管道畅通。

5. 治理措施

(1)收水井或支管被堵塞可将收水井井箅翻开,清除收水井和支管中的堵塞物。

(2)收水井标高比周围路面高,应翻开井箅,取下井座,将收水井墙身降至正确位置,重新恢复井座、井箅位置。

9.2.3 收水井抹面空鼓

1. 现象

用小锤轻敲收水井侧墙,会听到空鼓声音;侧墙处有明显裂缝,阴角处有渗水。

2. 规范规定

18.2.4 砌筑雨水口应符合下列规定:

2 雨水口井壁,应表面平整,砌筑砂浆应饱满,勾缝应平顺。

3. 原因分析

(1)砂浆强度等级太高。

(2)抹面时墙砖未浇水或浇水不足,养护不及时都会出现空鼓、裂缝情况。

(3)砖砌灰浆不饱满,砖缝过大,外粉刷不当都会出现阴角渗水情况。

4. 预防措施

施工:

(1)严格控制砂浆中水泥用量,通常水泥: 黄砂为1:2,水泥为425号,不要用高强度等级水泥配制砂浆,抹面厚度一般为15mm。施工时应先刮糙打底(10mm),后抹平(5mm)。

(2)加强浇水、养护,避免空鼓现象发生。

(3)砌砖灰浆饱满,确保外粉刷质量,避免阴角渗水。

9.3 护 坡

9.3.1 砌石护坡沉陷开裂

1. 现象

护坡块石沉陷,相邻块石出现错台,勾缝脱落,护坡块石下面填土流失,出现空洞。

2. 规范规定

《城镇道路工程施工与质量验收规范》CJJ 1－2008:
16.5.2 施工护坡所用砌块、石料、砂浆、混凝土等均应符合设计要求。

3. 原因分析

(1)护坡下面填土不密实,自然下沉使护坡随之沉陷。

(2)路肩填土不密实,下沉后出现裂缝,雨水渗入裂缝后,冲刷护坡下填土,导致护坡沉陷。

(3)护坡砌石质量低下,座浆不密实,碎石垫层太薄,甚至不设垫层,从而都将导致护坡塌陷。

(4)护坡坡脚不稳固,坡脚走动,护坡下滑,出现沉陷、开裂。

4. 预防措施

施工:

(1)注意边坡填土质量,填土必须分层填筑分层夯实,宽度要稍大于设计宽度,然后再削坡成形;宽度不够时,不得用贴面的方法加宽边坡,必须挖成台阶形后,再分层加宽夯实。

(2)护坡碎石垫层必须按规范要求垫筑,拍实塞紧,砌筑时块石必须座浆,块石之间相互嵌缝,但块石之间不能直接接触,缝隙应均匀,缝隙之间用砂浆堵满塞紧。

(3)在护坡的中、下部要设置泄水孔以排泄坡后的积水,减少渗透压力,泄水孔孔径为φ10cm,间距2～3m,泄水孔应设反滤层。

(4)土路肩应夯实,拍平,以利排水。多雨地区的高路基的路肩应加铺草皮或硬路肩,也可设置急流槽采用集中排水,以防雨水冲刷边坡。

5. 治理措施

(1)已沉陷开裂的护坡应拆除重砌,重砌前应先将护坡下的填土补足,夯实、修平。

(2)如时间紧迫或沉陷严重可能出现滑坡时,可采用压密注浆加固土体的方法进行加固处理。

9.3.2 勾缝砂浆脱落

1. 现象

勾缝砂浆开裂脱落或砂浆松散脱落。

2. 规范规定

《城镇道路工程施工与质量验收规范》CJJ 1－2008:
16.11.5 护坡质量检验应符合下列规定:
4 砌筑线形流畅、表面平整、咬砌有序、无翘动。砌缝均匀、勾缝密实。护坡顶与坡面之间缝隙封堵密实。

3. 原因分析

(1)护坡块石沉陷,相邻块石错位,勾缝砂浆随之脱落。

(2)勾缝前砌体没有洒水湿润,勾缝后砂浆中水份被干燥的石块吸收,导致砂浆因水化反应不充分强度下降,碎裂脱落。

(3)砂浆配合比不准,强度不够,在外力的作用下,碎裂脱落;或水泥含量过大,收缩裂缝多,造成碎裂脱落。

(4)砂浆勾缝养护不充分,造成收缩裂缝或强度减低,导致砂浆松缩脱落。

4. 预防措施

施工:

(1)提高护坡砌石质量,防止护坡下沉。

(2)勾缝前应先将块石之间的缝隙用砂浆填满捣实,并用刮刀刮出深于砌体2cm的凹槽,然后洒水湿润,再进行勾缝。

(3)严格控制砂浆的配合比,做到配比正确,拌合充分,随拌随用,严禁隔夜砂浆掺水后重拌再用。

(4)加强洒水养护,气温较高时应覆盖草袋或塑料薄膜养护。

5. 治理措施

将脱落的砂浆铲除,并将粘附在块石表面的砂浆清理干净,重新按施工规范要求勾缝。

9.3.3 表面不平整

1. 现象

护坡表面凹凸不平,坡面起伏或局部塌陷,实测平整度超限。

2. 规范规定

《城镇道路工程施工与质量验收规范》CJJ 1–2008:

16.11.5 护坡质量检验应符合下列规定:

4 砌筑线形流畅、表面平整、咬砌有序、无翘动。砌缝均匀、勾缝密实。护坡顶与坡面之间缝隙封堵密实。

3. 原因分析

(1)护坡下面填土不密实,自然下沉,护坡随之沉陷,或填土不足时,用贴面方法修补,产生滑坡,影响平整度。

(2)块石表面未经加工,表面平整度不够。

(3)砌筑时没有挂样线,凭肉眼找平,或样架走动,样线松弛失准。

(4)砌筑时,相邻块石没有对齐,没有按样线砌筑,或者座浆不饱满,填缝不密实,引起块石松动。

4. 预防措施

施工:

(1)提高护坡砌石质量,防止护坡沉陷。

(2)用于表面砌筑的块石必须经过加工,做到表面平整,边线顺直。

(3)砌筑前要仔细放样挂线,竖立样架,并在砌筑过程中随时检查样架是否走动,样线是否松弛。

(4)砌筑时要严格按样线砌筑,做到相邻块石对齐,座浆饱满,为防止块石松动,在石块晃动处可用小片石垫平。

5. 治理措施

将沉陷部分或过分凸出部分的块石挖出,将护坡下面填土按规范削平、补足,用表面平整的块石重新砌筑,并将与周围块石缝隙用砂浆填满塞实,重新勾缝。

第10章　市政设施使用、养护期中病害

10.1　道　路

10.1.1　道路病害

1. 现象

道路受损的原因有多种多样,概括来讲可以分为自然原因和人为原因。自然原因主要包括自然灾害,如地震、火山喷发、泥石流等导致道路受到损坏。人为原因包括道路建设质量不高、道路管理不力、人为破坏道路、车辆行驶引起的公路病害,如坑槽、波浪、车辙、松散、沉陷等。

道路病害不仅影响其正常使用功能,降低道路交通使用效率,使道路通行能力下降,行车速度降低,而且对车辆和驾驶员造成各种副作用而影响交通安全。大量事实表明,路面平整度、抗滑性能等对行车安全具有重要的影响,道路病害的出现,常常引发交通堵塞甚至造成交通安全隐患。

图 10 – 1　道路病害

(1)路基病害

路基的主要破坏类型包括填方路堤沉降破坏和挖方路堑边坡破坏两类,其中填方路堤沉降破坏包括整体或局部下沉,纵横向的开裂以及整体滑动或边坡滑坍等;挖方路堑边坡破坏包括滑坡、坍塌及坡面冲刷等。

(2)路面病害(图 10 – 1)

路面破坏可以分为初期破坏、早期破坏和正常破坏。路面的初期破坏属于功能性破坏,是发生或起源于路面面层内的破坏,此时路面的整体强度(弯沉)依然很高。

路面的早期破坏属于结构性破坏,路面整体在重复车辆荷载的作用下因抗力不足导致的疲劳破坏,此时路面整体强度明显下降。破坏在道路使用 5 ~ 10 年的时间出现,是道路病

害中最常见的。

根据路面破损方式,沥青路面道路病害类型主要有裂缝类、松散类、变形类、其他类等。

2. 规范规定

《城镇道路养护技术规范》CJJ 36 – 2006:

5.1.1 城镇道路路基养护应包括路基结构、路肩、边坡、挡土墙、边沟、排水明沟、截水沟等。

5.1.2 路基应保持稳定、密实、排水性能良好。

5.1.3 路基养护应符合下列规定:

1 路肩应无坑槽、沉陷、积水、堆积物、边缘应直顺平整。

2 土质边坡应平整、坚实、稳定,坡度应符合设计规定。

3 挡土墙及护坡应完好,泄水孔应畅通。

4 连沟、明沟、截水沟等排水设施坡度应顺适,无杂草,排水应畅通。

5 对翻浆路段应及时维护处理。

6.1.1 沥青路面必须进行经常性和预防性养护。当路面出现裂缝、松散、坑槽、拥包、啃边等病害时,应及时进行保养小修。

3. 原因分析

道路病害的产生原因是多方面的,这和施工过程中的规范程度,对质量的控制以及交通量的变化等的因素有关。路基病害的原因主要来源两个方面:一方面是由于路基地基处理而引起;另一方面是由于设计和施工的原因。其具体原因可归结为以下几点:

(1)选择填料不当:例如使用劣质土或含水率超过规定的土作为填料进行填筑,容易引发塑性形变和沉陷破坏。

(2)环境因素,主要体现在地下水和地表水的作用。

(3)设计方面的原因。

(4)施工方面的原因:填筑顺序不当,未严格按照施工规范要求等是道路病害的主因。施工过程中要严把质量关。

路面病害的产生同样也是多方面的。路面病害是水、土质、温度、路面和行车荷载五个主要因素综合作用的结果。

路面裂缝可能性有二:一种情况是沥青面层分段摊铺时,两幅接茬处未处理好,在车辆荷载与大气因素作用下逐渐开裂;另一种情况是由于路基压实度不均匀或由于路基边缘受水浸蚀产生不均匀沉陷而引起的。

不规则裂缝主要表现为路基路面强度不足,特别是路面基层强度不足,基层被压碎开裂,造成路面产生不规则的裂缝以及路面基层强度不均匀、疲劳强度不足产生的开裂;路面车辙主要是由于沥青混合料级配设计不合理,稳定性差或由于基层及面层施工时压实度不足,使轮迹带处的面层和基层材料在行车荷载反复作用下出现固结变形和侧向剪切位移引起。

另外,重载和超载车辆过多也是产生车辙的重要原因。车辙通常是在伴随着沥青面层压缩沉陷的同时,出现侧向隆起,二者组合起来构成车辙;坑槽主要原因:由于面层材料粘结力不足或行车的反复作用下,被磨损、碾碎出现细料散失、粗集料外露,进而集料失去联结。

路面严重龟裂养护不及时,随着雨水的下渗造成路面面层破损。路面基层强度不足造成基层破损而产生的路面坑槽。另外,啃边路面边缘破碎脱落,宽度10cm以上。主要原因是路面宽度不适应交通量的需要,路肩不密实,机动车会车或超车时碾压路面边缘造成啃边;路肩与路面衔接不平顺,以致使路肩积水,路面边缘湿软,在行车作用下形成啃边。

4.治理措施

道路病害重在预防,但是在路面病害出现之后必须及时进行处治,道路病害处置方法主要包括开挖修复和非开挖修复方法,这里重点介绍一种非开挖方式路基和路面修复处治手段——地聚合物注浆法。

(1)地聚合物的概念

这种材料具有优良的机械性能和耐酸碱、耐火、耐高温的性能,有取代普通波特兰水泥的可能和可利用矿物废物和建筑垃圾作为原料的特点,在建筑材料、高强材料、固核固废材料、密封材料、和耐高温材料等方面均有应用。

(2)地聚合物注浆材料及特点

地聚物注浆材料是由偏高岭土、粉煤灰、矿渣、钢渣、促进剂和碱性激发剂配制成。地聚合物浆液在压力作用下通过注浆设备被注入道路路基和基层。地聚合物浆液具有流动性较好,早期强度高、无收缩、微膨胀等特点,其在压力下具有较好的保水性能及体积稳定性;其能够较好的与土壤、渣石材料混合,能够渗透注入土壤和碎石的缝隙中,经过一段时间后,浆液通过化学胶结、离子交换、惰性充填和挤密压密作用把原来土壤及碎石胶结成一整体,形成一个结构新、强度大、防水性能高和化学稳定性良好的"结石体",从而达到提高道路承载力、降低弯沉值、提高结构层强度的目的。

(3)地聚合物注浆在国内发展应用

鉴于地聚合物注浆材料的优异性能,2007年上海市市政工程管理局发布《公路路基与基层地聚物注浆加固技术规程》SZ – G – B04 – 2007,并在上海市范围内推行该注浆技术。

2011年,江苏省常州市常州建筑科学研究院股份有限公司旗下全资子公司江苏鼎达建筑新技术有限公司对地聚合物注浆技术积极消化吸收再创新,在现有注浆工艺基础上对地聚合物注浆工艺进行了有益的改进,使其更适合于道路注浆,并率先在江苏范围内施行该道路注浆处治新技术,已先后于江苏常州市武进区长沟路、鸣新路;江苏泰州市银杏路;江苏南通市外环西路、永和路等多个道路进行地聚合物注浆工程示范(见图10 – 2 ~ 图10 – 8)。

图10 – 2　常州长沟路地聚合物注浆前　　图10 – 3　常州长沟路地聚合物注浆后

图 10-4　南通外环西路注浆

图 10-5　南通永和路注浆

图 10-6　泰州高港区银杏路道路注浆工程

图 10-7　常州鸣新路地聚合物注浆

图 10-8　常州鸣新路弯沉检测

第二篇 城市桥梁工程

第 11 章 地基与基础

11.1 扩大基础

11.1.1 基坑坑底超挖、浸水、开裂

1. 现象

坑底土方开挖深度超过设计深度,基底原状土受扰动;坑底出现冒水,严重时夹带粉砂、细砂冒出,或地面和雨水聚积在基坑内无法排除,在地下水和施工扰动下,原状土地基承载力下降,甚至引起基坑失稳;基坑土体卸载后,坑底出现中间大、四周小的坑底土体回弹、隆起,坑底地面出现开裂现象。

2. 规范规定

> (1)《建筑地基基础工程施工质量验收规范》GB 50202-2002:
>
> 6.1.2 当土方工程挖方较深时,施工单位应采取措施,防止基坑底部土的隆起并避免危害周边环境。
>
> 6.1.3 在挖方前,应做好地面排水和降低地下水位工作。
>
> (2)《公路桥涵施工技术规范》JTG/T F50-2011:
>
> 12.3.2 基坑的顶面应设置防止地面水流入基坑的设施。
>
> 12.4.1 基坑的开挖施工应符合下列规定:
>
> 1 挖基施工宜安排在枯水或少雨季节进行。
>
> 2 在开挖过程中进行排水时应不对基坑的安全产生影响,确认基坑坑壁稳定的情况下,方可进行基坑内的排水。排水困难时,宜采用水下挖基方法,但应保持基坑中的原有水位高程。
>
> 3 采用机械开挖时应避免超挖,宜在挖至基底前预留一定厚度,再由人工开挖至设计高程;如超挖,则应将松动部分清除,并应对基底进行处理。
>
> 12.4.2 采用集水坑排水时应符合下列规定:
>
> 1 基坑开挖时,宜在坑底基础范围之外设置集水坑并沿坑底周围开挖排水沟,使水流入集水坑内,排出坑外。集水坑的尺寸宜视渗水量的大小确定。
>
> 2 排水设备的排水能力宜为总渗水量的 1.5~2.0 倍。
>
> (3)《城市桥梁工程施工与质量验收规范》CJJ 2-2008:
>
> 10.1.1 基础位于旱地上,且无地下水时,基坑顶面应设置防止地面水流入基坑的设施。基坑顶有动荷载时,坑顶边与动荷载间应留有不小于 1m 宽的护道。遇有不良的工程地质与水文地质时,应对相应部位采取加固措施。

10.1.3 当采用集水井排水时,集水井宜设在河流的上游方向。排水设备的能力宜大于总渗水量的 1.5～2.0 倍。遇粉细砂土质应采取防止泥沙流失的措施。

10.1.6 开挖基坑应符合下列规定:

3 基底应避免超挖,严禁受水浸泡和受冻。

10.7.2 扩大基础质量检验应符合下列规定:

1 基坑开挖允许偏差应符合表10.7.2-1的规定

基坑开挖允许偏差 表10.7.2-1

项目		允许偏差	检验频率		检验方法
			范围	点数	
基底高程	土方	0～-20	每座基坑	5	用水准仪测量四角和中心
	石方	+50～-200		5	
轴线偏位		50		4	用经纬仪测量,纵横向各2点
基坑尺寸		不小于设计规定		4	用钢尺量每边各1点

3. 原因分析

基底超挖通常是由于采用机械开挖时,未预留30cm土由人工开挖整平,而是一挖到底,操作又控制不严,导致局部多挖;缺少专人指挥,施工工人盲目操作;测量错误,未认真复核或复核出现差错等原因造成的。

基坑浸水有两方面原因,一是基坑开挖前,未对基坑或周边采取有效降水措施造成的,或在开挖过程中,未及时施工排水沟,截断周边地下水通道造成的。尤其在粉砂层、粉细砂等渗透性较强土体,基坑附近又有河流、湖泊等水体时更容易发生;二是由于坑外地表未经拦截,直接流入基坑内。

坑底隆起是由于土体卸载后回弹造成的,当地下存在潜水层,地基为不透水性土且层厚较薄时,容易发生基底隆起。

4. 预防措施

(1) 加强测量复核,要设高程控制桩,指派专人负责经常复测高程。

(2) 机械挖方时要由专人指挥,当机械挖至还剩30cm时,应由人工开挖修整。

(3) 开挖前认真查看地质资料,选择合理的排水、降水方案。基坑开挖时,应同步设置排水沟和集水井,土方开挖宜从标高低点开始,边挖边在坑底设置一定排水坡度,地下水沿坡度→排水沟→集水井,再用排水设备排出坑外。排水过程中出现流砂和管涌等情况时,应立即停止抽水,该用井点降水的方式进行排水,井点降水由于滤管周边采用反滤层,可以有效防止抽水时携带大量粉砂、细砂流失。

(4) 土方开挖前,应提前采取轻型井点降水、管井等方式进行降水,保证地下水降水曲线在坑底50cm以下。

(5) 坑顶外侧应设置截水沟、拦水坝等设施,截断可能流入基坑内的地表水。

(6) 对于坑底隆起,应采取有效措施降水,降低地下水水头;坑顶土方卸载,减少内外压力差导致基地隆起;开挖前采取必要的基底加固措施,提高基底土体抗隆起能力;基坑周边采用打桩的方式,桩身应具有一定刚度,底部插入稳定土体,阻挡坑外土体向坑内涌动的趋势;较大基坑土体开挖时,采取分段开挖、分段浇筑垫层的方式,充分利用土体的时空效应。

5. 治理措施

当出现超挖或扰动时,应清除松动和扰动土,并采用砂、石或其他建筑材料回填,分层夯实到设计标高。坑底浸水和隆起扰动的地基土应全部予以清除,采用砂、石或其他建筑材料回填,分层夯实到设计标高。地基处理方案须经勘察和设计单位认可后,方可实施。

当地下水水位高补给丰富,降水效果不明显或存在流砂、管涌等不良地质现象时,可以采用水下挖基的方法。水下挖基通常可以采用水力吸泥机、空气吸泥机和掘泥机三种方法。

11.1.2 基坑边坡塌方

1. 现象

由于降水和排水措施不到位,边坡在地下水和地表水侵蚀下发生边坡滑动、塌方等,并常伴随有流砂、管涌等现象;由于边坡未按照规定坡度放坡,加上坡脚取土过多,以及坑顶堆载过多等原因,造成边坡失稳。严重的边坡失稳不但危及基坑内施工机械、人员的安全,也对周边管线、构筑物和行人的安全构成了很大的威胁。

2. 规范规定

(1)《建筑地基基础工程施工质量验收规范》GB 50202-2002:

6.2.2 施工过程中应检查平面位置、水平标高、边坡坡度、压实度、排水、降低地下水位系统,并随时观测周围的环境变化。

6.2.3 临时性挖方的边坡值应符合表6.2.3的规定。

临时性挖方边坡值　　　　　　　　　　　　　　　表6.2.3

土的类别		边坡值(高:宽)
砂土(不包括细砂、粉砂)		1:1.25-1:1.50
一般性黏土	硬	1:0.75-1:1.00
	硬、塑	1:1.10-1:1.25
	软	1:1.5 或更缓
碎石类土	充填坚硬、硬塑黏性土	1:0.50-1:1.00
	充填砂地土	1:1.00-1:1.50

注:1 设计有要求时,应符合设计标准。
　　2 如采用降水或其他加固措施,可不受本表限制,但应计算复核。
　　3 开挖深度,对软土不应超过4m,对硬土不应超过8m。

(2)《公路桥涵施工技术规范》JTG/T F 50-2011:

12.3.1 基坑开挖前应根据水文、地质、开挖方式及施工环境条件等因素,确定是否对坑壁采取支护措施。当基坑深度较小且坑壁土层稳定时,可直接放坡开挖;坑壁土层不易稳定且有地下水影响,或放坡开挖场地受到限制,或放坡开挖工程量大时,应按设计要求对坑壁进行支护,设计未要求时,应结合实际情况选择适宜的坑壁支护方案。

12.3.2 基坑的顶面应设置防止地面水流入基坑的设施。基坑顶面有动荷载时,其边缘与动荷载之间应留有不少于1m宽的护道,动荷载较大时宜适当加宽护道;若水文或地质条件较差,应采取加固措施。

12.3.3 不支护坑壁进行基坑开挖施工时应符合下列规定：

1 基坑坑壁的坡度宜根据地质条件、基坑深度、施工方法等情况确定。当为无水基坑且土层构造均匀时,基坑坑壁的坡度可按表12.3.3确定;当土的湿度有可能使坑壁不稳定而引起坍塌时,基坑坑壁坡度应缓于该湿度下的天然坡度。

基坑坑壁坡度 表12.3.3

坑壁土类别	坑壁坡度		
	坡顶无荷载	坡顶有荷载	坡顶有动荷载
砂类土	1:1	1:1.25	1:1.5
卵石、砾类土	1:0.75	1:1	1:1.25
粉质土、黏质土	1:0.33	1:0.5	1:0.75
极软岩	1:0.25	1:0.33	1:0.67
软质岩	1:0	1:0.1	1:0.25
硬质岩	1:0	1:0	1:0

注:1 坑壁有不同土层时,基坑坑壁坡度可分层选用,并酌设平台。
    2 坑壁土的类别按照现行行业标准《公路土工试验规程》JTG E40 划分;岩面单轴抗压强度 <5MPa、5~30MPa、>30MPa 时,分别称为极软、软质、硬质岩。
    3 当基坑深度大于5m 时,基坑坑壁坡度可适当放缓或假设平台。

(3)《城市桥梁工程施工与质量验收规范》CJJ 2 - 2008:

10.1.1 基础位于旱地上,且无地下水时,基坑顶面应设置防止地面水流入基坑的设施。基坑顶有动荷载时,坑顶边与动荷载间应留有不小于1m 宽的护道。遇有不良的工程地质与水文地质时,应对相应部位采取加固措施。

10.1.5 当基坑受场地限制不能按规定放坡或土质松软、含水量较大基坑坡度不易保持时,应对坑壁采取支护措施。

10.1.6 开挖基坑应符合下列规定:

2 坑壁必须稳定。

5 槽边堆土时,堆土坡脚距基坑顶边线的距离不得小于1m,堆土高度不得大于1.5m。

6 基坑挖至标高后应及时进行基础施工,不得长期暴露。

3. 原因分析

受地下水和地表水侵入导致的边坡坍塌,主要原因是水进入土体后,一方面增加了土体的饱和容重,另一方面由于水的湿润作用,土的内摩擦角有所降低,这两方面原因综合作用,导致了边坡产生滑动,因此在暴雨之后,很容易出现边坡坍塌的现象;对于粉砂、细砂地质,随着地下和地表动水的侵入,土颗粒被动水压力托起,从而引起流砂、管涌等现象。

对于坡度过陡、坑顶堆载过多、坡脚掏空等引起的边坡坍塌,根本原因是边坡下滑力超出抗滑力,边坡发生坍塌失稳。

4. 预防措施

(1)设计

1)严格按照地质条件、基坑深度、施工方法等制定合理的边坡支护方案和坑壁坡度,当

89

放坡受场地限制、周边管线情况复杂、水文和地质条件复杂、特大和特深基坑等特殊条件下，应采用有支护的基坑。

2）严格控制坑顶边的堆载，坑边有大型车辆和机械设备经过时，应进行基坑稳定性计算。

（2）施工

1）严格按照11.1.1条要求，做好开挖前降水和开挖时排水工作。

2）严格控制基坑顶地面超载，坑边荷载不得超出设计值。坑内挖出的土方应随挖随运，或搬运至离基坑一定安全距离，不得直接大量堆放在基坑顶边。

3）土方开挖前严格按照设计坡度在地面上放出基坑边线，机械挖方时应留30~50cm人工开挖和边坡修坡，修坡深度根据每层开挖厚度确定，不宜超过1m。

4）基坑挖至标高后应及时进行基础施工，不得长期暴露。

5. 治理措施

（1）对坑顶堆载引起的边坡失稳，立即进行坡顶卸载，坡脚部位采用石块、土袋等反压，待边坡稳定后立即进行修坡。

（2）对于由水引起的边坡失稳，首先应采用井点降水或排水的方法切断地下水补给，待边坡稳定后再进行修坡。

（3）必须特别注意粉砂、细砂地质的边坡失稳，当出现流砂等现象时，切不可在坑内进行排水，否则可能会导致内外水头差进一步加大，流砂现象进一步加剧。情况特别紧急时，应采用坑内填土或灌水等方式，平衡坑内外水和土压力。

11.2 沉入桩

11.2.1 沉桩贯入度突然变化

1. 现象

沉桩过程中，桩贯入度突然减小或增加。

2. 规范规定

《公路桥涵施工技术规范》JTG/T F 50-2011：

9.5.4 锤击沉桩的施工应符合下列规定：

7 对发生"假极限"、"吸入"、"上浮"现象的桩，应进行复打。

3. 原因分析

（1）地层变化或遇有硬石等障碍物，使得桩底阻力增加。

（2）停桩时间太长，桩周超孔隙水压力消散，被挤密的土体与桩身间的有效应力增加，使得桩周摩阻力增加。

（3）在一定范围内沉桩较多时，沉桩顺序不合理，如先由四周向中间沉桩，先施工的桩将土体挤紧甚至上拱，使得中间桩很难沉到预定顶标高，并导致工后基础不均匀沉降。

（4）在饱和的细、中、粗砂中连续沉桩时，易使流动的砂紧密挤实于桩周，封闭地下水沿桩身上升消散的通道，由于超孔隙水压力无法消散，桩尖下形成水压力很大的"水垫"，使得桩产生暂时性贯入困难，这种现象称为桩的"假极限"。

（5）在黏性土中连续沉桩时，由于土的渗透系数小，桩周水不能渗透扩散而沿桩身向上挤出,形成桩周的润滑套,使得桩周摩阻力大为减小,但休息一定时间以后,桩周水逐渐消散,摩阻力又恢复增大,这种现象称为"吸入"。

4. 预防措施

(1) 对地层变化较大或有孤石等障碍物的地质下,应提前对桩位用钎探探明地质情况。

(2) 停桩时间不宜过长。

(3) 在一定范围内沉入较多桩时,应合理安排打桩顺序,如单排桩时宜由一端向另一端进行,基础尺寸较大时宜由中间向两端或四周进行,见图 11-1。

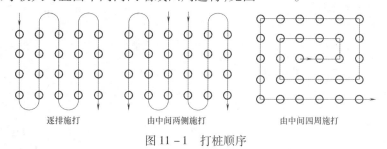

逐排施打   由中间两侧施打   由中间四周施打

图 11-1　打桩顺序

5. 治理措施

(1) 沉桩过程中,若遇贯入度剧变,应暂停沉桩,立即会同建设、设计、施工和监理单位查明原因,采取有效措施后方可继续沉桩。

(2) 对发生"假极限"、"吸入"现象的桩应进行复打。复打前静置天数:穿越砂类土,桩尖位于大块碎石类土、紧密的砂类土或坚硬的黏土,不得少于 1 昼夜;中粗砂和不饱和粉细砂不少于 3 昼夜;黏性土和饱和的粉细砂不少于 6 昼夜。

(3) 贯入度变化剧烈的桩,以作为可疑桩基优先安排桩基检测。

11.2.2 混凝土预制方桩打桩时偏斜

1. 现象

沉桩过程中,桩顶发生横向偏移,桩身偏斜,有时伴随桩身回弹,并出现断裂等现象。

2. 规范规定

(1)《公路桥涵施工技术规范》JTG/T F 50 – 2011:

9.5.9 沉桩施工质量应符合表 9.5.9 的规定。

沉桩施工质量标准(mm)　　　　　　　　　　　　　　　　　　表 9.5.9

检查项目			允许偏差
桩位	群桩	中间桩	$d/2$,且不大于 250
		外缘桩	$d/4$
	单排桩	顺桥方向	40
		垂直桥轴方向	50
倾斜度		直桩	1%
		斜桩	$\pm 0.15\tan\theta$

注:1. d 为桩的直径或短边长度。
　　2. θ 为斜桩轴线与垂线间的夹角。
　　3. 深水中采用打桩船沉桩时,其允许偏差应符合设计文件或现行行业标准《港口工程桩基规范》JTJ 254 的规定。

（2）《城市桥梁工程施工与质量验收规范》CJJ 2－2008：

10.7.3 沉入桩质量检验应符合下列规定：

2）沉桩允许偏差应符合表10.7.3－3的规定。

沉桩允许偏差 表10.7.3－3

项目		允许偏差(mm)	检验频率		检验方法
			范围	点数	
桩位	群桩 中间桩	≤$d/2$，且不大于250	每排桩	20%	用经纬仪测量
	群桩 外缘桩	$d/4$			
	排架桩 顺桥方向	40			
	排架桩 垂直桥轴方向	50			
桩尖高程		不高于设计要求	每根桩	全数	用水准仪测量
斜桩倾斜度		±0.15% $\tan\theta$			用垂线和钢尺量尚未沉入部分
直桩垂直度		1%			

注：1. d 为桩的直径或短边尺寸(mm)。
2. θ 为斜桩设计纵轴线与铅垂线间夹角(°)。

3. 原因分析

（1）打桩作业区的场地不平整，桩机底盘不水平，打桩过程中桩机不稳固，导致桩身产生倾斜。

（2）桩身弯曲过大，桩尖偏离轴线大；相邻两节桩接头轴线偏差过大。

（3）稳桩不垂直。

（4）桩入土后，遇质地坚硬的障碍物如孤石，将桩尖挤向一侧。

4. 预防措施

（1）必须严格按照：吊桩→测量定位→稳桩→压锤→施打→测量沉桩偏位→记录沉桩→检测验收流程进行沉桩作业，尤其是稳桩必须垂直，施打过程中加强对桩身倾斜度观测，桩身垂直度偏差超过1%时，应及时对桩身偏斜进行纠正。

（2）施工前应对桩位下的障碍物清除干净，必要时对桩位用钎探探明地质情况。

（3）打桩前认真检查预制桩，发现桩身弯曲超标或桩尖不在纵轴线上的不得使用。

（4）沉桩过程中桩架应保持垂直，锤击沉桩时，桩锤、桩帽和桩身三者要保持在同一直线上，上下两节桩接头轴线应保持重合、铅垂，桩帽应保持平整，避免桩顶偏心受力。

（5）桩锤的选择宜根据地质条件、桩身强度、单桩承载力、锤的性能并结合试桩情况确定，且宜选用液压锤和柴油锤。其他辅助装备应与所选用的桩锤匹配。

（6）开始沉桩时，应控制桩锤冲击能，低锤慢打，且桩锤、送桩与桩保持在同一轴线上；当桩入土一定深度后，方可按落距和正常锤击频率进行，锤击应采用重锤低击。

5. 治理措施

（1）沉桩过程中应加强观测，发现桩身突然发生倾斜、移位或有严重回弹时，应暂停沉桩。施工单位应会同建设、设计和监理单位分析原因，并采取有效措施后，方可继续施打。

（2）对于沉桩偏斜较小的桩基，应会同建设、设计、施工和监理单位共同明确处理方案，并在桩基检测中作为可疑桩基进行检测;对桩身偏位严重的应予废弃,由设计单位进行补桩变更设计。

11.2.3 桩头破碎、桩身断裂

1. 现象

沉桩过程中,桩顶出现混凝土破碎,钢筋外露;预制桩运输吊装或沉桩过程中,桩身产生裂缝。

2. 规范规定

> (1)《公路桥涵施工技术规范》JTG/T F50—2011:
>
> 9.5.4 锤击沉桩的施工应符合下列规定:
>
> 4 沉桩过程中,若遇到贯入度剧变,桩身突然发生倾斜、移位或有严重回弹,桩顶出现严重裂缝、破损,桩身开裂等情况时,应暂停沉桩,查明原因,采取有效措施后方可继续沉桩。
>
> (2)《城市桥梁工程施工与质量验收规范》CJJ 2—2008:
>
> 10.2.15 锤击沉桩应符合下列规定:
>
> 7 沉桩过程中发现以下情况应暂停施工,并应采取措施进行处理:
>
> 3)桩头或桩身破坏。

3. 原因分析

(1)桩顶破碎主要原因:

1)桩顶部位未做特殊配筋处理,或桩顶钢筋定位误差偏大,混凝土保护层偏厚,桩顶局部承压能力不足导致桩头混凝土破碎。

2)桩垫材料选择不当或破损失效,锤击力直接作用桩顶导致桩头破损。

3)桩顶表面平整度不足,受压面与锤击力不垂直,局部承压面积小,承压力过大。

4)桩尖通过硬质土层时,沉桩速度慢、时间长,锤击次数过多,冲击能量太大。

5)桩身混凝土设计强度不足或者养护时间不到位,不能承受大量锤击力冲击。

(2)桩身裂缝主要原因:

1)由于预制桩起吊时机不当(强度不足)或吊点选取不当,导致桩身产生裂缝。

2)后期沉桩产生挤土产生过大位移,使得前期打入的桩身受挤开裂。

3)成桩后土方开挖过程中,挖土顺序不当,桩两侧不平衡土压力导致桩身开裂。

4)桩身初始弯曲过大,加上沉桩过程中偏斜较大未及时纠正,在桩锤反复冲击作用下,桩身产生裂缝。

4. 预防措施

(1)根据施工条件选择桩锤的类型,并根据桩锤的冲击能初定规格,用锤重进行复核。

(2)施工中应"重锤轻击"(锤的重量大而落距小),防止打坏桩头;若选择的桩锤过轻,则很容易出现"轻锤高击"桩身回弹现象,极易损坏桩头,桩也难以打入土中。一般锤重大于桩重的 1.5~2 倍时效果较为理想,桩重大于 2t 时可采用比桩轻的锤,但不宜小于桩重的75%。

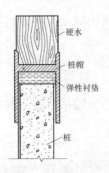

硬水

桩帽

弹性衬垫

桩

图 11-2 桩头保护

（3）应选择合适的弹性材料作为桩垫，缓冲桩锤的冲击荷载，保护桩头，见图 11-2。

（4）钢筋混凝土预制方桩的混凝土强度应达到设计强度等级 70% 后方可起吊，吊点应设在设计规定位置，设计无规定时，应按吊桩弯矩最小的原则确定吊点位置，见图 11-3。

（5）桩的堆放场地须平整坚实，垫木间距应与吊点位置相同，各层垫木应在同一垂直面上，层数不超过四层，不同规格的桩应分别堆放。

（6）打桩顺序和土方开挖顺序应合理选择，防止土体位移挤裂已施工的桩。

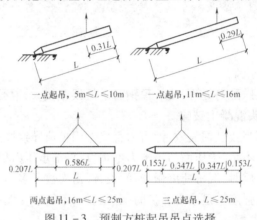

一点起吊，5m≤L≤10m　　　一点起吊，11m≤L≤16m

两点起吊，16m≤L≤25m　　　三点起吊，L≤25m

图 11-3 预制方桩起吊吊点选择

5. 治理措施

（1）对桩头破裂，当沉桩深度不大，可以拔出换桩，调整施工工艺重打。如果桩身入土深度较大尚未达到设计要求时，可凿除桩顶破碎部分，用水冲洗干净，立好模板箍紧，调整或增补钢筋网片，采用掺环氧树脂的混凝土进行修补，并包裹、养护见图 11-4，待环氧树脂混凝土强度等级达到要求后，再选择合适的桩锤、落距，将桩沉到设计要求。

图 11-4 桩头环氧树脂补强

（2）对桩身开裂,当沉桩深度不大可拔出换桩,或开挖至裂缝位置,加钢夹箍用螺栓拧紧后焊固补强。若桩身开裂处较深无法挖出时,应会同建设、设计、施工和监理单位共同明确处理方案,一般由设计单位进行补桩变更设计。

11.3 灌注桩

11.3.1 坍孔、缩孔

1. 现象

钻孔在钻进过程中发现排出的泥浆中不断出现气泡,或泥浆液面突然下降,很可能出现孔壁坍陷情况;孔壁向孔中移动,挤占钻孔桩空间,导致成孔直径小于设计桩径,形成缩孔现象。

2. 规范规定

（1）《公路桥涵施工技术规范》JTG/T F 50 – 2011:

8.2.5 钻孔施工应符合下列规定

6 采用旋挖钻机钻孔时,应根据不同的地质条件选用相应的钻头。钻进过程中应保证泥浆面始终不低于护筒底部500mm以上,并应严格控制钻进速度,避免进尺过快造成坍孔埋钻事故。钻头的升降速度宜控制在0.75～0.8m/s;在粉砂层或亚砂土层中,升降速度应更加缓慢。泥浆初次注入时,应垂直同桩孔中间进行注浆。

（2）《城市桥梁工程施工与质量验收规范》CJJ 2 – 2008:

10.3.2 钻孔施工应符合下列规定:

4 钻孔中出现异常情况,应进行处理,并应符合下列要求:

1）坍孔不严重时,可以大泥浆相对密度继续钻进,严重时必须回填重钻。

4）出现缩孔时,可提高孔内泥浆量或加大泥浆相对密度采用上下反复扫孔的方法,恢复孔径。

3. 原因分析

（1）坍孔

从机理上来看,钻孔灌注桩是通过泥浆在孔壁形成泥皮,隔断孔内外渗流,再加上泥浆比重大,产生一定的内外压力差保证孔壁自立。钻孔发生坍孔是由于地下水压力上升或孔内泥浆水压力下降,孔壁在内外水压力差不能满足孔壁自立条件。具体原因有以下:

1）泥浆比重不足,孔内水压力过小。如钻孔前对地质和地下水情况了解不够,泥浆设计比重偏小;地面钢护筒伸出地面高度不足,地面水大量进入泥浆池和孔内,造成泥浆比重下降。

2）泥浆黏度、胶体率不符合要求,难以在孔壁表面形成稳定的泥皮,封闭孔外水、砂通道;成孔速度过快,泥浆未来得及在孔壁形成泥皮。

3）成孔后静置时间太长,泥浆发生沉淀,尤其是上部泥浆比重下降,孔内水压力不足以支撑孔壁自立。

4）提升钻头或吊放钢筋笼时,钻头或钢筋笼与孔壁发生机械碰撞。

5）地下水压力上升,泥浆未及时调整。尤其当土渗透性较强,又靠近河海等补给水体附近钻孔,由于河流水位快速上升或潮汐水位变化,孔内泥浆高度未及时调整。

6)进入土层突然变化,泥浆未及时调整。进入砂砾等强渗透性土层时,泥浆快速流失造成孔内水位下降,内水压降低未及时补充;进入承压水地层,孔外水压力突然上升。

7)清孔后未及时补充水和泥浆,孔内泥浆比重下降,孔内水压力下降。

8)孔口钢护筒设置不规范,孔内水位过低内水压力不足。如在旱地上的钢护筒底部和四周未用黏土填实,水中振动施工钢护筒插入土中深度不足或筒底位于透水性土中,使得孔内泥浆从护筒底部快速渗出,孔内水位降低,压力无法保持导致孔壁坍孔。

(2)缩孔

1)由于钻头磨损、钻头选型不正确等原因,使得成孔直径小于设计桩径。

2)强度较低的软塑土地质,受地面荷载、地下水等因素的诱发,易产生缩孔现象。

4. 预防措施

(1)塌孔

1)根据不同地层,控制使用好泥浆比重、黏度、胶体率等指标。施工中应注意保持孔内水位高度,发现水位低于规定高度时应及时补充,保证一定的孔内压力。

2)在回填土、松软层及流砂层钻进时,应严格控制速度;成孔后应尽快进行清孔,并灌注桩身混凝土。

3)地下障碍物处理时,一定要将残留的混凝土块处理清除。

4)正确设置护筒入土深度。护筒埋置深度在旱地或筑岛处宜为 2～4m,有冲刷的河床护筒以沉入施工期局部冲刷线以下 1～1.5m,水中或特殊情况下应根据设计要求和水文、地质条件计算确定。

(2)缩径

1)选用带保径装置钻头,钻头直径应满足成孔直径要求,并应经常检查,及时修复。

2)易缩径的软塑土地质下孔段钻进时,可适当提高泥浆的黏度。

5. 治理措施

(1)孔壁坍塌严重时,应探明坍塌位置,用砂和黏土混合回填至坍塌孔段以上 1～2m 处,捣实后重新钻进。

(2)对钻孔缩孔,应选用合格的钻头重新进行钻孔,对易缩径部位也可采用上下反复扫孔的方法来扩大孔径。

11.3.2 护筒冒水、钻孔漏浆

1. 现象

成孔过程中或成孔后,泥浆从护筒周边冒出地面,孔内水位无法保持与地下水一定水头差,容易造成坍孔等质量问题。

2. 规范规定

(1)《建筑桩基技术规范》JGJ 94－2008:

6.3.2 泥浆护壁应符合下列规定:

施工期间护筒内的泥浆面应高出地下水位 1.0m 以上,在受水位涨落影响时,泥浆面应高出最高水位 1.5m 以上;

6.3.5 泥浆护壁成孔时,宜采用孔口护筒,护筒设置应符合下列规定:

3 护筒的埋设深度:在黏性土中不宜小于1.0m;砂土中不宜小于1.5m。护筒下端外侧应采用黏土填实;其高度尚应满足孔内泥浆面高度的要求;

4 受水位涨落影响或水下施工的钻孔灌注桩,护筒应加高加深,必要时应打入不透水层。

(2)《公路桥涵施工技术规范》JTG/T F 50 - 2011:

8.2.4 护筒的设置应符合下列规定:

3 护筒顶宜高于地面0.3m或水面1.0~2.0m;在有潮汐影响的水域,护筒顶应高出施工期最高潮水位1.5~2.0m,并应在施工期间采取稳定孔内水头的措施;当桩孔内有承压水时,护筒顶应高于稳定后的承压水位2.0m以上。

4 护筒的埋置深度在旱地或筑岛处宜为2.0~4.0m,在水中或特殊情况下应根据设计要求或桩位的水文、地质情况经计算确定。对有冲刷影响的河床,护筒宜沉入施工期局部冲刷线以下1.0~1.5m,且宜采取防止河床在施工期过渡冲刷的防护措施。

(3)《城市桥梁工程施工与质量验收规范》CJJ 2 - 2008:

10.3.1 钻孔施工准备工作应符合下列规定:

4 护筒顶面宜高出施工水位或地下水位2m,并宜高出施工地面0.3m。其高度尚应满足孔内泥浆面高度的要求。

5 护筒埋设应符合下列要求:

1)在岸滩上的埋设深度:黏性土、粉土不得小于1m;砂性土不得小于2m。当表面土层松软时,护筒应埋入密实土层中0.5m以下。

2)水中筑岛,护筒应埋入河床面以下1m左右。

3)在水中平台上沉入护筒,可根据施工最高水位、流速、冲刷及地质条件等因素确定沉入度,必要时应沉入不透水层。

3. 原因分析

(1)护筒埋置深度不足,孔内泥浆在内外水头差下,沿护筒外壁渗透路径贯通,表现为泥浆沿筒壁外四周冒出地面。

(2)钢护筒埋设时,四周未用渗透系数较低的粘性土填实压密,或钢护筒密封性不足,存在漏水的缺陷,泥浆从护筒内向外渗透流出;护筒底部存在透水性强的砂层,泥浆从砂层漏出。

(3)护筒内泥浆面过高,孔内压力过大。

4. 预防措施

(1)为了保证成孔质量,防止出现坍孔等问题,钻孔灌注桩必须保持孔内外水位差(1~2m)和大比重泥浆形成内外压力差,保证孔壁自立性。旱地进行钻孔灌注桩施工时,护筒埋入一定深度(黏性土1m、砂性土2m),护筒外侧采用黏土填实压密等措施,一般能够满足上述孔内外水压差条件下不发生冒水、管涌。

(2)水中施工和特殊情况下钻孔作业,由于受潮汐水位变化、地质情况等因素的影响,一般应以计算确定为主,同时满足构造规定的要求。水中护筒埋置深度可根据式(11 - 1)计算(《公路施工手册—桥涵》交通部第一公路工程公司主编)(图11 - 5):

$$L = \frac{(h + H)\gamma_W - H\gamma_0}{\gamma_d - \gamma_W} \qquad (11-1)$$

式中 L——护筒埋置深度,m;

H——施工水位至河床表面深度,m;

h——护筒内水头,即护筒内水位与施工水位之差,m;

γ_W——孔内泥浆容重,kN/m³;

γ_0——水的容重,取 10kN/m³;

γ_W——孔内泥浆容重,kN/m³;

γ_d——护筒外河床土饱和容重,kN/m³。

$$\gamma_d = \frac{\Delta + e}{1 + e}\gamma_0 \qquad (11-2)$$

式中 Δ——土颗粒的相对密度,取 2.76;

e——饱和土的孔隙比,砂土为 0.33 ~ 1.0,黏性土为 0.17 ~ 0.43,软土为 1 ~ 2.3。

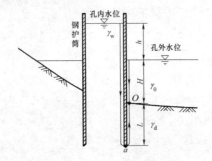

图 11 – 5 护筒埋置深度

式(11 – 1)转化成以下形式:

$$L = \frac{\gamma_W}{\gamma_d - \gamma_W}h + \frac{\gamma_W - \gamma_0}{\gamma_d - \gamma_W}H \qquad (11-3)$$

对一般河床土为黏性土的情形,γ_d 可取 20kN/m³。γ_W 为泥浆容重,13 ~ 15kN/m³,取平均值 14kN/m³。所以式(11 – 3)可简化为:

$$L = \frac{7}{3}h + \frac{2}{3}H \qquad (11-4)$$

式(11 – 4)中,令 $H = 0$ 即可得旱地施工钻孔灌注桩护筒埋置深度。安全起见,实际施工时的埋置深度还应考虑一定的安全系数,一般可取为 $K = 1.5 ~ 2.0$。

(3)钢护筒使用前应检查验收,对筒体破裂、漏水、内径尺寸不符合要求、筒壁钢板厚度不足、变形严重的护筒,不应在工程中使用。

(4)钢护筒埋设前宜在地面上测量定位,用灰线标出轮廓,埋设时不得偏位并保持筒壁竖直。埋设好的护筒还应用十字控制桩线测量复核。

(5)旱地埋设钢护筒时,宜开挖成直径大 1.0m 的圆坑,护筒安放后四周用粘性土分层填实压密,若护筒底部为透水性较强的砂石、卵石层,应超挖 30cm 后用黏性土压实作为基础。

(6)护筒内径应比桩径稍大 20cm,钻杆下钻、提钻和钻进过程中,不得碰撞护筒。

5. 治理措施

（1）适当降低钻孔内泥浆面高度，减少孔内水头，一般保持高于地下水位 1～2m 即可。

（2）加长钢护筒埋置深度，增加泥浆稠度，并放慢钻进速度。

11.3.3 钻孔偏斜

1. 现象

钻孔成孔偏斜，灌注桩垂直度不符合规范要求。

2. 规范规定

（1）《公路桥涵施工技术规范》JTG/T F 50－2011：

8.7.3 钻（挖）孔灌注桩成孔质量应符合表8.7.3的规定

钻（挖）孔灌注桩成孔质量标准 　　　　　　　　　　　表8.7.3

项目		规定值或允许偏差
钻（挖）孔桩	孔的中心位置(mm)	群桩:100;单排桩:50
	孔径(mm)	不小于设计桩径
	倾斜度(%)	钻孔:<1;挖孔:<0.5
	孔深(m)	摩擦桩:不小于设计规定
		支承桩:比设计深度超深不小于0.05
钻孔桩	沉淀厚度(mm)	摩擦桩:符合设计规定。设计未规定时,对于直径≤1.5m的桩,≤200;对桩径>1.5m或桩长>40m或土质较差的桩,≤300
		支承桩:不大于设计规定;设计未规定时≤50
	清孔后泥浆指标	相对密度:1.03～1.10;黏度:17～20Pa·s;含砂率:<2%;胶体率:>98%

注:1. 清孔后的泥浆指标,是从桩孔的顶、中、底部分别取样检验的平均值。本项指标的测定,特指大直径桩或有特殊要求的钻孔桩。

2. 对冲击成孔的桩,清孔后泥浆的相对密度可适当提高,但不宜超过1.15。

（2）《城市桥梁工程施工与质量验收规范》CJJ 2－2008：

10.7.4 混凝土灌注桩质量检验应符合下列规定：

6 混凝土灌注桩允许偏差应符合表10.7.4的规定。

混凝土灌注桩允许偏差 　　　　　　　　　　　表10.7.4

项目		允许偏差(mm)	检验频率		检验方法
			范围	点数	
桩位	群桩	100	每根桩	1	用全站仪检查
	排架桩	50		1	
沉渣厚度	摩擦桩	符合设计要求		1	沉淀盒或标准测锤,查灌注前记录
	支承桩	不大于设计要求		1	
垂直度	钻孔桩	≤1%桩长,且不大于500		1	用测壁仪或钻杆垂线和钢尺量
	挖孔桩	≤0.5%桩长,且不大于200		1	用垂线和钢尺量

3. 原因分析

（1）场地平整度和密实度差,钻机安装不平整或钻进过程发生不均匀沉降,导致钻孔偏斜。

（2）桩架不稳，钻杆导架不垂直，钻机磨损，部件松动，或钻杆弯曲接头不直。

（3）钻头翼板磨损不一，钻头受力不均，造成偏离钻进方向。

（4）钻进中遇软硬土层交界面或倾斜岩面时，钻压过高使钻头受力不均，造成偏离钻进方向。

4. 预防措施

（1）桩机就位前先平整场地，铺好枕木后用水平尺校正，保证钻机平稳、牢固，以防钻机倾斜或位移。

（2）安装钻机时应严格检查钻机的平整度和主动钻杆的垂直度，钻进过程中应定时检查主动钻杆的垂直度，发现偏差立即调整。钻盘中心同钻架上的起吊滑车处于同一垂直线上，要求偏差不大于20mm。

（3）定期检查钻头、钻杆、钻杆接头，发现问题及时维修或更换。

（4）在软硬土层交界面或倾斜岩面处钻进，应低速低钻压钻进。发现钻孔偏斜，应及时回填黏土，冲平后再低速低钻压钻进。

（5）在复杂地层钻进，必要时在钻杆上加设扶正器。

5. 治理措施

（1）钻孔偏斜较小，在规范允许范围内时，应重新对导杆进行水平和垂直校正，检修钻孔设备，如钻杆弯曲及时调换。

（2）如偏斜过大，填入石子、黏土重新钻进，控制钻速，慢速上下提升、下降，往复扫孔纠正。

（3）遇到探头石，宜用钻机钻透，用冲孔机低锤密打，将石头打碎，再进行钻孔。

第12章 墩 台

12.1 砌体墩台

12.1.1 石砌体与砂浆粘结不牢

1. 现象

砌体中的石块和砂浆不粘结，常表现为铺灰不足，石块与石块间仍是干缝，有的石块还有松动，由于砌体粘结不良，使毛石砌体的承载能力降低。

2. 规范规定

（1）《砌筑砂浆施工工艺标准》：

1.3.4 砂中不得含有有害物质。砂的含泥量应满足下列要求：

1. 对水泥砂浆和强度等级不小于M5的水泥混合砂浆，不应超过5%；

2. 对强度等级小于M5的水泥混合砂浆，不应超过10%；

3. 人工砂、山砂及特细砂，应经试配能满足砌筑砂浆技术条件要求。

（2）《砌体结构工程施工质量验收规范》GB 50203－2011：

7.1.3 石材表面的泥垢、水锈等杂质，砌筑前应清除干净。

3. 原因分析

(1) 毛石之间缝隙过大,砂浆干缩沉降产生缝隙,与石块不粘结。

(2) 高温干燥季节施工,石材粘有泥灰,与砂浆不能粘结。

(3) 违章作业,如铺砌干石块后再灌砂浆,造成灌浆不足。

(4) 砌筑或勾缝砂浆所用砂子含泥量过大,影响石材和砂浆间的粘结。

4. 预防措施

(1) 控制材料的质量,砌筑用的石块应洁净湿润。砂浆强度、稠度、分层度都应满足设计与施工的要求。砂浆的稠度,干燥天气为 30 ~ 50mm,阴冷天气为 20 ~ 30mm。

(2) 毛石砌体的灰缝厚度以 20 ~ 30mm 为宜,砂浆应饱满,石块间较大的空隙应先填塞砂浆后用碎石块嵌实,不得先摆碎石块后塞砂浆或干填碎石块。砌体中的砂浆饱满度与砌体抗压强度的关系,见表 12 - 1

石砌体中砂浆饱满度与砌体抗压强度关系   表 12 - 1

砂浆饱满度	50%	75%	80%	95%
相对强度(%)	64	97	100	121.4

5. 治理措施

检查已砌的石砌体,如石缝空隙过多,要返工灌足或铺满砂浆重砌;如有个别石缝空隙,可先洗水湿润后晾干,再补灌砂浆,填嵌密实;严重时可以采用压密注浆处理。

12.1.2 低温施工使用掺盐砂浆影响后期结构强度

1. 现象

采用掺盐砂浆具有施工方法简单、造价低、货源易于解决等优点,因而在冬期施工中被广泛应用。由于该砂浆吸湿性大,保温性能下降,并有析盐现象等,因此并非所有均适用。如果错误地在配筋砌体、变电所、发电站以及热工要求高或湿度大于 60% 的建筑工程中使用,反而会影响使用功能。

2. 规范规定

《砌筑砂浆施工工艺标准》:

1.3.5 砌筑砂浆应通过试配确定配合比。当砌筑砂浆的组成材料有变更时,其配合比应重新确定。

1.3.7 凡在砂浆中掺入早强剂、缓凝剂、防冻剂等,应经检验和试配符合要求后,方可使用。

3. 原因分析

(1) 施工管理不善,误认为冬期施工采用掺盐砂浆就可砌筑一切工程的墙体。

(2) 技术交底不清,没有明确掺盐砂浆的配制要求和适用范围。

4. 预防措施

(1) 在砂浆中掺入一定量的盐类,能使砂浆抗冻早强,而且强度还能继续增长,并与砖石有一定粘结力,不但砌体在受冻前能获得一定的强度,而且解冻后砌体不须做解冻验算和维护。除禁止使用的工程范围以外,一般工程均可采用掺盐砂浆砌筑。

(2) 应按不同负温界限控制砂浆中的掺盐量。当砂浆中氯盐掺量过少时,砂浆的溶液会出现大量的冰结晶体,使水泥的水化反应极其缓慢,甚至停止,降低早期强度,达不到预期效果。

5. 治理措施

掺合盐之前进行必要的强度试验,经过试验取得最佳盐分掺量,施工前进行班组技术交底,严格按比例掺合,并做好工后养护工作。

12.2　混凝土墩台

12.2.1 墩台存在蜂窝、麻面、孔洞

1. 现象

混凝土墩台存在蜂窝状孔洞,尤其在钢筋密集部位,容易出现混凝土蜂窝孔洞的现象。

2. 规范规定

(1)《大体积混凝土施工规范》GB 50496－2009:

5.4.1 大体积混凝土的浇筑工艺应符合下列规定:

1. 混凝土的浇筑厚度应根据所用振捣器的作用深度及混凝土的和易性确定,整体连续浇筑时宜为 300～500mm。

(2)机械振捣混凝土规范要求:

1)采用插入式振捣器振捣混凝土时,插入式振捣器的移动间距不宜大于振捣器作用半径的1.5倍,且插入下层混凝土内的深度宜为50～100mm,与侧模应保持50～100mm的距离。

当振动完毕需变换振捣器在混凝土拌合物中的水平位置时,应边振动边竖向缓慢提出振捣器,不得将振捣器放在拌合物内平拖。不得用振捣器驱赶混凝土。

2)表面振捣器的移动距离应能覆盖已振动部分的边缘。

3)附着式振捣器的设置间距和振动能量应通过试验确定,并应与模板紧密连接。

4)对有抗冻要求的引气混凝土,不应采用高频振捣器振捣。

5)应避免碰撞模板、钢筋及其他预埋部件。

6)每一振点的振捣延续时间以混凝土不再沉落,表面呈现浮浆为度,防止过振、漏振。

7)对于箱梁腹板与底板及顶板连接处的承托、预应力筋锚固区以及施工缝处等其他钢筋密集部位,宜特别注意振捣。

8)当采用振动台振动时,应预先进行工艺设计。

3. 原因分析

(1)模板接缝不严,板缝处漏浆。

(2)模板表面未清理干净或模板未满涂隔离剂。

(3)混凝土振捣不密实、漏振造成蜂窝麻面、不严实。

(4)混凝土搅拌不均,和易性不好;混凝土入模时自由倾落高度过大,产生离析。

(5)混凝土搅拌时间短,加水量不准,混凝土和易性差,混凝土浇筑后有的地方砂浆少石子多,形成蜂窝。

(6)混凝土浇灌没有分层浇灌,下料不当,造成混凝土离析,出现蜂窝麻面等。

4. 预防措施

（1）混凝土浇捣前应检查模板缝隙严密性，模板应清洗干净并用清水湿润，不留积水，并使模板缝隙膨胀严密。

（2）混凝土浇筑高度一般不超过2m，超过2m时要采取措施，如用串筒等进行下料。

（3）混凝土入模后，必须掌握振捣时间，一般每点振捣时间约20～30s，使混凝土不再显著下沉，不再出现气泡，混凝土表面出浆且呈水平状态，混凝土将模板边角部分填满充实。

5. 治理措施

（1）麻面主要影响使用功能和美观，应加以修补，将麻面部分湿润后用水泥砂浆抹平。

（2）如果蜂窝较小，可先用水洗刷干净后，用1:2或2:5水泥砂浆修补。

（3）如果蜂窝较大则先将松动石子剔掉，用水冲刷干净湿透，再用提高一级强度等级的细石混凝土捣实并加强养护。

（4）如果是孔洞，则应组织相关人员调查研究，制定补强方案进行处理。

12.2.2 混凝土露筋

1. 现象

墩台侧面、底部钢筋外露及烂根。

2. 规范规定

《公路钢筋混凝土及预应力混凝土桥涵设计规范》JTG D62-2012：

9.1.1 普通钢筋和预应力直线形钢筋的最小混凝土保护层厚度不应小于钢筋公称直径，后张法构建预应力直线形钢筋不得小于其管道直径的1/2，且应符合表9.1.1的规定。

普通钢筋和预应力直线形钢筋最小混凝土保护层厚度(mm)　　表9.1.1

构件类别		环境条件		
		I	II	III、IV
基础、桩基承台	基坑地面有垫层或侧面有模板(受力主筋)	40	50	60
	基坑地面无垫层或侧面无模板(受力主筋)	60	75	85
墩台身、挡土结构、涵洞、梁、板、拱圈、拱上建筑(受力主筋)		30	40	45
缘石、中央分隔带、护栏等行车道构件(受力主筋)		30	40	45
人行道构件、栏杆(受力主筋)		20	25	30
箍筋				
收缩、温度、分布、防裂等表层钢筋		15	20	25

注：1 环境条件：

I——湿暖或寒冷地区的大气环境，与无侵蚀性的水或土接触的环境；

II——严寒地区的大气环境、使用除冰盐环境、滨海环境；

III——海水环境；

IV——受腐蚀性物质影响的环境。

2 对于环氧树脂涂层钢筋，可按环境类别I取用；

（1）当受拉区主筋的混凝土保护层厚度大于50mm时，应在保护层内设置直径不小于6mm、间距不大于100mm的钢筋网；

（2）钢筋机械连接件的最小保护层厚度不得小于20mm。

（3）应在钢筋与模块之间设置垫块，确保钢筋的混凝土保护层厚度，垫块应与钢筋绑扎牢固、错开布置。

3. 原因分析

(1)混凝土振捣时垫块移位或垫块太少,钢筋紧贴模板,致使拆模后露筋。

(2)构件截面尺寸较小,钢筋过密,遇大石子卡在钢筋上水泥浆不能充满钢筋周围,使钢筋密集处产生露筋。

(3)混凝土振捣时,振捣棒撞击钢筋,将钢筋振散发生移位,造成露筋等。

4. 预防措施

(1)增加混凝土垫块,保证振捣时垫块不移位。

(2)钢筋间净距应满足设计要求,不宜过小、过密,防止大石子卡在钢筋上水泥浆不能充满钢筋周围。

(3)混凝土振捣时,注意振捣棒不能直接撞击钢筋和模板,防止钢筋振散移位。

5. 治理措施

将外露钢筋上的混凝土和铁锈清理干净,然后用水冲洗湿润,用1:2或1:2.5水泥砂浆抹压平整;如露筋较深,应将薄弱混凝土全部凿掉,冲刷干净润湿,再用提高一级强度等级的细石混凝土捣实,并加强养护。

12.2.3 混凝土墩台温度收缩裂缝

1. 现象

混凝土墩台浇筑完成后,在不同的部位出现温度裂缝。

2. 规范规定

(1)《城市桥梁工程施工与质量验收规范》CJJ 2-2008:

11.1.1 重力式混凝土墩台施工应符合下列规定:

2 墩台混凝土宜水平分层浇筑,每次浇筑高度宜为1.5~2m。

(2)《公路桥涵施工技术规范》JTG/T F50-2011:

13.4.1 墩、台身的施工除应符合本规范其他相关章节的规定外,尚应符合下列规定:

2 墩、台身高度超过10m时,可分节段施工,节段的高度宜根据混凝土施工条件和钢筋定尺长度等因素确定。上一节段施工时,已浇节段的混凝土强度应不低于2.5MPa。

3. 原因分析

混凝土是脆性材料,主要力学性能表现出刚性,抗压能力较强,抗拉能力较差,经过实际工程观察和实验室检测,混凝土抗拉强度只有抗压强度的1/10左右,混凝土的断面尺寸和实体体积较大,构件中使用水泥的用量也较大,由于水泥在硬化过程中,水泥与水发生反应会产生水化热,使混凝土内部温度急剧上升;随后在混凝土降温过程中,在一定的约束条件下会产生相当大的拉应力。混凝土结构中通常只在表面配置少量钢筋。因此,拉应力要由混凝土本身来承担。

4. 预防措施

(1)控制水泥品种与用量,施工中墩台混凝土施工中应尽量使用矿渣硅酸盐水泥、火山灰水泥。同时要尽量地减少混凝土中水泥的实际用量,这样能直接减少水化热产生的热量,但要在合理范围内,避免由于水泥用量过低,造成构件的设计强度减小,造成结构安全隐患。

(2)掺加外加料和外加剂,在混凝土中掺入一定量的粉煤灰后,不仅可以提高混凝土的和易性,还可以增加混凝土的密实度,提高抗渗能力,减少混凝土的收缩变形,减少水泥用量。通常会使用一定量的 UFA 膨胀剂,它可以等量替换水泥。该膨胀剂会使混凝土产生适度的膨胀,一方面保证混凝土的密实度,另一方面使混凝土内部产生压力,以抵消混凝土中产生的部分拉应力。另一种为减水缓凝剂,按一定比例加入后不但能保证混凝土有一定的坍落度,便于施工操作,还可以延缓水化热的峰值期并改善混凝土的和易性,便于施工操作,还能降低水灰比以达到减少水化热的目的,并能减少混凝土后期凝结过程,由于水分大量损失造成的裂缝。

(3)集料的选择与控制,在集料的选择上应该选取颗粒比较大的碎石,碎石的强度要高,同时要合理搭配,使碎石集料有科学合理的连续级配。使大体积混凝土达到较小的空隙率及表面积,从而减少水泥的用量,降低水化热,减少大体积混凝土凝结过程中的干缩变形,达到预防混凝土裂缝的目的。

5. 治理措施

对于混凝土裂缝,应以预防为主,混凝土的裂缝基本上有以下三种:表面裂缝、深层裂缝、贯穿裂缝。对于表面裂缝因为其对结构应力、耐久性和安全基本没有影响,一般不作处理。对深层裂缝和贯穿裂缝可以采取凿除裂缝,可以用风镐、风钻或人工将裂缝部位凿除,直到看不见裂缝为止,凿槽断面为梯形再在上面浇筑混凝土。加设钢筋网片,在处理较深的裂缝时,一般是在混凝土已充分冷却后,在裂缝上铺设 1～2 层的钢筋后再继续浇筑混凝土。对比较严重的裂缝可以采取水泥灌浆和化学灌浆。水泥灌浆适用于裂缝宽度在 0.5mm 以上时,对于裂缝宽度小于 0.5mm 时应采取化学灌浆。化学灌浆材料一般使用环氧－糠醛丙酮系等浆材。

12.2.4 高墩台混凝土的养护

1. 现象

由于混凝土的养护不到位,造成浇筑后的混凝土表面出现干缩裂纹,特别是大体积混凝土的外露面,以及大面积裸露的混凝土。严重的会影响混凝土的强度的增长,造成混凝土强度的不合格。当气温低时,无法保证混凝土的强度。混凝土强度未形成时,使其承受荷载,混凝土受到破坏。

2. 规范规定

《公路桥涵施工技术规范》JTG/T F50－2011:

6.9.1 混凝土的养护

1 对于在施工现场集中养护的混凝土,应根据施工对象、环境、水泥品种、外加剂以及对混凝土性能的要求,提出具体的养护方案,并应严格执行规定的养护制度。

2 一般混凝土浇筑完成后,应在收浆后尽快、及早予以覆盖和洒水养护。对干硬性混凝土、炎热天气浇筑的混凝土以及桥面等大面积裸露的混凝土,有条件的可在浇筑完成后立即加设棚罩,待收浆后再予以覆盖和洒水养护。覆盖时不得损伤或污染混凝土的表面。混凝土面有模板覆盖时,应在养护期间始终使模板保持湿润。

3 当气温低于5℃时,应覆盖保温,不得向混凝土面上洒水。

4 混凝土养护用水的要求与拌合用水相同。

5 混凝土的洒水养护时间一般为7d,可根据空气的湿度、温度和水泥品种及掺用的外加剂等情况,酌情延长或缩短。用加压成型、真空吸水等方法施工的混凝土,其养护时间可酌情缩短。大掺量矿物掺合料或气温较低时，养护时间应根据现场的具体情况来确定，一般不宜低于28d强度的70%。每天洒水次数以能保持混凝土表面经常处于湿润状态为度。

采用塑料薄膜养护层时，其敞露的全部表面应覆盖严密，并应保持塑料薄膜内有凝结水。采用喷化学浆液养护层时，应经试验证明并采取措施确保不漏喷后，可不洒水养护。

6 当结构物混凝土与流动性的地表水或地下水接触时，应采取防水措施，保证混凝土在强度达到50%以前，养护不少于7d时，不受水的冲刷侵袭。当环境水具有侵蚀作用时，应保证混凝土在10d以内，且强度达到设计强度的70%以前，不受水的侵袭。当与氯盐、海水等具有严重侵蚀作用的环境水接触的混凝土，养护龄期一般不宜少于4周。在有冻融循环作用的环境时，宜在结冰期到来4周前完工。

7 为预防非受力裂缝的出现，混凝土养护期间应注意采取保温措施，防止表面温度因环境因素影响(如曝晒、气温骤降等)而发生剧烈变化。特别是对大体积混凝土的养护，应根据气候条件采取控温措施，并按需要测定浇筑后的混凝土表面和内部温度，将温差控制在设计要求的范围内，当设计无要求时，温差不宜超过25℃。

8 混凝土强度达到1.2MPa前，不得在其上踩踏；强度达到2.5MPa前，不得使其承受行人、运输工具、模板、支架及脚手架等荷载。

9 用蒸汽养护混凝土时，按本规范第25章的规定执行。

3. 原因分析

(1)对混凝土养护未引起高度重视；

(2)高温干燥时，施工现场缺少养护用水；

(3)未采取覆盖养护措施；

(4)养护时间不够；

(5)混凝土强度小于2.5MPa前，使其承受行人、模板、支架等荷载；

(6)气温低时，升温保温措施不到位不正确。

4. 预防措施

(1)对一般混凝土，在浇筑完成后，应在收浆后尽快予以覆盖和洒水养护。对于干硬性混凝土、炎热天气浇筑的混凝土以及桥面等大面积裸露的混凝土，在浇筑完成后应立即加设遮阳棚罩，待收浆后予以覆盖和洒水养护。覆盖时不得损伤或污染混凝土的表面；

(2)混凝土有模板覆盖时，应在养护期间经常使模板保持湿润；

(3)混凝土的洒水养护时间，一般为7天，可根据空气的湿度、温度和掺用外加剂等情况，酌情延长或缩短。洒水次数，以能保持混凝土表面经常处于湿润状态为度；

(4)当气温低于5℃时，应采取覆盖保温措施，不得向混凝土面上洒水；

(5)在混凝土强度达到2.5MPa前，不得使其承受行人、运输工具、模板、支架等荷载；

(6)可采用塑料薄膜或喷化学浆液等保护层措施；

(7)冬季养护混凝土时，应按冬期施工有关规范执行。

5. 治理措施

参见本书裂缝处理的相关措施。

12.3 台后填土

12.3.1 桥台位移

1. 现象

填方时,因填方或机械送土将桥台基础或桥台台身挤动变形,造成桥台偏离轴线。

2. 规范规定

《城市桥梁工程施工与质量验收规范》CJJ 2 – 2008:

11.4.1 台背填土不得使用含杂质、腐殖物或冻土块的土类,宜采用透水性土。

11.4.2 台背、锥坡应同时回填,并应按设计宽度一次填齐。

11.4.3 台背填土宜与路基土同时进行,宜采用机械碾压。台背0.8～1m范围内宜回填砂石、半刚性材料,并采用小型压实设备或人工夯实。

11.4.4 轻型桥台台背填土应待盖板和支撑梁安装完成后,两台对称均匀进行。

11.4.5 刚构应两端对称均匀回填。

11.4.6 拱桥台背填土应在主拱施工前完成;拱桥台背填土长度应符合设计要求。

11.4.7 柱式桥台台背填土宜在柱侧对称均匀地进行。

11.4.8 回填土均应分层夯实,填土压实度应符合国家现行标准《城镇道路工程施工与质量验收规范》CJJ1 的有关规定。

3. 原因分析

(1)回填时只在桥台一侧填土或用机械在单侧推土、碾压,使桥台受到较大的侧压力,而被挤动的变形或偏离轴线。

(2)桥台两侧回填高差太大,使桥台在外力作用下失去平衡,造成桥台位移。

(3)大量建筑材料或施工机械过多在桥台一侧堆放或停置,使桥台一侧压力增加,造成桥台位移。

4. 预防措施

(1)桥台填方应在梁体结构安装完毕后进行,如因施工安排的关系,也应等第一孔(桥台处这一孔)梁体结构安装好,避免过大的单向压力。

(2)在添土时应控制填土高度和上升速度,每层填土高度控制30cm(松铺),并进行压实,每天上升速度不宜超过两层,通过碾压增加了土体内聚力,从而减轻了对桥台的压力。

(3)禁止卡车在桥台一侧直接卸土或用推土机送土到桥台,即使用推土机送土也应推送到距离桥台一定距离,在一般情况下距离应不小于5m。避免对桥台产生过大压力。

(4)桥台如设锥坡,则应在桥台两侧同时、同步进行回填,使桥台受力均衡。

(5)最好先进行桥台填土,后进行桥台结构施工。

(6)应禁止在桥台处作材料堆场或大型机械过多行走,避免增加侧向压力。

(7)应加强对桥台位移的观察,一旦发生位移应立即采取措施。

5. 处理措施

(1)如果桥台位移量较大,则应拆除桥台,重做结构。

(2)如果桥台位移量较小,则一方面停止填方,避免位移继续发展;另一方面在桥台的另一侧加载(回填土)使桥台两侧受力平衡。

12.3.2 桥台跳车

1. 现象

(1) 桥头处路基沉陷,路面出现凹形。

(2) 车辆行驶到桥头发生明显的颠簸。

2. 规范规定

《城市桥梁工程施工与质量验收规范》CJJ 2－2008：

11.4.1 台背填土不得使用含杂质、腐殖物或冻土块的土类。宜采用透水性土。

11.4.2 台背、锥坡应同时回填,并应按设计宽度一次填齐。

11.4.3 台背填土宜与路基土同时进行,宜采用机械碾压。台背 0.8～1m 范围内宜回填砂石、半刚性材料,并采用小型压实设备或人工夯实。

11.4.4 轻型桥台台背填土应待盖板和支撑梁安装完成后,两台对称均匀进行。

11.4.5 刚构应两端对称均匀回填。

11.4.6 拱桥台背填土应在主拱施工前完成;拱桥台背填土长度应符合设计要求。

11.4.7 柱式桥台台背填土宜在柱侧对称均匀地进行。

11.4.8 回填土均应分层夯实,填土压实度应符合国家现行标准《城镇道路工程施工与质量验收规范》CJJ1 的有关规定。

3. 原因分析

(1) 桥头路堤及锥坡范围内地基填前处理不彻底。

(2) 台后压实度达不到标准,高填土引道路堤本身出现的压缩变形。

(3) 路面水渗入路基,使路基土软化,水土流失造成桥头路基引道下沉。

(4) 工后沉降大于设计容许值。

(5) 台后填土材料不当,或填土含水量过大。

(6) 路与桥的刚度相差较大。

(7) 设计、管理与验收的缺陷。

4. 预防措施

(1) 重视桥头地基处理,把桥头台背填土列入重点工程部位,制订合理的台背填土施工工艺。桩基础的台背填土可以先填土再浇盖梁。

(2) 改善地基性能,清除填土范围内的种植土、腐殖土等杂物,搞好填前碾压,提高承载力、减少差异沉降。

(3) 提高桥头路基压实度,有针对性地选择台背填料,如透水性好,后期压缩变形小的砂砾石或容重小、稳定性好的粉煤灰、炉渣等,在缺少砂石的地区可用石灰土、水泥土等作填料,或采用轻质的流态粉煤灰进行填筑。

(4) 做好桥头路堤的排水、防水工程;设置桥头搭板,其长度可根据填土高度和土后沉降值大小而定,适当加长搭板长度。

(5) 优化设计方案,采用新工艺加固路堤,如根据地质情况,采用热塑土工格栅、粉喷桩、强夯等。

(6) 桥头搭板用钢筋混凝土支撑的搭板将桥台与路堤相连接处进行刚柔缓和过度,从而消除桥头跳车。

（7）使用柔性桥台，类似于加筋土挡墙，能使路基与桥台衔接处刚度差缩小，固结沉降均匀过渡。

（8）为了减少桥涵两端路堤工后沉降，从而使桥涵两端路堤与桥台结构物的相对沉降量尽量减少，一般可采取填筑路堤预压的施工方式，让路基排水固结，待路堤沉降基本完成后再开挖桥台位置的土方，然后再进行施工。

（9）精心组织设计，优选设计方案；实行专业化管理，即施工队伍、施工机械、符合技术指标的材料及专门的质量负责人与试验人员进行的质量控制。加强工程验收工作，对台背填土施工的填料选择、压路机的选择、填土厚度等进行检查验收，对排水情况予以重视，严格执行工序验收制度。

5. 处理措施

（1）较轻沉陷面积不大（凹深小于4cm），基层没有破坏的，可采用沥青混凝土填补找平。

（2）较重沉陷面积较大，基层出现破坏，清除以破坏的旧基层，采用刚性、半刚性基层（长度范围宜大些），用铣刨机将破损的沥青面层铣刨，并重铺沥青混凝土。

（3）基层未破坏，整体范围下沉较大，变化较快的可采用粉喷桩灌注基底，然后面层找平。

（4）基层遭到破坏，且沉降较大时，也可采用注射水泥浆液的方法进行基础处理，处理完成后进行面层找补。

（5）对因为防护不当水毁造成的基础掏空等情况产生的沉陷，应视具体情况先将破坏根源处理好，采取相应措施处理基层和面层。

第13章　盖　梁

13.1.1 盖梁模板支架搭设常见质量问题

1. 现象

盖梁梁身不平直，梁底不平，梁底下挠，梁侧模走动，形成下口漏浆、上口偏斜。盖梁与立柱接口处漏浆及烂根。梁面不平，影响支座安装。模板与墩台身之间不密贴，出现漏浆现象。变形、接缝错台。

2. 规范规定

《公路桥涵施工技术规范》JTG/T F50－2011：

14.7.1 墩台身高不大于10m时，墩台帽和盖梁可采用支架施工。

14.7.2 墩柱高度超过10m，在墩柱浇筑时可事先设预埋通孔，设销棒或设抱箍以支撑墩帽及盖梁底模，预埋位置应准确，预埋孔口四周宜设加强钢筋，墩柱混凝土强度达到设计要求后，方可进行盖梁施工。

14.7.3 墩台帽、盖梁的钢筋施工除按本规范第4章的规定执行外，还应尽量避免在接头处起弯钢筋，以确保墩台帽、盖梁保护层的厚度。同时还应注意支座及上部结构所需要的预埋件及预埋筋的设置。

14.7.4 墩台帽、盖梁的模板支架施工除按本规范第5章的规定执行外,模板与墩台之间应密贴,不得出现漏浆现象,污染墩台外观。支架四周还应预留人行通道及安全的操作空间。

14.7.5 混凝土的水平运输宜采用混凝土罐车,垂直运输可采用吊机与吊斗结合的方式;对高墩或混凝土数量大,浇筑振捣速度快时,可采用汽车泵或混凝土输送泵输送。混凝土浇筑施工应符合本规范第6章的规定。

14.7.6 墩台帽、盖梁施工过程中应注意对墩台身成品的防护,不得将混凝土洒落、残留在墩台身及承台上。

14.7.7 墩台帽、盖梁混凝土达到本规范相关要求后,可先拆侧模,底模应在混凝土达到75%设计强度后方可拆除。拆模时不得损坏混凝土表面及棱角。

14.7.8 墩台帽、盖梁的质量检验标准见表14.7.8。

表 14.7.8

墩台帽和盖梁的质量检验标准

项目	允许偏差(mm)	项目	允许偏差(mm)
混凝土强度(MPa)	符合设计要求	断面尺寸	±20
竖直度或斜度	0.3%H且不大于20	顶面高程	±10
接缝错台	5	轴线偏位	10
预埋件位置	10	大面积平整度	5

3. 原因分析

(1) 盖梁模板支架稳定度、刚度不足,在混凝土和施工荷载作用下,发生较大变形,使得梁底下挠,线型不美观。

(2) 盖梁模板安装前未进行试拼及处理。要求在使用前必须对模板进行组装、试拼、编号、组套,对模板存在的变形、接缝错台(含板缝和拼缝)要求进行校正、打磨,试拼处理后模板要求不变形、无错台。

(3) 模板表面锈迹等杂物未进行处理。模板安装前应采用钢丝打磨机对表面锈迹、氧化层进行彻底打磨、清洗,为确保盖梁混凝土外观质量及混凝土色泽一致,模板隔离剂统一采用优质隔离剂,严禁使用机柴油作隔离剂。

4. 预防措施

模板安装的安全技术措施:

(1) 支撑全部安装完毕后,应及时沿横向和纵向设水平撑和垂直剪刀撑并注意与各支柱固定可靠。

(2) 安装柱模板应设专门的临时支撑,不能用柱筋作为临时支撑。

(3) 支撑应按工序进行,模板没有固定前,不得进行下道工序。

(4) 支设柱与盖梁模板施工时应使用钢架操作。

(5) 六级以上大风,应停止模板的吊装作业。

(6) 模板安装时,操作架体必须同步到位(必要时应及时维修加固),以达到坚固稳定,确保施工安全。

(7) 模板施工人员必须经培训持劳务证上岗,并正确使用安全帽、安全带,穿软底鞋。

（8）严格控制施工荷载、不得集中堆料施工荷载，施工荷载不得大于规定要求。

（9）保证模板安装的整体性，不得加固在临时搭设的操作架体上，不得随意拆除支撑构件。

盖梁模板支架检查：

（1）盖梁模板和支架应具有足够的刚度和稳定性。宜采用标准化组合钢模板施工，组合钢模板应符合现行国家标准，各种螺栓连接应符合国家现行有关标准。

（2）盖梁模板与钢筋安装应配合进行施工，妨碍绑扎钢筋的模板应在钢筋安装完毕后安设。

（3）安装侧模时，应防止模板移位和凸出。

（4）盖梁模板安装完毕后，应对其平面位置、顶部标高、节点联系及纵横向稳定性进行检测，签认后方可浇筑混凝土；盖梁混凝土浇筑时发现模板有超过允许偏差变形值的可能时，应及时纠正。

（5）盖梁模板固定要牢固。

（6）盖梁模板隔离剂使用设计要求的隔离剂，不得使用废机油。

5. 治理措施

（1）盖梁侧模在安装前应事先定出盖梁两侧的基准线，侧模按基准线安装定位，并设斜撑校正模板的线形和垂直度。

（2）盖梁支架应设置在经过加固处理的地基上，加固措施应根据地基状况及盖梁荷载确定，当同一个盖梁部分支架设在基础上，部分支架设在地基上时，对基础以外的地基应做加固处理，并应设置刚度足够的地梁，防止不均匀沉降。盖梁底模要垫平、填实，防止底模虚空，造成梁底不平。盖梁支架搭设宜做等荷载试验，以取得盖梁底模的正确抛高值。

（3）盖梁侧模无论采用什么材料，均应根据混凝土的侧压力，设计具有足够强度和刚度的模板结构，并应根据盖梁的结构状况设置必要的对拉螺栓，以确保侧模不变形。

（4）在侧模下口，应在底模上设置牢固的侧模底夹条，以确保侧模不向外移动，并对侧模与底模的接缝处进行嵌缝密实，防止漏浆。

（5）侧模上口应设置限位卡具或对拉螺栓，对拉螺栓在紧固时，应保持紧固一致，同时对所设置的斜撑角度不得大于60°，并应牢固，这样才能确保盖梁模板上口线条顺直，不偏斜。

（6）盖梁底模与立柱四周的接缝缝隙，应嵌缝密实，防止漏浆。立柱的顶标高宜比盖梁底标高高出 1～2cm。

13.1.2 盖梁混凝土外观常见质量问题

1. 现象

混凝土结构局部出现蜂窝、麻面、空洞、露筋、缺棱掉角 、干缩裂缝。

2. 规范规定

《公路桥涵施工技术规范》JTG/T F50-2011：

6.8.1 浇筑混凝土前

1 应根据结构物的大小、位置制定符合实际的浇筑工艺方案（施工缝设置、浇筑顺序、降温防裂措施、保护层的控制等）。

2 应对支架(拱架)、模板、钢筋、支座、预拱度和预埋件进行检查,并做好记录,符合要求后方可浇筑。

3 模板内的杂物、积水和钢筋上的污垢应清理干净。模板如有缝隙,应填塞严密,模板内面应涂刷隔离剂,木模板应预先湿润。

4 浇筑混凝土前,应检查混凝土的均匀性和坍落度。

6.8.2 浇筑混凝土时要进行温度控制

1 在炎热气候时,混凝土的浇筑执行第25章的有关规定外,混凝土入模温度不宜高于28℃,当估计混凝土绝热温度不低于45℃时,浇筑温度需进一步降低。还应避免模板和新浇混凝土受阳光直射,模板与钢筋温度以及周围温度不宜超过40℃。

2 当气温符合冬期施工要求时,应按第25章的有关冬期施工要求进行施工。

6.8.3 在相对湿度较小,风速较大时,应采取措施避免混凝土内、表的水分过快蒸发。

6.8.4 自高处向模板内倾卸混凝土时,为防止混凝土离析,应符合下列规定:

1 从高处直接倾卸时,在不发生离析的情况下,其自由倾落高度不宜超过2m。

2 当倾卸不满足上述要求时,应通过串筒、溜管或振动溜管等设施下落;倾落高度过高时,应设置减速装置。

3 在串筒出料口下面,混凝土堆积高度不宜超过1m,并严禁用振动棒分摊混凝土。

6.8.5 混凝土应按一定厚度、顺序和方向分层浇筑,应在下层混凝土初凝或能重塑前浇筑完成上层混凝土。在倾斜面上浇筑混凝土时,应从低处开始逐层扩展升高,保持水平分层。混凝土分层浇筑厚度不宜超过表6.8.5的规定。

混凝土分层浇筑厚度   表6.8.5

捣实方法		浇筑层厚度(mm)
用插入式振动器		300
用附着式振动器		300
用表面振动器	无筋或配筋稀疏时	250
	配筋较密时	150
人工捣实	无筋或配筋稀疏时	200
	配筋较密时	150

注:表列规定可根据结构物和振动器型号等情况适当调整。

6.8.6 浇筑混凝土时,应采用振动器振实,当确实无法使用振动器振实的部位时,才可用人工捣固。

1)使用插入式振动器时,移动间距不应超过振动器作用半径的1.5倍;与侧模应保持50~100mm的距离;插入下层混凝土50~100mm;每一处振动完毕后应边振动边徐徐提出振动棒;应避免振动棒碰撞模板、钢筋及其他预埋件。

2)表面振动器的移位间距,应以使振动器平板能覆盖已振实部分100mm左右为宜。

3)附着式振动器的布置距离,应根据构造物形状及振动器性能等情况并通过试验确定。

4)对每一振动部位,必须振动到该部位混凝土密实为止。密实的标志是混凝土停止下沉,不再冒出气泡,表面呈现平坦、泛浆。

6.8.7 混凝土的浇筑应连续进行,如因故必须间断时,其间断时间应小于前层混凝土的初凝时间或能重塑的时间。

混凝土的拌合、运输、浇筑及间歇的全部时间不得超过表6.6.7的规定。当超过允许时间时,应按浇筑中断处理,同时预留施工缝,并做好记录。

混凝土的拌合、运输、浇筑及间歇的全部允许时间(min)　　　　　　　　　表6.8.7

混凝土强度等级	气温不高于25℃	气温高于25℃
≤C30	210	180
>C30	180	150

注:1. 当混凝土中掺有促凝或缓凝剂时,其允许时间应根据试验结果确定。

2. 混凝土全部时间是指从加水到振捣等全部工艺结束的用时。

6.8.8 施工缝的位置应在混凝土浇筑之前按设计要求和施工技术方案确定,施工缝的平面应与结构物的轴线垂直,宜留置在结构受剪力和弯矩较小且便于施工的部位,并应按下列要求进行处理:

1 应凿除处理层混凝土表面的水泥砂浆和松弱层;凿除时,处理层混凝土须达下列强度:

1)用水冲洗凿毛时,须达到0.5MPa;

2)用人工凿除时,须达到2.5MPa;

3)用风动机凿毛时,须达到10MPa。

2 经凿毛处理的混凝土面,应用水冲洗干净,在浇筑次层混凝土前,对垂直施工缝宜刷一层水泥净浆,对水平缝宜铺一层厚为10~20mm的1:2的水泥砂浆,或铺一层厚约300mm的混凝土,其粗集料宜比新浇筑混凝土减少10%。

3 重要部位及有防震要求的混凝土结构或钢筋稀疏的钢筋混凝土结构,应在施工缝处补插锚固钢筋(钢筋直筋不小于16mm,间距不大于20mm或石榫;有抗渗要求的施工缝宜做成凹形、凸形或设置止水带)。

4 施工缝为斜面时应浇筑成或凿成台阶状。

5 施工缝处理后,须待处理层混凝土达到一定强度后才能继续浇筑混凝土。需要达到的强度,一般最低为1.2MPa,当结构物为钢筋混凝土时,不得低于2.5MPa。混凝土达到上述抗压强度的时间宜通过试验确定,如无试验资料,可参见附录F-5。

6.8.9 在浇筑过程中或浇筑完成时,如混凝土表面泌水较多,须在不扰动已浇筑混凝土的条件下,采取措施将水排除。应查明原因,并采取措施减少泌水后,才能继续浇筑混凝土。

6.8.10 结构混凝土浇筑完成后,应及时对混凝土裸露面进行修整、抹平,待定浆后再抹第二遍并压光或拉毛。当裸露面面积较大或气候不良时,应加盖防护,但在开始养护前,覆盖物不得接触混凝土面。

3. 原因分析

(1)混凝土配合比不当或砂、石子、水泥材料加水量计量不准,造成砂浆少、石子多;混凝土搅拌时间不够,未拌合均匀,和易性差,振捣不密实;下料不当或下料过高,未设串筒使石子集中,造成石子砂浆离析;模板缝隙未堵严,水泥浆流失。

(2)模板表面粗糙或黏附水泥浆渣等杂物未清理干净,拆模时混凝土表面被粘坏;模板未浇水湿润或湿润不够,构件表面混凝土的水分被吸去,使混凝土失水过多出现麻面;模板拼缝不严,局部漏浆;模板隔离剂涂刷不匀,或局部漏刷或失效,混凝土表面与模板粘结造成麻面;混凝土振捣不实,气泡未排出,停在模板表面形成麻点。

(3)在钢筋较密的部位或预留孔洞和预埋件处,混凝土下料被搁住,未振捣就继续浇筑上层混凝土;混凝土离析,砂浆分离,石子成堆,严重跑浆,又未进行振捣;混凝土一次下料过多、过厚、下料过高,振捣器振动不到,形成松散孔洞。

(4)浇筑混凝土时,钢筋保护层垫块位移,或垫块太少或漏放,致使钢筋紧贴模板外露;结构构件截面小,钢筋过密,石子卡在钢筋上,使水泥砂浆不能充满钢筋周围,造成露筋;混凝土配合比不当,产生离析,靠模板部位缺浆或模板漏浆;混凝土保护层太小或保护层处混凝土漏振或振捣不实;或振捣棒撞击钢筋或踩踏钢筋,使钢筋位移,造成露筋。

(5)模板未充分浇水湿润或湿润不够;混凝土浇筑后养护不好,造成脱水,强度低,或模板吸水膨胀将边角拉裂,拆模时,棱角被粘掉;低温施工过早拆除侧面非承重模板;拆模时,边角受外力或重物撞击,或保护不好,棱角被碰掉。

(6)混凝土早期养护不好,表面没有及时覆盖,受风吹日晒,表面游离水分蒸发过快,产生急剧的体积收缩,而此时混凝土强度很低,还不能抵抗这种变形应力而导致开裂;使用收缩率较大的水泥,或水泥用量过多,或使用过量的粉砂,或混凝土水灰比过大;模板、垫层过于干燥,吸水大;浇筑在斜坡上的混凝土,由于重力作用有向下流动的倾向,亦会出现这类裂缝。

4. 预防措施

(1)认真设计、严格控制混凝土配合比,经常检查,计量准确混凝土拌合均匀,坍落度合适;

模板表面清理干净,不得粘有水泥砂浆等杂物。浇灌混凝土前,模板应浇水充分湿润,模板缝隙应用油毡纸、腻子等堵严;模板隔离剂应选用长效的,涂刷均匀,不得漏刷;混凝土应分层均匀振捣密实,至排除气泡为止。

(2)在钢筋密集处及复杂部位,采用细石子混凝土浇灌,在模板内充满,认真分层振捣密实或配人工捣固;预留孔洞,应两侧同时下料,侧面加开浇灌口,严防漏振,砂石中混有黏土块,工具等杂物掉入混凝土内,应及时清除干净。

(3)浇灌混凝土,应保证钢筋位置和保护层厚度正确,并加强检查;钢筋密集时,应选用适当粒径的石子,保证混凝土配合比准确和良好的和易性。模板应充分湿润并认真堵好缝隙,混凝土振捣严禁撞击钢筋,在钢筋密集处,可采用刀片或振捣棒进行振捣;操作时,避免踩踏钢筋。

(4)模板在浇筑混凝土前应充分湿润,混凝土浇筑后应认真浇水养护;拆除侧面非承重模板时,混凝土应具有1.2MPa以上强度,拆模时注意保护棱角,避免用力过猛过急;吊运模板,防止撞击棱角,运输时,将成品阳角用草袋等保护好,以免碰损。

(5)控制混凝土水泥用量、水灰比和砂率不要过大;严格控制砂石含量,避免使用过量粉砂;混凝土应振捣密实,并注意对板面进行二次抹压,以提高抗拉强度、减少收缩量;加强混凝土早期养护,并适当延长养护时间;长期露天堆放的预制构件,可覆盖草帘、草袋,避免爆晒,并定期适当洒水,保持湿润。

5. 治理措施

(1)小蜂窝:洗刷干净后,用1:2或1:2.5水泥砂浆抹平压实;较大蜂窝,凿去蜂窝薄弱松散颗粒,刷洗净后,支模用高一级细石混凝土仔细填塞捣实;较深蜂窝,如清除困难,可埋压浆管、排气管、表面抹砂浆或灌筑混凝土封闭后,进行水泥压浆处理。

(2)表面作粉刷的可不处理,表面无粉刷的,应在麻面部位浇水充分湿润后,用原混凝土配合比石子砂浆,将麻面抹平压光。

(3)将孔洞周围的松散混凝土和软弱浆膜凿除,用压力水冲洗,支设带托盒的模板,洒水充分湿润后用高强度等级细石混凝土仔细浇灌、捣实。

(4)表面露筋,刷洗干净后,在表面抹1:2或1:2.5水泥砂浆,将充满露筋部位抹平。露筋较深,凿去薄弱混凝土和突出颗粒,洗刷干净后,用比原来高一级的细石混凝土填塞压实。

(5)缺棱掉角,可将该处松散颗粒凿除,冲洗充分湿润后,视破损程度用1:2或1:2.5水泥砂浆抹补齐整,或支模用比原来高一级混凝土捣实补好,认真养护。

(6)表面干缩裂缝,可将裂缝加以清洗,干燥后涂刷两遍环氧胶泥或加贴环氧玻璃布进行表面封闭;深进的或贯穿的,就用环氧灌缝或在表面加刷环氧胶泥封闭。

第14章 支 座

14.1.1 支座定位不准

1. 现象

支座定位不准时,支座偏心受力有翘曲、支座使用寿命缩短等现象。

2. 规范规定

(1)《公路桥涵施工技术规范》JTG/T F50-2011:

21.2.1 支座的规格、性能应符合设计要求,并应符合相应产品标准的规定。

21.2.2 支座在使用前,应对其规格和技术性能进行核对检查,不符合设计要求的不得用于工程中。对有包装箱保护的支座,在安装前方可拆箱,并不得随意拆卸支座上的固定件。

21.2.3 支座在安装前,应对支座垫石的混凝土强度、平面位置、顶面高程、预留地脚螺栓孔和预埋钢垫板等进行复核检查,确认符合设计要求后方可进行安装。支座垫石的顶面高程应准确,表面应平整、清洁;对先安装后填灌浆料的支座,其垫石的顶面应预留出足够的灌浆料层的厚度。

21.2.4 支座安装时,应分别在垫石和支座上标出纵横向的中心十字线。安装完成的支座应与梁在顺桥方向的中心线相平行或重合,且支座应保持水平,不得有偏斜、不均匀受力和脱空等现象。

21.2.7 球型支座应符合现行国家标准《桥梁球型支座》GB/T 17955的规定,其安装施工应符合下列规定:

1 支座的安装高度应符合设计要求,安装时应保证支座平面的水平,支座支承面的四角高差不得大于2mm。

2 安装支座板及地脚螺栓时,在下支座板四周宜采用钢楔块进行调整,使支座水平。支座在安装过程中不得松开上顶板与下底盘的连接固定板。

3 灌浆料应采用质量可靠的专用产品,灌浆应饱满、密实。灌浆料硬化并达到规定的强度后,应及时拆除支座四角的临时钢楔块,楔块抽出的位置应采用相同的灌浆料填塞密实。

4 在梁体安装完毕或现浇混凝土梁体形成整体并达到设计强度后,张拉梁体预应力之前,应拆除支座上顶板与下底盘的连接固定板,解除约束使梁体能正常转动和位移。

5 拆除连接固定板后,应对支座进行清洁,检查无误后灌注硅脂,并应及时安装支座外防尘罩。

6 当支座采用焊接连接时,应在支座准确定位后,采用对称、间断的方式焊接。焊接时应采取适当措施防止损伤支座的钢构件、聚四氟乙烯板、硅脂以及周边的混凝土等;焊接后应对焊接部位作防锈处理。

21.2.8 拉力支座、海洋环境桥梁防腐支座、竖向和横向限位支座等具有特殊功能和规格的支座,除应符合本节的规定外,尚宜按照相应产品推荐的方法进行安装施工。

(2)《城市桥梁工程施工与质量验收规范》CJJ 2－2008:

12.2.1 支座安装前应将垫石顶面清理干净,采用干硬性水泥砂浆抹平,顶面标高应符合设计要求。

12.2.2 梁板安放时应位置准确,且与支座密贴。如就位不准或与支座不密贴时,必须重新起吊,采取垫钢板等措施,并应使支座位置控制在允许偏差内。不得用撬棍移动梁、板。

12.5.6 支座安装允许偏差符合表12.5.6的规定:

支座安装允许偏差 表12.5.6

项 目	允许偏差(mm)	检验频率		检验方法
		范围	点数	
支座高程	±5	每个支座	1	用水准仪测量
支座偏位	3		2	用经纬仪、钢尺量

3.原因分析

支座垫石表面不平整,使支座安放后局部出现脱空,表面受力不均匀。支座垫石顶面标高控制的不好,使一片梁底4个支座受力不均匀,尤其一端安置的两个支座,支座偏压严重,支座表面异常鼓出或出现局部脱空。

4.预防措施

(1)支座安装时,应按放样位置,将支座小心安全地吊装入位,然后用木槌振击,使支座缓慢下沉,同时反复测定支座中心线位置,以及支座中心和四角高程,均应控制在允许的偏差范围内。支座中心线允许偏差:顺桥向小于或等于10mm,横桥向小于或等于2mm;支座高程允许偏差:应符合设计规定,无设计规定时为±5mm;支座的四角高差不大于1mm。

(2)为了避免砂浆垫层在未凝固前,因上支座板预偏心值过大导致支座变位,应在上支座板的四角用木板作临时支撑。

5. 治理措施

（1）反复检查支座垫石的标高、盖梁、支座的施工位置、台帽顶，还要检查梁板的底面。施工要保证桥梁支座的不脱空、受力均匀。

（2）在支座下承面上按设计要求标出十字中心线定位，测量标高与支座范围四角高差。如下承面为混凝土，高出容许范围的部分凿除后用环氧树脂砂浆抹平，标高不足时用环氧树脂砂浆补足，修补时环氧树脂砂浆与混凝土面要保证结合良好；如支座下承面为钢板，应采用环氧树脂粘贴薄钢板进行修补。

（3）处理后的支座下承面需重新进行测量。在支座上标出十字中心线，支座安装时使支座十字中心线与下承面十字中心线重合，橡胶支座与下承面采用环氧树脂粘结，环氧树脂还起保证支座底面与下承面密贴的作用，环氧树脂凝固后才能进行其他施工。

14.1.2 支座标高不准

1. 现象

经目测或测量，发现支座没有达到设计要求时出现以下几种现象：①支座不平衡，有翘曲现象；②支座安放后与支承面有空鼓；③支座下的预埋钢板有空鼓；④上梁后支座受偏压或支座处脱空。

2. 规范规定

（1）《公路桥涵施工技术规范》JTG/T F50－2011：

21.2.3 支座在安装前，应对支座垫石的混凝土强度、平面位置、顶面高程、预留地脚螺栓孔和预埋钢垫板等进行复核检查，确认符合设计要求后方可进行安装。支座垫石的顶面高程应准确，表面应平整、清洁；对先安装后填灌浆料的支座，其垫石的顶面应预留出足够的灌浆料层的厚度。

21.2.4 支座安装时，应分别在垫石和支座上标出纵横向的中心十字线。安装完成的支座应与梁在顺桥方向的中心线相平行或重合，且支座应保持水平，不得有偏斜、不均匀受力和脱空等现象。

21.2.9 支座安装质量应符合表21.2.9－1的规定。

支座安装质量标准　　　　　　　　　　　　　表21.2.9－1

项目		规定值或允许偏差
支座中心与主梁中线(mm)		2
支座顺桥向偏位(mm)		10
高程(mm)		符合设计规定；未规定时±5
支座四角高差(mm)	承压力≤5 000kN	小于1
	承压力>5 000kN	小于2

（2）《城市桥梁工程施工与质量验收规范》CJJ 2－2008：

12.5.2 制作安装前，应检查跨距、支座栓孔位置和支座垫石顶面高程、平整度、坡度、坡向，确认符合设计要求。

检查数量：全数检查。

检验方法：观察或用塞尺检查、检查垫层材料产品合格证。

117

3.原因分析

(1)中线测量有误。

(2)支座安装位置不正确。

(3)支座固定不当,尤其是板式支座,在构件安装时,受到碰撞而产生偏位。

4.预防措施

(1)加强中线测量复核工作,确保测量放样无误。

(2)仔细研究设计图纸,明确支座各部构造,正确安装。

(3)当发现预制梁安装位置不准确时,应将构件提起,重新安装,切忌用撬杠撬动构件纠位。

(4)发现支座位置安装不正确后,应将大梁吊起,重新安装支座。

(5)测量放样:

1)支座安装前,除了再次测量支承垫石高程外,还应对两个方向的四角高差进行测量,其四角高差应不大于1mm。

2)测量并放出支座纵横向十字中线,标出支座准确安放位置。支座纵横向中线应与主桥中心线重合或平行。

5.治理措施

在支座下承面上按设计要求标出十字中心线定位,测量标高与支座范围四角高差。如下承面为混凝土,高出容许范围的部分凿除后用环氧树脂砂浆抹平,标高不足时用环氧树脂砂浆补足,修补时环氧树脂砂浆与混凝土面要保证结合良好;如支座下承面为钢板,应采用环氧树脂粘贴薄钢板进行修补。处理后的支座下承面需重新进行测量。在支座上标出十字中心线,支座安装时使支座十字中心线与下承面十字中心线重合,橡胶支座与下承面采用环氧树脂粘结,环氧树脂还起保证支座底面与下承面密贴的作用,环氧树脂凝固后才能进行其他施工。

14.1.3 板式橡胶支座过早老化

1.现象

板式橡胶支座质量缺陷易老化。

2.规范规定

(1)《公路桥涵施工技术规范》JTG/T F50-2011:

21.2.5 板式橡胶支座应符合现行行业标准《公路桥梁板式橡胶支座》JT/T 4 的规定,其安装施工应符合下列规定:

1 支座在顺桥向和横桥向的方向、位置应准确,安装时应进行检查核对,避免反置。

2 当顺桥向有纵坡导致两相邻墩(台)的高程不同时,支座安装对高程的控制应符合设计规定,且同一片梁(板)在考虑坡度后其相邻墩垫石顶面高程的相对误差不得超过3mm。

3 梁、板吊装时,就位应准确且其底面应与支座密贴,否则应将梁、板吊起,重新调整就位安装;安装时不得采用撬棍移动梁、板的方式进行就位。

(2)《城市桥梁工程施工与质量验收规范》CJJ 2-2008:

12.2.1 支座安装前应将垫石顶面清理干净,采用干硬性水泥砂浆抹平,顶面标高应符合设计要求。

> 12.2.2 梁板安放时应位置准确,且与支座密贴。如就位不准或与支座不密贴时,必须重新起吊,采取垫钢板等措施,并应使支座位置控制在允许偏差内。不得用撬棍移动梁、板。

3. 原因分析

板式橡胶支座由于雨水从伸缩缝部位下渗到支座附近,加速了支座老化。或者垫石表面的浮砂、油污未清理干净,沾上油污后使支座过早地出现老化现象。

4. 预防措施

(1) 设计方面

1) 由于支座设计简陋或支座上下支承面未进行合理的设计,造成支座的上下支承面脱空或不密贴,同一块梁板底面的支座不能均匀、平衡受力,引起梁板的翘翘板现象,导致桥面铺装出现开裂,特别是出现沿铰缝处的纵向裂缝。

2) 由于支座上下支承面未进行合理的纵横坡设计,使梁板的上、下面不能形成平顺的纵横坡,而是出现台阶形的上下面,使得桥面铺装厚度不均一,受力差异大,引起桥面开裂。

(2) 施工方面

由于支座上下支承面施工不符合要求,特别是对支座下承面即盖梁垫石的作用认识不够或贪图施工方便,不重视盖梁垫石标高、几何尺寸及表面平整度的事先计算和施工控制,造成盖梁垫石的施工标高不准、几何尺寸偏离、表面平整度差等问题,在支座及梁板安装时,不得以采用钢板及砂浆等进行调高或整平,使支座的密贴性及梁板的上下面平顺度大大降低,桥面病害随之增加。

为防止以上问题的出现,从设计及施工上应采取以下措施:

(1) 设计方面的措施

1) 重视支座设计,杜绝油毛毡等简易支座的出现。支座的几何尺寸和有关力学技术指标要在图中注明,以免施工时随意使用支座。

2) 完善支座上下支承面的纵横坡调控因素后,再适当调整盖梁及立柱顶面标高,使支座的上下支承面既能达到密贴而均匀受力,又能使桥面标高符合要求的目的。

(2) 施工方面的措施

1) 为达到支座安放平整、密贴,梁板横坡平顺的目的,在施工时,应根据纵横坡情况,对支座上承面可提出调整纵坡或横坡的补充设计,如设置楔形钢板;对支座下承面应通过垫石标高及几何尺寸的事先精确计算来指导和控制施工。

2) 在支座安装前应在实地精确确定好各支座的中心及摆放位置,测定标高误差,必要时事先采用水灰比不大于 0.5 的 1:3 水泥砂浆抹平(而非调高)。支座顶面除按设计要求设置调坡或滑动钢板外,一律不得设置调高钢板。支座底面若标高不足,可在抹平后垫一块相应厚度的钢板(钢板应做防锈处理,尺寸应比支座周边各宽 3cm 以上)来调整,但不得用 2 块以上的钢板叠加调整,严禁采用油毛毡、橡胶板、木板、砂浆、薄混凝土等材料垫高支座。

5. 治理措施

在施工橡胶支座时对橡胶支座进行外表保护,确保雨水、垫石表面的浮砂、油污等粘至橡胶支座上面。

橡胶支座安装并上部预制梁板就位后,如出现个别支座脱空或不均衡受力、支座出现明显的初始剪切变形、支座偏压严重出现局部压缩量大、支座侧面局部异常鼓出等现象,需将梁板重新吊起或用千斤顶顶起,采取结构胶局部处理支座上下承面、更换受损支座等方法进行处理,严禁采用撬棍移动就位不准确的梁板和恢复支座形态。

橡胶支座在安装前,应对其进行检查,检查内容包括支座长、宽、厚、硬度(邵氏)、容许荷载、容许最大温度差及外观等,如有不符合设计要求的,不得使用。如设计无规定,其力学性能可参考下列数值:硬度 HRC = 55°~60°;压缩弹性模量 $E = 6 \times 102$MPa;允许压应力$[\sigma]$ = 10MPa;剪切弹性模量 $G = 1.5$MPa;允许剪切角 $\tan\gamma = 0.2 \sim 0.3$。

支座下设置的支承垫石,混凝土强度应符合设计要求,顶面要求标高准确,表面平整,在平坡情况下同一片梁两端支承垫石水平面应尽量处于同一平面内,其相对误差不应超过3mm,避免支座发生偏歪、不均匀受力和脱空现象。

安装时应将墩、台支座垫石处理干净,用干硬性水泥砂浆抹平,并使其顶面标高符合设计要求。砂浆水灰比不大于0.5,水泥:砂为1:3。

将设计图上标明的支座中心位置标在支座支承垫石及橡胶支座上,橡胶支座准确安放在支承垫石上,要求支座中心线同支座垫石中心线相重合。

当墩、台两端标高不同,顺桥向有纵坡时,支座安装方法应按设计规定办理。

吊装梁、板前,抹平的水泥砂浆必须干燥并保持清洁和粗糙。梁板安装时必须仔细,使梁、板就位准确且与支座密贴,就位不准时,或支座与梁板不密贴时,必须吊起,采取措施垫钢板而使支座位置限制在允许偏差内,不得用撬棍移动梁、板。

支座安装尽可能安排在接近年平均气温的季节里进行,以减少由于温度变化过大而引起的剪切变形。

支座周围应设排水坡,防止积水,并注意及时清除支座附近的尘土、油脂与污垢。

14.1.4 盆式橡胶支座异物侵入导致损坏

1. 现象

盆式橡胶支座由于未安装防尘罩或已安防尘罩的损坏,使杂物、灰土进入支座滑动面,使支座正常滑动受到影响,从而加速支座的损坏。

2. 规范规定

(1)《公路桥涵施工技术规范》JTG/T F50-2011:

21.2.6 盆式支座应符合现行行业标准《公路桥梁盆式支座》JT/T 391 的规定,其安装施工应符合下列规定:

1 梁、板底面和垫石顶面的钢垫板应埋置稳固。垫板与支座间应平整密贴,支座四周不得有0.3mm以上的缝隙,并应保持清洁。

2 活动支座的聚四氟乙烯板和不锈钢板不得有刮伤、撞伤。氯丁橡胶板块应密封在钢盆内,应排除空气,保持紧密。

3 活动支座安装前应采用适宜的清洁剂擦洗各相对滑移面,擦净后应在四氟滑板的储油槽内注满硅脂类润滑剂。

4 盆式支座的顶板和底板可采用焊接或锚固螺栓栓接在梁体底面和垫石顶面的预埋钢板上。采用焊接时,应对称、间断焊接,并应防止温度过高对橡胶板、聚四氟乙烯板以及周边混凝土产生影响;焊接完成后,应在焊接部位作防锈处理。安装锚固螺栓时,其外露螺杆的高度不得大于螺母的厚度。

5 对跨数较多的连续梁,支座顶板纵桥向的尺寸,应考虑温度、预应力、混凝土收缩与徐变等影响因素引起的梁长变化,保证支座能正常工作。

(2)《城市桥梁工程施工与质量验收规范》CJJ 2-2008:

12.3.1 当支座上、下座板与梁底和墩台顶采用螺栓连接时,螺栓预留孔尺寸应符合设计要求,安装前应清理干净,采用环氧砂浆浇灌;当采用电焊连接时,预埋钢垫板应锚固可靠、位置准确。墩顶预埋钢板下混凝土宜分2次浇筑,且一端灌入,另端排气,预埋钢板不得出现空鼓。焊接时应采取防止烧坏混凝土的措施。

12.3.2 现浇梁底部预埋钢板或滑板应根据浇筑时气温、预应力筋张拉、混凝土收缩和徐变对梁长的影响设置相对于设计支承中心的预偏值。

12.3.3 活动支座安装前应采用丙酮或酒精解体清洗其各相对滑移面,擦净后在聚四氟乙烯板顶面满注硅脂。重新组装时应保持精度。

12.3.4 支座安装后,支座与墩台顶钢垫板间应密贴。

3. 原因分析

主要原因盆式橡胶支座材料质量问题引起,视使用环境和吨位等具体情况,盆式橡胶支座质量指标主要由以下内容:

(1)盆式橡胶支座的拉伸性能(拉伸强度、断裂伸长率等)、弯曲性能(弯曲强度等)、压缩性能(永世变形率等)、耐扯破性能、剪切性能(穿孔剪切、层间剪切、冲压式剪切)、硬度、耐委顿性能、摩擦和磨耗性能(摩擦系数、磨耗)、蠕变性能(拉伸、弯曲、压缩)、动态力学性能(主动衰减振动、逼迫振动共振、逼迫振动非共振)。

(2)橡胶燃烧性能主要包括:垂直燃烧、程度燃烧、涂覆织物燃烧性能、氧指数。

(3)橡胶耐候性(老化、温度打击、耐油等)。

(4)崎岖温恒定湿热试验、温度打击试验、盐雾腐蚀试验、紫外光耐候试验、氙灯耐天气试验、臭氧老化试验、二氧化硫/硫化氢试验、箱式淋雨实验、霉菌交变试验、沙尘实行、高温、高压应力腐化试验机、耐介质(水、各有机溶剂、油)。

(5)橡胶粘结性能测试硫化橡胶与金属粘结拉伸剪切强度、剥离强度、扯离强度、硫化橡胶与单根钢丝粘合强度、硫化橡胶或热塑性橡胶与织物粘合强度生胶、未硫化橡胶测试门尼黏度、威廉士可塑度、华莱士可塑度、含胶量、灰分、挥发分等测试。

(6)其他理化性能:硬度、密度、介电常数、导热率、蒸汽透过速率、溶胀指数和橡胶化学金属、硫以及聚合物检测。

4. 预防措施

(1)盆式支座的顶板和底板可用焊接或锚固螺栓栓接在梁底和墩台顶面的预埋钢板上。当采用地脚螺栓锚固时,在墩台上应预留锚固螺栓孔,孔深应略大于地脚螺栓的长度,孔的尺寸应大于或等于三倍地脚螺栓的直径。当采用焊接时,必须按设计要求,埋设钢板,钢板的尺寸和厚度,均应大于支座顶板和底板的尺寸和厚度并有可靠的锚固措施。

(2)支座全面检查:

1)按设计要求检查支座的规格、尺寸是否符合规定,产品合格证书是否齐全,有无技术性能指标等。

2)厂家设置的预偏值是否正确,必要时进行更正。

3)查看支座部件有无丢失、损坏,滑动面上的四氟滑板和不锈钢板不得有划痕、碰伤等。查看橡胶块与盆底间有无压缩空气,若有,应排除空气,保持紧密。

4)活动支座安装前,应用丙酮或酒精仔细擦洗各相对滑移面,擦净后在四氟滑板的储油槽内注满硅脂润滑剂,并注意保持清洁。支座的其他部件也应擦洗干净。

5. 治理措施

(1)盆式橡胶支座不得损坏防尘罩。

(2)安装前对支座垫石进行检查,安装支座的标高应符合设计要求,平面纵横两个方向应水平,支座承压≤5000kN 时,其四角高差不得大于 1mm,支座承压 >5000kN 时,不得大于 2mm;全面查看支座零件有无丢失、损伤。活动支座的聚四氟乙烯板和不锈钢板不得有刮伤、撞伤。氯丁橡胶板块密封在钢盆内,要排除空气,保持紧密。

(3)支座安装时,其底面与顶面(埋置于墩顶和梁底面)的钢垫板,必须埋置密实。垫板与支座间平整密贴,支座四周不得有 0.3mm 以上的缝隙,严格保持清洁。

(4)活动支座在安装前用丙酮或酒精仔细擦洗各相对滑移面,擦净后在四氟滑板的倾油槽内注满硅脂类润滑剂,并注意硅脂保洁,坡道桥注硅脂应注意防滑。

(5)安装纵向活动支座时,其上、下座板的导向挡块必须保持平行,交叉角不得大于 5′,否则会影响位移性能。

(6)支座上、下各部件纵横向必须对中,当安装温度与设计温度不同时,活动支座上、下各部件错开的距离必须与计算值相等。

(7)盆式橡胶支座的顶板和底板可用焊接或锚固螺栓栓接在梁底面和墩台顶面的预埋钢板上;采用焊接时,应防止烧坏混凝土;安装锚固螺栓时,其外露螺杆的高度不得大于螺母的厚度。

(8)现浇主梁的桥梁先将支座上、下座板临时固定相对位置,整体吊装支座,固定在设计位置上,预制全梁吊装的桥梁,支座的上、下座板,只能有一件先行固定,一般是先固定上座板于大梁上,而后根据其位置确定底盆在墩台上的位置,最后给予固定。

(9)顶推的连续梁应将下座板固定于墩台上。墩台同时设置临时支座,当主梁就位位置准确后,拆除临时支座,使梁落在支座上。

14.1.5 支座受力不均匀

1. 现象

支座安放后不平衡,有翘曲现象。支座安放后与支承面间、支座下的预埋钢板有空鼓。或上梁后发现支座受偏压或支座处脱空。

2. 规范规定

(1)《公路桥涵施工技术规范》JTG/T F50 – 2011:

21.2.4 支座安装时,应分别在垫石和支座上标出纵横向的中心十字线。安装完成的支座应与梁在顺桥方向的中心线相平行或重合,且支座应保持水平,不得有偏斜、不均匀受力和脱空等现象。

(2)《城市桥梁工程施工与质量验收规范》CJJ 2 – 2008:

12.4.1 支座出厂时,应由生产厂家将支座调平,并拧紧连接螺栓,防止运输安装过程中发生转动和颠覆。支座可根据设计需要预设转角和位移,但许在厂内装配时调整好。

3. 原因分析

（1）支承面预埋钢板加工翘曲未经矫正。

（2）支承面不平整，尤其是大面积混凝土表面抹平工作没有达到平整度标准。

（3）预埋钢板下，浇筑混凝土时空气无法溢出，凝固后收缩，与钢板产生空隙。

（4）支座安放时支座中心线与墩台上的支座中心线不重合，支座就位不准确，使支座处在不利的受力环境下。

（5）支座垫石表面不平整，使支座安放后局部出现脱空，表面受力不均匀。支座垫石顶面标高控制得不好，使一片梁底4个支座受力不均匀，尤其一端安置的两个支座，支座偏压严重，支座表面异常鼓出或出现局部脱空。

（6）梁体有纵、横坡时，支座上承面（梁底调坡楔块）安放不理想，使支座出现偏压、初始剪切变形等现象的发生。

4. 预防措施

（1）改进预埋钢板的加工工艺，或通过表面铣刨，提高钢板平整度。

（2）加强支承面混凝土的抹平工作，用较长直尺进行刮平并随时检验其平整度。

（3）改善混凝土级配，减少泌水率和收缩。

（4）在较大面积钢板上，适当设置排气孔，浇筑时通过排气孔进行插钎振捣，并待从排气孔溢出混凝土时才停止浇筑。

（5）若钢板下有空鼓，可在钢板上钻孔，再注入环氧树脂填实。

（6）预制梁板安装时，落梁要平稳、缓慢、准确、无振动，防止支座偏心受压或产生任何方向的初始剪切变形。

（7）预制梁板安装完毕后，需检查该梁板下面的所有支座与梁体的密贴情况，要力求达到各支座均衡承力和单支座均匀承压，上承支座与梁底面间缝隙不得超过 0.3 mm，间隙面积不超过支座面积的 20%（用塞尺测量）。如发现由于梁底面翘曲变形造成某些支座完全脱空或某个支座部分脱空面积和间隙超过要求，应将梁板重新吊起，在脱空部位采用结构胶修补。

5. 治理措施

对于四氟板橡胶支座，无论支座上承面处结构是现浇混凝土还是预制，为防止施工时移位，均应采取临时固定措施，认真做好摩擦面的洁净工作，并按设计要求涂抹滑硅脂油。风沙严重地区，滑动支座周围要设防尘罩。

固定螺栓的露出长度,并按设计规定留存。按规定方位安装滑动导向装置,并认真校核。在支座附近进行焊接时,应将橡胶块取出并覆盖混凝土,避免烧伤橡胶体和混凝土。固定螺栓过长时,要截除阻碍滑动的多余部分。

因安装大梁而使支座发生偏移,要将大梁吊起,重新安装。

第15章 桥跨承重结构

15.1 装配式梁(板)

15.1.1 胶囊上浮、破裂、移位

1. 现象

浇筑混凝土时胶囊上浮、破裂、移位导致梁板顶板偏薄、结构尺寸不一等,造成梁板自重增加,引起承载力不足。

2. 规范规定

《公路桥涵施工技术规范》JTG/T F50 - 2011:

5.3.5 中小跨径的空心板制作时所使用的芯模应符合下列要求:

1 充气胶囊在使用前应经过检查,不得漏气,安装时应有专人检查钢丝头,钢丝头应弯向内侧,胶囊涂刷隔离剂。每次使用后,应妥善存放,防止污染、破损及老化。

2 从开始浇筑混凝土到胶囊放气为止,其充气压力应保持稳定。

3 浇筑混凝土时,为防止胶囊上浮和偏位,应采取有效措施加以固定,并应对称平衡地进行浇筑。

4 胶囊的放气时间应经试验确定,以混凝土强度达到能保持构件不变形为宜。对于直径为250~300mm的胶囊,其放气时间可参考表5.3.5确定。

胶囊放气时间   表5.3.5

气温(℃)	0~5	5~15	15~20	20~30	>30
混凝土浇筑完后(h)	11~12	8~10	6~8	4~6	3~4

5 充气胶囊芯模在工厂制作时,应规定充气变形值,保证制作误差不大于设计规定的误差要求。

3. 原因分析

(1)在板梁设计时,没有充分考虑充气胶囊芯模上浮力,固定钢筋考虑不足,施工过程中没有按照规范要求进行固定;

(2)充气胶囊芯模周转使用次数多,没有定期保养等容易造成胶囊芯模氧化、磨损破裂;

(3)充气胶囊芯模工厂加工时质量不合格,进场时没有严格检查验收;

(4)在混凝土浇筑时振捣操作不当;

(5)钢筋绑扎过程中应避免钢筋触碰到充气胶囊芯模。

4. 预防措施

(1)严格按照规范要求进行充气胶囊芯模进场验收,每次使用完成后进行检查保养;

(2)钢筋绑扎、混凝土浇筑时严格按照规范操作。

5. 治理措施

(1)严格按照图纸验收充气胶囊芯模固定钢筋。

(2)梁板施工前进行技术交底,明确钢筋绑扎、混凝土浇筑操作规程等。

15.1.2 先张预应力常见质量问题

1. 现象

预应力不足,导致预拱度不够;预应力张拉完毕后,其位置与设计位置的偏差大于5mm,同时大于构件最短边的4%。

2. 规范规定

《公路桥涵施工技术规范》JTG/T F50 – 2011:

7.7.4 先张法预应力筋的放张应符合下列规定:

1 预应力筋放张时构件混凝土的强度和弹性模量(或龄期)应符合设计规定;设计未规定时,混凝土的强度应不低于设计强度等级值的80%,弹性模量应不低于混凝土28d弹性模量的80%。

2 预应力筋放张之前,应将限制位移的侧模、翼缘模板或内模拆除。

3 预应力筋的放张顺序应符合设计规定;设计未规定时,应分阶段、均匀、对称、相互交错地放张。

4 多根整批预应力筋的放张,当采用砂箱放张时,放砂速度应均匀一致;采用千斤顶放张时,放张宜分数次完成;单根钢筋采用拧松螺母的方法放张时,宜先两侧后中间,并不得一次将一根预应力筋松完。

5 预应力筋放张后,对钢丝和钢绞线,应采用机械切割的方式进行切断;对螺纹钢筋,可采用乙炔 – 氧气切割,但应采取必要措施防止高温对其产生不利影响。

6 长线台座上预应力筋的切断顺序,应由放张端开始,依次向另一端切断。

3. 原因分析

(1)预应力张拉设备没有按照规范要求进行标定;

(2)预应力计算应该按照要求上报监理工程师审核,再进行施工。

4. 预防措施

严格按照规范要求施工。

15.1.3 T梁侧倾

1. 现象

顶升T梁、箱梁等大吨位构件时,不在梁两端加设支撑;构件两端不同时顶起或下落,一端顶升时,另一端不支稳、撑牢。

2. 规范规定

《公路桥涵施工技术规范》JTG/T F50 – 2011:

16.4.8 构件的运输应符合下列规定:

2 梁的运输应按高度方向竖立放置,并应有防止倾倒的固定措施;装卸梁时,必须在支撑稳妥后,方可卸除吊钩。

16.4.9 简支梁、板的安装应符合下列规定:

> 6 梁板就位后,应及时设置保险垛或支撑将构件临时固定,对横向自稳定较差的 T 形梁和工形梁等,应与先安装的构件进行可靠的横向连接,防止倾倒。

3. 预防措施

(1)顶升 T 梁、箱梁等大吨位构件时,必须在梁两端加设支撑;构件两端不得同时顶起或下落,一端顶升时,另一端应支稳、撑牢。

(2)预制场和墩顶装载构件的滑移设备要有足够的强度和稳定性,牵引(或顶推)构件滑移时,施力要均匀。

(3)双导梁向前推进中,应保持两导梁同速进行;各岗位作业人员要精心工作,听从指挥,发现问题及时处理。

(4)双导梁进入墩顶导轮支座前、后,应采取与单导梁相同的措施。

15.2 悬臂浇筑梁

15.2.1 挂篮变形过大引起裂缝

1. 现象

由于挂篮的弹性变形、非弹性变形及杆件连接缝隙、紧固程度等原因,在荷载的作用下挂篮产生较大的变形。变形使前批浇筑已初凝混凝土形成裂缝,此类裂缝多为深进或贯穿性裂缝,其走向与挂篮变形情况有关,一般垂直或呈 30°~45°角;较大的裂缝往往有,一定的错位,裂缝宽度往往与沉降量成正比关系,受温度变化的影响较小。

2. 规范规定

> (1)《城市桥梁工程施工与质量验收规范》CJJ 2-2008:
>
> 13.2.1 挂篮结构主要设计参数应符合下列规定:
>
> 1 挂篮质量与梁段混凝土的质量比值宜控制在 0.3~0.5,特殊情况下不得超过 0.7。
>
> 2 允许最大变形(包括吊带变形的总和)为 20mm。
>
> 3 施工、行走时的抗倾覆安全系数不得小于 2。
>
> 4 自锚固系统的安全系数不得小于 2。
>
> 5 斜拉水平限位系统和上水平限位安全系数不得小于 2。
>
> 13.2.2 挂篮组装后,应全面检查安装质量,并应按设计荷载做载重试验,以消除非弹性变形。
>
> 13.2.3 顶板底层横向钢筋宜采用通长筋。如挂篮下限位器、下锚带、斜拉杆等部位影响下一步操作需切断钢筋时,应待该工序完工后,将切断的钢筋连好再补孔。
>
> 13.2.6 桥墩两侧梁段悬臂施工应对称、平衡。平衡偏差不得大于设计要求。
>
> 13.2.7 悬臂浇筑混凝土时,宜从悬臂前端开始,最后与前段混凝土连接。
>
> 13.7.4 悬臂浇筑预应力混凝土梁质量检验应符合本规范第 13.7.1 条规定应,且应符合下列规定:
>
> 主控项目:
>
> 1 悬臂浇筑必须对称进行,桥墩两侧平衡偏差不得大于设计规定,轴线挠度必须在设

计规定范围内。

2 梁体表面不得出现超过设计规定的受力裂缝。

(2)《公路桥涵施工技术规范》JTG/T F50-2011：

16.5.1 用于悬臂浇筑施工的挂篮,其结构除应满足强度、刚度和稳定性要求外,尚应符合下列规定：

1 挂篮与悬浇梁段混凝土的重量比不宜大于0.5,且挂篮的总重应控制在设计规定的限重之内。

2 挂篮的最大变形(包括吊带变形的总和)应不大于20mm。

3 挂篮在浇筑混凝土状态和行走时的抗倾覆安全系数、自锚固系统的安全系数、斜拉水平限位系统的安全系数及上水平限位的安全系数均不应小于2。

5 挂篮模板的制作与安装应准确、牢固,安装误差应符合本规范第5章的规定。后吊杆和下限位拉杆孔道应严格按设计尺寸准确预留。

6 挂篮制作加工完成后应进行试拼装。挂篮在现场组拼后,应全面检查其安装质量,并应进行模拟荷载试验,符合挂篮设计要求后方可正式投入使用。

16.5.4 悬臂浇筑施工应符合下列规定：

1 悬臂浇筑施工应对称、平衡地进行,两端悬臂上荷载的实际不平衡偏差不得超过设计规定值;设计未规定时,不宜超过梁段重的1/4。悬臂梁段应全断面一次浇筑完成,并应从悬臂端开始,向已完成梁段推进分层浇筑。

2 悬臂浇筑的施工过程控制宜遵循变形和内力双控的原则,且宜以变形控制为主。悬浇过程中梁体的中轴线允许偏差应控制在5mm以内,高程允许偏差为±10mm。

3 挂篮前移时,宜在其后方设置控制其滑动的装置或在滑道上设置止动装置;前移就位后,应立即将后锚固点锁定,防止倾覆。

(3)《公路工程质量检验评定标准》JTG F80/1-2004：

8.7.4 悬臂施工梁

1 基本要求

悬臂浇筑或合龙段浇筑所用的砂、石、水泥、水、外掺剂及混合材料的质量和规格必须符合有关规范要求,按规定的配合比施工。

4) 在施工过程中,梁体不得出现宽度超过设计规范规定的受力裂缝。一旦出现,必须查明原因,经过处理后方可继续施工。

3.原因分析

由于挂篮的弹性变形、非弹性变形及杆件连接缝隙、紧固程度等原因,在荷载的作用下挂篮产生较大的变形。包括挂篮主构架、吊杆、横梁等构件(见图15-1)受力引起的弹性变形;连接螺栓与连接器间产生的相对滑移;芯模分配枕木的非弹性变形。悬臂浇筑时,入模混凝土达到能引起挂篮构件变形的重量,变形使前批已初凝混凝土形成受力裂缝。

(1)挂篮荷载试验措施不到位。在浇筑箱梁混凝土前对挂篮未按最大梁段重量预压到位或预压时间不够,不能确定挂篮是否满足荷载要求及变形规律,弹性变形量和非弹性变形量不准确,数据上不能为变形控制提供实际依据。

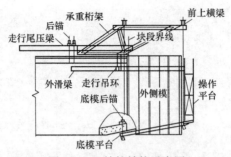

图 15 – 1　挂篮结构示意图

（2）挂篮试验时未完全消除非弹性变形，在浇筑时挂篮产生较大的竖向位移，在梁的不同断面上沉降量往往是不一致的，因沉降量相差太大而产生裂缝。

（3）浇筑顺序不当。由于挂篮存在弹性变形并不是均匀的，端部变形量较大。浇筑时先行浇筑段根部的混凝土受端部的混凝土重量影响产生裂缝。

4. 预防措施

（1）设计

挂篮设计时，型钢、吊杆、连接器等构件规格选用上应有足够的安全系数。满足规范要求的最大变形量规定。

（2）施工

浇筑时应全断面一次灌注为宜，混凝土的灌注从挂篮前端开始，使挂篮的较大弹性变形先实现，避免新旧混凝土间产生裂缝。下沉量最大的地方先灌注混凝土，使应该产生的变形及早发生。

尽量缩短浇筑时间，尽量保证浇筑连续进行，因故中断间歇时间应小于前层混凝土的初凝时间或能重塑时间。混凝土的运输、浇筑及间歇的全部时间不宜超出 150min（气温 ＞25℃）、180min（气温 ＜25℃），混凝土中混有缓凝剂时，允许时间根据试验确定。

挂篮预压试验一般选择 1.2 倍最重的节段重量作为挂篮预压荷载，消除非弹性变形。最常见的加载方法以砂袋、水箱预压为主，其加载过程能满足与施工工况基本一致，但此方法试验周期长；也可使用千斤顶加载预压，对主桁架准确加载，使用现场张拉设备，周期短，但是不能对底篮进行有效预压。在预压时应根据现场实际需要进行选择。

挂篮加载优先选择堆载试验，按等代荷载的分级逐级递增加载的试验方法，加载时应注意分级加载，且分级应均匀。加载顺序：加载底板混凝土重量、加载腹板混凝土重量、安装顶板模板、加载翼板混凝土重量，加载中模拟箱梁实体浇筑顺序，把各部位的重量加到相应的位置上去，每次加载重量按分级时计算好的重量进行操作。满载后停止预压并持荷不小于 24h。在这期间对观测点每 6 个小时进行一次观测，作好详细记录。待挂篮稳定后方可卸载若沉降不明显（沉降两次差值小于 1mm）趋于稳定进行卸载，卸载后继续观测一天。

加强施工监测。挂篮上测点布置，挂篮的后锚上挠值、前支点沉降值、主桁前端销结点处变形、主桁上前横梁吊带处和主桁上前横梁跨中变形、底篮前横梁吊带处挠度、前下横梁跨中处。对各个测试点所测数值做好现场实时分析，即时了解控制部位的位移，发现观测点有异常，立即停止预压，查明原因，消除隐患后方可进行。

及时根据检测结果指导施工。按照预压过程记录的观测点标高变化计算出弹性变形和消除的非弹性变形值，若弹性变形过大则需要检查采取加强措施。预压消除非弹性变形值后,最终在浇筑混凝土时才能有效防止变形过大引起混凝土出现开裂。

5. 治理措施

出现挂篮变形引起箱梁裂缝后,在经过设计单位核实及质量监督单位的检测后,确认在维修加固的情况下满足使用条件时可对梁体裂缝进行修补加固处理。在实现加固效果后前移挂篮,进行下一阶段施工。

(1)填充法

当裂缝较宽时(0.3mm左右),可采用环氧树脂或无机类材料填充裂缝,不仅作业简单,而且费用低。当宽度小于0.3mm时及深度较浅或裂缝中有填充物,用灌浆法很难达到效果的裂缝以及小规模裂缝的简易处理可采取开"V"或"U"形槽,然后作填充处理。这种方法适用于构件表面处理不能充分满足耐磨及防腐性要求的场所,一般使用环氧树脂砂浆类的填充材料。填充施工时,先将开槽时的残渣碎片用钢刷清除,必要时还应涂以底层结合料,然后再填充材料,待填充材料充分硬化后,用砂轮或抛光机将表面磨光。

(2)灌浆法

对于0.3mm以下的裂缝进行表面封闭,缝宽0.3mm以上的要求灌浆修复。此法应用范围广,从细微裂缝到较大裂缝均可适用,处理效果较好。

(3)结构补强法

结构加固中常用的主要有以下几种方法:加大混凝土结构的截面面积,在构件的角部外包型钢、采用预应力法加固、粘贴钢板加固、增设支点加固以及喷射混凝土补强加固。

(4)混凝土结构粘钢加固

混凝土结构粘钢加固技术采用粘结性能良好的高强建筑结构胶,把钢板与混凝土构件牢固地粘在一起,形成复合的整体结构,有效地传递应力联合工作,能达到加固原结构强度和刚度的目的。技术可靠,工艺简便;不影响结构外观尺寸,结构重量增加很少;加固效果明显,经济效益显著。

在加固过程前钢板表面须进行除锈和粗糙处理,打磨纹路应与钢板受力方向垂直。其次混凝土粘合面应磨除1~2mm厚表层,打磨完毕用压缩空气吹净浮尘。

(5)玻璃钢加固

玻璃钢是以玻璃钢纤维为增强材料,合成树脂为基料复合而成的一种工程材料。采用玻璃钢加固构件既可以充分利用表层玻璃钢的高强特性,又可充分利用原混凝土结构的刚度和剩余强度。轻质高强,粘结性好,性能可靠,耐腐蚀,抗渗漏,施工方便,尺寸稳定;表面光滑,糙率低,有利于过流;与混凝土膨胀系数相近,适应温度的变化;可在现场糊制包覆,不受结构表面形状限制,特别适应于曲面、弧面、环管结构加固。

(6)混凝土置换法

混凝土置换法是处理混凝土严重损坏的一种有效方法,此方法是先将损坏的混凝土剔除,然后再置换新的混凝土或其他材料。

15.2.2 临时锚固常见质量问题

1. 现象

悬臂浇筑连续梁在施工过程中,在主墩顶会产生不平衡力矩。为保证连续梁施工安全,需把连续梁和主墩或临时支墩临时锚固在一起,以抵抗施工时产生的不平衡力矩,以保证连续梁的稳定。常用的临时锚固主要分为墩顶锚固和墩外锚固,锚固措施不当主要会出现下列问题。

（1）梁体失稳纵向倾覆

发生此种情况时，梁体像"跷跷板一样"，一端下沉，另一端高高跷起，更严重时整个梁体从墩顶滑落倾覆。

（2）梁体下沉

梁体在施工过程中，随着自重越来越大，梁体发生下沉，有整体下沉和不均匀下沉，但梁体稳定。

（3）临时锚固处梁体底板开裂，混凝土脱落

在梁体合龙束张拉时，临时锚固处梁体底板底面混凝土出现裂缝，严重时此处混凝土挤拉脱落。

2. 规范规定

《公路桥涵施工技术规范》JTG/T F50-2011：

16.5.3 预应力混凝土连续梁的墩顶梁段施工时，应按设计规定设置墩梁临时固结装置，且临时固结装置的结构和采用的材料应满足方便、快速拆除的要求。

3. 原因分析

（1）梁体失稳纵向倾覆

此种情况的发生原因可能是多方面的，但针对临时锚固这方面，主要有以下几个原因：

1）临时锚固设计

在临时锚固设计时，梁体不平衡力矩和墩顶锚固力计算方面，对各种荷载引起的不平衡力矩考虑不全面，尤其是施工环境比较恶劣时，存在误算或漏算，导致设计锚固力达不到要求。

2）临时锚固形式选用不当

当梁体自重较大、跨度较大，但施工环境条件做墩外临时锚固比较困难时，再加上临时锚固是一种临时施工措施，一般情况下施工图纸上不予考虑，由施工单位自行设计施工，施工单位考虑施工成本和方便施工时，本应做墩外锚固的而设计成墩顶锚固。主墩顶面除去永久支座、抗震挡块后的面积本就有限，所以设计临时支座时达不到安全合理的布置。

3）施工控制

施工单位对临时锚固不够重视，施工时质量控制不严，偷工减料，材料以次充好，导致施工完成的临时锚固系统达不到设计要求，当梁本出现极限不平衡力矩时，临时锚固系统无法抵抗而破坏，进而引起梁体失稳。

（2）梁体下沉

临时支座一般用硫磺砂浆浇筑而成，当梁体随着施工自重越来越越大时，砂浆被压碎，从而导致梁体下沉。

（3）临时锚固处梁体底板开裂，混凝土脱落

当边跨合龙束张拉时，梁体由于受张拉力原因会有不同程度的纵向变化，当临时锚固采用普通钢筋直接锚固在梁体底板内时，梁体纵向变化被"阻止"，随着合龙束张拉应力加大，临时锚固处梁体底板混凝土被挤拉，从而出现裂缝，严重的混凝土脱落。

4. 防范措施

临时锚固设计时,要综合全面考虑各种荷载和不利因素并根据施工环境选用合理的安全系数。选用适当的锚固形式。墩顶锚固时,临时支座砂浆要采用和梁体混凝土同标号或更高标号的砂浆,最好采用商品型成品专用支座砂浆,严禁自拌自制;另外适当加大钢筋网片的钢筋直径和缩小间距。临时支墩顶不要设砂浆找平层,在支墩混凝土浇筑时,墩顶面收光成与梁底模平齐略低的形状即可。

5. 治理措施

发生梁体失稳倾覆时,只能拆除重建。梁体下沉时,在主墩顶中横梁位置下面,用大吨位专用千斤顶将梁体顶起到设计位置,外后清除掉压碎的临时支座并重新施工,待临时支座强度达到要求后,松掉千斤顶,让梁体落回临时支座上。在顶升时,不能解除临时锚固的锚固端,等梁体落回后需对临时锚固做二次张拉。顶升前放置好千斤顶上下钢垫板,以防顶升时破坏墩顶和梁体混凝土。顶升时,所有千斤顶要同步分级施力,顶升行程相同且同步。临时锚固处底板混凝土裂缝可进行灌浆或压浆处理。混凝土脱落处用同标号环氧砂浆抹平。情况严重时,要将此处底板混凝土全部凿除,对钢筋加强后重新立模浇筑不低于梁体混凝土强度的微膨胀混凝土,待混凝土强底达到要求后再进行合龙束的张拉。

15.2.3 主梁 0 号块浇筑常见质量问题

1. 现象

表面麻面、露筋、蜂窝、孔洞等。

(1) 混凝土表面局部缺浆粗糙,呈现许多缺浆的小凹坑而无钢筋外露的麻面现象。

(2) 封锚区缺浆石子多,形成蜂窝多不密实现象(见图 15 - 2)。

(3) 腹板上、下倒角板处混凝土易发生漏浆、蜂窝、空洞、不密实、漏筋(见图 15 - 3)。

图 15 - 2   现象(一)   图 15 - 3   现象(二)

(4) 混凝土浇筑隔离后,表面酥松脱落。

2. 规范规定

《混凝土结构工程施工质量验收规范》GB 50204 - 2015:

8.1.1 现浇结构的外观质量缺陷应由监理单位、施工单位等各方根据其对结构性能和使用功能影响的严重程度按表8.1.1确定。

现浇结构外观质量缺陷   表8.1.1

名称	现象	严重缺陷	一般缺陷
露筋	构件内钢筋未被混凝土包裹而外露	纵向受力钢筋有露筋	其他钢筋有少量露筋
蜂窝	混凝土表面缺少水泥砂浆而形成石子外露	构件主要受力部位有蜂窝	其他部位有少量蜂窝

名 称	现 象	严重缺陷	一般缺陷
孔洞	混凝土中孔穴深度和长度均超过保护层厚度	构件主要受力部位有孔洞	其他部位有少量孔洞
夹渣	混凝土中夹有杂物且深度超过保护层厚度	构件主要受力部位有夹渣	其他部位有少量夹渣
疏松	混凝土中局部不密实	构件主要受力部位有疏松	其他部位有少量疏松
裂缝	缝隙从混凝土表面延伸至混凝土内部	构件主要受力部位有影响结构性能或使用功能的裂缝	其他部位有少量不影响结构性能或使用功能的裂缝
连接部位缺陷	构件连接处混凝土缺陷及连接钢筋、连接件松动	连接部位有影响结构传力性能的缺陷	连接部位有基本不影响结构传力性能的缺陷
外形缺陷	缺棱掉角、棱角不直、翘曲不平、飞边凸肋等	清水混凝土构件有影响使用功能或装饰效果的外形缺陷	其他混凝土构件有不影响使用功能的外形缺陷
外表缺陷	构件表面麻面、掉皮、起砂、沾污等	具有重要装饰效果的清水混凝土构件有外表缺陷	其他混凝土构件有不影响使用功能的外表缺陷

8.1.2 装配式结构现浇部分的外观质量、位置偏差、尺寸偏差验收应符合本章要求;预制构件与现浇结构之间的结合面应符合设计要求。

8.2.1 现浇结构的外观质量不应有严重缺陷。

对已经出现的严重缺陷,应由施工单位提出技术处理方案,并经监理单位认可后进行处理;对裂缝、连接部位出现的严重缺陷及其他影响结构安全的严重缺陷,技术处理方案尚应经设计单位认可。对经处理的部位应重新验收。

8.2.2 现浇结构的外观质量不宜有一般缺陷。

对已经出现的一般缺陷,应由施工单位按技术处理方案进行处理。对经处理的部位应重新验收。

3.原因分析

(1)麻面

1)倒角处特别是翼缘箱式底板处模板坡度大,泵送混凝土流动性大,混凝土浇筑时一次下料过多或分条、分层不清,存在漏振气泡不能排出。

2)拆模过早或模板表面漏刷隔离剂或模板湿润不够。

(2)蜂窝、空洞、露筋

1)漏振或振捣间距过大,混凝土不密实;过振造成混凝土离析,集料与水泥浆分离,影响混凝土强度,钢筋与混凝土不能有效握裹,造成蜂窝、空洞、漏筋等。

2)倒角处及封锚区钢筋密集且布置形式杂乱、腹板波纹管占据腹板大部分厚度,混凝土浇筑流动不顺畅,甚至混凝土到此处时会产生离析,粗集料不能通过,模板内不能充满,形成空洞、漏筋。

3)混凝土一次下料过厚,振捣不实或漏振,模板有缝隙使水泥浆流失,钢筋较密而混凝土坍落度过小或石子过大,模板拼装有缝隙,以致混凝土中的砂浆从缝隙涌出而造成。

4)由于材料供应不及时、施工安排不当或某些特殊状况,造成浇筑停歇时间超过上层混凝土初凝时间,又未按照留施工缝处理的部位易产生蜂窝和空洞。

（3）酥松脱落

1）浇筑前未浇水湿润模板表面，混凝土表层水泥水化的水分散失过快，造成混凝土脱水酥松、脱落。

2）炎热刮风天浇筑混凝土，隔离后未适当护盖浇水养护，造成混凝土表层快速脱水，产生酥松。

3）冬期低温浇筑的混凝土，浇筑温度低，未采取保温措施，造成混凝土表面受冻、酥松、脱落。

4. 预防措施

（1）混凝土表面蜂窝、麻面、气泡

1）板面要清理干净，在浇筑混凝土前应用清水充分洗净湿润模板，但不能积水，模板缝隙要堵严，模板接缝控制在 2mm 左右，并采用双面胶压实，防止漏浆。

2）浇筑时如果混凝土倾倒高度超过 2m，为防止产生离析要采取串筒、溜槽等措施下料。

3）浇筑 0 号块横隔梁时在人孔位置开孔进行振捣，浇筑至开孔高度后封堵，防止出现产生空洞。振捣应分层捣固，振捣间距要适当，必须掌握好每一层振捣时间。注意掌握振捣间距，使插入式振捣器的插入点间距不超过其作用半径的 1.5 倍。

4）控制好拆模时间，防止过早拆模（主要指芯模），夏季混凝土施工不少于 24h 拆模，当气温低于 20℃ 时，不应小于 30h 拆模，以免使混凝土粘在模板上产生蜂窝。

5）内模尽量也采用钢模，隔离剂涂刷要均匀，不得漏刷；隔离剂选择轻机油较好，拆模后在阳光下不易挥发，不会留下任何痕迹，并且可以防止钢模生锈。

（2）露筋

1）要注意按要求设置固定好垫块，用铁丝绑扎在钢筋上以防止振捣时位移，检查时不得踩踏钢筋，如有钢筋踩弯或脱扣者，应及时调整；要避免撞击钢筋，防止钢筋位移。

2）腹板处壁较薄、高度较大及钢筋多的部位应采用以 $\phi30mm$ 的振捣棒为主，每次振捣时间控制在 5~10s；对于锚固区等钢筋密集处，初用振捣棒充分振捣外，还应配以人工插捣及模皮锤敲击等辅助手段。

3）振捣时先使用插入式振捣器振捣梁腹混凝土，使其下部混凝土溢出与箱梁地板混凝土相结合，然后再充分振捣使两部分混凝土完全融合在一起，从而消除底板与腹板之间出现脱节和空虚不实的现象。

4）泵送混凝土时，由于布灰管冲击力很大，不得直接放在钢筋骨架上，要放在专用脚手架上或支架上，以免造成钢筋变形或移位。

（3）酥松脱落

1）模板应在混凝土浇筑前充分湿润。

2）炎热刮风天浇筑混凝土，隔离后应立即适当护盖浇水养护，避免混凝土表层快速脱水，产生酥松。

3）冬期低温浇筑的混凝土，应采取措施提高混凝土入模温度，采取保温措施，避免混凝土表面受冻。

5. 治理措施

（1）麻面主要影响混凝土外观，对于面积较大的部位修补将麻面部位用清水刷洗，充分湿润后用 1:2 水泥砂浆抹刷。

（2）露筋

将外露钢筋上的混凝土和铁锈清洗干净,再用水泥砂浆(1:2比例)抹压平整。如露筋较深,应将薄弱混凝土剔除,清理干净,用高一级的混凝土捣实,认真养护。

（3）混凝土有小蜂窝,可先用水冲洗干净,然后用1:2或1:2.5水泥砂浆修补,如果是大蜂窝,则先将松动的石子和突出颗粒剔除,尽量形成喇叭口,外口大些,然后用清水冲洗干净湿润,再用高一级的细石混凝土捣实,加强养护。

（4）空洞

需要会同设计单位研究制定补强方案,然后按批准后的方案进行处理。在处理梁中孔洞要在松挂篮吊带及张拉之前,然后再将孔洞处的不密实的混凝土凿掉,要凿成斜形,以便浇筑混凝土。用清水冲刷干净,并保持湿润,然后用高一等级混凝土浇筑。浇筑后加强养护。有时因孔洞大需支模板后才浇筑混凝土。

（5）酥松脱落

1）表面较浅的酥松脱落,可将酥松部分凿去,洗刷干净充分湿润后,用1:2或1:2.5水泥砂浆抹平压实。

2）较深的酥松脱落,可将酥松和突出颗粒凿去,洗刷干净充分湿润后支模,用比结构高一等级的细石混凝土浇筑捣实,并加强养护。

15.2.4 施工缝出现软弱结合面

1.现象

由于施工不当在施工过程中由于某种原因使前浇筑混凝土在已经初凝后,后浇筑混凝土继续浇筑,使前后混凝土连接处出现一个软弱的结合面(该面胶结力较差并不一定就产生裂缝)(见图15-4)。但混凝土软弱结合面因为收缩不同或结构受力而可能产生裂缝。冷缝并不同于因施工需要而规范留置的施工缝。

图15-4　施工缝出现软弱结合面

2.规范规定

《公路桥涵施工技术规范》JTG/T F50-2011:

6.11.5 混凝土的浇筑宜连续进行,因故中断间歇时,其间歇时间应小于前层混凝土的初凝时间或能重塑时间。

6.11.6 施工缝的位置应在混凝土浇筑之前确定,且宜留置在结构受剪力和弯矩较小并便于施工的部位,施工缝宜设置成水平面或垂直面。

3.原因分析

主要是由于施工组织不力造成的,如:停电、材料短缺(混凝土等)、遇到恶劣天气(大风、大雨等)等因素,在混凝土浇筑过程中因突发不可预料因素而导致的混凝土浇筑中断且间隔时间超过混凝土的初凝时间,但小于混凝土的终凝时间而在混凝土结构中形成的一种薄弱面。

4. 预防措施

(1)应增加搅拌能力和运输能力,提高混凝土供应速度。浇筑前对材料、机具、电力等应有充足的准备及备用措施;及时了解天气状况。

(2)改善浇筑工艺,合理组织浇筑顺序,保证浇筑连续性,以避免冷缝的产生。由底板到顶板全断面、阶梯渐进、斜向分层浇筑。采用泵送混凝土时,由于泵送所需混凝土的流淌性很大,浇捣时翼缘箱室底板混凝土斜面的坡度较大,难以水平分层浇筑;因此混凝土浇捣时应采用"分段定点、薄层浇筑、循序推进、一次到顶"的斜面分层浇筑法。每层厚度控制在30cm。

5. 治理措施

可以采用超声波法、声发射法和钻芯法等方法对混凝土构件质量进行综合的检测,若对结构安全有所影响,参照15.2节中裂缝常见处理方法去处理,也可按以下方法进行处理。也可按照以下方法进行处理。

(1)冷缝钻芯排查

按冷缝部位20~50cm间距,直径3cm水钻骑缝钻芯,如各孔钻芯芯样有破裂的,证明钻芯孔已钻至冷缝部位;如无,加长钻杆。

(2)压风检查

为了准确地判断施工冷缝的情况,对钻孔先安装检查管并封闭密实,采用压风检查法,检查时,先对钻孔冷缝起始端外一米、上下范围内涂刷肥皂水。压力灌气时观察各孔的通气情况及冷缝检查孔起始端、上下范围的异常情况。如果沿施工缝冷缝钻孔起始端外延处有气泡产生,证明冷缝病害情况存在,继续重复上述步骤钻孔压风排查,直至施工缝起始端外侧无漏气现象产生。

(3)对核查清楚的冷缝病害沿冷缝发展方向,采用环氧树脂类材料(环氧胶泥)封闭密实,对排查冷缝钻芯孔洞及检测钻孔孔洞用钢筋填塞,预留一定间隙(1~2mm)埋设注浆管。保障灌胶管与施工冷缝连通。

(4)压力灌胶:

当封闭胶达到强度后,即可采用"空腔密封灌注法"向施工冷缝灌注结构胶。

从施工冷缝注浆管一端至另一端灌胶,通过预埋的注胶管流到施工冷缝,直至排气管出胶、无气泡产生,封闭排气管,依次顺序灌注完成所有注胶管。

具体情况应与设计单位协商,根据业主和有关规范要求,共同决定处治方案。

15.2.5 大体积混凝土施工温度裂缝

1. 现象

混凝土浇筑后混凝土表面有大量用肉眼可见的、不规则裂纹,呈现于浇筑混凝土的暴露面,基本上展现于混凝土表面(见图15-5)。严重的有贯穿裂纹。

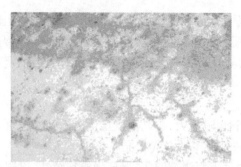

图 15 - 5　施工温度裂缝

2. 规范规定

(1)《公路桥涵施工技术规范》JTG/T F50 - 2011：

6.13.1　大体积混凝土在选用原材料和进行配合比设计时，应按照降低水化热温升的原则进行，并应符合下列规定：

1 宜选用低水化热和凝结时间长的水泥品种。粗集料宜采用连续级配，细集料宜采用中砂。宜掺用可降低混凝土早期水化热的外加剂和掺合料，外加剂宜采用缓凝剂、减水剂；掺合料宜采用粉煤灰、矿渣粉等。

2 进行配合比设计时，在保证混凝土强度、和易性及坍落度要求的前提下，宜采取改善粗集料级配、提高掺合料和粗集料的含量、降低水胶比等措施，减少单方混凝土的水泥用量。

3 大体积混凝土进行配合比设计及质量评定时，可按60d龄期的抗压强度控制。

6.13.2　大体积混凝土的施工应提前制订专项施工技术方案，并应对混凝土采取温度控制措施。大体积混凝土的浇筑、养护和温度控制应符合下列规定：

1 施工前应根据原材料、配合比、环境条件、施工方案和施工工艺等因素，进行温控设计和温控监测设计，并应在浇筑后按该设计要求对混凝土内部和表面的温度实施监测和控制。对大体积混凝土进行温度控制时，应使其内部最高温度不大于75℃、内表温差不大于25℃。

2 大体积混凝土可分层、分块浇筑，分层、分块的尺寸宜根据温控设计的要求及浇筑能力合理确定；当结构尺寸相对较小或能满足温控要求时，可全断面一次浇筑。

3 分层浇筑时，在上层混凝土浇筑之前应对下层混凝土的顶面作凿毛处理，且新浇混凝土与下层已浇筑混凝土的温差宜小于20℃，并应采取措施将各层间的浇筑间歇期控制在7d以内。

4 分块浇筑时，块与块之间的竖向接缝面应平行于结构物的短边，并应在浇筑完成拆模后按施工缝的要求进行凿毛处理。分块施工所形成的后浇段，应在对大体积混凝土实施温度控制且其温度场趋于稳定后方可浇筑；后浇段宜采用微膨胀混凝土，并应一次浇筑完成。

5 大体积混凝土的浇筑宜在气温较低时进行，但混凝土的入模温度应不低于5℃；热期施工时，宜采取措施减低混凝土的入模温度，且其入模温度不宜高于28℃。

6 大体混凝土的温度控制宜按照"内降外保"的原则，对混凝土内部采取设置冷却水管通循环水冷却,对混凝土外部采取覆盖蓄热或蓄水保温等措施进行。在混凝土内部通水降温时,进出水口的温差宜小于或等于10℃,且水温与内部混凝土的温差宜不大于20℃,降温速率宜不大于2℃/d;利用冷却水管中排出的降温用水在混凝土顶面蓄水保温养护时,养护水温度与混凝土表面温度差值应不大于15℃。

7 大体积混凝土采用硅酸盐水泥或普通硅酸盐水泥时,其浇筑后的养护时间不宜少于14d,采用其他品种时不宜少于21d。在寒冷天气或遇气温骤降天气时浇筑的混凝土,除应对其外部加强覆盖保温外,尚宜适当延长养护时间。

(2)《城市桥梁工程施工与质量验收规范》CJJ 2-2008:

7.10.1 大体积混凝土施工时,应根据结构、环境状况采取减少水化热的措施。

7.10.2 大体积混凝土应均匀分层、分段浇筑,并应符合下列规定:

1 分层混凝土厚度宜为1.5~2.0m。

2 分段数目不宜过多。当横截面面积在200m² 以内时不宜大于2段,在300m² 以内时不宜大于3段。每段面积不得小于50m²。

3 上、下层的竖缝应错开。

7.10.3 大体积混凝土应在环境温度较低时浇筑,浇筑温度(振捣后50~100mm深处的温度)不宜高于28℃。

7.10.4 大体积混凝土应采取循环水冷却、蓄热保温等控制体内外温差的措施,并及时测定浇筑后混凝土表面和内部的温度,其温差应符合设计要求,当设计无规定时不宜大于25℃。

7.10.5 大体积混凝土湿润养护时间应符合表7.10.5 规定。

大体积混凝土湿润养护时间 表7.10.5

水泥品种	养护时间(d)
硅酸盐水泥、普通硅酸盐水泥	14
火山灰质硅酸盐水泥、矿渣硅酸盐水泥、低热微膨胀水泥、矿渣硅酸大坝水泥	21
在现场掺粉煤灰的水泥	

注:高温期施工湿润养护时间均不得少于28d。

7.12 高温期混凝土施工

7.12.1 当昼夜平均气温高于30℃时,应确定混凝土进入高温期施工。高温期混凝土施工除应符合本规范第7.4~7.6节有关规定外,尚应符合本节规定。

7.12.2 高温期混凝土拌合时,应掺加减水剂或磨细粉煤灰。施工期间应对原材料和拌合设备采取防晒措施,并根据检测混凝土坍落度的情况,在保证配合比不变的情况下,调整水的掺量。

7.12.3 高温期混凝土的运输与浇筑应符合下列规定:

1 尽量缩短运输时间,宜采用混凝土搅拌运输车。

2 混凝土的浇筑温度应控制在32℃以下,宜选在一天温度较低的时间内进行。

3 浇筑场地宜采取遮阳、降温措施。

7.12.4 混凝土浇筑完成后,表面宜立即覆盖塑料膜,终凝后覆盖土工布等材料,并应洒水保持湿润。

3. 原因分析

(1) 水泥水化热。水泥水化过程中放出大量的热,且主要集中在浇筑后的2~5d左右,从而使混凝土内部温度升高。对于大体积混凝土来讲,这种现象更加严重。因为混凝土内部和表面的散热条件不同,因此混凝土中心温度很高,这样就会形成温度梯度,使混凝土内部产生压应力,表面产生拉应力,当拉应力超过混凝土的极限抗拉强度时混凝土表面就会产生裂缝。

(2) 混凝土在空气中硬结时体积减小的现象称为混凝土收缩。混凝土在不受外力的情况下的这种自发变形受到外部约束时(支承条件、钢筋等),将在混凝土中产生拉应力,使得混凝土开裂。在硬化初期主要是水泥水化凝固结硬过程中产生的体积变化,后期主要是混凝土内部自由水分蒸发而引起的干缩变形。

(3) 外界气温、湿度变化。大体积混凝土结构在施工期间,外界气温的变化对裂缝的产生有着很大的影响。混凝土内部的温度是由浇筑温度、水泥水化热的绝热温升和结构的散热温度等各种温度叠加之和组成。浇筑温度与外界气温有着直接关系,外界气温愈高,混凝土的浇筑温度也就会愈高;如果外界温度降低则又会增加大体积混凝土的内外温度梯度。

(4) 大体积混凝土浇筑未采取冷却措施,未按要求设置冷却水管,或未按照规范要求进行通水降温。

4. 预防措施

(1) 选用水化热低的水泥品种。水泥应尽量选用水化热低、凝结时间长的水泥;优化混凝土配合比,掺加外加料和外加剂;粗集料宜采用连续级配,细集料宜采用中砂,粗集料应选取粒径大、强度高、级配好的集料,以获得较小的空隙率及表面积,从而减少水泥的用量,降低水化热,减少干缩,减小混凝土裂缝的开展。

(2) 严格控制混凝土的入模温度,在高温季节施工时,混凝土浇筑时间尽量安排在温度较低时段进行。在第一批开始混凝土初凝时由专人负责往冷却管内注入凉水降温,通过冷却排水,带走混凝土体内的热量;降温速率及相关要求须满足规范相关规定。

(4) 浇筑混凝土时,采用薄层浇筑,控制混凝土在浇筑过程中均匀上升,避免混凝土拌合物堆积过大高差,混凝土的分层厚度控制在20~30cm。

(5) 泵送混凝土要求的坍落度较大,浇筑振捣过程中容易产生泌水,在浇筑过程中或浇筑完成时,须在不扰动已浇筑混凝土的条件下,及时把水泥浆赶出模板。浇筑完成后初步按照标高刮平,用木抹子反复搓平压实,使混凝土硬化过程初期产生的收缩裂缝在塑性阶段予以封闭填补,避免表面龟裂。

(6) 二次振捣。对浇筑后的混凝土进行振捣,能排除混凝土因泌水在粗集料、水平钢筋下部生成的水分和空隙,提高混凝土与钢筋的握裹力,提高混凝土的密实度,增强抗裂性。施工中要严格把握两次振捣的时间间隔。

(7) 混凝土浇筑后,混凝土表面用工布覆盖保温,并洒水养护,使混凝土缓慢降温、缓慢干燥,减少混凝土内外温差。通过循环的冷却水进行降温,减少混凝土的内外温差。当混凝土养护达到龄期后要对金属管口进行封闭处理,避免电化腐蚀。气温较低时,通过保温材料(麻包袋、塑料膜等)保温,来提高混凝土表面及四周散热面的温度。对大体积混凝土内部各部位进行温度跟踪监测。

5. 治理措施

（1）对于表面无害裂缝可按照一般表面裂缝处理方法

1）二次压面

对于新浇混凝土收缩裂缝，该裂缝多在新浇筑并暴露于空气中的结构构件表面出现收缩裂缝，这种裂缝不深也不宽，如混凝土仍有塑性，可采取压抹一遍的方法，并加强养护。如混凝土已硬化，可向裂缝内渗入水泥浆，然后用铁抹子抹平压实。

2）也采取表面涂抹砂浆法、表面凿槽嵌补法等。

（2）对于贯通裂缝可参考采用水泥灌浆法

1）钻孔：采用风钻钻孔，除浅孔采用骑缝孔外一般占孔轴线与裂缝呈 $30° \sim 45°$ 斜角（见图15-6），孔深应穿过裂缝面0.5m以上，当钻孔有两排或两排以上时，宜交叉或呈梅花形布置。

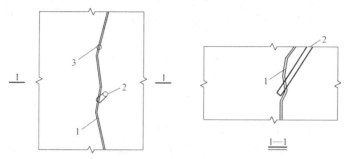

图 15-6 钻孔示意

1—裂缝；2—斜孔；3—骑缝孔

2）冲洗：钻孔完毕后，应用水冲洗，按竖向排列自上而下逐孔进行。

3）密封：缝面冲洗净后，在裂缝表面用 $1:1 \sim 1:2$ 水泥砂浆或环氧胶泥涂抹。

4）埋管：一般用钢管作灌浆管（钢管上端加工丝扣），安装前在钢管外壁用生胶带缠紧，然后旋入孔中，孔中管壁周围的空隙用水泥砂浆或硫磺砂浆封堵，以防冒浆或灌浆管冲孔中脱出。

5）试压：用 $0.1 \sim 0.2$ MPa 压力水作渗水试验，采取灌浆孔压水，排水孔排水的方法检查裂缝和管路畅通情况，然后关闭排气孔检查止浆堵漏效果，并湿润缝面，以利粘结。

6）灌浆：合格的经设计批准使用的填缝用注射性水泥，水泥净浆水灰比为0.4，灌浆压力 $0.3 \sim 0.5$ MPa。在整条裂缝处理完毕后，孔内应充满净浆，并填入净砂用棒捣实。

15.2.6 合龙段线型偏差过大

1. 现象

悬臂浇筑梁在合龙段施工时，合龙段两侧已施工好的梁体出现较大高差（上下错位），使连续梁无法保持原设计线型。

2. 规范规定

（1）《公路桥涵施工技术规范》JTG/T F50—2011：

16.5.4 悬臂浇筑施工应符合下列规定：

2 悬臂浇筑的施工过程控制宜遵循变形和内力双控的原则，且宜以变形控制为主。悬臂浇筑过程中梁体的中轴线允许偏差控制在5mm以内，高程允许偏差为±10mm。

16.5.7 悬臂浇筑预应力混凝土梁施工质量应符合表16.5.7的规定

悬臂浇筑预应力混凝土梁施工质量标准		表 16.5.7
项目		规定值或允许偏差值
轴线偏位(mm)	$L \leqslant 100$m	10
	$L > 100$m	$L/10000$
顶面高程(mm)	$L \leqslant 100$m	± 20
	$L > 100$m	$\pm L/5000$
	相邻节段高差	10

注:L 为跨径。

(2)《城市桥梁工程施工与质量验收规范》CJJ 2-2008:

13.7.4条第1款悬臂浇筑必须对称进行,桥墩两侧平衡偏差不得大于设计规定,轴线挠度必须在设计规定范围内。

13.7.4条第3款:悬臂合龙时,两侧梁体的高差必须在设计允许范围内。

3. 原因分析

(1)地质条件复杂,在悬浇梁体自重和各种活荷载作用下,下部基础出现沉降,导致墩身和上部梁体共同下沉,使梁体高程满足不了设计和规范要求。

(2)在施工测量时,受施工地理环境影响,两个主墩处悬臂梁往往不能共用共同的测量控制点,再加上测量的累计误差,当使用的测控点不能满足闭合要求以及临时控制点设置不当出现水平和竖向移动而又没有及时发现时,形成的测量误差将导致合龙段两侧梁体高程超出要求。

(3)临时支座硫磺砂浆被压碎,使梁体下沉。边跨支架现浇段浇筑完成太早,支架基础变形下沉,进而引起上部梁体尤其是合龙段高程出现较大偏差。设计预抛值不合理,导致边跨合龙段两侧出现较大高差。

4. 防范措施

(1)主墩处地质勘察要详尽。在基础施工时(尤其是灌注桩基础),当发现有与地质勘察报告不符的地质情况时,要及时与设计方沟通,必要时进行补勘,进而对基础进行补强设计。在上部梁体施工过程中,对墩身要进行定期沉降监测,随着上部梁体延伸而加大沉降监测频率。基础沉降时,马上停止悬臂施工,根据情况对基础附近地基进行加固处理,一般可采用高压注浆固化土体。

(2)在施工前,布置好合理的测控点,并做好保护。测控点要设置在稳固的地基或建筑物上,并且基础要设在冻土层以下。然后对各测控点进行联网闭合测控,每个主墩施工各用一个测控网时,每个测控网都要进行闭合测量,测控网与测控网之间也要进行联合闭合测量,只有闭合测量满足要求时才可用于施工测量。在施工过程中,要对各测控点定期和不定期地进行闭合测量,尤其是雨雪后和冬季后。测量时选用合理的测量仪器并做好定期检测。测量过程中严格遵循操作规程并做好数据复核,发现异常及时查找原因并上报。

(3)临时支座砂浆要采用和梁体混凝土同强度等级或更高强度等级的砂浆,最好采用商品型成品专用支座砂浆,严禁自拌自制;另外适当加大钢筋网片的钢筋直径和缩小间距以及网片层数。墩外锚固时,临时支墩顶不要设砂浆找平层,在支墩混凝土浇筑时,墩顶面收光成与梁底模平齐略低的形状即可。

（4）边跨支架现浇段施工时，做好支架基础处理，支架搭设合理满足安全和规范要求。梁体施工不能过早，在最后一块段悬臂梁开始施工时完成为宜。如果工期紧，可先将支架、模板、钢筋安装好，混凝土迟后浇筑。

（5）在设计预抛值时，要充分考虑到各种不利因素，尤其是施工地点气候恶劣时，更要充分考虑到边跨现浇段。施工过程中监控单位要对实测的监控数据和设计值对比，发现问题及时对设计值进行修正，避免误差累积。

5. 治理措施

（1）增加配重，强制合龙。在合龙段较高一侧梁体端进行重物加载，使梁体端强制下降到设计位置。加载量要经过对梁体各种应力和最大承载力计算后确定。加载时，如果是边跨合龙，要在合龙段远端梁体施加同样的荷载，以消除由此引起的不平衡力矩而保证梁体的稳定。加载时要对称、均衡、分级增加配重，并做好梁体内应力监测和梁体高程变化测量。加载重物可以是沙袋、水箱、钢筋等。

（2）顶升。梁体下沉时，在主墩顶中横梁位置下面，用大吨位专用千斤顶将梁体顶起到设计位置，然后清除掉压碎的临时支座重新施工，待临时支座强度达到要求后（如果临时支座完好，可在临时支座顶面加钢板），松掉千斤顶，让梁体落回临时支座上。在顶升时，不能解除临时锚固的锚固端，等梁体落回后需对临时锚固做二次张拉。顶升前放置好千斤顶上下钢垫板，以防顶升时破坏墩顶和梁体混凝土。顶升时，所有千斤顶要同步、分级施力，顶升行程相同且同步。注意：如果是由于基础下沉引起的，在顶升时要将永久支座一起进行加高处理，否则体系转换时，梁体落到永久支座上时，将导致梁体再次下沉，不仅影响线型，严重时可能破坏结构。

（3）当合龙段两侧梁体高差较大，无法用单一的加载和顶升达到要求时，可用两种方法综合使用，即既梁端加载又顶升。施工方法同上。

第16章　斜拉桥和悬索桥

16.1.1 索孔位置不准确

1. 现象

斜拉索进行张拉时，斜拉索轴线与索孔轴线不一致，致使拉索孔壁摩擦，索孔内减振器或填充料无法安装，严重时使斜拉索发生折角，损坏钢丝。

2. 规范规定

《公路桥涵施工技术规范》JTG/T F50 - 2011：

17.2.2 混凝土索塔的施工应符合下列规定：

8 对拉索预埋导管的安装，应在施工前认真复核设计单位提供的施工图是否已进行拉索垂度修正；定位安装时宜利用劲性骨架控制导管进出口处中心坐标，并应采取其他辅助措施进行调整和固定；预埋导管不宜有接头。

9 混凝土索塔施工质量应符合下面规定：

| 拉索锚固点高程(mm) | ±10 |
| 预埋索管孔道位置(mm) | ±10,且两端同向 |

3.原因分析

(1)索塔施工时,索孔坐标及高程控制不严格,放样不准。

(2)索塔浇筑时,跑模或索孔模型位置变动。

(3)劲性骨架安装不准确,以劲性骨架做依托的索管预埋件随之变位。

(4)梁、塔、墩铰接的斜拉桥在施工时临时固结不当,导致索塔在施工时摆动,影响索孔定位。

(5)设计索孔直径预留过小,施工达不到设计要求的精度。

(6)调索后的最终拉索位置与设计位置误差过大。

4.预防措施

(1)准确复核索孔预埋件的坐标标高,每一索孔应有独立的坐标、标高校核系统,避免系统误差。

(2)浇筑混凝土时,索孔预埋件必须可靠固定,不得在浇筑混凝土时使预埋件位移。

(3)准确安装劲性骨架,当索孔预埋件以劲性骨架为依托时,除校核劲性骨架位置外,应独立校核索管位置。

(4)梁、塔、墩铰接的斜拉桥在施工时临时固结装置必须可靠,防止在索塔施工时索塔位移,加强施工过程中索塔位移观测。

(5)设计时应充分考虑斜拉索安装的误差及在不同拉力作用下悬链线的空间曲线位置变化,尤其在索塔混凝土壁较厚、索管较长时应在孔壁与拉索建预留适当空隙。

(6)调索时尽量使拉索的索力保持在设计允许范围内。

(7)安装或调索后发现索与索管壁摩擦,应采取措施予以隔离、避免摩擦,防止拉索磨损。

5.治理措施

(1)更改减振器的厚度。

(2)将索管外露部分切除,直接连接更大的索管。

16.1.2 斜拉索 PE 或者 PU 防护套破损

1.现象

以 PE(高密度聚乙烯)或 PU(聚氨酯)或 PE、PU 复合材料作为拉索防护套破损开裂,或外覆的 PU 护套起皱、剥落。严重的甚至露出内包带或拉索钢丝,见图 16－1。

图 16－1　防护套破损

2. 规范规定

3. 原因分析

(1)护套塑料老化。

(2)由PE、PU复合防护的护套，由于两者线胀系数不一，且又互不亲和，在外力作用下，使外层PU护套起皱、破裂。或者受到意外或人为的破坏，如车辆撞击、拉刮，人为刻、削等。

(3)安装斜拉索时，拉索防护套被硬物或锐器刮伤，在风雨寒暑的自然环境中，由于热胀冷缩和在日光及振动、拉力等外力的作用下，裂痕或隐伤逐渐发展。

4. 预防措施

(1)安装拉索时，应按拉索安装技术规程采取保护拉索护套的防护措施。如吊装拉索时，避免拉索直接地在地面或桥面拖拉，而垫以地毯或将拉索置于专用的橡胶滚轮架上拖动见图16-2。在行人较多的斜拉桥拉索靠近桥面的2~2.5m高度内，用金属套包裹拉索见图16-3。

 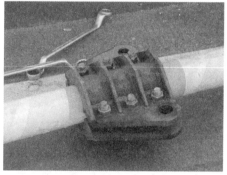

图16-2　避免触地拖动的措施　　　图6-3　用金属套包裹拉索

(2)不采用PE、PU复合的拉索防护方案，而用涂料防护、复合PE及缠包带复合防护等成熟的拉索防护技术。

(3)如果已发生质量方面的缺陷，可以用热补法修补PE或PU刻痕、裂缝。剥除起皱损坏的PU护套，清除内层的PE护套污垢，以热补法修补缺陷后，用专用缠包带代替原外层防护套。发现护套损坏的斜拉索，内层高强钢丝有损坏锈蚀或护套不堪补强修复的，则必须更换。

16.1.3 锚头锈蚀

1. 现象

锚头外锚圈或盖板内螺纹、锚头上的结构固定螺栓及孔洞锈蚀，轻度表面浮锈，严重的锚头流淌锈水，侵入内部锚定板及钢丝墩头，锚圈严重锈蚀影响锚固螺母的拧动。见图16-4。

图 16 - 4 锚头锈蚀

2. 规范规定

3. 原因分析

(1)锚头安装后没有及时除锈涂黄油或防锈油、防锈涂料。

(2)锚头盖板未安装,或盖板固定螺栓松动脱落以致盖板脱落或不密封,水、气侵入。

(3)锚定板的防护层,如环氧树脂、橡胶板、涂料膜等老化、龟裂、脱落失效。

4. 防治措施

(1)锚板上防护层损坏必须修补,保证密封防水。

(2)斜拉索挂索后,一般需张拉、调索多次。因此在拉索终调后,必须彻底检查张拉端和固定端的锚头,彻底除锈,涂刷防腐油或涂料。安装锚头盖板必须牢靠,固定螺栓应有制振防松动措施。

16.1.4 斜拉索振动异常

1. 现象

斜拉索在风雨中振动增大,甚至剧烈摇摆,有时伴有波状驰振。剧烈振动会损坏索的钢套筒、钢套帽固定螺栓,斜拉索的防振阻尼橡胶圈和索的护套。经常发生振动异常,加剧斜拉索的疲劳损伤,行人及车辆行驶感觉不安全。

2. 规范规定

3. 原因分析

（1）风振的成因表现形式有涡振、尾流驰振和雨振。a. 涡振：风以某个攻角、风速吹动斜拉索时，施涡脱落。据观测一般由 2 ~ 10m/s 左右的风速引起。b. 尾流驰振：当拉索有某种外形，在适当的风攻角和风速下会发生驰振。在一个索面上的 2 根并列的斜拉索，当间距为拉索直径的 10 ~ 20 倍时，就会由上风侧斜拉索的尾流激发下风侧拉索形成椭圆形的振动。产生的尾流驰振可能是产生拉索剧烈摆动甚至相碰的原因。c. 雨振：下雨时，当风的作用方向与斜拉索的下坡一致时，索表面形成上下两条流水通道，使其截面变为对空气动力不稳定而发生振动。据观测，雨振常发生于光滑的 PE（聚乙烯）管作护套的拉索，风速为 6 ~ 18m/s 的情况。

（2）安装的制振阻尼圈及外置阻尼器松动或脱落。

4. 防治措施

（1）改变拉索断面形状以求空气动力方面的稳定。国外已有采用在斜拉索的表面相隔适当的间距增加一条突起的小肋以制振，目的是破坏在拉索表面形成的流水通道，使气流在小肋条处产生剥离，因而使截面周边的气流发生紊乱。根据风洞试验，这种带小肋条的斜拉索，对所有风向，不管有无小雨都能起到制振效果。

（2）辅助索连结索面，每隔 30 ~ 40m 将几根斜拉索用辅助索连接起来，在一个索面上布置若干根辅助索，从而增加振动频率以控制振动。

（3）阻尼减振器制振。在斜拉索的上端，斜拉索与索孔混凝土间和下端的拉索钢套筒或混凝土索孔内安装高阻尼橡胶阻尼圈以增加结构振动的衰减效果。

16.1.5 斜拉索钢丝锈蚀与断裂

1. 现象

拉索钢丝生锈、流淌锈水，锈皮脱落，PE 鼓包开裂，见图 16 - 5。

图 16 - 5　斜拉索钢丝锈蚀与断裂

2. 规范规定

《城市桥梁工程施工和质量验收规范》CJJ 2 - 2008：

　17.3.1 拉索和锚具的制作和防护应符合下列规定：

　　4 拉索防护材料的质量应符合国家现行标准《建筑缆索用高密度聚乙烯塑料》CJ/T 3078 和产品技术要求。

　　6 拉索成品和锚具出厂前，应采用柔性材料缠裹。拉索运输和堆放中应无破损、无变形、无腐蚀。

3. 产生原因

（1）套筒式拉索护套内注水泥浆时，浆液未充盈至套筒顶部；或者套筒上端浆液离析不凝固;套筒有裂缝,造成雨水、大气侵入;铝管套筒灌水泥浆护套,水泥浆与铝皮起化学反应,铝皮半年或一年时间就迅速腐蚀破裂。

(2)聚乙烯或橡胶护套在拉索架设中受损,又未及时修补,雨水、大气顺裂口侵入,腐蚀钢丝。

(3)拉索钢丝本身耐腐蚀能力较差。

(4)应力病蚀,高强度钢丝应力很高,在反复荷载和风振作用下,钢丝发生腐蚀。

4.预防措施

(1)选用防腐性能较好的镀锌高强度钢丝和成熟有效的斜拉索防护技术。不能用易与水泥浆起化学反应的金属作为套筒式护套的外包材料,如不用未经处理的铝管和易老化的塑料套筒、不用易脆裂的玻璃钢护套,也不要用施工困难的钢丝网水泥壳套等。采用套筒压注水泥浆防护的斜拉索,其金属套筒腐蚀、护套内高强度钢丝已锈蚀,必须更换斜拉索。

(2)在运输、架设期间必须加强对拉索的防护。避免与地面直接接触,或拖拉而被尖物划伤,有损坏则必须修复,不能修复则更换。斜拉索端部应力较集中处发现钢丝有腐蚀应立即更换拉索。以热挤高密度聚乙烯作护套的工厂成品索,如护套发现有裂缝,套内钢丝有轻微浮锈,应清除浮锈,并在钢丝表面涂防锈涂料或防锈油后热补聚乙烯护套。

(3)在酸雨环境、大风雨点、拉索振动频率失常、索力变化异常时,应加强对斜拉索损坏情况监测。

16.1.6 索力偏差过大

1.现象

按设计要求终调标高和索力后,经索力仪测定,实际索力与设计索力相差较大,超出规范要求值。

2.规范规定

《公路桥涵施工技术规范》JTG/T F50 – 2011:

17.4.3 拉索的安装施工应按设计和施工控制的要求进行,在安装和张拉拉索时应采用专门设计制作的施工平台及其他辅助措施进行操作,保证施工安全。张拉拉索用的千斤顶、油泵等机具及测力设备应按本规范第7章的要求进行配套校验;为施工配备的张拉机具,其能力应大于最大拉索所需要的张拉力。

17.4.8 拉索索力实测值与设计值的偏差不宜大于5%,超过时应进行调整。调整索力时应对索塔和相应的主梁梁段进行变形和应力监测,并作记录。

3.产生原因

(1)拉索长度误差较大,或拉索的非线性变形不一,索的非线性松弛因素影响不一,导致拉索实际长度相差较大。

(2)施工控制方法不当,设计计算模式与施工工况有较大差异。

(3)节段施工时,施工荷载与设计值相差过大,且反馈信息及指令修改不及时不准确。成桥后节段的标高和索力相差过大。

(4)张拉拉索时的千斤顶油压表具未进行统一检验,测力表具误差较大。

4.预防措施

(1)要严格按设计的施工顺序浇筑节段混凝土、挂索、调索。安装、张拉斜拉索时,同侧对称组和两岸对应组的拉索,施工时间应尽可能同步。

(2)为减少线性变形因素的影响和提高拉索的可靠度,应对每根主索进行预张拉。

(3)以标高控制为主,二期恒载施工张拉拉索时应以索力控制为主,同时要顾及拉索索力的偏差。当发现标高符合设计要求,但顺桥向两侧和横桥向侧斜拉索组索力有较大差异时,应立即查找原因。

(4)张拉千斤顶应按规定统一检验标定。索力测量仪器与张拉千斤顶油表应相互校核,偏差应予以修正。

(5)斜拉桥主梁一般采用挂篮施工,施工一节挂一对索,在挂索张拉期间,因尽量减少梁上荷载,特别是移动荷载对索力的影响。

16.1.7 斜拉索长度偏差

1. 现象

挂索张拉过程中,拉索张拉到设计值时,锚圈拧到锚杯上最里侧螺纹后无法继续拧紧(过长),或者拉索锚杯上外露丝扣少,锚圈未拧到设计位置(过短)。

2. 规范规定

《公路桥梁施工技术规范》JTG/T F50-2011:

17.4.7 钢绞线拉索的张拉施工应符合下列规定:

1 钢绞线拉索采用单根安装、单根张拉、最后再整体张拉的施工方法。单根钢绞线的张拉应按分级、等值的原则进行,整体张拉时应以控制所有钢绞线的延伸量相同为原则。拉索整体张拉完成后,宜对各个锚固单元进行顶压,并安装防松装置。

3. 原因分析

(1)监控计算与实际施工工况没有完全吻合,或者条件假设(如弹性模量)与实际不符,造成梁、塔实际变形与理论变形不协调,使理论计算索长出现偏差。

(2)施工梁、塔时预埋在混凝土中的索管位置不准确,造成锚点间距离偏大或者偏小。

4. 预防措施

(1)索开始加工前,应利用前期施工的混凝土试件做好弹性模量的实测工作,根据实测结果修改计算模型。

(2)索管位置预埋比较进行测量复核,确保其位置准确无误。

(3)选择有经验,实力强的监理单位。

5. 治理措施

(1)若索长度长得不长,可以在锚垫板上加钢板。

(2)若索过长和过短了,则此根索只能进行废除处理。

16.1.8 主梁线形偏差较大

1. 现象

成桥后对桥面线形进行测量,与设计线形偏差较大。

2. 规范规定

《公路桥涵施工技术规范》JTG/T F50-2011:

17.5.2 斜拉桥的施工控制宜遵守以下施工原则:在主梁悬臂施工阶段以高程控制为主,二期恒载施工阶段以控制索力为主。

17.5.3 施工控制贯穿于斜拉桥施工的全过程中,除施工应按规定的程序进行外,对各类施工荷载应加强管理,并应对施工过程中的变形、应力和温度等参数进行监控测试,且采集数据应准确、可靠,监控测试应符合下列规定:

1)宜选择无风或微风的天气进行测试,减小风对测量的不利影响。

2)测试时应停止桥上的机械施工作业,消除机械设备的振动及不平衡荷载对测试产生的不利影响。

3)各种测试均应尽可能短的时间内完成,应避免测试条件产生较大的变化。测量宜在夜间气温相对稳定的时段进行。

3. 原因分析

(1)监控单位经验不足。

(2)梁体混凝土浇筑时混凝土方量控制不严格,导致混凝土超重,张拉过程中梁体起不来。

(3)混凝土实际弹性模量比计算值大,斜拉索张拉过程中起拱达不到计算值。

(4)测量时桥面上荷载较多。

4. 预防措施

(1)找经验丰富,技术实力雄厚的监控单位。

(2)梁体混凝土浇筑时,严格控制混凝土方量,避免出现超重现象。

(3)根据现场实际情况,实时修正计算模型,施工过程中以线形控制为主。

(4)测量时选择合理的时间,并尽量将梁上的荷载减轻。

第 17 章 箱涵顶进

17.1.1 顶进位置偏差

1. 现象

箱涵在设置有上坡趋势的滑床板上顶进时,沿顶进方向的横向发生位置偏差,同时箱涵前端出滑床板后因控制高程困难,造成箱涵前端超出设计高程,引起"抬头"现象或箱涵前端低于设计高程,引起"扎头"现象。

2. 规范规定

箱涵顶进允许偏差					表 19.4.4
项目		允许偏差(mm)	检验频率		检验方法
			范围	点数	
轴线偏位	$L<15m$	100	每座每节	2	用经纬仪测量,两端各1点
	$15m≤L≤30m$	200			
	$L>30m$	300			
高程	$L<15m$	+20 -100		2	用水准仪测量,两端各1点
	$15m≤L≤30m$	+20 -150			
	$L>30m$	+20 -200			
相邻两端高差		50		1	用钢尺量

(1)《城市桥梁工程施工与质量验收规范》CJJ 2－2008：

19.4.4 箱涵顶进质量检验应符合下列规定：

(2)《公路桥涵施工技术规范》JTG/T F50－2011：

23.1.8 桥涵顶进施工质量应符合表23.1.8的规定。

桥涵顶进施工质量标准　　　　　　　　　　　　　表23.1.8

项目		规定值或允许偏差	
		框架桥、箱涵	管涵
轴线偏位(mm)	涵(桥)长＜15m	100	50
	涵(桥)长15～30m	150	100
	涵(桥)长＞30m	300	200
高程(mm)	涵(桥)长＜15m	+30 -100	±20
	涵(桥)长15～30m	+40 -150	±40
	涵(桥)长＞30m	+50 -200	+50 -100
相邻两端高差		30	20

(3)《铁路桥涵工程施工质量验收标准》TB 10415－2003：

19.5.10 框架涵顶进后允许偏差和检验方法应符合表19.5.10的规定。

框架涵顶进后允许偏差和检验方法　　　　　　　表19.5.10

序号	项目		允许偏差	检验方法
1	中线	一端顶进	200	测量检查不少于2处
		两端顶进	100	
2	高程		1%顶程，且＋150～－200	测量检查不少于4处

3.原因分析

平面位置偏差：箱涵顶进时，因箱涵前方阻力不均匀，而后方顶进设备均匀布置，造成箱涵顶进路线发生左右方向偏转，造成箱涵中心线与理论中心线横向偏差过大。

箱涵抬头：箱涵顶进时，沿着设置上坡的滑床板顶进，而箱涵在顶出滑床板范围后，因地基土在承载箱涵后下沉量低于滑床板纵坡趋势，造成箱涵前端高出设计高程。

箱涵扎头：箱身开始顶进时，首先是沿着工作坑滑板的上坡度前进，当箱身前端顶出滑板1/3后，由于箱身自重，造成滑板前端的土壤压缩，而此时箱身端部正进入线路，由于受力不均匀使滑板端部下沉，箱身开始低头在箱身重心移出工作坑滑板后，低头更为显著。

4.预防措施

(1)箱涵左右偏差预防措施

在顶进过程中，及时进行中线测量，一般每顶进1m测设1次，两侧挖土宽度和进度应基本相同，如果发现左右偏差较大时，采用增减一侧顶力或挖一侧土方的方法进行调整。

(2)箱涵抬头预防措施

在顶进过程中,应及时进行高程测量,如果发现"箱体抬头"时及时进行调整。如底刃脚前端超挖与箱底面平,或略低于底板,应逐渐调整。如因挖土不够宽、吃土量太大而抬高桥身时,可在两端适当多超挖一些,在顶进中逐步调整。超挖土方量由计算来确定,防止顶到一定距离后又造成"扎头"。

(3)箱涵扎头预防措施

根据每次顶进时的高程变化情况,在开挖时一定要控制地基面坡度,尽可能不破坏坡面原状土,严禁超挖后再回填。应减少顶进前端的附加重量对高程的影响,及时运出顶进切土时的坍塌土方和未运出去的土方,机械作业完毕后及时退出箱涵。及时准确掌握顶推时高程的变化,在每个顶进间隔时间内进行测量并分析,及时掌握箱涵在顶进过程中的高程变化,为箱体前端土方的超挖、欠挖作出准确的判断。

5. 治理措施

(1)箱涵左右偏差治理措施

箱涵左右偏移尽可能在滑板上进行,否则进入道路或线路土体内调整比较困难。在顶进过程中左右偏差,调整方法如下:

1)用增减一侧千斤顶的顶力:即开或关一侧千斤顶法门,增加或减少千斤顶顶力数。如向左偏,即关闭减少右侧千斤顶,向右偏则反之操作。

2)开动两边高压油泵调整:如向左偏就开左侧高压油泵,向右偏就开右侧高压油泵。

3)后背顶铁(柱)调整:在加换顶铁时,可根据偏差的大小,将一侧顶铁楔紧,另一侧顶铁楔松或预留间隙。如箱身前端向右偏,则将左侧顶铁预留间隙,开泵后,则右侧先受力顶进,左侧不动。调整时应摸索掌握规律性,并注意箱身受力不均时产生的变化状况。

4)可在前端一侧超挖,另一侧少挖土或不挖来调整方向。如箱身前端向右偏,即在右侧箱身前超挖 20～50cm。

5)在箱身前端加横向支撑来调整,一端支撑在箱身边墙上,另一端支在开挖面上,顶进时迫使其向被顶一侧调整。

(2)箱涵抬头治理措施

出现箱体抬头后,如果偏差不大,采取超挖底板土方的方法,防止超挖过量造成扎头。如果偏差较大,而且接近设计位置时,采用掏挖底板下土方的方法,挖空后靠自重自然下沉或前端压重、后端向上支顶的方法,使前端下沉至设计标高。

(3)箱涵扎头治理措施

1)吃土顶进:挖土时,开挖面基底保持在箱身底面以上 8～10cm,利用船头坡将高出部分土壤压入箱底,纠正"扎头"。

2)如基底土壤松软时,可换铺 20～30cm 厚的卵石、碎石、混凝土碎块、混凝土板、浇筑速凝混凝土、打入短木桩、砂桩等方法加固地基,增加承载力,以纠正"扎头"。

3)增加箱身后端平衡压重的办法,改变箱身前端土壤受力状态,达到纠正"扎头"的目的,但应注意增加重量后要逐步卸载,否则会出现"抬头"现象,同理亦可用于纠正"抬头"现象。

4)最可靠的方法是接长滑板,使箱体在预定的行进轨道上正常前进。

17.1.2 箱涵裂缝

1. 现象

150

（1）箱涵预制阶段产生裂缝

箱涵预制后,沿两侧侧墙每隔 3～5m 左右出现竖向裂缝,裂缝长度约占侧墙高度 2/3,裂缝宽度 0.1～0.3mm 左右,裂缝有时贯穿侧墙。

（2）箱涵顶进阶段产生裂缝

箱涵顶进到离开工作坑滑板约 1/3 距离后,沿滑板端头位置处的箱涵侧墙和顶板混凝土出现裂缝。根据箱涵自重及结构自身情况,产生裂缝 0.2～2mm 不等。

2. 规范规定

《公路桥梁加固设计规范》JTG/TJ22–2008：

4.7.1 混凝土桥梁裂缝注射或压力灌注用修补胶的安全性能指标必须符合表 4.7.1 的规定。

裂缝修补用胶（注射剂）的安全性能指标 表 4.7.1

	性能项目	性能指标
胶体性能	抗拉强度（MPa）	≥20
	抗拉弹性模量（MPa）	≥1500
	抗压强度（MPa）	≥50
	抗弯强度（MPa）	≥30,且不得呈脆性破坏
钢–钢拉伸抗剪强度标准值（MPa）		≥10
不挥发物含量（固体含量）（%）		≥99
可灌注性		在产品说明书规定的压力下,能注入宽度为 0.1mm

3. 原因分析

（1）箱涵预制阶段产生裂缝原因分析

1）设计原因

①设计结构中的断面突变而产生的应力集中所产生的构件裂缝。

②设计中构造钢筋配置过少或过粗等引起构件裂缝（如侧墙和顶板）。

③设计中未充分考虑混凝土构件的收缩变形。

④设计中采用的混凝土等级过高,造成用灰量过大,对收缩不利。

2）材料原因

①粗细集料含泥量过大,造成混凝土收缩增大。集料颗粒级配不良或采取不恰当的间断级配,容易造成混凝土收缩的增大,诱导裂缝的产生。

②集料粒径越小、针片含量越大,混凝土单方用灰量、用水量增多,收缩量增大。

③混凝土外加剂、掺和料选择不当或掺量不当,严重增加混凝土收缩。

④水泥品种原因,矿渣硅酸盐水泥收缩比普通硅酸盐水泥收缩大、粉煤灰及矾土水泥收缩值较小、快硬水泥收缩大。

⑤水泥等级及混凝土强度等级原因:水泥等级越高、细度越细、早强越高对混凝土开裂影响很大。混凝土设计强度等级越高,混凝土脆性越大、越易开裂。

3）混凝土配合比设计原因

①设计中水泥等级或品种选用不当。

②配合比中水灰比(水胶比)过大。

③单方水泥用量越大、用水量越高,表现为水泥浆体积越大、坍落度越大,收缩越大。

④配合比设计中砂率、水灰比选择不当造成混凝土和易性偏差,导致混凝土离析、泌水、保水性不良,增加收缩值。

⑤配合比设计中混凝土膨胀剂掺量选择不当。

4)施工及现场养护原因

①现场浇捣混凝土时,振捣或插入不当,漏振、过振或振捣棒抽撤过快,均会影响混凝土的密实性和均匀性,诱导裂缝的产生。

②高空浇筑混凝土,风速过大、烈日暴晒,混凝土收缩值大。

③大体积混凝土浇筑,对水化计算不准、现场混凝土降温及保温工作不到位,引起混凝土内部温度过高或内外温差过大,混凝土产生温度裂缝。

④现场养护措施不到位,混凝土早期脱水,引起收缩裂缝。

⑤现场模板拆除不当,引起拆模裂缝或拆模过早。

5)使用原因(外界因素)

①工作坑地基基础承载力不均匀,或承载力过低,造成箱涵不均匀沉降,产生沉降裂缝。

②箱涵顶部堆放荷载超负。

③周围环境影响,酸、碱、盐等对构筑物的侵蚀,引起裂缝。

④意外事件,火灾、轻度地震等引起构筑物的裂缝。

(2)箱涵顶进阶段产生裂缝原因分析

1)地基基础不均匀沉降

箱涵一般在顶出1/3滑板后,箱涵前端进入软土层,后端仍处在滑板上,由于箱涵前端的地基土承载力一般均小于滑板承载力,造成箱涵顶板和侧墙顶部产生拉应力,造成箱涵侧墙上部范围和顶板形成裂缝。

2)诱导缝设置不合理

一般箱涵设计在涵洞长15~20m分段设置诱导缝,诱导缝设置间距过大,或诱导缝设置顶部未完全断开不能抵抗顶进时顶部产生的拉应力,则会导致在诱导缝附近出现新的裂缝。

3)箱涵侧墙截面削弱

一般箱涵顶部排水管设计在侧墙内,间距5m左右,排水管直径过大,削弱了箱涵侧墙截面,则由于顶进时产生的拉应力,往往容易在排水管处出现裂缝。

4.预防措施

(1)设计方面

1)设计中的"抗"与"放"。在建筑设计中应处理好构件中"抗"与"放"的关系。所谓"抗"就是处于约束状态下的结构,没有足够的变形余地时,为防止裂缝所采取的有力措施,而所谓"放"就是结构完全处于自由变形无约束状态下,有足够变形余地时所采取的措施。设计人员应灵活地运用"抗—放"结合或以"抗"为主或以"放"为主的设计原则,来选择结构方案和使用的材料。

2)设计中应尽量避免结构断面突变带来的应力集中。如因结构或造型方面原因等而不得已时,应充分考虑采用加强措施。

3)积极采用补偿收缩混凝土技术:在常见的混凝土裂缝中,有相当部分都是由于混凝土收缩而造成的。要解决由于收缩而产生的裂缝,可在混凝土中掺用膨胀剂来补偿混凝土的收缩,实践证明,效果是很好的。

4)重视对构造钢筋的认识:在结构设计中,设计人员应重视对于构造钢筋的配置,特别是于楼面、墙板等薄壁构件更应注意构造钢筋的直径和数量的选择。

5)对于大体积混凝土,建议在设计中考虑采用60d龄期混凝土强度值作为设计值,以减少混凝土单方用灰量,并积极采用各类行之有效的混凝土掺合料。

(2)材料选择和混凝土配合比设计方面

1)根据结构的要求选择合适的混凝土强度等级及水泥品种、等级,尽量避免采用早强高的水泥。

2)选用级配优良的砂、石原材料,含泥量应符合规范要求。

3)积极采用掺合料和混凝土外加剂。掺合料和外加剂目标已作为混凝土的第五、六大组分,可以明显地起到降低水泥用量、降低水化热、改善混凝土的工作性能和降低混凝土成本的作用。

4)正确掌握好混凝土补偿收缩技术的运用方法。对膨胀剂应充分考虑到不同品种、不同掺量所起到的不同膨胀效果。应通过大量的试验确定膨胀剂的最佳掺量。

5)配合比设计人员应深入施工现场,依据施工现场的浇捣工艺、操作水平、构件截面等情况,合理选择好混凝土的设计坍落度,针对现场的砂、石原材料质量情况及时调整施工配合比,协助现场搞好构件的养护工作。

(3)现场操作方面

1)浇捣工作:浇捣时,振捣棒要快插慢拔,根据不同的混凝土坍落度正确掌握振捣时间,避免过振或漏振,应提倡采用二次振捣技术,以排除泌水、混凝土内部的水分和气泡。

2)混凝土养护:在混凝土裂缝的防治工作中,对新浇混凝土的早期养护工作尤为重要。以保证混凝土在早期尽可能少产生收缩。主要是控制好构件的湿润养护,对于大体积混凝土,有条件时宜采用蓄水或流水养护。养护时间为14~28d。

3)混凝土的降温和保温工作:对于厚大体积混凝土,施工时应充分考虑水泥水化热问题。采取必要的降温措施(埋设散热孔、通水排热等),避免水化热高峰的集中出现、降低峰值。浇捣成型后,应采取必要的蓄水保温措施,表面覆盖薄膜、湿麻袋等进行养护,以防止由于混凝土内外温差过大而引起的温度裂缝。

4)避免在雨中或大风中浇灌混凝土。

5)夏季应注意混凝土的浇捣温度,采用低温入模、低温养护,必要时经试验可采用冰块,以降低混凝土原材料的温度。

(4)外部环境方面

1)加强对地质勘查和判断,必要时对地基进行加固,满足承载要求。

2)箱涵预制结束后,在顶板上不得堆放材料。

3)因箱涵顶进时,在滑板上滑行,滑板设置的厚度及锚梁设置尺寸和间距应满足使用要求。

5. 治理措施

当裂缝规格较小,未贯通,不渗水,宽度在0.1~0.2mm时,可采用低黏度环氧涂抹封闭裂缝,起到防止水汽进入混凝土结构内。

当裂缝规格较大,宽度超过0.2mm,可采用亲水性环氧灌浆,做法如下:

(1)在裂缝或施工缝最低处左或右5~10cm处倾斜钻孔,钻孔深度为结构体厚度一半,循序由低处往高处钻孔,孔距为25~30cm为宜,钻至最高处后再一次埋设针头,由于一般结构体龟裂的属不规则状,故需特别注意钻孔时须与龟裂面交叉,注浆才会有效果。

(2)针头设置完成后,采用环氧灌注,直至发现灌浆液于结构体表面渗出。

(3)灌注完成后,即可去除灌浆针头。见图17-1。

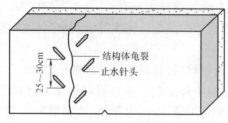

图17-1 去除灌浆针头

17.1.3 箱涵渗水

1. 现象

预制箱涵顶进就位后,箱涵外侧土体内地下水沿着箱涵裂缝处、诱导缝处或者沉降缝处渗水。

2. 规范规定

《公路桥梁加固设计规范》JTG/T J22-2008:

4.7.1 混凝土桥梁裂缝注射或压力灌注用修补胶的安全性能指标必须符合表4.7.1的规定。

裂缝修补用胶(注射剂)的安全性能指标 表4.7.1

	性能项目	性能指标
胶体性能	抗拉强度(MPa)	≥20
	抗拉弹性模量(MPa)	≥1500
	抗压强度(MPa)	≥50
	抗弯强度(MPa)	≥30,且不得呈脆性破坏
	钢-钢拉伸抗剪强度标准值(MPa)	≥10
	不挥发物含量(固体含量)(%)	≥99
可灌注性		在产品说明书规定的压力下,能注入宽度为0.1mm

3. 原因分析

箱涵由于顶进时由于地基土不均匀作用对箱涵顶板和侧墙产生贯穿裂纹,引起渗水。

对于长箱涵预制时一般设置诱导缝,由于诱导缝处止水带设置不当,未形成有效封闭,引起渗水;箱涵顶进时诱导缝处止水带受拉应力作用导致破损,引起渗水;箱涵顶进时前后端的沉降缝止水带,一般采用混凝土包裹保护,顶进时混凝土块被破坏,导致止水带损坏,引起渗水。

4. 预防措施

（1）加强箱涵预制阶段质量控制

1）合理设置诱导缝间距。

2）加强诱导缝及沉降缝处止水带预埋质量控制。

3）混凝土浇筑后加强养护，防止出现收缩裂纹

（2）加强箱涵顶进阶段质量控制

1）箱涵顶进时对顶进范围土体进行地基加固，控制好箱涵由于不均匀沉降产生的裂缝。

2）箱涵两端施工缝处止水带采用混凝土包裹保护时，加强该处混凝土锚固和抵抗压力，提高混凝土强度。

3）顶进时，顶管与止水带保护块处接触应密贴，并采用钢板抄垫。顶进时控制压力，控制在顶管承载力的75%以内。

4）前方挖机挖土时，做好对前方侧墙和底板止水带保护，防止挖机破坏该处止水带。

5. 治理措施

（1）箱涵侧墙范围渗水处理

箱涵侧墙由于裂缝贯通导致渗水，可采用埋设针头，先灌注发泡聚氨酯止水，再灌注环氧补强方法，做法如下：

1）在裂缝或施工缝最低处左或右5～10cm处倾斜钻孔，钻孔深度为结构体厚度一半，循序由低处往高处钻孔，孔距为25～30cm为宜，钻至最高处后再一次埋设针头，由于一般结构体龟裂的属不规则状，故需特别注意钻孔时须与龟裂面交叉，注浆才会有效果。

2）针头设置完成后，先采用发泡聚氨酯灌注，直至发现灌浆液于结构体表面渗出。

3）再采用环氧灌注，直至发现灌浆液于结构体表面渗出。

4）灌注完成后，即可去除灌浆针头，见图17-2。

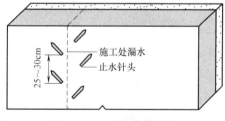

图17-2 去除灌浆针头

（2）箱涵施工缝处渗水处理

1）灌浆方法

箱涵施工缝处渗水，一般可采用钻孔或埋管灌浆的方法，目前铁路箱涵采用比较先进的方法主要有：方法一：飞玛度变形缝压缩密封系统；方法二：飞玛度变形缝齿轮防水带系统；方法三：方法一＋方法二复合。本书重点说明飞玛度变形缝压缩密封系统和飞玛度变形缝齿轮防水带系统处理的方法。

2）适用条件

①在以下情况考虑使用方法一

在带渗水、甚至涌水的情况；

缝两边箱子纵向长度不超过20m，最好不超过15m；

施工环境温度在不超过20℃，较冷的季节施工；

火车频繁振动的环境。

②在以下情况考虑使用方法二(铁路箱涵一般不具备该条件,不单独使用)

在外部有条件降水,或引流,或简单堵漏等,提供干燥施工基面的情况;

在有较好的地基处理以及钢筋抗剪沉降处理,未来沉降量不会太大的情况。

③在以下情况考虑使用方法三

缝两边的箱子纵向长度较长,特别是箱子长度达到超过 50~60m 的缝;

带水作业的情况;

夏季温度较高施工。

3)飞玛度变形缝压缩密封系统施工方法

①凿除箱涵变形缝渗水处混凝土块,全断面范围,凿除深度 10cm。

②表面凿毛后用快速固化聚合物砂浆和亲水环氧胶泥修复缝隙,缝宽 2cm。

③将飞玛度密封体采用人工或机械压入缝隙内,低于混凝土表面不少于 2cm。

④将缝隙处顶部采用单组分聚氨酯密封胶封闭顶部小凹槽。

其结构形式详见图 17-3。

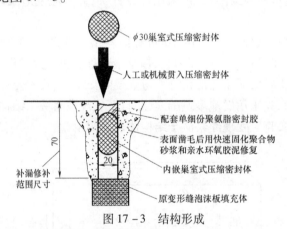

图 17-3 结构形成

4)飞玛度变形缝齿轮防水带系统施工方法。

①将需铺贴变形缝齿轮防水带范围混凝土表面凿毛。

②表面凿毛后用快速固化聚合物砂浆和亲水环氧胶泥修复平整。

③采用亲水环氧胶泥锚固齿轮防水带。

④顶部采用钢丝网片和混凝土保护,一般为路面结构混凝土层。

其结构形式详见图 17-4。

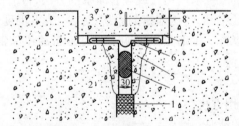

图 17-4 隧道箱涵结构底板变形缝堵漏密封示意图

1—变形缝厚填充物;2—箱涵结构底板混凝土;3—快速聚合物砂浆保护层;4—FFRMADUR 压缩密封体;

5—凿 U 槽后快速聚合物砂浆修缝;6—新水环氧胶泥锚固齿轮防水带;7—锚固钢丝网片增强;8-切割伸缩缝

第18章 桥面系和附属结构

18.1 桥面系

18.1.1 桥面防水层失效

1. 现象

桥梁车流量大、重载车辆多、车速快,桥梁面层出现了沥青混凝土滑动现象;桥面渗水,桥梁内部钢筋锈蚀,影响桥梁的使用寿命,给行车带来安全隐患。

2. 规范规定

《城市桥梁工程施工与质量验收规范》CJJ 2-2008:

20.2.1 桥面应采用柔性防水,不宜单独铺设刚性防水层。桥面防水层使用的涂料、卷材、胶粘剂及辅助材料必须符合环保要求。

20.2.2 桥面防水层应在现浇桥面结构混凝土或垫层混凝土达到设计要求强度,经验收合格后方可施工。

20.2.4 防水基层面应坚实、平整、光滑、干燥,阴、阳角处应按规定半径做成圆弧。施工防水层前应将浮尘及松散物质清除干净,并应涂刷基层处理剂。基层处理剂应使用与卷材或涂料性质配套的材料。涂层应均匀、全面覆盖,待渗入基层且表面干燥后方可施作卷材或涂膜防水层。

20.2.5 防水卷材和防水涂膜均应具有高延伸率、高抗拉强度、良好的弹塑性、耐高温和低温与抗老化性能。防水卷材及防水涂料应符合国家现行标准和设计要求。

20.2.6 桥面采用热铺沥青混合料作磨耗层时,应使用可耐140~160℃高温的高聚物改性沥青等防水卷材及防水涂料。

20.2.7 桥面防水层应采用满贴法;防水层总厚度和卷材或胎体层数应符合设计要求;缘石、地袱、变形缝、汇水槽和泄水口等部位应按设计和防水规范细部要求作局部加强处理。防水层与汇水槽、泄水口之间必须粘结牢固、封闭严密。

20.2.8 防水层完成后应加强成品保护,防止压破、刺穿、划痕损坏防水层,并及时经验收合格后铺设桥面铺装层。

20.2.9 防水层严禁在雨天、雪天和5级(含)以上大风天气施工。气温低于-5℃时不宜施工。

20.2.12 防水粘结层施工应符合下列规定:

1 防水粘结材料的品种、规格、性能应符合设计要求和国家现行标准规定。

2 粘结层宜采用高黏度的改性沥青、环氧沥青防水涂料。

3 防水粘结层施工时的环境温度和相对湿度应符合防水粘结材料产品说明书的要求。

4 施工时严格控制防水粘结层材料的加热温度和洒布温度。

3. 原因分析

（1）材料问题

采用铺设防水卷材（柔性防水层）做防水层时，因为桥面是不平整的、粗糙的，而卷材是光面的，所以桥面板不可能与防水卷材100%结合，施工中难免防水卷材下有局部空鼓，这些空鼓空间的空气遇热膨胀，在车辆荷载作用下产生位移，使原本粘结良好的地方被撕开。而且在桥梁复杂应力与恶劣气候影响下，两者的结合面极易遭到破坏，层间发生滑移与脱离，而使防水失效。

采用喷洒防水涂料（柔性防水层）做防水层时，防水材料不能承受沥青混凝土摊铺的高温，性状发生改变，粘结力和抗剪能力下降，会使防水功能失效。

采用刚性防水层时，钢筋混凝土的负弯矩处及钢筋混凝土桥面板在经受车辆荷载的振动、冲击、拉伸、剪切等力学性能的影响，以及由于温度、气候变化引起的混凝土膨胀、收缩，会产生细微裂缝而引起桥面渗水或漏水，致使钢筋锈断，有害物质也会渗透入混凝土内部，造成钢筋锈蚀、碱集料的破坏、腐蚀等其他耐久性破坏，使防水失效。

（2）施工问题

在铺设防水卷材类防水层时，由于施工难度大，施工不当会发生漏铺、空鼓、脱层、裂缝、翘边、油包、气泡和褶皱等问题，造成防水粘结层的失效或破坏，而且卷材易在摊铺机与装运车辆作用下遭到破坏而发生漏水。

在喷洒防水涂料类防水层时，由于施工工序复杂，多机操作，结合料温度降低快，石料粘附性差，在桥梁复杂受力作用下和恶劣气候条件影响下，粘结力显著不足，易发生层间滑动与剥离，使防水失效。

防水粘结层与其上面的沥青混凝土桥梁铺装层及下面的水泥混凝土桥面的层间结合面上缺乏硬质集料层，因此，与上、下面层之间缺乏过渡与连续过程，易与沥青铺装层与水泥混凝土桥面之间发生滑移与剥落，造成水的渗入而引起水损害，引起各类局部的或大面积的后继性病害，危及行车安全。

4. 预防措施

（1）防水基层待达到混凝土强度后，将浮尘及路面污物清除干净，并涂刷基层处理剂，方可进行防水层施工。

（2）桥面应采用柔性防水，不宜单独铺设刚性防水层。

（3）因为桥梁面层普遍采用沥青混凝土或改性沥青混凝土做行车路面层，所以防水层所采用的材料必须能够承受热沥青混凝土摊铺碾压施工时的高温约140～160℃。防水材料必须同时具有与水泥混凝土和沥青混凝土的较强亲和性，以保证沥青混凝土摊铺时桥面结构的稳定，防止防水层产生挪动。桥面防水材料必须具有较好的低温柔性，具有低温抗裂指标，在冬季条件下能有效遏制桥面裂缝。

（4）防水卷材和防水涂料应符合设计及规范的要求。施工防水层时，除在桥面进行满铺外，应在伸缩缝、泄水口、缘石等边角部位进行局部加强处理，保证防水层与排水系统之间严密封闭。

（5）防水层施工完成后，对防水层进行成品保护，防止被压破、刺穿等损坏防水层行为，待验收合格后及时进行下一道工序。

5. 治理措施

治理刚性防水层时，当防水混凝土表皮脱落或粉化轻微而整体强度未受影响，且防水混凝土层与下层连接牢固时,应彻底清除脱落表皮和粉化物;当防水混凝土受到侵蚀,表皮严重粉化且强度降低或防水混凝土层与下层已脱离连接时,应完全清除该层结构重新进行浇筑。

柔性防水措施的成本费用较高,防水层一旦损坏或失效,渗漏部位难以寻找,修复较困难,一般都采用重新铺贴卷材或重新涂布防水涂料,用更换整个防水层的办法来进行修复。

18.1.2 桥面铺装厚度不均、开裂、起砂、空鼓、粗糙度不足

1. 现象

施工中一般用桥面铺装层来调整桥面平整度,容易造成铺装层厚度不均,有的地方厚度偏小,结果削弱了桥面铺装层的刚度和承载能力。铺装层与梁表面粘结强度低,在桥面进行铺装前没有将桥面板表面清洗干净且凿毛的密度和深度不够,导致铺装层与梁面之间的粘结力不足,在荷载作用下铺装层与主要承重结构不能以整体来承受外荷载,破坏了混凝土的整体性,在行车的剧烈冲击和荷载作用下容易使桥面出现开裂、裂缝、空鼓、起砂、剥落等现象。

2. 规范规定

《城市桥梁工程施工与质量验收规范》CJJ 2-2008:

20.3.4 水泥混凝土桥面铺装层施工应符合下列规定:

1 铺装层的厚度、配筋、混凝土强度等应符合设计要求。结构厚度误差不得超过-20mm。

2 铺装层的基面(裸梁或防水层保护层)应粗糙、干净,并于铺装前湿润。

3 桥面钢筋网应位置准确、连续。

4 铺装层表面应作防滑处理。

20.8.3 桥面铺装层质量检验应符合下列规定:

4 桥面铺装面层允许偏差应符合表20.8.3-2的规定。

水泥混凝土桥面铺装面层允许偏差 表20.8.3-2

项目	允许偏差	检验频率		检验方法
		范围	点数	
厚度	±5mm	每20延米	3	用水准仪对比浇筑前后标高
横坡	±0.15%		1	用水准仪测量1个断面
平整度	符合城市道路面层标准	按城市道路工程检测规定执行		
抗滑构造深度	符合设计要求	每200m	3	铺砂法

3. 原因分析

(1)厚度不均。梁场预制和支架现浇,挂篮悬浇桥梁空心梁及箱梁上部构造时,梁板的预拱度、支架的沉降、预应力反拱均无法准确的预测及施工控制不严格,要达到梁顶面标高与设计值相符比较困难的,就会相应减少桥面铺装层的厚度,导致厚度不均匀。

(2)开裂。铺装层施工前,一是没有将梁顶面的油污、浮浆、松散混凝土、杂物等清除干净;二是梁板表面未凿毛或凿毛密度和深度不够;三是使用的水泥不稳定、强度不足,混凝土早期失水过快、养护不及时产生收缩裂纹或裂缝;四是水灰比不准确、坍落度过大、混凝土表

层浮浆过后,集料少,干缩后出现网裂。

(3)起砂。混凝土坍落度大,找平时用砂浆或在已振实的混凝土表面用灰浆找平;冬期施工未采取保温措施,混凝土表面冻胀;收光时拍抹过量也会造成砂粒上浮,混凝土初凝即遭雨淋,使水泥浆流失,留下的砂粒多易起砂。

(4)空鼓。混凝土浇筑时梁板顶面不清洁、不粗糙、未凿毛或凿毛不达标、养护不及时、与梁板结合不牢固;混凝土的厚度不均匀、离析等,都会出现铺装层空鼓。

(5)粗糙度不足。桥面铺装层施工时,振捣和反复碾压找平,致使在表面形成一层厚厚的水泥浆即粗糙度不足。

4. 预防措施

(1)厚度不均。桥面铺装施工前,认真检查梁板顶的高程,避免出现铺装层厚度不均匀,造成过薄或厚薄交界处成为薄弱断面,在混凝土收缩时,难以承受拉应力而断裂。

(2)开裂。桥面铺装施工前要掌握天气情况,错开大风、阴雨天、夏季中午炎热时间,清除梁板顶面的浮浆油污、杂物、凿毛处理;桥面铺装浇筑后,一要确保养护期,避免过早通车受力;二要确保全湿养护,达到混凝土强度之前,处于饱和水养护状态。

(3)起砂。采用优质砂,严格控制混凝土的质量,防止过振;冬期施工注意防冻,雨天避免遭雨淋。

(4)空鼓。梁板顶面必须凿毛,做到粗糙平整并保持清洁;严格控制桥面高程。

(5)粗糙度不足。桥面铺装层混凝土初凝时应刷毛,第一遍纵向刷,第二遍横向刷。深度以露出石子 1～2mm 即可。

5. 治理措施

(1)厚度不均。梁板顶面高程必须满足桥面铺装层的厚度,对超高部分,不密实的混凝土必须进行凿除,施工过程中要加强纵横向平整度校核,保证铺装层的平整度。

(2)开裂。裂缝处理方法,为了避免返工和资源浪费,可采用注浆处理,工序如下:布孔(孔距 20～40cm)——钻孔(6～8mm)——裂缝清理——粘贴注浆嘴和封闭裂缝——试漏——配制注浆液——清理表面。

(3)空鼓。将空鼓部位切割、凿除(方形或圆形),并将底面凿毛,重新浇筑铺装层。

(4)粗糙度不足。桥面防水混凝土表面光滑,对层间粘结不利,目前针对小范围采取人工凿毛处理,喷砂凿毛运用较广泛,喷砂凿毛清除表层浮浆,不破坏集料,真正起到抗滑作用。

18.1.3 沥青铺装层常见质量问题

1. 现象

病害的种类随着道路交通量的日益增大,使道路路面面临严峻的考验,很多沥青路面均表现出一定的早期破坏,沥青混凝土路面最常见的病害现象有:局部沉降、纵横向裂缝、水破坏、松散、推移等,这些病害是道路工程质量的通病,严重影响道路的正常使用。

2. 规范规定

《城市桥梁工程施工与质量验收规范》CJJ 2-2008:

20.3.3 沥青混合料桥面铺装层施工应符合下列规定:

1 在水泥混凝土桥面上铺筑沥青铺装层应符合下列要求:

1）铺筑前应在桥面防水层上撒布一层沥青石屑保护层，或在防水粘结层上撒布一层石屑保护层，并用轻碾慢压。

2）沥青铺装宜采用双层式，底层宜采用高温稳定性较好的中粒式密级配热拌沥青混合料，表层应采用防滑面层。

3）铺装宜采用轮胎或钢筒式压路机碾压。

2 在钢桥面上铺筑沥青铺装层应符合下列要求：

1）铺装材料应防水性能良好；具有高温抗流动变形和低温抗裂性能；具有较好的抗疲劳性能和表面抗滑性能；与钢板粘结良好，具有较好的抗水平剪切、重复荷载和蠕变变形能力。

2）桥面铺装宜采用改性沥青，其压实设备和工艺应通过试验确定。

3）桥面铺装宜在无雨、少雾季节、干燥状态下施工。施工气温不得低于15℃。

4）桥面铺筑沥青铺装层前应涂刷防水粘结层。涂防水粘结层前应磨平焊缝、除锈、除污，涂防锈层。

5）采用浇筑式沥青混凝土铺筑桥面时，可不设防水粘结层。

3. 原因分析

（1）推移和拥包。铺装层内部产生较大的剪应力，引起不确定破坏面的剪切变形，或者由于铺装层与桥面板层间结合面粘结力差，抗水平剪切能力较弱，沥青路面在气温较高时抗剪强度下降，在水平方向上产生相对位移发生剪切破坏，产生推移、拥包等病害。

（2）松散和坑槽。因温度变化并伴随桥面板或梁结构的大挠度而产生的裂隙，在车辆荷载及渗入的水的作用下产生面层松散和坑槽破坏。松散是路表面集料的松动、散离现象；而坑槽是松散材料散失后形成的凹坑。当面层材料组合不当或施工质量差，结合料含量太小或粘结力不足，使面层混合料中的集料失去粘结而成片散开，形成松散。若松散材料被车轮后的真空吸力及风和雨水带离路面，使龟裂及其他裂缝进一步发展，使松动碎块脱离面层，便形成大小不等的坑槽。

（3）开裂。开裂是路面出现裂缝的现象，在桥面铺装中也是属于较为常见的损坏现象。开裂的种类和原因有多种，上述各种变形伴有裂缝出现，而这时指的开裂是路面在正常使用情况下，路表无显著永久的变形而出现的裂缝—疲劳开裂。其特点是首先出现较短的纵向开裂，继而在纵裂的边缘逐渐发展为网状开裂，开裂面积不断扩大。桥面铺装一旦出现裂缝，水分将沿缝侵入，使之变软而导致承载能力降低，加速裂缝发展。更可能会引起其他的病害，比如坑槽、松散。

（4）不平整。摊铺机械性能好坏，决定着铺装层的平整度。笔者单位工程实例如下：采用一台5.5m的小型沥青摊铺机半幅铺筑，桥面接缝多，在铺筑时，几乎是人工在摊铺，根本谈不上平整度，勉强能达到二级路的验收标准，而采用12.0m的大型沥青摊铺机，一次成型，路面的平整度有了大大的改善。

摊铺机基准线的控制，也影响着平整度值。目前使用的摊铺机大都有自动找平装置，摊铺是按照预先设定的基准来控制，但施工单位往往不够重视或由于高程的操平误差，形成基准控制不好、基准线因张拉力不足或支承间距太大而产生挠度，使面层出现波浪。

摊铺机操作不正确，最容易造成桥面出现波浪、搓板。无论在施工中采用哪一种型号的摊铺机,若摊铺机操作手不熟练,导致摊铺机曲张前进、运料车在倒料时撞击摊铺机、摊铺机不连续行走或在行走过程中熨平板高低浮动等不规范作业,都会使路面形成波动或搓板。

4. 预防措施

(1)推移。在做粘结层前,必须将混凝土桥面浮尘除净,对于钢桥,应将钢桥面板表面油污和浮锈彻底清除,避免产生隔层,削弱铺装层与桥面板粘结;粘结层和防水层宜用改性沥青材料,橡胶类改性沥青,以增强铺装层与桥面板的结合;在钢桥面板上可垂直于行车方向放置螺纹钢筋,以阻止沥青铺装层向前移动。如铺装层推移严重,产生拥包、波浪病害影响使用功能时,将其铲除后,采用稳定性好的混合料重新铺筑。

(2)坑槽。铺筑沥青混合料前必须彻底清扫桥面板表面泥灰、垃圾,并做好粘层沥青;双层式沥青铺装层在铺筑上面层前,如下层表面有泥灰时,应先清扫干净,再做好粘层沥青,然后再铺筑沥青混合料。沥青铺筑层必须避免雨天施工,且下层表面应在干燥时才铺筑上面层;摊铺沥青混合料时,由于离析而使粗料过于集中的部位必须铲除,补上符合要求的沥青混合料,整平后,予以碾压密实。在施工机具添加柴油、机油时,避免在施工地段上进行。如在摊铺料上或碾压好的沥青层表面有柴油、机油滴漏时必须及时清除,必要时应挖除再补上好料在拐弯处或构造物旁,压路机碾压有困难时,应采取有效措施如采用小型振动压实机具进行压实。

(3)开裂。在沥青层施工中路面离析或路面压实度不足,路面现场空隙率较大,渗水严重,同时因空隙率较大使得混合料抗疲劳性能较差,易形成网裂,加速雨水下渗,再加之桥面表面凹凸不平,进入路面中的雨水不能及时排出,长时间滞留在桥面与沥青层之间,形成"浴缸反应",直接导致水损害。对此问题,建议加强后场混合料级配和油石比控制,现场强调碾压环节,同时完善桥面排水措施。

(4)不平整。沥青摊铺连续作业,沥青摊铺机连续行走的段落越长,成型后道路的平整度就越好,因为摊铺机每起步停顿一次将不可避免形成一处小错台,这要求我们必须对拌合站的正常生产能力进行准确的评估,并制订与之相匹配的摊铺机、压路机机械组合,使摊铺机能够正常连续行走,过程中基本不停机;接缝处理:在道路的摊铺中不可避免的存在横纵缝的搭接,搭接质量严重影响道路的平整度;面层最后一层的摊铺基准:依据规范要求的平整度,从上面层到路基的要求是逐层递减的,机械设备的配备也有所不同,但是良好的平整度不是由最终的面层铺筑决定的,而是一层一层改善而累计起来的,即路基较差的平整度经过垫层、基层的不断改善最终达到面层的优良平整度。

5. 治理措施

(1)推移。如铺装层推移严重,产生拥包、波浪病害影响使用功能时,将其铲除后,采用稳定性好的混合料重新铺筑。

(2)坑槽。在离坑槽边缘标示边框线,纵横边线宜相互垂直,采用机械或人工沿标线切除,槽壁与底面须垂直,清除碎料、垃圾后,边壁和槽底须涂刷好粘层沥青,然后铺筑与原结构相同级配的沥青混合料,压实后对接缝进行烫边,使之密实、平顺。

(3)开裂。由于路面基层温缩、干缩引起的纵、横向裂缝,缝宽在6mm以内的,宜将缝隙刷扫干净,并用压缩空气吹去尘土后,采用热沥青或乳化沥青灌缝撒料法封堵;缝宽在6mm以上的,应剔除缝内杂物和松动的缝隙边缘,或沿裂缝开槽后用压缩空气吹净,采用砂粒式或细粒式热拌沥青混合料填充、捣实,并用烙铁封口,随即撒砂、扫匀;也可采用乳化沥青混合料填封;对轻微的裂缝,在高温季节可采用喷洒沥青撒料压入法修理,或进行小面积封层;在低温、潮湿季节宜采用阳离子乳化沥青封层或采用相应级配的乳化沥青稀浆封层;因土基、路面基层的病害或强度不足引起的裂缝类破损,首先处理土基或基层,然后修复路面;因路面用沥青性能不好或路龄较长,产生较大面积的裂缝,但强度尚好时,通过技术经济比较,可选用下列修理方法:①乳化沥青稀浆封层;②加铺沥青混合料上封层,或先铺设土工布后,再在其上加铺沥青混合料上封层;③橡胶沥青薄层罩面。

(4)不平整。小面积的用熨平板加热后,碾压。大面积洗刨3~4cm后,重新摊铺。

18.1.4 伸缩缝漏水、两侧混凝土开裂、堵塞

1. 现象

伸缩缝漏水;伸缩缝堵塞;锚固区混凝土开裂、破损;伸缩缝型钢变形。

2. 规范规定

《城市桥梁工程施工与质量验收规范》CJJ 2－2008:

20.4.1 选择伸缩装置应符合下列规定:

1 伸缩装置与设计伸缩量应相匹配;

2 具有足够强度,能承受与设计标准一致的荷载;

3 城市桥梁伸缩装置应具有良好的防水、防噪声性能;

4 安装、维护、保养、更换简便。

20.4.2 伸缩装置安装前应检查修正梁端预留缝的间隙,缝宽应符合设计要求,上下必须贯通,不得堵塞,伸缩装置应锚固可靠,浇筑锚固段(过渡段)混凝土时应采取措施防止堵塞梁端伸缩缝缝隙。

20.4.3 伸缩装置安装前应对照设计要求、产品说明,对成品进行验收,合格后方可使用。安装伸缩缝装置时应按安装时的温度确定安装定位值,保证设计伸缩量。

20.4.4 伸缩装置宜采用后嵌法安装,即先铺桥面层,再切割出预留槽安装伸缩装置。

3. 原因分析

(1)设计考虑不周产生的缺陷,如结构计算取值不合理,导致桥梁结构、桥面板端部刚度不足,在使用时变形过大;伸缩量计算不正确,伸缩装置很难或不易调整至初始位移量;选型不当,采用过小的伸缩间距,导致伸缩装置破损;锚固件与主梁板的连接不够,使得荷载力量传递不畅,产生应力集中,小的变形可能演变成大位移,最终导致混凝土粘结力失效;设计上未严格规定伸缩装置两侧的后浇混凝土和铺装层材料选择、配比、密实度、强度,而导致该部位施工质量的下降产生的破坏。

(2)伸缩装置自身的质量问题。

(3)施工中产生的质量问题,如未能严格按照施工工艺、标准,且未按程序及有关操作要求施工,致使伸缩装置不能正常工作;伸缩缝两侧混凝土和沥青铺装层结合不良,振捣、碾压不密实,产生开裂、脱落;提前开放交通,使得锚固混凝土产生早期损伤,从而埋下质量隐患;伸缩装置锚固筋与梁板预理筋焊接不够牢固或有漏焊现象;伸缩缝间距人为造成过大或偏小,定位角钢安装位置不正确,也给伸缩缝本身造成隐患;锚固段混凝土振捣不密实,强度达不到设计要求等。

(4)养护不当及外界原因造成的问题。伸缩装置随着桥梁的使用逐步老化没有及时维

修保养,使得存在的损伤逐渐严重;落入伸缩缝的砂石、杂物未能及时清理也对伸缩缝的正常工作产生很大影响;交通量超过设计值、车辆超载也是造成伸缩装置损坏的原因之一。

4. 预防措施

（1）设计

1）要求所设计的桥梁结构强度、稳定性和耐久性方面要有足够的安全储备,必须对桥梁各种构件进行详细的结构计算,确保强度、刚度、稳定性等各项技术指标满足规范要求。

2）施工图纸要满足规范设计深度的要求,有详尽文字说明及施工组织计划。

（2）施工

1）严格执行分部分项工程交底制度,要让施工人员了解工作程序,熟悉施工工艺,掌握质量验收标准。

2）对员工进行岗前技术培训,特种作业人员要持证上岗。

3）要坚决执行自检、互检、专检制度,上道工序检验不合格,不得进行下一道工序,尤其是伸缩装置锚固筋与梁板的连接及锚固混凝土浇筑质量要严格控制,切实加强施工过程质量控制。

4）择优选择供货厂商,对进场的成品、半成品、原材料及构配件现场检查验收,不合格材料及时退场。

5. 治理措施

伸缩缝的损坏是桥梁在使用中常见的病害,对于桥梁的正常使用影响非常大,需要在设计、结构选材、施工、养护等方面精心组织。对于已出现的病害,可以根据不同的病害类型、不同种类的伸缩缝,采取不同的处置措施,在施工组织设计上尽可能地采用快速、可靠的维修方案,减小维修施工给城市交通带来的压力,且要防止短期内高频率维修增加营运成本。

18.2 引道挡墙

18.2.1 泄水孔堵塞

1. 现象

挡土墙泄水孔堵塞,无法正常排水。主要表现为挡墙背后填土潮湿、含水量大,但泄水管却长期流不出水,水从周围块石缝隙渗出,挡墙表面有明显渗水痕迹。

2. 规范规定

《砌体工程施工质量验收规范》GB 50203－2011:

7.1.9 挡土墙的泄水孔当设计无规定时,施工应符合下列规定:

（1）泄水孔应均匀设置,在每米高度上间隔2m左右设置一个泄水孔;

（2）泄水孔与土体间铺设长宽各为300mm、厚200mm的卵石或碎石作疏水层。

《公路路基施工技术规范》JTG F10－2006:

8.4.7 重力式挡土墙

2 墙身施工应符合下列规定:

（3）泄水孔应在砌筑墙身过程中设置,确保排水畅通,并应保证墙背反滤、防渗设施的施工质量。

3. 原因分析

（1）墙背未设置反滤层，泄水管直接与填土接触，填土进入泄水孔。

（2）泄水孔进水口处反滤材料被堵塞，路基填土进入反滤层。

（3）反滤层设置位置不当，起不到排水作用。

（4）泄水孔被杂物堵塞或泄水孔本身未贯通。

（5）泄水孔横坡度不够，水流无法流出。

4. 预防措施

（1）反滤材料的级配应符合设计要求，防止泥土流入。

（2）用含水量较高的黏土回填时，可在墙背设置用渗水材料填筑厚度大于30cm的连续排水层。

（3）泄水孔应高出地面30cm，墙高时可在墙上部加设一排或几排泄水孔，泄水孔间距为2～3cm，孔径为5～10cm。

（4）泄水孔管材应实现贯通。

（5）确保泄水孔的横坡度，以利排水。

（6）如泄水孔堵塞，应及时清除孔内堵塞物。横坡度不足的泄水孔，有条件调整坡度的现场调整，否则重新设置。

5. 处理措施

（1）反滤层未做或反滤材料级配不符合设计要求时，应使用符合设计配比要求的反滤材料重新设置反滤层。

（2）对于墙背采用含水量较高的黏土回填而排水不畅的情况，可在墙背后开挖利用渗水材料填筑厚度大于30cm的连续排水层。

（3）泄水孔管材堵塞的，应进行疏通处理。

18.2.2 挡墙滑移

1. 质量问题及现象

主要表现为挡墙整体外移，与相邻挡墙产生错位且上、下位移大致相等。

2. 规范规定

《公路路基施工技术规范》JTG F10-2006：

8.4.7 重力式挡土墙

（1）基础施工应符合下列规定：

①应将基底表面风化、松软土石清除。

②硬质岩石基坑中的基础，宜满坑砌筑。

③雨季在土质或易风化软质岩石基坑中砌筑基础时，应在基坑挖好后及时封闭坑底。当基底设有向内倾斜的稳定横坡时，应采取临时排水措施，辅以必要坐浆后安砌基础。

（2）墙身施工应符合下列规定：

在距墙背0.5～1.0m以内，不宜用重型振动压路机碾压。

3. 原因分析

（1）基底未到岩层或密实土基且未做反向倾角，使基底摩擦系数没有达到设计要求。

（2）挡墙基础两侧填土没有同时回填，被动土压力减小，导致滑移。

（3）墙背回填土采用推土机或挖掘机回填时，没有按要求做到分层填筑、分层压实，而是将大量土方推向墙背或堆靠在墙背上，由于推土机引起的主动土压力增加形成很大的水平推力而导致挡墙外移。

（4）采用淤泥或过湿土回填，降低了填土的摩擦力，增大了土压力，若挡墙排水不畅，还会引起静水压力和膨胀压力。

（5）基础埋深不够，被动土压力减少。

4. 预防措施

（1）基底应到基岩或落到密实的土基上且做成向内倾斜的斜面（斜面坡度一般为1:5）。

（2）基坑回填必须两侧同时填筑，分层压实；每层填筑厚度不宜超过20cm，且分层夯实的密实度必须达到设计要求。

（3）严禁用推土机将大量的土直接推向墙身或用挖掘机向墙身扔堆填土。墙背填土必须采用分层填筑、分层压实。

（4）必要时可在基底设置混凝土凸榫，利用凸榫前土体的被动土压力来增加抗滑稳定性。

（5）宜采用砂性土或透水性好的其他材料做墙后填料，以改善墙身受力情况。

（6）如条件许可，可增加墙前填土的高度，以增加挡墙的被动土压力。

5. 处理措施

（1）挡墙滑移较小、未超过安全距离时，可采用墙后增设阻滑板、墙外侧加扶壁墙或锚杆支护等措施进行加固处理。

（2）挡墙基础滑移超出安全距离，已失去加固价值时应当拆除重建。

18.2.3 砌体断裂或坍塌

1. 质量问题及现象

主要表现为砌体产生较大的裂缝，整体倾斜或下沉，严重时砌体发生倒塌或墙身断裂。

2. 规范规定

《公路路基施工技术规范》JTG F10－2006：

8.4.7 重力式挡土墙

（1）基础施工应符合下列规定：

应将基底表面风化、松软土石清除。

（2）墙身施工应符合下列规定：

墙身要分层错缝砌筑，砌出地面后基坑应及时回填夯实，并完成其顶面排水、防渗设施。

伸缩缝与沉降缝内两侧壁应竖直、平齐，无搭叠；缝中防水材料应按设计要求施工。

当墙身的强度达到设计强度的75%时，方可进行回填等工作。

（3）砌体挡土墙施工质量应符合表8.4.7－1、表8.4.7－2的规定。

砌体挡土墙施工质量标准　　　　　　　　　　　　　表8.4.7－1

项次	检查项目	规定值或允许偏差	检查方法和频率
1	砂浆强度（MPa）	不小于设计强度	每一工作台班2组试件
2	平面位置（mm）	50	经纬仪：每20m检查墙顶外边线5点

项次	检查项目		规定值或允许偏差	检查方法和频率
3	顶面高程(mm)		±20	水准仪:每20m检查2点
4	垂直度或坡度(%)		0.5	吊锤线:每20m检查4点
5	断面尺寸		不小于设计	尺量:每20m量4个断面
6	底面高程(mm)		±50	水准仪:每20m检查2点
7	表面平整度 (mm)	混凝土块、料石	10	2m直尺:每20m检查5处,每处检查竖直和墙长两个方向
		块石	20	
		片石	30	

干砌挡土墙施工质量标准   表8.4.7-2

项次	检查项目	规定值或允许偏差	检查方法和频率
1	平面位置(mm)	50	经纬仪:每20m检查5点
2	顶面高程(mm)	±30	水准仪:每20m检查5点
3	垂直度或坡度(%)	0.5	吊锤线:每20m检查4点
4	断面尺寸	不小于设计	尺量:每20m量4个断面
5	底面高程(mm)	±50	水准仪:每20m检查2点
6	表面平整度(mm)	50	20m直尺:每20m检查5处,每处检查竖直和墙长两个方向

3. 原因分析

(1)地基处理不当,如淤泥、软土、浮土等没清理干净;地基超挖后用素土回填又未压实;地基土质不均匀又未按规定设置沉降缝或地基应力超限。

(2)砌筑质量差,如:砂浆填筑不饱满、捣固不密实;砂浆强度等级不够;采用强度低的风化石材砌筑;块石竖向没有错缝,形成通缝;小石块过分集中等都将影响砌体质量。

(3)沉降缝不垂直或者块石间相互交叉重叠,甚至不设沉降缝从而导致地基不均匀沉降,进而挡墙相互牵制形成拉裂。

(4)挡墙一次砌筑高度过高或砌筑砂浆强度未达到要求时,过早实施墙后填土,导致砌体断裂或倒塌。

(5)墙身断面过小,拉应力超限或基础底面过小,应力超限导致挡墙破坏。

4. 预防措施

(1)严格控制基坑开挖的质量,其中基坑中的淤泥、软土、浮土等必须清理干净,基底要做到平整结实;如超挖宜用碎石回填或加深基础。

(2)挡土墙砌筑时应做到座浆饱满,缝隙填浆密实,砂浆配合比正确,拌合均匀,随拌随用,保证砌体密实牢固。

(3)地基应力偏小时,可采用增大基础底面尺寸、采用砂砾垫层等方法来提高基础承载能力,必要时可改用钢筋混凝土基础。

18.3 附属结构

18.3.1 栏杆枕梁伸缩缝开裂

1. 现象

枕梁连续修筑不断开容易出现枕梁断裂、破损现象,对人行道上部栏杆稳定性产生影响。

2. 规范规定

3. 原因分析

枕梁不断开应力得不到释放,在应力集中处由于温缩和干缩引起断裂。

4. 预防措施

施工过程中严格按照设计要求设置断缝。

5. 治理措施

发现未设置断缝的位置按照设计要求重新设置断缝。

18.3.2 防撞护栏裂缝、气泡、振捣不密实

1. 现象

混凝土配合比设计控制过程不严,拌合时间不充分,运输过程中产生了离析;混凝土浇筑过程中振捣操作与浇筑配合不协调出现缺振、过振、漏振;浇筑后养护过程不及时导致拆模后的混凝土出现气泡、裂缝现象。

2. 规范规定

(1)《公路工程质量检验评定标准》JTG F80/1-2004:

8.12.12 混凝土防撞护栏

基本要求:

1)所用的水泥、砂、石、水和外掺剂的质量和规格必须符合有关规范的要求,按规定的配合比施工。

2)不得出现露筋和空洞现象。

3)防撞护栏上的钢构件应焊接牢固,焊缝应满足设计和有关规范的要求,并按要求进行防护。

外观鉴定:

1)防撞栏线形直顺美观。

2)混凝土表面平整,不应出现蜂窝麻面。

3)防撞栏浇筑节段间应平滑顺接。

(2)《公路桥涵施工技术规范》JTG/T F50-2011:

6.11.3 混凝土应按一定厚度、顺序和方向分层浇筑,应在下层混凝土初凝或能重塑前浇筑完成上层混凝土。在倾斜面上浇筑混凝土时,应从低处开始逐层扩展升高,保持水平分层。混凝土分层浇筑厚度不宜超过表6.11.3的规定。

混凝土分层浇筑厚度   表6.11.3

捣实方法		浇筑厚度(mm)
用插入式振动器		300
用附着式振动器		300
用表面振动器	无筋或配筋稀疏时	250
	配筋较密时	150

6.8.6 浇筑混凝土时,应采用振动器振实,当确实无法使用振动器振实的部位时,才可用人工捣固。

1)使用插入式振动器时,移动间距不应超过振动器作用半径的1.5倍;与侧模应保持50~100mm的距离;插入下层混凝土50~100mm;每一处振动完毕后应边振边徐徐提出振动棒;应避免振动棒碰撞模板、钢筋及其他预埋件。

4)对每一振动部位,必须振动到该部位混凝土密实为止。密实的标志是混凝土停止下沉,不再冒出气泡,表面呈现平坦、泛浆。

6.8.7 混凝土的浇筑应连续进行,如因故必须间断时,其间断时间应小于前层混凝土的初凝时间或能重塑的时间。

混凝土的拌合、运输、浇筑及间歇的全部时间不得超过表6.8.7的规定。当超过允许时间时,应按浇筑中断处理,同时预留施工缝,并做好记录。

混凝土的拌合、运输、浇筑及间歇的全部允许时间(min)   表6.8.7

混凝土强度等级	气温不高于25℃	气温高于25℃
≤C30	210	180
>C30	180	150

注:1.当混凝土中掺有促凝或缓凝剂时,其允许时间应根据试验结果确定。
2.混凝土全部时间是指从加水到振捣等全部工艺结束的用时。

3. 原因分析

（1）裂缝的产生通常由于混凝土选用的原材料质量不合格,配合比设计方面的缺陷,混凝土搅拌、运输时间过长,导致整个结构产生细裂缝。后期养护不及时,混凝土表面发生方向不定的收缩裂缝。接头处理不当,导致施工缝变成裂缝。

（2）振捣不密实通常由于混凝土浇筑布料厚度不均、振捣器插入深度不够、振捣时间不足、超过振动器的作用范围。

（3）气泡通常由于混凝土配料级配不良,集料拌合不密实容易产生空隙,形成气泡;振捣过程不密实气泡不能有效排除。

4. 预防措施

（1）严把原材料质量关,选用优质的水泥及集料。加强抽检力度防止由于混凝土中过多掺入某一种掺合料而产生的不利影响(如:掺入硅粉后应加强降温和保湿养护,避免混凝土的温缩、干缩和自缩裂缝产生)。

（2）合理设计混凝土配合比,改善集料级配、降低水灰比、掺和粉煤灰等混合材料、掺加缓凝剂合理控制拌合时间。保证混凝土拌合均匀,坍落度符合规范要求,使拌合出的混凝土具有较好的和易性。

（3）混凝土运输过程中应进行慢速搅拌,不得在运输过程中随意加水并尽量缩短运输时间。

（4）浇筑混凝土时,混凝土布料要均匀,振捣器振捣过程要紧插慢拔以减少防撞护栏表面气泡。

（5）混凝土浇筑完成后,应在收浆后尽快、及早予以覆盖和洒水养护。覆盖时不得损伤或污染混凝土的表面,每天洒水次数以能保持混凝土表面经常处于湿润状态为度。

5. 治理措施

（1）当掺和料中出现已结硬、结团或失效的粒料、外加剂时予以废弃,严禁使用。

（2）混凝土运输过程中出现离析、严重泌水、坍落度损失超过要求需返回重新加料拌合至合格。当混凝土的拌合、运输、浇筑及间歇的全部时间超过规范的规定时,应按照浇筑中断处理,同时预留施工缝,并做好记录。

（3）混凝土浇筑时严格分层布料,可根据构筑物的具体结构控制分层节点,避免振捣器振捣不到位。

（4）振捣过程中出现缺振、漏振现象要及时补振,并合理控制振捣时间避免过振。

（5）对出现气泡的部位应将其刷毛或凿毛,用水清洗湿润,用相同或高于本身混凝土强度等级的水泥砂浆填补并压光,采取覆盖养护措施。

（6）混凝土裂缝的处理可根据裂缝的宽度深度及对构筑物产生的影响选用合理的处理办法。常用的有:

1）表面处理法;

2）填充法;

3）灌浆法;

4）结构补强法。

18.3.3 石材栏杆开裂

1. 现象

石材开裂是原来规整的石板材在装修后,因自然力作用使石材风化、裂纹加大,或脱离原粘贴层掉下的一种现象。石材开裂又分为石材本身开裂和石材与黏结物开裂。

2. 规范规定

(1)《公路桥涵施工技术规范》JTG/T F50-2011:

21.7.2 栏杆构件应在人行道板铺设完毕后方可安装。安装栏杆时,应全桥对直、校平,弯桥、坡桥应平顺。护栏、栏杆安装质量应符合表21.7.2的规定。

护栏、栏杆安装质量标准 表21.7.2

项次	项目	规定值或允许偏差(mm)
1	护栏、栏杆平面偏位	4
2	扶手高度	±10
	栏杆柱顶面高度	4
3	护栏、栏杆柱纵、横向竖直度	4
4	相邻栏杆扶手高差及护栏接缝两侧高差	3

(2)《城市桥梁工程施工与质量验收规范》CJJ 2-2008:

20.6.1 栏杆和防撞、隔离设施应在桥梁上部结构混凝土的浇筑支架卸落后施工,其线形应流畅、平顺,伸缩缝必须全部贯通,并且与主梁伸缩缝相对应。

20.6.5 护栏、防护网宜在桥面、人行道铺装完成后安装。

3. 原因分析

(1)石材本身开裂:石材本身开裂主要发生在大理石类石材上,因石材相对耐候性差,对于风蚀、日晒、雨淋、冻结等,易在石材上引起裂纹,轻的为微裂纹扩大、边棱模糊、孔洞更加开放等。石材本身开裂往往又和酸雨浸蚀、冻损等自然、化学、物理破坏共存。

(2)石材与梁体混凝土温度线膨胀系数不等,变形协调不一致,造成开裂、断裂。

(3)桥台填土沉降引起。

(4)石材施工的技术要求较高,现在很多石匠技术活比较粗糙,责任心、认真程度不够,造成了这样的结果。

(5)桥上车辆经过时产生的震动也会引起变形、开裂。

4. 预防措施

(1)选择石材不能注重色调,要考虑石材在耐候性和耐磨性上的差异。

(2)在每个栏板单元设置微型伸缩缝:栏板一端与立柱固结,即用水泥砂浆填塞,另一端自由放置,不放砂浆。

(3)石材栏杆在结构的天然断开处以及预计低级沉降较大的地方设置伸缩缝,即双柱。

(4)可以通过改变粘结用的化学品,涂抹化学品提高石材与水泥砂浆的粘结力,而得以预防和减少。

5. 治理措施

更换受损立柱,对栏杆花板改造利用,增设伸缩空间,以适应纵向变形,保证栏杆使用安全。

18.3.4 台后搭板脱空

1. 现象

桥梁建成通车后季节性水位变化及多雨季节地表水入渗导致台后板下土体的强度软化,进而土基逐渐沉降变形,出现了局部弱支撑、裂缝、不均匀沉降,致使搭板支承面下形成脱空。

2. 规范规定

(1)《公路桥涵施工技术规范》JTG/T F50－2011:

21.8.1 桥头搭板下台后填土的填料宜以透水性材料为主,并应分层填筑、压实。

21.8.2 台后地基如为软土,应按设计要求对地基进行处理并对台后填土进行预压,预压应在搭板施工前完成。

21.8.3 钢筋混凝土桥头搭板的施工应符合下列规定:

1. 钢筋混凝土搭板及枕梁宜采用就地浇筑的方式施工。

(2)《城市桥梁工程施工与质量验收规范》CJJ 2－2008:

21.3.1 现浇和预制桥头搭板,应保证桥梁伸缩缝贯通、不堵塞,且与地梁、桥台锚固牢固。

21.3.2 现浇桥头搭板基底应平整、密实,在砂土上浇筑应铺3~5cm厚水泥砂浆垫层。

21.3.3 预制桥头搭板安装时应在与地梁、桥台接触面铺2~3cm厚水泥砂浆,搭板应安装稳固不翘曲。预制板纵向留灌浆槽,灌浆应饱满,砂浆达到设计强度后方可铺筑路面。

3. 原因分析

(1)桥台和路基存在较大的刚度和强度差异,从而产生不均匀沉降;

(2)软土地段,由于建设工期短,在长期路基和交通荷载作用下产生较大的工后沉降;

(3)台背回填,由于施工工作面狭小,施工质量控制不严,造成回填料压实度不够;

(4)雨水引起填料细颗粒的流失和材料的软化变形等。

4. 预防措施

(1)在地质不良的地段,若软弱层较薄时,可采用天然砂砾、碎砾石、砂等强度高、渗水性能好的材料进行换填;如软弱层较厚时,可采用砂井、袋装砂井、砂桩、粉喷桩等方法降低地基土的含水量,提高承载力。存在比较薄的淤泥全部清除,清理到硬面后进行碾压达到要求后方可进行填筑。而存在比较厚的淤泥的河床多年冲刷形成淤泥无法全部清除的,根据现场情况进行砂井排水处理及粉体搅拌压法、超载预压法、砂砾垫层、生石灰桩、碎石桩等几种方法处理。还要注意防水,对路基工作区以内的水,要采取有效的防渗、防漏、防毛细雨等措施,防止水分对地基及路基体填料产生不利影响。

(2)保证台背填土范围,规范要求台背填土顺路线方向长度,顶部为距离翼墙尾不利台高加2m,底部距离基础内缘不小于2m。拱桥台背填土长度不应小于台高的3~4倍,涵洞两侧不应小于2倍孔径长度。

分层填筑应严格控制含水量,宜控制在大于最佳含水量2%,分层填筑松铺厚度不宜小于20cm,台背回填宜大型施工机械配合小型夯具进行施工,松铺厚度宜控制在不大于15cm,桥台两侧回填应同时进行。

回填料宜选用砾石土或石类土,当采用非透水性土时,应在土中增加外掺剂如石灰、水泥等,对石灰、水泥严格控制质量。为减轻回填材料对地基的压力采用流态粉煤灰回填,粉煤灰为晚期强度比较高,在使用中加入水泥、外加剂增加早期强度。我国现已在多条高速路上使用,并获得不错的收获。

采用大吨位振动压路机碾压地基,以加大地基的填前沉降量,必要时还可掺石灰处理,确保地基土达到规定的压实、沉降效果及承载能力。路基填料尽管在施工中充分压实但后期不可避免的还会出现沉降,即工后沉降,为了减少工后沉降,台背填料超填 2~3m,有意提前预压 2~3 个月,让沉降充分发生,然后按路基标高推平施工。

(3) 台背与路基连接处应预留 1:1.5 的坡,坡面必须密实,或开台阶方法,台阶应高 60cm,宽度为不小于 1m 的台阶,开好台阶后应在台阶上进行压实度试验,保证台阶密实度。使台背与路基充分连接好。桥队与路队应共用一个水准点控制标高,搭板由路面施工队施工,搭板与其连接的一段路面在其他部位完工后再施工。路面施工接近桥头时,应注意路面与桥梁标高的协调,使桥头处舒顺。

5. 治理措施

通过注浆处理可充实板底脱空恢复板底密实,改善面板侧支撑状况,使混凝土板的受力状态符合设计原理。

第 19 章　城市人行天桥

19.1.1 钢结构天桥焊缝咬边、气孔、裂纹

1. 现象

目前随着城市道路的拓宽改造提升,跨路天桥宽度增大,导致采用钢结构的天桥采用分段吊装,全桥焊接的施工工艺。导致焊接工作量增大,桥梁焊接焊缝出现咬边、气孔、裂纹等外观质量缺陷。

2. 规范规定

(1)《钢结构工程施工质量验收规范》GB 50205 - 2001:

附录 A 焊缝外观质量标准及尺寸允许偏差应符合表 A.0.1 的规定。

二级、三级焊缝外观质量标准(mm)　　　　　　　　表 A.0.1

项　目	允许偏差	
缺陷类型	二级	三级
未焊满(指不足设计要求)	≤0.2 + 0.02t,且≤1.0	≤0.2 + 0.04t,且≤2.0
	每100.0 焊缝内缺陷总长≤25.0	
根部收缩	≤0.2 + 0.02t,且≤1.0	≤0.2 + 0.04t,且≤2.0
	长度不限	
咬边	≤0.05t,且≤0.5;连续长度≤100.0,且焊缝两侧咬边总长≤10% 焊缝全长	≤0.1t 且≤1.0,长度不限
弧坑裂纹	——	允许存在个别长度≤5.0 的弧坑裂纹

项　目	允许偏差	
电弧擦伤	——	允许存在个别电弧擦伤
接头不良	缺口深度 0.05t，且≤0.5	缺口深度 0.1t，且≤1.0
	每1000.0焊缝不应超过1处	
表面夹渣	——	深≤0.2t 长≤0.5t，且≤20.0
表面气孔	——	每50.0焊缝长度内允许直径≤0.4t，且≤3.0 的气孔2个，孔距≥6倍孔径

注：表内 t 为连接处较薄的板厚。

A.0.2 对接焊缝及完全熔透组合焊缝尺寸允许偏差应符合表 A.0.2 的规定。

对接焊缝及完全熔透组合焊缝尺寸允许偏差(mm)　　　　　表 A.0.2

序号	项目	允许偏差	
		一级、二级	三级
1	对接焊缝余高 C	$B<20:0-3.0$ $B\geq20:0-4.0$	$B<20:0-4.0$ $B\geq20:0-5.0$
2	对接焊缝错表 d	$d<0.15t$，且≤2.0	$d<0.15t$，且≤3.0

A.0.3 部分焊透组合焊缝和角焊缝外形尺寸允许偏差应符合表 A.0.3 的规定。

部分焊透组合焊缝和角焊缝外形尺寸允许偏差(mm)　　　　　表 A.0.3

序号	项目	允许偏差
1	焊脚尺寸 h_f	$h_f\leq6:0-1.5$ $h_f>6:0-3$
2	角焊缝余高 C	$h_f\leq6:0-1.5$ $h_f>6:0-3$

注：1. $h_f>8.0$mm 的角焊缝其局部焊脚尺寸允许低于设计要求值 1.0mm，但总长度不得超过焊缝长度 10%；

　　2. 焊接H形梁腹板与翼缘板的焊缝两端在其两倍翼缘宽度范围内，焊缝的焊脚尺寸不得低于设计值。

(2)《城市桥梁工程施工与质量验收规范》CJJ 2-2008：

14.2.7 焊缝外观质量应符合表 14.2.7 的规定。

焊缝外观质量标准　　　　　表 14.2.7

项目	焊缝种类	质量标准(mm)
气孔	横向对接焊缝	不允许
	纵向对接焊缝、主要角焊缝	直径小于1.0，每米不多于2个，间距不小于20
	其他焊缝	直径小于1.5，每米不多于3个，间距不小于20
咬边	受拉杆件横向对接焊缝及竖向加劲肋角焊缝(腹板侧受拉区)	不允许
	受拉杆件横向对接焊缝及竖向加劲肋角焊缝(腹板侧受压区)	≤0.3
	纵向对接焊缝及主要角焊缝	≤0.5
	其他焊缝	≤1.0

项目	焊缝种类	质量标准(mm)
焊脚余高	主要角焊缝	+ 2.0
	其他焊缝	+ 2.0 - 1.0
焊波	角焊缝	≤2.0（任意25mm范围内高低差）
余高	对接焊缝	≤3.0（焊缝宽 b≤12 时）
		≤2.0（12 < b≤25 时）
		≤4b/25（b>25 时）
余高铲磨后表面	横向对接焊缝	不高于母材0.5
		不低于母材0.3
		粗糙度 Ra50

3. 原因分析

造成焊缝外观质量缺陷通常有以下几方面原因：（1）钢梁分段制作时每段长度的误差、梁段预拱度误差等造成吊装时梁段对接处出现较大间隙，导致后期焊接时焊瘤过大，焊脚尺寸过大。（2）施焊时外界环境温度、湿度以及焊材质量原因等外部客观因素造成焊接质量不符合规范要求从而导致焊缝外观质量缺陷，例如气泡多发生在焊道中央，其主要原因是氢气依旧以气泡的形式隐藏在焊缝金属内部，消除这种缺陷的措施是首先必须清除焊丝、焊缝处的锈、油、水分及湿气物质，其次是必须很好地烘干焊剂除去湿气。（3）施焊操作人员技术水平，具体表现在陶瓷衬垫的贴置位置、焊接电压电流控制、操作工序连续性等。如咬边是在焊接时，焊速、电流、电压等条件不适当的情况下产生的。其中焊接速度太高要比焊接电流不适当更容易引起咬边缺陷。

4. 预防措施

（1）加强钢结构构件制作工艺及技术水平，严格控制制作误差；

（2）严格落实钢梁、焊材等进场验收制度，重点核查钢构件几何尺寸、质量外观等；

（3）加强测量复核，要建立坐标控制网，高程控制桩，指派专人负责吊装测量工作；

（4）合理安排吊装时间，避开高低温引起的钢结构膨胀收缩影响及空气湿度造成的焊接质量缺陷；

（5）加强对起重工、焊工等特殊工种人员的培训工作，保证持证上岗作业。

5. 治理措施

当出现焊缝咬边、气孔、裂纹等质量缺陷后，应及时对缺陷处清理打磨、重新焊接，并按规范要求进行无损检测，鉴定合格后方可。

第20章 钢筋和混凝土

20.1 钢 筋

20.1.1 钢筋保护层厚度不符合设计要求

1. 现象

钢筋混凝土保护层厚度不足,将大大削弱混凝土与钢筋共同的作用力,构件的承载能力降低,且形成构件表面裂缝;没有足够的混凝土保护层厚度,将破坏钢筋表面的氧化膜,钢筋产生锈蚀,体积膨胀,从而在构件表面产生顺着钢筋方向的裂缝。

2. 规范规定

（1）《公路桥涵施工技术规范》JTG/T F50－2011:

4.1.5 在工程施工过程中,应采取适当的措施,防止钢筋产生锈蚀。对设置在结构或构件中的预留钢筋的外露部分,当外露时间较长且环境湿度较大时,宜采取包裹、涂刷防锈材料或其他有效方式,进行临时性防护。

4.2.3 钢筋的形状、尺寸应按照设计的规定进行加工。加工后的钢筋,其表面不应有削弱钢筋截面的伤痕。

4.2.6 钢筋加工的质量应符合表4.2.6的规定

钢筋加工的质量标准 表4.2.6

项目	允许偏差（mm）
受力钢筋顺长度方向加工后的全长	±10
弯起钢筋各部分尺寸	±20
箍筋、螺旋筋各部分尺寸	±5

4.4.3 钢筋与模板之间应设置垫块,垫块的制作、设置和固定应符合下列规定:

1 混凝土垫块应具有足够的强度和密实性;采用其他材料制作垫块时,除应满足使用强度的要求外,其材料中不应含有对混凝土产生不利影响的成分。垫块的制作厚度不应出现负误差,正误差应不大于1mm。

2 用于重要工程或有防腐蚀要求的混凝土结构或构件中的垫块,宜采用专门制作的定型产品,且该类产品的质量同样应符合第1款的规定。

3 垫块应相互错开、分散设置在钢筋与模板之间,但不应横贯混凝土保护层的全部截面进行设置。垫块在结构或构件侧面和底面所布设的数量应不少于3个/m²,重要部位宜适当加密。

4 垫块应与钢筋绑扎牢固,且其绑丝的丝头不应进入混凝土保护层内。

5 混凝土浇筑前,应对垫块的位置、数量和紧固程度进行检查,不符合要求时应及时处理,应保证钢筋的混凝土保护层厚度满足设计要求和本规范的规定。

　　(2)《城市桥梁工程施工与质量验收规范》CJJ 2 - 2008:

　　6.2.2 钢筋下料前,应核对钢筋品种、规格、等级及加工数量,并应根据设计要求和钢筋长度配料。下料后应按种类和使用部位分别挂牌标明。

3. 原因分析

钢筋尺寸未按照图纸要求及规范标准加工,造成尺寸过大或过小;模板安装位置、尺寸有误,不能满足设计、规范要求;混凝土保护层垫块不标准,不符合施工要求,垫块尺寸偏大或偏小或强度不达标,造成保护层不满足要求。

4. 预防措施

(1)加强半成品钢筋的验收,杜绝使用不满足设计、规范要求的半成品钢筋。

(2)加强模板安装前的测量复核工作,保证测量定位及尺寸准确无误;模板安装完成后,加强模板系统质量检查、验收工作;加强混凝土浇筑前模板内尺寸检查、复核工作。

(3)使用合格的保护层垫块,保证每平方米范围内垫块数量符合设计、规范要求。

5. 治理措施

当出现钢筋混凝土保护层过大,可适当添加防裂钢筋网片,以防止出现构件成品外观裂缝现象的出现。

20.1.2 钢筋锈蚀

1. 现象

钢筋表面出现黄色浮锈,严重的转为红色,日久后变成暗褐色,甚至发生鱼鳞片剥落现象。

2. 规范规定

　　(1)《公路桥涵施工技术规范》JTG/T F50 - 2011:

　　4.1.4 钢筋在运输过程中应避免锈蚀、污染或被压弯;在工地存放时,应按不同品种、规格,分批分别堆置整齐,不得混杂,并应设立识别标志。存放的时间不宜超过6个月。存放场地应有防、排水设施,且钢筋不得直接置于地面,应垫高或堆置在台座上,顶部应采用合适的材料予以覆盖,防止水浸和雨淋。

　　4.1.5 在工程施工过程中,应采取适当的措施,防止钢筋产生锈蚀。对设置在结构或构件中的预留钢筋的外露部分,当外露时间较长且环境湿度较大时,宜采取包裹、涂刷防锈材料或其他有效方式,进行临时性防护。

　　(2)《城市桥梁工程施工与质量验收规范》CJJ 2 - 2008:

　　6.1.3 钢筋在运输、存储、加工过程中应防止锈蚀、污染和变形。

3. 原因分析

保管不良,现场存放时无铺垫,雨雪天气不采取措施,或存放时间过长,仓库环境潮湿。

4. 预防措施

钢筋原材料应存放在仓库或料棚内,保持地面干燥;钢筋不得直接堆放在地,必须用混凝土墩、砖或垫木垫起,钢筋库存期不宜过长,工地临时使用的料场应选择地势高、地面干燥的露天场地;根据天气情况,必要时加盖雨布;场地四周要有排水措施。

5. 治理措施

(1)钢筋表面存在浮锈的,可采用钢丝刷等工具除锈,至符合要求。

（2）钢筋锈蚀严重，严禁使用；对于混凝土构件内预埋的锈蚀钢筋予以切除，重新绑扎符合要求的钢筋。

20.1.3 箍筋加工不规范

1. 现象

矩形箍筋成型后拐角不成90°，或两对角线长度偏差较大。

2. 规范规定

《公路桥涵施工技术规范》JTG/T F50—2011：

4.2.4 钢筋的弯制和端部的弯钩应符合设计要求，设计未要求时，应符合表4.2.4的规定。

3. 原因分析

箍筋边长成型尺寸与图纸要求误差过大，没有严格控制弯曲度，一次弯曲多个箍筋时没有逐根对齐。

4. 预防措施

箍筋加工时，注意操作，使成型尺寸准确，当一次弯曲多个箍筋时应在弯折处逐根对齐。

5. 治理措施

对于超过质量标准的箍筋，Ⅰ级钢筋可以重新将弯折处直开，再进行弯曲调整，注意只可返工一次；对于其他钢筋，不得重新弯曲，只可重新下料加工。

20.1.4 钢筋焊接的质量问题

1. 现象

在钢筋焊接施工中，常出现接头的轴线偏移，以及咬边和焊缝不均匀的现象。

2. 规范规定

《城市桥梁工程施工与质量验收规范》GJJ 2—2008：

6.3.5 热轧光圆钢筋和热轧带肋钢筋的接头采用搭接或帮条电弧焊时，应符合下列规定：

2 当采用搭接焊时，两连接钢筋轴线应一致。双面焊缝的长度不得小于5d，单面焊缝的长度不得小于10d（d为钢筋直径）。

4 搭接焊和帮条焊接头的焊缝高度应等于或大于0.3d，并且不得小于4mm；焊缝宽度等于或大于0.7d（d为钢筋直径），并不得小于8mm。

6 采用搭接焊、帮条焊的接头，应逐个进行外观检查。焊缝表面应平顺、无裂纹、无夹渣和较大的焊瘤等缺陷。

3. 原因分析

（1）钢筋端部歪扭不直，在夹具中夹持不正或倾斜；夹具长期使用磨损，造成上下不同心。

（2）钢筋焊接操作时，由于钢筋端头歪斜。电极变形太大或安装不正确以及焊机夹具晃动太大等原因使得接头处产生弯折，折角超过规定，或接头偏心，致使轴线偏移超标。

（3）焊接时，电流太大，钢筋熔化过快。

（4）管理人员、操作人员责任心不强，把关不到位。

4. 预防措施

（1）焊接施工时，可先进行试焊，待电流调整好后再进行批量焊接施工。

(2)加强交底、检查力度,强化管理、处罚措施。

5. 治理措施

(1)出现轴线偏移的可重新焊接,返工处理。

(2)出现咬边和焊缝不均匀的现象,可采用帮条焊或加强焊接强度的方式处理。

20.1.5 钢筋滚轧直螺纹连接的质量问题

1. 现象

长短丝过长、过短或两头均是长丝,机械车丝丝头过细等。

2. 规范规定

《公路桥涵施工技术规范》JTG/T F50 - 2011:

4.3.6 钢筋机械接头连接组装完成后,应符合下列规定:

2 对滚轧直螺纹连接接头,标准型接头连接套筒外应有有效螺纹外露,正反丝扣型接头套筒单边外露有效螺纹不得超过 2 倍螺距,其他连接形式应符合产品设计要求。

3. 原因分析

(1)车床车丝刀头调试不到位,致使此种现象的出现。

(2)现场操作人员为方便操作施工,有意将丝头车丝过细。

(3)交底不到位,操作人员更换较勤,操作人员不熟悉车床操作原理。

4. 预防措施

(1)批量加工前,将车床丝头调试到位。

(2)加强检查频率,固定操作人员。

5. 治理措施

(1)对于本成品钢筋,还未安装的可进行返工处理,切掉已加工好的丝头,冲洗车丝。

(2)对于已经安装的钢筋,可采用帮条焊的方式处理。

20.2 混凝土

20.2.1 混凝土表面蜂窝、麻面

1. 现象

混凝土结构局部出现酥松、砂浆少、石子多、石子之间形成类似蜂窝的空隙。局部表面出现缺浆和许多小凹坑、麻点,形成粗糙面,但无钢筋外露现象。

2. 规范规定

(1)《公路桥涵施工技术规范》JTG/T F50 - 2011:

6.11.4 采用振捣器振捣混凝土时,应符合下列规定:

4 每一振点的振捣延续时间宜为 20～30s,以混凝土停止下沉、不出现气泡。表面呈现浮浆为度。

(2)《城市桥梁工程施工与质量验收规范》CJJ 2 - 2008:

7.5.4 浇筑混凝土时,应采用振捣器振捣。振捣时不得碰撞模板、钢筋和预埋部件。振捣持续时间宜为 20～30s,以混凝土停止下沉、不出现气泡。表面呈现浮浆为度。

3. 原因分析

(1)混凝土配合比不当或砂、石子、水泥材料加水量计量不准,造成砂浆少、石子多。

(2)混凝土搅拌时间不够,未拌合均匀,和易性差,振捣不密实。

(3)下料不当或下料过高,未设串筒使石子集中,造成整体离析。

(4)混凝土未分层浇筑、分层振捣,或单层浇筑过后,致使振捣不实,或出现漏振、振捣时间不足等现象。

(5)钢筋设置较密,粒径过大的石子或坍落度较小。

(6)模板表面粗糙或黏附的水泥浆等杂物未打磨干净,拆模时表面不粘坏。

(7)模板表面为涂刷隔离剂或隔离剂涂刷量过大。

(8)模板拼缝不严,局部漏浆。

4. 预防措施

认真设计、严格控制混凝土配合比,经常检查,计量准确混凝土拌合均匀,坍落度合适;混凝土下料高度超过2m应设串筒或溜槽;浇灌应分层下料,分层捣固,防止漏振;模板缝应堵塞严密,浇灌中,应随时检查模板支撑情况防止漏浆,基础、柱、墙根部应在下部浇完间歇1~5h,沉实后再浇上部混凝土,避免出现"烂脖子"。

模板表面清理干净,不得粘有水泥砂浆等杂物。浇灌混凝土前,模板应浇水充分湿润,模板缝隙应用油毡纸、腻子等堵严;模板隔离剂应选用长效的,涂刷均匀,不得漏刷;混凝土应分层均匀振捣密实,至排除气泡为止。

5. 治理措施

(1)小蜂窝洗刷干净后,用1:2或1:2.5水泥砂浆抹平压实;较大蜂窝,凿去蜂窝薄弱松散颗粒,刷洗净后,支模用高一级细石混凝土仔细填塞捣实;较深蜂窝,如清除困难,可埋压浆管、排气管、表面抹砂浆或灌筑混凝土封闭后,进行水泥压浆处理。

(2)在麻面部位浇水充分湿润后,用原混凝土配合比石子砂浆,将麻面磨平亚光。

20.2.2 混凝土表面裂缝

1. 现象

(1)塑性收缩裂缝

裂缝在新浇筑结构表面出现,形状不规则,裂缝较浅,多为中间宽梁段系,且长短不一,互不连贯。

(2)干缩裂缝

裂缝在表面出现,宽度较细,其走向纵横交错,无规律性,裂缝不匀。

(3)温度裂缝

裂缝有表面的、深进的和贯穿的,走向无一定规律性。梁板式或长度尺寸较大的结构,裂缝多平行于短边,大面积结构裂缝常纵横交错。

2. 规范规定

(1)《公路桥涵施工技术规范》JTG/T F50-2011:

6.12.1 对新浇筑混凝土的养护,应满足其对温度、湿度和时间的要求。应根据施工对象、环境条件、水泥品种、外加剂或掺合料以及混凝土性能等因素,制订具体的养护方案,并严格实施。

3. 原因分析

(1)早期养护不到位,表面没有及时覆盖养护,表面游离水分蒸发过快,产生急剧的体积收缩,而此时混凝土强度较低,还不能抵抗这种变形应力而导致开裂。

(2)使用收缩率较大的水泥,或水泥、粉砂等用量过大,或混凝土的水灰比过大。

(3)混凝土经过振捣,表面形成水泥含量较大的砂浆层,收缩量加大。

(4)温差过大。

4. 预防措施

配置混凝土时,严格控制水灰比和水泥用量,选择级配良好的石子,减小孔隙率和砂率;混凝土振捣密实,并注意二次收面,以减少收缩量;在高温、干燥的刮风天气,应及时洒水养护,使混凝土表面保持湿润;混凝土养护期间避免出现温差较大的变化。

5. 治理措施

(1)普通裂缝可将裂缝处清洗干净,待干燥后涂刷环氧胶泥或加贴环氧玻璃布进行表面封闭。

(2)深进的或贯穿性裂缝,采用环氧灌缝或返工。

20.3 预应力混凝土

20.3.1 预留孔道位置不准确

1. 现象

孔道位置不正确,水平管道不直,管道起弯不顺,管道接入锚垫板角度不正确,管道连接处存在折弯现象等。

2. 规范规定

管不宜大于1.0m;波纹管不宜大于0.8m;位于曲线上的管道和扁平波纹管道应适当加密。定位后的管道应平顺,其端部的中性线应与锚垫板相垂直。

3 管道接头处的连接管宜采用大一级直径的同类管道,其长度宜为被连接管道内径的5~7倍。连接时不应使接头处产生角度变化及在混凝土浇筑期间发生管道的转动或移位,并应缠裹紧密防止水泥浆的渗入。塑料波纹管应采用专用焊接机进行热熔焊接或采用具有密封性能的塑料结构连接器连接。当采用真空辅助压浆工艺进行孔道压浆时,管道的所有接头应具有可靠的密封性能,并应满足真空度的要求。

(2)《城市桥梁工程施工与质量验收规范》CJJ 2-2008:

8.4.8 后张法预应力施工应符合下列规定:

1 预应力管道安装应符合下列要求:

1) 管道应采用定位钢筋牢固地固定于设计位置。

2) 金属管道接头应采用套管连接,连接套管宜采用大一个直径型号的同类管道,且应与金属管道封裹严密。

钢筋后张法允许偏差　　　　　　表8.5.6-3

项目		允许偏差(mm)	检验频率	检验方法
管道坐标	梁长方向	30	抽查30%每根查10个点	用钢尺量
	梁高方向	10		
管道间距	同排	10	抽查30%每根查5个点	用钢尺量
	上下排	10		

(3)《混凝土结构工程施工规范》GB 50666-2011:

6.3.6 成孔管道的连接应密封,并应符合下列规定:

1 圆形金属波纹管接长时,可采用大一规格的同波型波纹管作为接头管,接头管长度可取其内径的3倍,且不宜小于200mm,两端旋入长度宜相等,且接头管两端应采用防水胶带密封。

2 塑料波纹管接长时,可采用塑料焊接机热熔焊接或采用专用连接管。

3 钢管连接可采用焊接连接或套筒连接。

6.3.7 预应力筋或成孔管道应按设计规定的形状和位置安装,并应符合下列规定:

1 成孔管道应平顺,并与定位钢筋绑扎牢固。定位钢筋直径不宜小于10mm,间距不宜大于1.2m,扁形管道、塑料波纹管或预应力筋曲线曲率较大处的定位间距,宜适当缩小。

2 凡施工时需要预先起拱的构件,成孔管道宜随构件同时起拱。

3 预应力筋或成孔管道控制点竖向位置允许偏差应符合下表规定:

控制点的竖向位置允许偏差　　　　　　表6.3.7

构件截面高(厚)度h(mm)	$h \leqslant 300$	$300 < h \leqslant 1500$	$h > 1500$
允许偏差(mm)	±5	±10	±15

(4)《混凝土结构工程施工质量验收规范》GB 50204-2015:

6.3.4 预应力筋或成孔管道的安装质量应符合下列规定:

1 成孔管道的连接应密封;

2 预应力筋或成孔管道应平顺,并应与定位支撑钢筋绑扎牢固;

3 锚垫板的承压面应与预应力筋或孔道曲线末端垂直,预应力筋或孔道曲线末端直线段段长度应符合表6.3.4规定;

4 当后张有粘结预应力筋曲线孔道波峰和波谷的高差大于300mm,且采用普通灌浆工艺时,应在孔道波峰设置排气孔。

预应力筋曲线起始点与张拉锚固点之间直线段最小长度　　　表6.3.4

预应力筋张拉控制力 N(kN)	$N \leqslant 1500$	$1500 < N \leqslant 6000$	$N > 6000$
直线段最小长度(mm)	400	500	600

3. 原因分析

预应力管道定位采用U形钢筋焊接在主筋上、U形钢筋间距偏差较大且U形钢筋为管道安装后焊接且焊接质量较差,焊接对管道损伤较大,U形钢筋加工的尺寸以及定位偏差较大。

4. 预防措施

(1)根据设计提供的管道坐标以及孔道尺寸制作相应模具,在模具上焊接管道定位钢筋成井字形,并编号。

(2)严格按照直线孔道每0.8m一道、曲线孔道每0.5m一道的网片间距,将管道定位网片根据其编号先定位焊接在主筋上,保证焊接质量。

(3)对焊接完成的定位网片位置检查无误后,穿入管道。

(4)混凝土浇筑时,防止振捣棒碰撞管道,避免管道上下左右浮动。

(5)管道连接应采用专用接头或工艺进行连接。

5. 治理措施

(1)对孔道网片的焊接模具进行验收并做好首件验收工作。

(2)当出现管道不顺直的情况,应及时进行调整,并加大对管道坐标的检查频率和数量。

(3)管道的连接接头严格采用专用接头,杜绝随意连接导致接头处弯折的情况。

20.3.2 滑丝

1. 现象

张拉滑丝可发生在张拉过程中,也可发生在张拉完成后。张拉过程滑丝主要发生在设计为两端张拉,但采用一端先张拉而后另一端再补拉的工艺。张拉完成后的滑丝对一端张拉和两端张拉均可能发生。

滑丝分为工具夹片滑丝和工作夹片滑丝,其中工具夹片滑丝表现为:张拉过程中整束钢绞线实测伸长值比设计伸长值偏大;张拉过程中有异响,压力表突然跳动;滑丝的钢绞线上无工具夹片的咬痕或咬痕不明显;工具夹片末端的标记被覆盖。工作夹片滑丝表现为:滑丝的钢绞线所对应的工作夹片外露量比未滑丝的工作夹片外露量大;油顶回油过程中产生异响,油表大幅度跳动。

2. 规范规定

(1)《公路桥涵施工技术规范》JTG/T F50-2011:

7.8.6 后张法预应力筋的张拉和锚固应符合下列规定:

6 后张预应力筋断丝及滑移不得超过表7.8.2-2的限制数

183

后张预应力筋断丝,滑移限制		表7.8.2-2
类别	**检查项目**	**控制数**
钢丝束、钢绞线束	每束钢丝断丝或滑丝	1 根
	每束钢绞线断丝或滑丝	1 丝
	每个断面断丝之和不超过该断面钢丝总数的百分比	1%
螺纹钢筋	断筋或滑移	不容许

8 预应力筋在张拉控制应力达到稳定后方可锚固。对夹片式锚具,锚固后夹片顶面应平齐,其相互间的错位不宜大于2mm,且露出锚具外的高度不应大于4mm。锚固完毕并经检验确认合格后方可切割端头多余的预应力筋,切割时应采用砂轮锯,严禁采用电弧进行切割,同时不得损伤锚具。

(2)《混凝土结构工程施工规范》GB 50666 - 2011:

6.4.10 预应力筋张拉中应避免预应力筋断裂或滑脱。当发生断裂或滑脱时,应符合下列规定:

1 对后张法预应力结构构件,断裂或滑脱的数量严禁超过同一截面预应力筋总根数的3%,且每束钢丝或每根钢绞线不得超过一丝;对多跨双向连续板,其同一截面应按每跨计算;

2 对先张法预应力构件,在浇筑混凝土前发生断裂或滑脱的预应力筋必须更换。

(3)《混凝土结构工程施工质量验收规范》GB 50204 - 2015:

6.4.4 张拉中应避免预应力筋断裂或滑脱。当发生断裂或滑脱时,应符合下列规定:

1 对后张法预应力结构构件,断裂或滑脱的数量严禁超过同一截面预应力筋总根数的3%,且每束钢丝或每根钢绞线不得超过一丝;对多跨双向连续板,其同一截面应按每跨计算;

2 对先张法预应力构件,在浇筑混凝土前发生断裂或滑脱的预应力筋必须予以更换。

3. 原因分析

张拉滑丝的原因较多,常见的有:

(1)钢绞线表面生锈严重或粘有泥巴等杂物,影响了锚具夹片的咬合;

(2)锚具安装后没有及时张拉,导致其生锈或锚环孔内粘上了较多的灰尘,张拉或放张时影响了夹片的跟进;

(3)锚具质量问题,如夹片硬度偏低、夹片与锚环尺寸不匹配,造成自锚性能下降等;

(4)夹片安装不规范,主要发生在张拉端锚垫板倾斜的,尤其是张拉端位于梁面时,夹片采用上下安装时,造成上下夹片跟进不协调;

(5)张拉机具问题,如限位尺寸过大,油顶安装不正等;

(6)钢绞线质量问题,主要表现为钢绞线直径负公差过大,影响锚具的自锁性能。

4. 预防措施

(1)清除钢绞线表面的铁锈或其他杂物;

(2)安装完锚具后及时张拉,最好边安装锚具边张拉预应力筋,遇到夹片已经生锈或有灰尘的情况,应除锈除尘,并在夹片或锚环孔内涂上黄油,保证夹片正常跟进;

（3）选用合格的锚具、夹片，进场时严格按规定组批验收和试验，合格后使用；

（4）工具夹片使用完后应抹油并保管好，对使用次数较多、牙纹已磨损严重的工具夹片必须更换，以免夹片咬合钢绞线不牢造成滑丝；

（5）夹片采用左右安装，并采用细钢管轻轻敲平打紧夹片，使所有夹片端面位于同一平面内，保持锚孔内夹片的间隙均匀，以保证同步跟进；

（6）确保限位板的限位尺寸符合锚具厂家的要求；

（7）在张拉到初应力时，在工具夹片端面的钢绞线上划线作为观察标记。

5. 治理措施

当出现超过规范要求的预应力滑丝数量后，通常采用的处理措施为更换预应力筋，具体更换处理程序如下：

（1）针对一孔多束的钢绞线出现滑丝现象，可采用原张拉油顶或自带工具夹片的单根穿心顶退出夹片（工作夹片）进行预应力筋的更换；

（2）安装张拉油顶时，仅将原限位板换成退夹片的马镫，除工具夹片意外的其他部分按张拉状态安装完成；

（3）油顶进油活塞伸出，伸出长度略大于钢绞线的伸长量，然后打紧工具夹片；

（4）油顶继续进油，工作夹片被带出，停止进油（张拉应力不超过预应力筋极限张拉应力的 0.8 倍），采用钢钎将工作夹片拨出，油顶慢回油，由于没有工作夹片的约束，油顶回油完成后，钢绞线处于无应力状态；

（5）重新更换预应力筋并重新张拉锚固完成。

当不能更换时，在条件许可下，可采取提高其他钢丝束控制应力值，但应满足设计上各阶段极限状态的要求。

20.3.3 孔道压浆不密实

1. 现象

（1）压浆浆体初凝后，从进浆孔或排气孔用探测棒探测出浆体不饱满，有空洞；

（2）压入孔道的浆体量小于孔道空隙的计算体积；

（3）多波曲线孔道，尤其是竖向多波曲线孔道其波峰顶排气孔未冒浆；

（4）梁体因蜂窝、孔洞、裂缝等混凝土内部缺陷而漏浆；

（5）封锚不严而漏浆；

（6）上下或左右孔道出现串孔现象；

（7）压浆完成保压时，不能保证恒定的浆体压力。

2. 规范规定

（1）《公路桥涵施工技术规范》JTG/T F50-2011：

7.9.6 压浆时，对曲线孔道和竖向孔道应从最低点的压浆孔压入；对结构或构件中以上下分层设置的孔道，应按先下层后上层的顺序进行压浆。同一管道的压浆应连续进行，一次完成。压浆应缓慢、均匀的进行，不得中断，并应将所有最高点的排气孔依次一一打开和关闭，使孔道内排气通畅。

7.9.7 浆液自拌制完成至压入孔道的延续时间不宜超过40min，且在使用前和压注过程中应连续搅拌，对因延迟使用所致流动度降低的水泥浆，不得通过额外加水增加其流动度。

7.9.8 对水平或曲线孔道,压浆的压力宜为0.5~0.7MPa;对超长孔道,最大压力不宜超过1.0MPa;对竖向孔道,压浆的压力宜为0.3~0.4MPa。压浆的充盈度应达到孔道另一端饱满且排气孔排出与规定流动度相同的水泥浆为止,关闭出浆口后,宜保持一个不小于0.5MPa的稳定期,该稳压期的保持时间宜为3~5min。

7.9.9 采用真空辅助压浆工艺时,在压浆前应对孔道进行抽真空,真空度宜稳定在-0.06~-0.10MPa范围内。真空度稳定后,应立即开启孔道压浆端的阀门,同时启动压浆泵进行连续压浆。

7.9.12 压浆后应通过检查孔抽查压浆的密实情况,如有不实,应及时进行补压浆处理。

(2)《城市桥梁工程施工与质量验收规范》CJJ 2 - 2008:

8.4.8 后张法预应力施工应符合下列规定:

5 预应力筋张拉后,应及时进行孔道压浆,对多跨连续有连接器的预应力筋孔道,应张拉完一段灌注一段。孔道压浆宜采用水泥浆。

6 压浆后应从检查孔抽查压浆的密实情况,如有不实,应及时处理。

8.5.7 孔道压浆的水泥浆强度必须符合设计规定,压浆时排气孔、排水孔应有水泥浓浆溢出。

(3)《混凝土结构工程施工规范》GB 50666 - 2011:

6.5.1 后张法有粘结预应力筋张拉完毕并经检查合格后,应尽早进行孔道灌浆,孔道内水泥浆应饱满、密实。

6.5.7 灌浆施工应符合下列规定:

1 宜先灌注下层孔道,后灌注上层孔道;

2 灌浆应连续进行,直至排气管排出的浆体稠度与注浆孔处相同且无气泡后,再顺浆体流动方向依次封闭排气孔;全部出浆口封闭后,宜继续加压0.5~0.7MPa,并应稳压1~2min后封闭灌浆口;

3 当泌水较大时,宜进行二次灌浆和对泌水孔进行重力补浆;

4 因故中途停止灌浆时,应用压力水将未灌注完孔道内已注入的水泥浆冲洗干净。

6.5.8 真空辅助灌浆时,孔道抽真空负压宜稳定保持为0.08~0.10MPa。

(4)《混凝土结构工程施工质量验收规范》GB 50204 - 2015:

6.3.6 后张法有粘结预应力筋预留孔道的规格、数量、位置和形状除应符合设计要求外,尚应符合下列规定:

3 成孔用管道应密封良好,接头应严密且不得漏浆;

4 灌浆孔的间距:对预埋金属螺旋管不宜大于30m;对抽芯成形孔道不宜大于12m;

5 在曲线孔道的曲线波峰部位应设置排气兼泌水管,必要时可在最低点设置排水孔;

6 灌浆孔及泌水管的孔径应能保证浆液畅通。

6.5.1 后张法有粘结预应力筋张拉后应尽早进行孔道灌浆,孔道内水泥浆应饱满、密实。

3. 原因分析

(1)穿入预应力钢筋后设计孔道空隙狭窄,水泥浆不易压入。

(2)设计孔道曲线较长且曲率较小,曲折点多。

（3）设计采用的成孔材料的材质不佳，孔道内摩阻系数大。

（4）施工中成孔质量不好，孔道直径粗细不均匀或存在扁孔、缩径的现象，预应力筋通过后，孔道空隙小，水泥浆无法通过。

（5）采用抽拔橡胶棒成孔时，抽拔时间控制不好导致孔壁粗糙、混凝土塌落、掉皮，孔道出现波浪等。

（6）孔道存在串孔、内漏，或封锚不严，压浆时不能保压持荷。

（7）孔道排气孔设置不当，特别是连续梁存在多段竖向曲线孔道的，若波峰处的排气孔不通，易形成空洞。

（8）浆液制拌不规范，稀稠失控或浆液过滤不好，有硬块杂物造成孔道堵塞。

（9）水灰比不准确，水灰比过大，不当浆体强度降低，而且泌水率增大，当水被吸收或蒸发后，便会形成空洞。

（10）外加剂用量不当，如膨胀剂用量过小膨胀效果不明显，若膨胀系数小于水泥的收缩系数，空缺未补实，便会造成压浆不饱满。

（11）压浆机械性能不好，压力不够或无法持荷保压，致使孔道内水泥浆不能长距离输送，也无法借助压力使水泥浆充实到孔道各处不易通畅的细微空间位置，从而造成孔道压浆不饱满、不密实。

（12）孔道压浆完后持荷时间不能满足要求。

4. 预防措施

（1）做好浆液的配合比设计。水泥浆配合比是压浆质量的关键，优良的配合比设计是控制孔道压浆质量的前提，须有效的控制泌水率以及有效膨胀系数。

（2）慎用膨胀剂。在水泥浆凝固过程中，膨胀剂和水泥发生反应，产生气体，使水泥体积产生微膨胀。

（3）适当提高压浆稳压持荷的压力和保证持荷时间。压浆过程中，压力一般保持在 0.4~0.6MPa 之间，稳压持荷时间不少于 5min，稳压压力应保持在 0.6~0.8MPa 之间。

（4）采用成品灌浆料、真空辅助压浆以及循环智能压浆工艺。

5. 治理措施

采用后期加压补浆法补充密实：

（1）对于竖曲线锚固点在上部的孔道，因泌水无法排出而占据孔道空间，水干后会形成空洞，可用手动压力补压充实。

（2）对于长线连续结构的竖向多波孔道，其波峰处都有可能因泌水、浆体收缩而形成局部空洞，利用孔道波峰的排气孔采用手动补浆泵进行后期补浆。

20.3.4 预施应力不准确（伸长值超标）

1. 现象

（1）有效预应力偏小：预应力不足，结构过早出现裂缝，下挠超限。

（2）有效预应力偏大：导致预应力筋安全储备不足，结构过大变形或出现裂纹，甚至出现脆性破坏。

（3）有效预应力不均匀：导致预应力筋的早期疲劳。

2. 规范规定

(1)《公路桥涵施工技术规范》JTG/T F50-2011:

7.6.1 预应力张拉用的机具设备和仪表应符合下列规定:

1 预应力筋的张拉宜采用穿心式双作用千斤顶,整体张拉或放张宜采用具有自锚功能的千斤顶;张拉千斤顶的额定张拉力宜为所需张拉力的1.5倍,且不得小于1.2倍。与千斤顶配套使用的压力表应选用防振型产品,其最大读数应为张拉力的1.5~2.0倍,标定精度应不低于1.0级。张拉机具设备应与锚具产品配套使用,并应在使用前进行校正、检验和标定。

2 张拉用的千斤顶与压力表应配套标定、配套使用,标定应在经国家授权的法定计量技术机构定期进行,标定时千斤顶活塞的运行方向应与实际张拉工作状态一致。当处于下列情况之一时,应重新进行标定:

1)使用时间超过6个月;

2)张拉次数超过300次;

3)使用过程中千斤顶或压力表出现异常情况;

4)千斤顶检修或更换配件后。

3 采用测力传感器测量张拉力时,测力传感器应按相关国家标准的规定每年送检一次。

7.6.2 施加预应力之前,施工现场的准备工作及结构或构件需达到的要求应符合下列规定:

1 施工现场已具备经批准的张拉顺序、张拉程序和施工作业指导书,经培训掌握预应力施工知识和正确操作的施工人员,以及能保证操作人员和设备安全的防护措施。

2 锚具安装正确,结构或构件混凝土已达到要求的强度和弹性模量(或龄期)。

7.6.3 对预应力筋施加预应力时,应符合下列规定:

1 千斤顶安装时,工具锚应与前端的工作锚对正,工具锚和工作锚之间的各根预应力筋不得错位、扭绞。实施张拉时,千斤顶与预应力筋、锚具的中心线应位于同一轴线上。

2 预应力筋的张拉顺序和张拉控制应力应符合设计规定。当施工中需要对预应力筋实施超张拉或计入锚圈口预应力损失时,可比设计规定提高5%,但在任何情况下均不得超过设计规定的最大张拉控制应力。

3 预应力筋采用应力控制方法张拉时,应以伸长值进行校核。实际伸长量与理论伸长值的差值应符合设计规定;设计未规定时,其偏差应控制在±6%以内,否则应暂停张拉,待查明原因并采取措施予以调整后,方可继续张拉。对环形筋、U形筋等曲率半径较小的预应力束,其实际伸长值与理论伸长值的偏差宜通过试验确定。

7 预应力筋的锚固,应在张拉控制应力处于稳定状态下进行。锚固阶段张拉端预应力筋的内缩量,应不大于设计规定或不大于表7.6.2所列容许值:

锚具变形、预应力筋回缩和接缝压缩容许值(mm)　　　　　　表7.6.2

锚具、接缝类型		变形形式	容许值 ΔLR(mm)
钢质锥形锚具		预应力筋回缩、锚具变形	6
夹片式锚具	有顶压时	预应力筋回缩、锚具变形	4
	无顶压时		6

锚具、接缝类型	变形形式	容许值 ΔLR(mm)
镦头锚具	缝隙压密	1
粗钢筋锚具(用于螺纹钢筋)	预应力筋回缩、锚具变形	1
每块后加垫板的缝隙	缝隙压密	1
水泥砂浆接缝	缝隙压密	1
环氧树脂砂浆接缝	缝隙压密	1

7.7.3 先张法预应力筋的张拉应符合下列规定：

2 同时张拉多根预应力筋时，应预先调整其单根预应力筋的初应力，使相互之间的应力一致，再整体张拉。张拉过程中，应使活动横梁与固定横梁始终保持平行，并应检查预应力筋的预应力值，其偏差的绝对值不得超过按一个构件全部预应力筋预应力总值的5%。

7.8.5 后张法预应力筋的张拉和锚固应符合下列规定：

1 预应力张拉之前，宜对不同类型的孔道进行至少一个孔道的摩阻测试，通过测试所确定的μ值和K值宜用于对设计张拉控制应力的修正。

3 预应力筋的张拉顺序应符合设计规定；设计未规定时，可采取分批、分阶段的方式对称张拉。

4 预应力筋应整束张拉锚固。对扁平管道中平行排放的预应力钢绞线束，在保证各根钢绞线不会叠压时，可采用小型千斤顶逐根张拉，但应考虑逐根张拉时预应力损失对控制应力的影响。

5 预应力筋张拉端的设置应符合设计规定；设计未规定时，应符合下列规定：

3)预应力筋采用两端张拉时，宜两端同时张拉，或先在一端张拉锚固后，再在另一端补足预应力值进行锚固。

7.12.2 对预应力筋施加预应力时，宜对多台千斤顶张拉时的同步性、持荷时间、锚下的有效预应力及其均匀度等进行质量控制，并应符合下列规定：

1 在采用两台以上千斤顶实施对撑和两端张拉时，各千斤顶之间同步张拉力的允许误差宜为±2%。

2 张拉至控制应力时，保证千斤顶具有足够的持荷时间。张拉控制应力的精度宜为±1.5%。

3 张拉锚固后，预应力筋在锚下的有效预应力应符合设计张拉控制应力，两者的相对偏差应不超过±5%，且同一断面中的预应力束其有效预应力的不均匀度应不超过±2%。

(2)《城市桥梁工程施工与质量验收规范》CJJ 2－2008：

8.4.1 预应力钢筋张拉应由工程技术负责人主持，张拉作业人员应经培训考核合格后方可上岗。

8.4.2 张拉设备的校准期限不得超过半年，且不得超过200次张拉作业。张拉设备应配套校准，配套使用。

8.4.3 预应力筋的张拉控制应力必须符合设计规定。

8.4.4 预应力筋采用应力控制方法张拉时,应以伸长值进行校核。实际伸长值与理论伸长值的差值应符合设计要求;设计无规定时,实际伸长值与理论伸长值之差应控制在6%以内。

8.4.6 预应力筋的锚固应在张拉控制应力处于稳定状态下进行,锚固阶段张拉端预应力筋的内缩量,不得大于设计规定。当设计无规定时,应符合表8.4.6的规定:

锚固阶段张拉端预应力筋的内缩量允许值(mm) 表8.4.6

锚具类别	内缩量允许值
支承式锚具(镦头锚、带有螺丝端杆的锚具等)	1
锥塞式锚具	5
夹片式锚具	5
每块后加的锚具垫板	1

8.4.7 先张法预应力施工应符合下列规定:

3 预应力筋张拉应符合下列要求:

1)同时张拉多根预应力筋时,各根预应力筋的初始应力应一致。张拉过程中应使活动横梁与固定横梁保持平行。

8.4.8 后张法预应力施工应符合下列规定:

3 预应力筋张拉应符合下列要求:

2)预应力筋张拉端的设置,应符合设计要求;当设计未规定时,应符合下列规定:

——曲线预应力筋或长度大于或等于25m的直线预应力筋,宜在两端张拉;长度小于25m的直线预应力筋,可在一端张拉。

——当同一截面中有多束一端张拉的预应力筋时,张拉端宜均匀交错的设置在结构的两端。

3)张拉前应根据设计要求对孔道的摩阻损失进行实测,以便确定张拉控制应力,并确定预应力筋的理论伸长值。

4)预应力筋的张拉顺序应符合设计要求;当设计无规定时,可采取分批、分阶段对称张拉。宜先中间、后上、下或两侧。

(3)《混凝土结构工程施工规范》GB 50666－2011:

6.4.2 预应力筋张拉设备及压力表应定期维护和标定。张拉设备和压力表应配套标定和使用,标定期限不应超过半年。当使用过程中出现反常现象或张拉设备检修后,应重新标定。

注:1 压力表的量程应大于张拉工作压力读值,压力表的精确度等级不应低于1.6级;

2 标定张拉设备用的试验机或测力计的测力示值不确定度,不应大于1.0%;

3 张拉设备标定时,千斤顶活塞的运行方向应与实际张拉工作状态一致。

6.4.5 采用应力控制方法张拉时,应校核最大张拉力下预应力筋伸长值。实测伸长值与计算伸长值的偏差应控制在±6%之内,否则应查明原因并采取措施后再张拉。必要时,宜进行现场孔道摩擦系数测定,并可根据实测结果调整张拉控制力。

6.4.7 后张预应力筋应根据设计和专项施工方案的要求采用一端或两端张拉。当采

用两端张拉时,宜两端同时张拉,也可一端先张拉锚固,另一端补张拉。当设计无具体要求时,应符合下列规定:

  1 有粘结预应力筋长度不大于20m时,可一端张拉,大于20m时,宜两端张拉;预应力筋为直线形时,一端张拉的长度可延长至35m;

  2 无粘结预应力筋长度不大于40m时,可一端张拉,大于40m时,宜两端张拉。

  6.4.8 后张有粘结预应力筋应整束张拉。对直线形或平行编排的有粘结预应力钢绞线束,当能确保各根钢绞线不受叠压影响时,也可逐根张拉。

  6.4.9 预应力筋张拉时,应从零拉力加载至初拉力后,量测伸长值初读数,再以均匀速率加载至张拉控制力。塑料波纹管内的预应力筋,张拉力达到张拉控制力后宜持荷2~5min。

  6.4.11 锚固阶段张拉端预应力筋的内缩量应符合设计要求。当设计无具体要求时,应符合表6.4.11规定:

张拉端预应力筋的内缩量限值   表6.4.11

锚具类别		内缩量限值(mm)
支承式锚具 (螺母锚具、镦头锚具等)	螺母缝隙	1
	每块后加垫板的缝隙	1
夹片式锚具	有顶压	5
	无顶压	6~8

  (4)《混凝土结构工程施工质量验收规范》GB 50204—2015:

  6.1.3 预应力筋张拉机具及压力表应定期维护和标定。张拉设备和压力表应配套标定和使用,标定期限不应超过半年。

  6.4.4 预应力筋张拉质量应符合下列规定:

  1 采用应力控制方法张拉时,张拉力下预应力筋的实测伸长值与计算伸长值的相对允许偏差为±6%。

  2 最大张拉应力不应大于现行国家标准《混凝土结构工程施工规范》GB 50666的规定。

3. 原因分析

  (1)孔道坐标与设计不符,或直顺度不满足要求,导致孔道摩阻偏大未及时测定孔道摩阻,未及时调整张拉控制应力;

  (2)张拉机具性能不满足要求,未按规定要求配套标定、未配套使用或已过有效期,不能保证张拉力是否达到设计要求;

  (3)张拉油表未标定、指示不准,采用非防振型压力表指针摆动较大或精度较低,无法精确控制张拉力(油表读数);

  (4)不能保证预应力筋锚固前的持荷时间;

  (5)构件的强度、弹性模量未到达张拉的设计要求;

  (6)张拉工艺不满足设计要求、张拉作业人员资格不符、交底不清楚、操作不严格等。

4. 预防措施

（1）建立预应力机具标定台账并严格按照规定频率标定张拉机具，对数据有怀疑时应适时增加频率；

（2）选用可靠性良好的施工机具并专人负责保管、使用、保养，保证施工机具完好性，避免出现中途损坏、油表指针抖动厉害等问题；

（3）波纹管严格按设计图定位准确，不得扭曲，必要时实测孔道摩阻力、喇叭口摩阻、锚口摩阻等预应力瞬时损失测试，同时提供所采用锚具的锚具回缩量，供设计计算由于管道摩阻、喇叭口摩阻和锚具回缩造成的预施应力损失，以便调整张拉力；

（4）检测每批钢绞线的松弛率和弹性模量，并根据钢绞线每批次弹性模量实测值调整理论伸长值，张拉现场应及时进行伸长量验算；

（5）预应力筋张拉前，先用单顶对每根钢绞线进行预张拉（预张拉一般小于初张拉数值且为同一数据），以确保整束张拉时每根钢绞线受力、伸长量一致；

（6）钢绞线穿束时不得出现扭绞；

（7）发现实测值与设计值不符应查明原因，调整张拉控制参数；

（8）混凝土强度或弹性模量达到规范要求时方可张拉或放张；

（9）严格按设计和规范要求确定张拉时间，确定张拉顺序和工艺；

（10）有条件的可使用预应力智能张拉系统。

5. 治理措施

（1）对结构进行设计核算，必要时启用备用索。

（2）对结构采用碳纤维预施应力等方式进行加固处理。

第三篇 给水排水管道工程

第21章 土石方与地基处理

21.1 沟槽开挖与支护

21.1.1 塌方、滑坡

开挖沟槽地处地下水位较高(离地表面0.5~1.0m)、表层以下为淤泥质黏土或夹砂的亚黏土时,其含水量高,压缩性大,抗剪强度低,并具有明显的流变特性。

1. 现象

明挖沟槽产生基底隆起、流砂、管涌、边坡滑移和塌陷等现象。严重的出现沟槽失稳现象(见图21-1)。

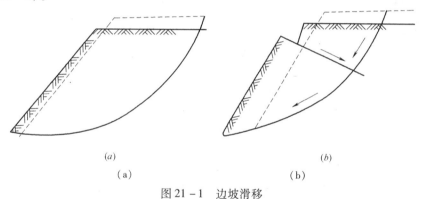

(a)   (b)

图21-1 边坡滑移

(a)圆形滑动面;(b)近似对数螺旋形滑动面

2. 规范规定

《给水排水管道工程施工及验收规范》GB 50268-2008:

4.3.3 地质条件良好、土质均匀、地下水位低于沟槽底面高程,且开挖深度在5m以内、沟槽不设支撑时,沟槽边坡最陡坡度应符合表4.3.3的规定。

深度在5m以内的沟槽边坡的最陡坡度　　　　　表4.3.3

土的类别	边坡坡度(高:宽)		
	坡顶无荷载	坡顶有荷载	坡度有动载
中密的砂土	1:1.00	1:1.25	1:1.50
中密的碎石类土 (充填物为砂土)	1:0.75	1:1.00	1:1.25
硬塑的粉土	1:0.67	1:0.75	1:1.00

土的类别	边坡坡度(高:宽)		
	坡顶无荷载	坡顶有荷载	坡度有动载
中密的碎石类土 (充填物为黏性土)	1:0.50	1:0.67	1:0.75
硬塑的粉质黏土、黏土	1:0.33	1:0.50	1:0.67
老黄土	1:0.10	1:0.25	1:0.33
软土(经井点降水后)	1:1.25	—	—

4.3.4 沟槽每侧临时堆土或施加其他荷载时,应符合下列规定:

2 距土堆沟槽边缘不小于0.8m,且高度不应超过1.5m;沟槽边堆置土方不得超过设计堆置高度。

4.3.5 沟槽挖深较大时,应确定分层开挖的深度,并符合下列规定:

1 人工开挖沟槽的槽深超过3m时应分层开挖,每层的深度不超过2m;

2 人工开挖多层沟槽的层间留台宽度:放坡开槽时不应小于0.8m,直槽时不应小于0.5m,安装井点设备时不应小于1.5m;

3 采用机械挖槽时,沟槽分层的深度按机械性能确定。

3. 原因分析

(1)边坡稳定性计算不妥,边坡稳定性未按照土体性质包括允许承载力、内摩擦角、孔隙水压力、渗透系数等进行计算。

(2)边坡放量不足,坡面趋陡,施工时未按计算规定放坡。

(3)沟槽土方量大,又未及时外运而堆置在沟槽边,坡顶负重超载。

(4)土体地下水位高,渗透量大,坡壁出现渗漏。

(5)降水量大,沟槽开挖后,沟底排水不畅,边坡受冲刷,沟槽浸水。沟槽开挖处遇有暗浜或流砂。

4. 预防措施

施工:

(1)应确保边坡的稳定,放坡的坡度应根据土壤钻探地质报告,针对不同的土质、地下水位和开挖深度,作出不同的边坡设计。

(2)检查实际操作是否按照设计坡度,自上而下逐步开挖,无论挖成斜坡或台阶型都需按设计坡度修正。

(3)为防止雨水冲刷坡面,应在坡顶外侧开挖截水沟,或采用坡面保护措施。

(4)在地下水位高,渗透量大以及流砂地区,需采取人工降水措施。一般采用井点降水。

(5)采用机械挖土时,应按设计断面留一层土采用人工修平,以防超挖。在开挖过程中,若出现底面裂缝,应立即采取有效措施,防止发展,确保安全。

(6)减少地面荷载的影响。坡顶两侧需堆置土方或材料时,应根据土质情况,限定堆放位置和高度,一般至少距离坡边0.8m,堆高不得大于1.5m。

(7)掌握气候条件,减少沟槽底部暴露时间,缩短施工作业面。

5. 治理措施

（1）对已滑坡或塌方的土体,可放宽坡面,将坡度改缓后,挖除塌落部分。

（2）如坡脚部分塌方,可采用临时支护措施,挖除余土后,堆灌土草包或设挡板支撑。

（3）坡顶有堆物时,应立即卸载。

（4）加强沟槽明排水,采用导流沟和水泵将沟槽水引出。

21.1.2 槽底隆起或管涌

1. 现象

沟槽在开挖卸载过程中,槽底隆起、出现流砂或管涌现象(见图 21 - 2)。

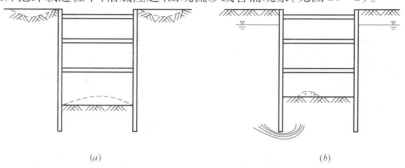

(a) (b)

图 21 - 2 沟槽基底失稳

（a）沟槽基底隆起；（b）沟槽基底管涌

2. 规范规定

《给水排水管道工程施工及验收规范》GB 50268 - 2008:

4.3.7 沟槽的开挖应符合下列要求:

3 槽底土层为杂填土、腐蚀土时,应全部挖除并按设计要求进行地基处理。

3. 原因分析

（1）粉砂土或轻质亚黏土在地下水位高的情况下,因施工挖土和抽水,造成地下水流动和随之而来的流砂现象。

（2）沟槽开挖深度较大,沟槽边堆载过多;采用钢板桩支护时插入深度不足;基坑内外土体受力不平衡。

4. 预防措施

施工:

（1）施工前,对地下水位、地层情况、滞水层及承压水层的水头情况作详细的调查。并制定相应的防范技术措施。

（2）采用井点法人工降低地下水位,使软弱土得到固结。

（3）减少地面超载或交通动载的影响。

（4）经过计算的钢板桩插入深度和结构刚度,应超过槽外土体滑裂面的深度和侧向压力,并达到切断渗流层的作用。

（5）开挖过程中支护作业都要严格按施工技术规程进行。

（6）掌握气候条件,减少沟槽底部暴露时间,尽量缩短施工作业面。

（7）采取措施防止因邻近管道的渗漏而引起的支护坍塌。

5. 治理措施

（1）当发生管涌时应停止继续挖土,尽快回填土或砂,待落实降低地下水、槽底下部土体的加固等技术措施后再进行挖土。必要时可以加水压底，但应解决抽水带来的不利影响。

（2）一旦发生隆起，必然产生滑坡、支护破坏，甚至已铺设管道不同程度的损坏。因此，必须确定补救方案。原则上进行卸载、整理和恢复支护、重建降水系统，并对槽底加固处理，而后继续挖土；对受损结构，视程度另行处理。

21.1.3 撑板、钢板桩支护失稳

1. 现象

因支护失稳出现土体塌落、支撑破坏，两侧地面开裂、沉陷。

2. 规范规定

《给水排水管道工程施工及验收规范》GB 50268-2008：

4.3.10 沟槽支撑应符合下列规定：

1 支撑应经常检查，发现支撑构件有弯曲、松动、移位或劈裂等迹象时，应及时处理；雨期及春季解冻时期应加强检查；

2 拆除支撑前，应对沟槽两侧的建筑物、构筑物和槽壁进行安全检查，并应制定拆除支撑的作用要求和安全措施；

3 施工人员应由安全梯上下沟槽，不得攀登支撑。

3. 原因分析

（1）支撑不及时，支撑位置不妥造成支撑受力不均，以及支护入土深度不足，导致支护结构失稳破坏。

（2）未采取降水措施或井点降水措施失效，引起流砂或管涌，致使支护结构失稳破坏。

（3）支撑结构刚度不够，槽壁侧向压力过大。

4. 预防措施

施工：

（1）采用撑板支撑应计算确定撑板构件的规格尺寸，且应符合下列规定：

①木撑板构件规格应符合下列规定：

a. 撑板厚度不宜小于50mm，长度不宜小于4m；

b. 横梁或纵梁宜为方木，其断面不宜小于150mm×150mm；

c. 横撑宜为圆木，其梢径不宜小于100mm。

②撑板支撑的横梁、纵梁和横撑布置应符合下列规定：

a. 每根横梁或纵梁不得少于2根横撑；

b. 横撑的水平间距宜为1.5～2.0m；

c. 横撑的垂直间距不宜大于1.5m；

d. 横撑影响下管时，应有相应的替撑措施或采用其他有效的支撑结构。

③撑板支撑应随挖土及时安装；

④在软土或其他不稳定土层中采用横排撑板支撑时，开始支撑的沟槽开挖深度不得超过1.0m；开挖与支撑交替进行，每次交替的深度宜为0.4～0.8m；

⑤横梁、纵梁和横撑的安装应符合下列规定：

a. 横梁应水平，纵梁应垂直，且与撑板密贴，连接牢固；

b. 横撑应水平，与横梁或纵梁垂直，且支紧、牢固；

c.采用横排撑板支撑,遇有柔性管道横穿沟槽时,管道下面的撑板上缘应紧贴管道安装;管道上面的撑板下缘距管道顶面不宜小于100mm;

d.承托翻土板的横撑必须加固,翻土板的铺设应平整,与横撑的连接应牢固。

(2)采用钢板桩支撑,应符合下列规定:

①构件的规格尺寸经计算确定;

②通过计算确定钢板桩的入土深度和横撑的位置与断面;

③采用型钢作横梁时,横梁与钢板桩之间的缝应采用木板垫实,横梁、横撑与钢板桩连接牢固。

5.治理措施

(1)沟槽支撑轻度变形引起沟槽壁后土体沉陷≤50mm,地表尚未裂缝和明显塌陷范围时,一般采用加高头道支撑,并继续绞紧各道支撑即可。

(2)沟槽支撑中等变形引起沟槽壁后土体沉陷50～100mm,地表出现裂缝,地面沉陷明显时,应加密支撑,并检查横撑板或钢板桩之间的缝隙有无漏泥现象,发生漏泥现象可用草包填塞堵漏。

(3)沟槽支撑严重变形,沟槽两侧地面沉降>100mm,地表裂缝>30mm,地面沉陷范围扩大,导致支护结构内倾,支撑断裂,造成塌方时,应立即采取沟槽回灌水,防止事态扩大。沟槽倾覆必须进行回填土,拔除变形板桩,然后重新施打钢板桩,采取井点降水或修复井点系统后再按开挖支撑程序施工。

(4)沟槽支撑破坏已造成邻近建筑物沉陷开裂或地下管线破坏等情况时,应及时对沟槽进行回灌水和回填土,然后在沟槽外侧2～5m处采用树根桩或深层搅拌桩、地层注浆等加固措施,形成隔水帷幕,再按上述(3)返工修复沟槽。

第22章 开槽施工管道主体结构

22.1 管道铺设

22.1.1 管道基础变形过大

1.现象

管道基础混凝土浇筑后起拱、开裂,甚至断裂。

2.规范规定

《给水排水管道工程施工及验收规范》GB 50268-2008:

5.10.1 管道基础应符合下列规定:

2 混凝土基础的强度符合设计要求。

3.原因分析

(1)槽底土体松软、含水量高,土体不稳定,影响基础浇筑强度和平整度。

(2)地下水泉眼涌水,当槽底土体遇原暗浜或流砂现象,此时若沟槽降水措施不良或井点失效,修理时间过长,直接造成已浇筑的混凝土基础起拱或开裂。

（3）明水冲刷,在浇筑水泥混凝土基础过程中突遇强降水,地面水大量冲入沟槽,使水泥浆流失,混凝土结构破坏。另一种情况是在下游铺设混凝土基础时,其上游正在开挖沟槽。由于未采取有效的挡水措施,使上游地下水流入下游沟槽内造成混凝土基础破坏。

（4）混凝土强度不足,基础混凝土未按规定等级拌制。

（5）基础厚度不足,不符合设计要求。

（6）混凝土养护未按规定进行,养护期不够。

4. 预防措施

施工:

（1）管道基础浇筑,首要条件是沟槽开挖与支撑符合标准。沟槽排水良好、无积水,槽底的最后土,应在铺设碎石或砾石砂垫层前挖除,避免间隔时间过长。

（2）采用井点降水,应经常观察水位降低程度,检查漏气现象以及井点泵机械故障等,防止井点降水失效。

（3）水泥混凝土拌制应使用机械搅拌,级配正确,控制水灰比。

（4）在雨季浇筑混凝土时,应准备好防雨措施。

（5）做好每道工序的质量检验,未达标准宽度、厚度,应予返工处理。

（6）控制混凝土基础浇筑后卸管、排管的时间。

5. 治理措施

（1）混凝土基础如因强度不足遭到破坏,只能敲拆清除后,按规定要求重新浇筑。

（2）如因土质不良,地下水位高,发生拱起或管涌造成混凝土基础破坏,则必须采取人工降水措施或修复井点系统,待水位降至沟槽基底以下时,再重新浇筑水泥混凝土。

（3）局部起拱、开裂,采取局部修补;凿毛接缝处,洗净后补浇混凝土基础,必要时采用膨胀水泥。

22.1.2 管道基础尺寸线型偏差

1. 现象

边线不顺直,宽度、厚度不符合设计要求。

2. 规范规定

《给水排水管道工程施工及验收规范》GB 50268－2008:

5.10.1 管道基础应符合下列规定:

6 管道基础的允许偏差应符合表5.10.1的规定。

管道基础的允许偏差　　　　　　　　表5.10.1

序号	检查项目			允许偏差(mm)	检查数量		检查方法
					范围	点数	
1	垫层	中线每侧宽度		不小于设计要求	每个验收批	每10m测一点,且不少于3点	挂中心线钢尺检查,每侧一点
		高程	无力管道	±30			水准仪测量
			无压管道	0,－15			
		厚度		不小于设计要求			钢尺测量

198

序号	检查项目			允许偏差(mm)	检查数量		检查方法
					范围	点数	
2	混凝土基础、管座	平基	中线每侧宽度	+10,0	每个验收批	每10m测一点,且不少于3点	挂中心线钢尺量测,每侧一点
			高程	0,−15			水准仪测量
			厚度	不小于设计要求			钢尺测量
		管座	肩宽	+10,−5			钢尺量测,挂高程线钢尺量测,每侧一点
			肩高	±20			
3	土(砂及砂砾)基础	高程	压力管道	±30			水准仪测量
			无压管道	0,−15			
		平基厚度		不小于设计要求			钢尺量测
		土弧基础腋角高度		不小于设计要求			钢尺量测

3. 原因分析

(1)挖土操作不注意修边,产生上宽下窄现象直至沟槽底部宽度不足。

(2)沟槽采用钢板桩支撑,施打钢板桩不垂直,往沟槽内倾斜,造成沟槽底部宽度不足;引线不直,则造成平面线型不直。

(3)采取机械挖土,逐段开挖时,未随时进行直线控制校正,极易造成折点,或宽窄不一。

(4)测量放样人员测放沟槽中心线,引用导线桩或路中心桩不准确或计量不准确、读数错误等造成管道轴线错误。

4. 预防措施

施工:

(1)在采取撑板支撑时,强调整修槽壁必须垂直,必要时可用垂球挂线校验。

(2)采用钢板桩支撑时,首先要检验钢板桩本身不得有弯曲。如有弯曲,应校正后才可使用;施打钢板桩时也必须测放直线,控制平面线型并使用夹板控制桩架垂直度。

(3)严格测量放样复核制,特别是轴线放样,应由上级派员复核和监理工程师复核,以明确责任。

(4)施工人员可以在沟槽放样时给规定槽宽留出适当余量,一般两边再加放 5~10cm,以防止因上宽下窄造成底部基础宽度不够。

5. 治理措施

(1)如采用撑板支撑发生上宽下窄造成混凝土基础宽度不足时,需将突出的撑板自下而上逐档替撑铲边修正,直至满足基础宽度为止。

(2)如采用钢板桩支撑发生向内倾斜,数量不多时,可采用局部割除,修正槽壁后,用板补撑。但属于破坏性的槽壁坍土、槽底隆起、管涌等原因造成混凝土基础宽度不足时,则必须对沟槽支撑返工,方法见21.1.3。

22.1.3 管道铺设偏差

1. 现象

管道不顺直、落水坡度错误、管道位移、沉降等。

2. 规范规定

《给水排水管道工程施工及验收规范》GB 50268—2008：

5.1.13 管道安装时，应将管节的中心及高程逐节调整正确，安装后的管节应进行复测，合格后方可进行下一工序的施工。

3. 原因分析

(1)管道轴线线形不直，又未予以纠正。

(2)标高测放误差，造成管底标高不符合设计要求，甚至发生落水坡度错误。

(3)稳管垫块放置的随意性，使用垫块与设计不符，致使管道铺设不稳定，节口不顺，影响流水畅通。

(4)承插管未按承口向上游、插口向下游的安放规定。

(5)管道铺设轴线未控制好，产生折点，线形不直。

(6)铺设管道时未按每一只管子用水平尺校验及用样板尺观察高程。

4. 预防措施

施工：

(1)在管道铺设前，必须对管道基础作仔细复核。复核轴线位置、线形以及标高是否符合设计标高。如发现有差错，应给予纠正或返工。切忌跟随错误的管道基础进行铺设。

(2)稳管用垫块应事先按设计预制成形，安放位置准确。使用三角形垫块，应将斜面作底部并涂抹一层砂浆，以加强管道的稳定性。

(3)管道铺设操作应从下游排向上游，承口向上，切忌倒排。

(4)采取边线控制排管时所设边线应紧绷，防止中间下垂；采取中心线控制排管时应在中间铁撑柱上划线，将引线扎牢，防止移动，并随时观察，防止外界扰动。

(5)每排一节管材应先用样尺与样板架观察校验，然后再用水准尺检验落水方向。

(6)在管道铺设前，必须对样板架再次测量，符合设计高程后开始排管。

5. 治理措施

一旦发生管道铺设错误，如误差在验收规定允许范围内，则一般作微小调整即可，超过允许偏差范围，只有拆除返工重做。

22.1.4 管道接口渗漏

1. 现象

当排水管道竣工交付使用后，出现管道接口渗漏，致使覆土层水土流失，导致地貌沉降、管道断裂等现象。

2. 规范规定

《给水排水管道工程施工及验收规范》GB 50268—2008：

5.10.7 钢筋混凝土管、预(自)应力混凝土管、预应力钢筋筒混凝土管接口连接应符合下列规定：

2 柔性接口的橡胶圈位置正确，无扭曲、外露现象；承口、插口无破损、开裂；双道橡胶圈的单口水压试验合格；

3 刚性接口的强度符合设计要求，不得有开裂、空鼓、脱落现象。

> 5.10.8 化学建材管接口连接应符合下列规定：
>
> 2 承插、套筒式连接时，承口、插口部位及套筒连接紧密，无破损、变形、开裂等现象；插入后胶圈应位置正确，无扭曲等现象；双道橡胶圈的单口水压试验合格；
>
> 3 聚氯乙烯、聚丙烯管接口熔焊连接应符合下列规定：
>
> 1）焊缝应完整，无缺损和变形现象；焊缝连接应紧密，无气孔、鼓泡和裂缝；电熔连接的电阻丝不裸露；
>
> 2）熔焊焊缝焊接力学性能不低于母材；
>
> 3）热熔对接连接后应形成凸缘，切凸缘形状大小均匀一致，无气孔、鼓泡和裂缝；接头处有沿管节圆周平滑对称的外翻边，外翻边最低处的深度不低于管节外表面；管壁内翻边应铲平；对接错边量不大于管材壁厚的10%，且不大于3mm。

3. 原因分析

（1）在排设混凝土承插管时，承口座砂浆未抹足，往往产生下口渗漏。

（2）在操作接口时，使用砂浆的配合比不符合要求，强度不足或强度虽足，但使用时间已超过45min，致使水泥水化作用减弱，最终强度仍达不到要求，此时接口砂浆碎裂而渗漏。

（3）在操作接口时，管道接口未充分湿润，缝隙内砂浆未嵌实，或未分层抹灰，收水不实，以及未及时湿润养护，也易造成接口松动起壳而碎裂造成渗漏。

（4）在排设钢筋混凝土承插管或企口管时，使用橡胶止水带的接口就位不正，有脱榫、挤出、扭曲等现象或间隙过大（＞9mm），造成通水后渗漏。

（5）管材本身质量差，如密实度不够，圆度、厚薄不均造成错口，管材接口处留有混凝土毛口，管材本身有裂缝，管口缺损等都会造成通水后渗漏。

（6）使用遇水膨胀橡胶止水带不当。

4. 预防措施

（1）材料

1）对所采用的管材，必须经过严格检验，符合产品标准。凡不符合标准者不得使用，特别是卸管后，要再检查有无损伤、裂缝，承插口和企口有无缺口，包括管材圆度偏差，发现上述问题应予剔除。

2）选用的橡胶止水带（密封圈）必须符合规定的物理性能，其质量应符合耐酸、耐碱、耐油以及几何尺寸标准。

（2）施工

1）凡采用刚性接口（砂浆或细石混凝土），应对承口和插口用水清洗干净，保持湿润。有毛口处应凿清，使用的砂浆或细石混凝土的配合比，应符合设计规定，并随拌随用，不得超过初凝时间，严禁加水复拌再使用。

2）排设混凝土承插管道，承口下部三分之二以上应抹足座灰（砂浆）接口缝隙内砂浆应嵌实，并按设计标准分两次抹浆，最后收水抹光，及时进行湿治养护。

3）铺设管道安放橡胶止水带应谨慎小心，就位正确，橡胶圈表面均匀涂刷中性润滑剂，合拢时两侧应同步拉动，不使扭曲脱槽。尤其遇水膨胀橡胶止水带要严格按设计要求安装。

5. 治理方法

（1）采用刚性接口（水泥砂浆、细石混凝土）发现裂缝、起壳、下口等情况，应凿除后重新按程序操作。

（2）采用柔性接口（橡胶止水带）应每安放一节管后，立即检验是否符合标准，发现有扭曲、不均匀、脱槽等现象，即予纠正。避免管道铺设完成后发现问题，造成返工。

22.1.5 管座不符合质量要求

1. 现象

与基础不成整体，强度不足，几何尺寸不符，管节拨动等。

2. 规范规定

《给水排水管道工程施工及验收规范》GB 50268－2008：

5.10.1 管道基础应符合下列规定：

2 混凝土基础的强度符合设计要求。

3. 原因分析

（1）在浇筑管座（坞膀）混凝土前未将混凝土基础表面冲洗干净，有泥浆或积水。

（2）混凝土级配未达设计标准，或拌合不均，振捣不实。特别是管材下口浇筑不实，有孔隙。

（3）浇筑混凝土时两侧没同步进行，单边浇筑，造成已排管道侧向位移。

（4）立模不符合要求，包括管座宽度不够，模板高度不够，不符合设计要求。

（5）采取黄砂护管（坞膀）使用的黄砂不符合规格，含泥量过高，或铺设厚度不足，密实度不够等。

4. 预防措施

施工：

（1）在浇筑管座（坞膀）水泥混凝土前必须将混凝土基础冲洗干净，不留泥浆和积水。

（2）水泥混凝土拌制必须符合设计标准。操作人员应分两侧同步进行浇筑，并用插入式振荡器振捣密实。管道下口不留孔隙，使结成整体，并防止管道位移。

（3）立模后必须进行工序检验，符合宽度、高度要求，模板接缝严密。

（4）管座上口斜面（如135°角）的表面应拍实抹光，防止斜面塌落。

（5）采用黄砂护管（坞膀），应有粗砂，如采用180°中心角，高度至管节中心齐平，并应在管道两侧同时均匀下料回填。如回填规定在管顶50cm时，都应分层（每层250mm高度）洒水振实、拍平，并测试其干容重不应小于$16kN/m^3$，见图22－1。

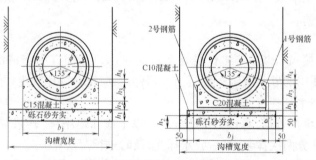

图 22－1　护管（坞膀）尺寸

5. 治理措施

（1）水泥混凝土管座（坞膀）如其宽度、高度、强度、蜂窝面积超过允许偏差时必须敲拆清除后重新浇筑。

（2）黄砂护管（坞膀）一般常见问题是高度不足，应补铺达到标准，密实度不够时应浇水加以拍实，直至到达标准。

22.2 沟槽回填

22.2.1 塌方或地面开裂

1. 现象

沟槽覆土处置不当造成塌方、地面开裂、沉陷等现象。

2. 规范规定

《给水排水管道工程施工及验收规范》GB 50268-2008：

4.6.3 沟槽回填应符合下列规定：

1 回填材料符合设计要求。

2 沟槽不得带水回填，回填应密实。

4 回填土压实度应符合设计要求，无要求时应符合表4.6.3-1和图4.6.3-2的规定。柔性管道沟槽回填部位与压实度见图4.6.3。

刚性管道沟槽回填土压实度　　　　　　　　　表4.6.3-1

序号	项目			最低压实度(%)		检查数量		检查方法
				重型击实标准	轻型击实标准	范围	点数	
1	石灰土类垫层			93	95	100m		用环刀法检查或用现行国家标准《土工试验方法标准》GB/T 50123中其他方法
2	沟槽在路基范围外	胸腔部分	管侧	87	90			
			管顶以上500mm	87±2(轻型)				
			其余部分	≥90(轻型)或按设计要求				
		农田或绿地范围表层500mm范围内		不宜压实，预留沉降量，表面整平				
3	沟槽在路基范围内	胸腔部分	管侧	87	90	两井之间或1000m²	每层每侧一组(每组3点)	
			管顶以上250mm	87±2(轻型)				
		由路槽底算起的深度范围(mm)	≤800 快速路及主干路	95	98			
			≤800 次干路	93	95			
			≤800 支路	90	92			
			>800~1500 快速路及主干路	93	95			
			>800~1500 次干路	90	92			
			>800~1500 支路	87	90			
			>1500 快速路及主干路	87	90			
			>1500 次干路	87	90			
			>1500 支路	87	90			

注：表中重型击实标准的压实度和轻型击实标准的压实度，分别以相应的标准击实试验方法求得的最大干密度为100%。

柔性管道沟槽回填土压实度					表4.6.3-2
槽内部位		压实度(%)	回填材料	检查数量 范围 / 点数	检查方法
管道基础	管底基础	≥90	中、粗砂	— / —	用环刀法检查或采用现行国家标准《土工试验方法标准》GB/T 50123中其他方法
管道基础	管道有效支撑角范围	≥95	中、粗砂	每100m / 每层每侧一组(每组3点)	
管顶以上500mm	管道两侧	≥95	中、粗砂、碎石屑,最大粒径小于40mm的砂砾或符合要求的原土	两井之间或每1000m² / 每层每侧一组(每组3点)	
管顶以上500mm	管道两侧	≥90	中、粗砂、碎石屑,最大粒径小于40mm的砂砾或符合要求的原土		
管顶以上500mm	管道上部	85±2	中、粗砂、碎石屑,最大粒径小于40mm的砂砾或符合要求的原土		
管顶500~1000mm		≥90	原土回填		

注:回填土的压实度,除设计要求用重型击实标准外,其他皆以轻型击实标准试验获得最大干密度为100%。

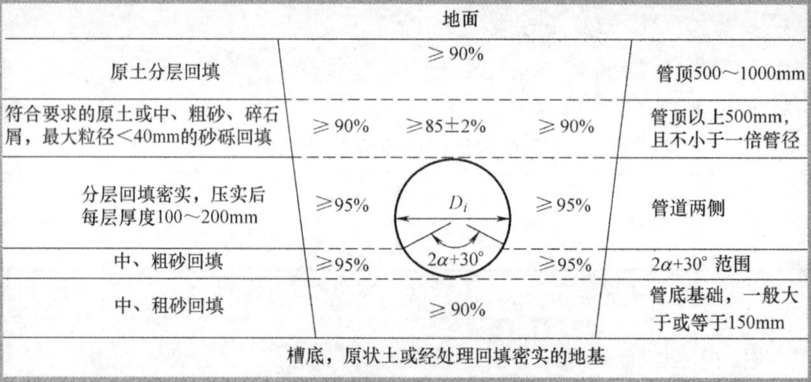

地面			
原土分层回填	≥90%		管顶500~1000mm
符合要求的原土或中、粗砂、碎石屑,最大粒径<40mm的砂砾回填	≥90% ≥85±2% ≥90%		管顶以上500mm,且不小于一倍管径
分层回填密实,压实后每层厚度100~200mm	≥95% ≥95%	D_i	管道两侧
中、粗砂回填	≥95% ≥95%	$2\alpha+30°$	$2\alpha+30°$ 范围
中、粗砂回填	≥90%		管底基础,一般大于或等于150mm
槽底,原状土或经处理回填密实的地基			

图4.6.3 柔性管道沟槽回填部位与压实度示意图

3. 原因分析

(1)沟槽支撑未能自下而上地逐层拆除及时回填,一次拆除过高,造成未覆土前产生沟槽两侧塌方。

(2)填土速度滞后于拆除支撑速度,也会产生沟槽两侧塌方。

(3)过早停止井点降水,沟槽覆土前未清除槽内杂物(如草包、模板及支撑设备等),特别是沟槽内积水未抽除,带水覆土。

(4)沟槽覆土未分层夯实造成回填土密实度不足。

(5)钢板桩的横档支撑拆除过早,拔除钢板桩后缝隙未及时回灌黄砂等填料。

(6)回填土质量差,含水量过高,使用未粉碎的大石块、混凝土块,造成孔隙过大。

(7)受明水冲刷,大量土体被带走。

4. 预防措施

(1)材料

控制回填土的质量,严禁回填淤泥或腐殖土,大的泥块应敲碎。如回填旧料(碎石、大石块、混凝土块等)粒径不得大于10cm。

(2)施工

1)撑板拆除和沟槽覆土应自下而上的顺序,逐层进行。每次拆板块数一般不超过三块。若遇土质较差,则不宜超过两块。

2)拆板与覆土应交替进行。应做到当天拆板当天覆土,并跟上夯实,同时也应两侧同步覆土,防止推移管道。

3)适当控制井点降水停水时间,沟槽覆土前应将槽内杂物清除干净,抽干积水,不能留有污泥。

4)撑板支撑接近地面的两块撑板,应留撑一段时间,钢板桩支撑的第一道横挡板支撑也需待覆土接近时再拆除。

5)拔除钢板桩应随拔随进行灌缝。一般用黄砂或压浆灌注,条件许可时,待沟槽覆土稳定后再拔除。

6)管道两侧(胸腔)覆土必须分层整平,每层铺筑厚度不得超过30cm(松厚)分层进行夯实。管顶以上50cm范围内,必须分层整平和夯实。每层厚度可根据采用的夯(压)实工具和密实度要求而定。

7)采取临时排水措施,防止明水冲刷土体。

5. 治理措施

(1)由于沟槽覆土操作不当造成两侧地面开裂、路面沉陷等情况,可在裂缝缝隙进行灌砂或注浆加固,路面沉陷可在沉降稳定后再加罩路面结构层,恢复原标高。

(2)沟槽覆土如含水量过高,可将覆土层开挖暴晒数日,或抽槽排水,直至挖除弹簧土进行换土处理。

(3)在非弹簧土情况下,如覆土密实度不符合要求时,可进行反复碾压,直至达到密实度要求。

22.3 管道封堵及拆除

在管道施工中,为排除原有管道漏水的干扰,保持沟槽干燥,或因分段施工、改道、连通等,以及质量检查、闭水试验的需要,必须对原管道实行临时封堵。其施工的质量问题有如下情况:

22.3.1 管道封堵渗漏水

1. 现象

封堵后,有渗水、漏水、倒塌,使封堵失败;以及封堵后,使原管道积水,影响原管道排水的畅通。

2. 规范规定

《给水排水管道工程施工及验收规范》GB 50268-2008:

9.3.3 无压管道闭水试验时,试验管段应符合下列规定:

3 全部预留孔应封堵,不得渗水;

4 管道两端堵板承载力经核算应大于水压力的合力;除预留进出水管外,应封堵坚固,不得渗水。

3. 原因分析

(1)堵时,没有对管头的遗留杂物进行清理。

(2)没有对水头压力进行计算,从而选择合适的封堵结构。

205

(3)封堵材料选择不当,材料本身抗渗、抗漏性差。

(4)封堵工艺不尽合理。

(5)对原管道情况不明,对临时排水措施考虑不周。

4. 预防措施

施工:

(1)封堵前,应全面了解原管道情况、结构、水流方向、水头压力等的调查。

(2)封堵前,应确定封堵方案,经技术部门审批,并向养护管理单位办理封堵申请,审定后才予以实施。必要时采取旁流措施或设临时管措施。

(3)封堵材料经检验合格后才可使用。

(4)操作时严格按操作规程实施,严禁自行改变封堵工艺。

5. 治理措施

(1)为防止渗漏的产生,首次封堵时,可以伸向管头两个封堵厚度内实施封堵。遇渗、漏水时,管头可再作增加一次封堵,或加一个定型橡胶塞。

(2)发现封堵倒塌,采用上游抽水降低管内水位的办法,再次进行封堵,同时采用快硬早强材料,保证封堵成功。

(3)因封堵造成原管道积水,影响原管道排水畅通时,应立即补上临时溢流措施。严重时,先拆除封堵,落实临时溢流措施后,再实施封堵。

(4)根据不同管径及水头压力确定砖墙封砌厚度。见表22-1。

接口工作坑开挖尺寸   表22-1

| 管材种类 | 管外径
(mm) | 宽度
(mm) | 长度(mm) | | 深度
(mm) |
			承口前	承口后	
预应力、自应力混凝土管、滑入式柔性接口球墨铸铁管	≤500	承口外径加	800	200	承口长度加200	200
	600-1000		1000			400
	1100-1500		1600			450
	>1600		1800			500

22.3.2 封堵未全部拆除

1. 现象

只拆除局部封堵,有的甚至没有拆除,造成排水受阻。

2. 规范规定

《给水排水管道工程施工及验收规范》GB 50268-2008:

3.1.18 工程应经过竣工验收合格后,方可投入使用。

3. 原因分析

(1)封堵时,未作任何记录,有些小型管道封堵被遗忘。

(2)不是专业人员进行操作。

(3)封堵时,没有为拆除创造方便。

(4)违反技术规程,造成无法拆除。

4. 预防措施

施工:

(1)对封堵的头子,要做好详细的原始记录,记好地点、窨井编号、封塞方法、上游或下游的部位,附平面图说明,以及封堵日期等。

(2)封堵操作人员应经过培训的专业人员,持证上岗。

(3)严格按技术规程进行封堵拆除的操作。

(4)拆除后,应由建设单位和接管单位检查管道是否畅通及封堵拆除情况。

(5)尽可能采取更先进的封堵方法(如充气管塞或机械管塞),为拆除提供方便。

5. 治理措施

(1)拆除后发现流水不畅,应派潜水员继续进行水下敲除,待拆清为止。

(2)对遗漏未拆的头子,确定方案继续拆除。

(3)确属需要长期封堵不能拆除的,应在竣工图上注明,并向接管单位办理交接手续。

第 23 章　不开槽施工管道主体结构

23.1　工作井及设备安装

23.1.1 施工井位偏差较大

1. 现象

(1)工作井或接收井构筑完工后,发现施工井位与设计井位有较大的偏差。

(2)管道转折处的矩形井容易发生转折点偏差

2. 规范规定

《给水排水管道工程施工及验收规范》GB 50268－2008:

3.1.7 施工测量应实行施工单位复核制、监理单位复测制。

3. 原因分析

(1)坐标或中心桩有错误。

(2)测量差错。

(3)管道转折点都设在井中心。圆形工作井以圆心为转折点,不易搞错。矩形井,有时会误以井壁为转折点,引起放样差错。

4. 防治措施

顶管施工前应严格按照设计图样和技术规程的规定实施放样复核制度。

23.1.2 管道中心线偏差较大

1. 现象

管子顶完在做竣工测量时,发现管道中心线与设计的管道中心线有较大的偏差,

2. 规范规定

《给水排水管道工程施工及验收规范》GB 50268－2008:

6.3.8 施工的测量与纠偏应符合下列规定:

1 施工过程中应对管道水平轴线和高程、顶管机姿态等进行测量,并及时对测量控制

基位点进行复核;发生偏差应及时纠正。

2 顶进施工测量前应对井内的测量控制基位点进行复核;发生工作井位移、沉降、变形时应及时对基准点进行复核。

3.原因分析

(1)由于测量或移动中心桩过程中发生差错所造成。

(2)由于测量仪器误差过大。

4.预防措施

施工:

(1)严格执行测量放样复核制度。

(2)测量仪器必须保持完好,必须定期进行计量校核。

23.1.3 管底标高偏差较大

1.现象

管道的管底标高,局部或全部与设计标高发生较大偏差。

2.规范规定

《给水排水管道工程施工及验收规范》GB 50268－2008:

6.3.8 施工的测量与纠偏应符合下列规定:

1 施工过程中应对管道水平轴线和高程、顶管机姿态等进行测量,并及时对测量控制基位点进行复核;发生偏差应及时纠正。

2 顶进施工测量前应对井内的测量控制基位点进行复核;发生工作井位移、沉降、变形时应及时对基准点进行复核。

3.原因分析

(1)测量差错引起。

(2)落水方向搞错。

(3)工作井出洞口管节标高没有控制好。

4.防治措施

(1)严格执行测量放样复核制度。

(2)防止测量仪器被人或其他东西碰倒或移动。

(3)出洞口管节要垫实,防止管节下沉。

23.1.4 导轨偏移

1.现象

基坑导轨在顶管施工过程中产生左右或高低偏移。

2.规范规定

《给水排水管道工程施工及验收规范》GB 50268－2008:

6.7.2 工作井应符合下列规定:

6 两导轨应顺直、平行、等高,盾构基座及导轨的夹角符合规定;导轨和基座连接应牢固可靠,不得在使用中产生位移。

3.原因分析

(1)导轨自身的刚度不够。

208

（2）导轨固定不牢靠,受到外力及震动后发生偏移。

（3）导轨底部所垫木板太软而产生较大变形。

（4）工作井底板损坏或变形。

（5）后座不稳固,受顶力后使主顶油缸与顶管轴线不平行,产生横向分力,引起导轨偏移或损坏。

4. 防治措施

（1）对导轨进行加固或者更换。

（2）校正偏移的导轨,并支撑牢固。

（3）垫木应用硬木或用型钢、钢板,必要时可焊牢。

（4）对工作井底板进行加固。

（5）推荐采用刚度好的可调导轨架,并同时采用刚度大的钢结构后座,以及油缸有一定自由度的主顶油缸架。

23.1.5 后靠背严重变形、位移或损坏

1. 现象

（1）后靠背被主顶油缸顶得严重变形或损坏,已无法承受主顶油缸的推力,顶管被迫中止。

（2）后靠背被顶得与后座墙一起产生位移。

2. 规范规定

《给水排水管道工程施工及验收规范》GB 50268－2008:

6.2.4 顶管的顶进工作井、盾构的始发工作井的后靠背墙施工应符合下列规定:

1 后背墙的结构强度与刚度必须满足顶管、盾构最大允许顶力和设计要求;

2 后背墙平面与掘进轴线应保持垂直,表面应坚实平整,能有效地传递作用力;

3 施工前必须对工作井后背土体进行允许抗力的验算,验算通不过时应对后背土体加固,以满足施工安全、周围环境保护要求;

4 顶管的顶进工作井后背墙还应符合下列规定:

1）上下游两段管道有折角时,还应对后背墙结构及布置进行设计;

2）装配式后背墙宜采用方木、型钢或钢板等组装,底端宜在工作坑底以下且不小于500mm;组装构件应规格一致、紧贴固定;后背土体壁面应与后背墙贴紧,有孔隙时应采用砂石料填塞密实;

3）无原土作后背墙时,宜就地取材设计结构简单、稳定可靠、拆除方便的人工后背墙;

4）利用已顶进完毕的管道作后背时,待顶管道的最大允许顶力应小于已顶管道的外壁摩擦阻力;后背钢板与管口端面之间应衬垫缓冲材料,并应采取措施保护已顶入管道的接口不受损伤。

3. 原因分析

（1）后靠背的刚度不够。若采用单块厚钢板做后靠背,则刚度更差。

（2）后靠背后面的预留孔或管口没有垫实。

（3）用钢板桩支护的工作井,由于覆土太浅或被动土抗力太小而使钢板桩产生位移影响到后靠背的稳定。

4. 防治措施

(1)应该用刚度好的钢结构取代单块钢板做后靠背。

(2)后靠背后面的洞口要采取措施,可用刚度好的板桩或工字钢叠成"墙",垫住洞口或管口。

(3)后座墙后的土体采用注浆等措施加固,或者在其地面上压上钢锭,增加地面荷载。

(4)用钢筋混凝土浇筑整体性好的后座墙,并且尽量使墙脚插入到工作坑底板以下一定深度。

23.1.6 主顶油缸偏移

1. 现象

(1)主顶油缸轴线与所顶管子轴线不平行或者与后靠背不垂直。

(2)主顶油缸与管子轴线不对称,偏向一边。

2. 规范规定

《给水排水管道工程施工及验收规范》GB 50268—2008:

6.2.7 顶管的顶进工作井内布置及设备安装、运行应符合下列规定:

3 千斤顶、油泵等主顶进装置应符合下列规定:

1)千斤顶宜固定在支架上,并与管道中心的垂线对称,其合力的作用点应在管道中心的垂线上;千斤顶对称布置且规格应相同;

2)千斤顶的油路应并联,每台千斤顶应有进油、回油的控制系统;油泵应与千斤顶相匹配,并应有备用油泵;高压油管应顺直、转角少;

3)千斤顶、油泵、换向阀及连接高压油管等安装完毕,应进行试运转;整个系统应满足耐压、无泄漏要求,千斤顶推进速度、行程和各千斤顶同步性应符合施工要求;

4)初始顶进应缓慢进行,待各接触部位密合后,再按正常顶进速度顶进;顶进中若发现油压突然增高,应立即停止顶进,检查原因并经处理后方可继续顶进;

5)千斤顶活塞退回时,油压不得过大,速度不得过快。

3. 原因分析

(1)主顶油缸架没有安装正确。

(2)后靠背没有安装正确。

(3)主顶油缸反复受力以后产生偏移。

4. 防治措施

(1)正确安装主顶油缸,同时后靠背一定要用薄钢板垫实或用混凝土浇实。

(2)重新正确安装油缸架。

23.1.7 测量仪器移动

1. 现象

用测量仪器观察标尺,偏差一下子大很多或无法找到标尺。在大多数情况下水准气泡也失准。

2. 规范规定

《给水排水管道工程施工及验收规范》GB 50268—2008:

3.1.7 施工测量应实行施工单位复核制、监理单位复测制。

3. 原因分析

仪器被人碰过而移动或者是固定仪器的架子有移动。

4. 防治措施

(1)仪器架一定要固定在基坑底板上,底板要牢固,不要把仪器架固定在会移动的支撑面上。

(2)仪器附近应设栏杆,防止被碰,失准。

(3)发现仪器移动必须重新安装好,必须核对原始数据,确保重新安装后的仪器数据正确。同时,还应有人复核,并做好记录。

23.1.8 工作井位移

1. 现象

(1)从安装在底板上的仪器上可发现工作井位出现有规律的微小变动。

(2)从工作井后座墙后土体产生滑动、隆起现象中,可观察到工作井有明显的移动,而且不容易复位。顶管施工不能正常进行。

2. 规范规定

《给水排水管道工程施工及验收规范》GB 50268—2008:

6.2.4 顶管的顶进工作井、盾构的始发工作井的后靠背墙施工应符合下列规定:

1 后背墙结构强度与刚度必须满足顶管、盾构最大允许顶力和设计要求。

3 施工前必须对工作井后背土体进行允许抗力的验算,验算通不过时应对后背土体加固,以满足施工安全、周围环境保护要求。

3. 原因分析

(1)位移大多发生在覆土层较浅而且所顶管子口径较大,顶进距离又较长的情况下。

(2)主顶推力已超过工作井周边土所承受的最大推力,工作井虽还不至于被损坏,但是工作井后的土体已不稳定。

4. 防治措施

(1)验算沉井后靠土体的稳定性。沉井结构工作井则应按沉井计算荷载验算沉井结构强度,并验算沉井后靠土体稳定性;钢板桩支护工作井,按顶管荷载验算板桩结构强度和刚度,并验算板桩后靠土体稳定性。

(2)加强对工作井位移的定时、定人的观察,以掌握其动态。

(3)加固工作井后的土体。

(4)使用中继间,降低主顶油缸对工作井的推力。

23.1.9 工作井浸水

1. 现象

工作井被水淹没,机具设备全浸在水中。

2. 规范规定

《给水排水管道工程施工及验收规范》GB 50268—2008:

6.2.3 工作井施工应遵守下列规定:

6 在地面井口周围应设置安全护栏、防汛墙和防雨设施。

3. 原因分析

（1）暴雨季节,由于工作井地处低洼,地面雨水流到工作井内没有及时排出。

（2）地面雨水通过已顶完的管子,流到工作坑中未能及时排出。

（3）工作井中的排水设备损坏或排量过小。

4. 防治措施

（1）雨期施工,应在工作井周围砌一圈挡土墙,以防止地面水流入工作井内。

（2）已顶好的管子应把管口封住,防止雨水或其他明水通过管道流到工作井里。

（3）工作井中的排水设施应完好,同时要有备品备件,以确保及时排水。

23.1.10 洞口止水圈撕裂或外翻

1. 现象

（1）洞口止水圈在顶进过程中被撕裂。

（2）洞口止水圈外翻,泥水渗漏,同时洞口地面产生较大的塌陷。

2. 规范规定

《给水排水管道工程施工及验收规范》GB 50268－2008:

6.7.3 顶管管道应符合下列规定:

6 管道与工作井出、进洞口的间隙连接牢固,洞口无渗漏水。

3. 原因分析

（1）洞口止水圈或洞口钢板孔径尺寸不符合设计要求。

（2）止水圈的橡胶材质不符合要求。

（3）安装不当,与管子有较大的偏心。

（4）橡胶止水圈太薄或洞口的土压力、水压力过大。

4. 防治措施

（1）洞口止水圈应按设计要求的尺寸和材料进行加工,并应制成整体式。

（2）洞口止水圈应按设计图纸的尺寸要求正确安装。

（3）洞口土压力太高或橡胶止水圈太薄引起的外翻,应增加洞口止水圈的层数或增加橡胶止水圈的厚度。

（4）设计没有提出要求时,根据施工经验,洞口钢板内径可比管节外径大 4~6cm,洞口止水圈内径可比管节外径小 10% 左右为宜。

23.2 顶 管

23.2.1 T 型钢套环接口错口

1. 现象

（1）错口不规则,错口不大。

（2）错口较大,有的可达到管壁厚度或更大。

2. 规范规定

《给水排水管道工程施工及验收规范》GB 50268－2008:

6.7.3 顶管管道应符合下列规定:

4 管道接口端部应无破损、顶裂现象,接口处无滴漏。

3. 原因分析

（1）错口不大,大多数是由于管接口处失圆,管壁厚薄不均匀所造成。

（2）错口较大是由于 T 型钢套环损坏。T 型钢套环在管子接口外,在纠偏过程中,纠偏力会使钢套环变形,环口扩张。张口塞满泥砂后,向相反方向纠偏时,张口闭合,张口内的泥砂被挤压,T 型钢套环的环口焊缝受拉力,环口直径被撑大。反复纠偏,T 型钢套环反复受拉力,使焊缝被撕裂,同时,钢套环的环口发生卷边。T 型钢套环连接的前后两只管子就发生错口,随着推进距离的增加,错口会越变越大,甚至使管道报废。

4. 防治措施

（1）加强对成品混凝土管及 T 型钢套环质量的复查、挑选。

（2）控制好顶管的方向,有偏差要及时纠偏,慢慢地纠正,以防纠偏过头。

（3）在砂性土中应增强触变泥浆的注入量,让浆套很好地形成。

（4）在砂土中顶管,最好采用 F 型接口,因为 F 型接口的前半部是埋在混凝土管中的,在纠偏过程中能承受较大的纠偏力,钢套不会损坏。

23.2.2 管端破损

1. 现象

（1）在顶进过程中管端内壁产生剥落。

（2）顶进过程中发现管端出现环形裂缝,同时有一部分内壁剥落。

2. 规范规定

> 《给水排水管道工程施工及验收规范》GB 50268 - 2008:
>
> 6.7.3 顶管管道应符合下列规定:
>
> 4 管道接口端部应无破损、顶裂现象,接口处无滴漏。

3. 原因分析

（1）两管的张角过大,使其受压面积下降,压应力增加,超过管子所允许的压力。

（2）主顶油缸的总推力超过了管子所能承受的推力,往往发生在靠近工作井处的几节管子中。后一种情况也有可能与前一种情况同时发生在一处。这就需要进行调查研究后才能做出结论。

（3）木垫环太薄或太硬。

4. 防治措施

（1）在顶进过程中认真控制好方向,纠偏不要产生大起大落。

（2）适当增加垫板的厚度或降低垫板的硬度,尽量扩大在张角大时的受压面积。

（3）在损坏的接口处用环氧树脂修补后再安装上内套环。

23.2.3 管壁裂缝与渗漏

1. 现象

管内壁有渗水,并有环向、纵向或不规则的裂缝。

2. 规范规定

> 《给水排水管道工程施工及验收规范》GB 50268 - 2008:
>
> 6.7.3 顶管管道应符合下列规定:
>
> 4 管道接口端部应无破损、顶裂现象,接口处无滴漏。

5 管道内应线形平顺、无突变、变形现象;一般部位缺陷,应修补密实、表面光洁;管道无明显渗水和水珠现象。

3. 原因分析

(1)管口附近出现环向裂缝,大多是纠偏过量。此种裂缝在钢筋混凝土企口管中最为常见。

(2)管内产生纵向裂缝则有可能:管顶荷载太大;管子未达到应有的养护期,成品管子质量有问题,管子的混凝土不符合标准等。

(3)管子承受的推力过大。

4. 防治措施

(1)防止纠偏过度,企口管管口张角每增加0.5°,其承受的推力则下降50%左右。

(2)可在企口管承受推力的端面上垫一定厚度的木垫环,以增加管口承受推力的接触面积。

(3)加强管子使用前的检验,特别是安装橡胶止水圈部位的尺寸和圆度的检验。

(4)按顶管的顶力要求,合理安放中继间。

23.2.4 管接口渗漏

1. 现象

管接口处有地下水渗入或者产生漏水漏泥现象。

2. 规范规定

《给水排水管道工程施工及验收规范》GB 50268-2008:

6.7.3 顶管管道应符合下列规定:

4 管道接口端部应无破损、顶裂现象,接口处无滴漏。

3. 原因分析

(1)管接口损坏。

(2)张角过大使密封失效。

(3)橡胶止水圈没有安装正确或已损坏。

4. 防治措施

(1)严禁用钢丝绳直接套入管口吊运,以防损坏管口及钢套环,应采用专用吊具。

(2)安装前应检查橡胶止水圈的规格、型号与外观质量,正确套入混凝土管的插口。止水圈进入套环或承口之前要涂抹些浓肥皂水并缓慢操作主顶油缸,使管节正确插入合拢。止水圈不能有翻转、挤出现象。

23.2.5 钢管接口断裂

1. 现象

钢管顶进过程中有的接口出现裂纹并有水渗漏出来。

2. 规范规定

《给水排水管道工程施工及验收规范》GB 50268-2008:

6.7.3 顶管管道应符合下列规定:

4 管道接口端部应无破损、顶裂现象,接口处无滴漏。

3. 原因分析

（1）接口焊接质量有问题：焊条牌号与钢管材料是否适用；焊接坡口是否标准；焊缝是否焊透。有的因焊缝位于钢管的底部，又有导轨等挡着，就不焊，非常危险。钢管下部只有管内焊缝，如果在焊缝处产生向上的弯折，焊缝就很容易被破坏。

（2）纠偏过于频繁，偏差又过大，使焊缝被破坏。

4. 防治措施

（1）根据钢管材料选用合适的焊条，在冬季、下雨天要采用相应的焊接工艺防止焊接缝骤冷产生裂缝。

（2）根据焊接规范对钢管接口进行设计，推荐采用 K 形坡口或单 V 形坡口。

（3）人不能进入的钢管采用单 V 形坡口，在管外进行单向焊接双面成形。对人能进入的钢管采用 K 形坡口，且内外均要焊透，为此，需在工作井内设低于底板的焊接工作井，且在导轨上留出 100mm 左右的焊接工艺槽口。焊接后还应采用拍片或无损探伤，以确保焊接质量。

（4）防止过大的纠偏，更要防止过大的蛇形纠偏，以减小焊缝承受过大的外力。

23.2.6 顶力增大

1. 现象

顶进过程中主顶油缸的推力超出正常的推力的有很大的增加。

2. 规范规定

> 《给水排水管道工程施工及验收规范》GB 50268－2008：
>
> 6.3.2 计算施工顶力时，应综合考虑管节材质、顶进工作井后背墙结构的允许最大荷载、顶进设备能力、施工技术措施等因素。施工最大顶力应大于顶进阻力，但不得超过管材或工作井后背墙的允许顶力。
>
> 6.3.3 施工最大顶力有可能超过允许顶力时，应采取减小顶进阻力、增设中继间等施工技术措施。

3. 原因分析

（1）钢管方向不准。钢管顶进与混凝土管顶进的最大区别就在于接口，前者是焊接接口，呈刚性，后者是柔性接口。因此，校正方向对顶力的影响就比较大。

（2）地面上堆积的荷载是否太重。这种情况下所有顶管的顶力都会增大，不仅仅是钢管顶管。地面堆积了大量预制构件，砂石材料就会增加管子的摩擦力。

（3）是否有障碍物卡住管外。

4. 防治措施

（1）要注意方向校正，不要急于纠正偏差，要缓缓地纠。

（2）清除地面堆积物。

（3）如果有障碍物卡住时，钢管在推进中会有变形或有声响，应把障碍物排除。

23.2.7 中继间渗漏

1. 现象

在使用了一段时间以后，中继间发生渗漏现象，而且越来越厉害。

2. 规范规定

《给水排水管道工程施工及验收规范》GB 50268－2008：

6.3.9 采用中继间顶进时,其设计顶力。设置数量和位置应符合施工方案,并应符合下列规定:

4 中继间密封装置宜采用径向可调形式,密封配合面的加工精度和密封材料的质量应满足要求。

3. 原因分析

中继间密封件严重磨损,密封失效。

4. 防治措施

中继间密封件应采用耐磨橡胶制成。密封件磨损以后应有补偿措施,用来调整压缩量,重新形成有效的密封。也可把密封件设计成可更换的,一旦磨损严重时可以更换。

23.2.8 中继间回缩

1. 现象

中继间在停止供油或把阀切换到回油位置时,中继间前面的管子就往后退,中继间油缸回缩。

2. 规范规定

《给水排水管道工程施工及验收规范》GB 50268－2008：

6.3.19 中继间的安装、运行、拆除应符合下列规定:

1 中继间壳体应有足够的刚度;其千斤顶的数量应根据该段施工长度的顶力计算确定,并沿周长均匀分布安装;其伸缩行程应满足施工和中继间结构受力的要求。

3. 原因分析

这种情况大多发生在覆土比较深,所顶管子的管径比较大而且中继间与顶管机靠的比较近的情况下。

覆土比较深,管径比较大,作用在顶管机断面上的力也比较大,该力可使闭锁状态的中继间油缸往后缩。另外,中继间比较靠近顶管机,所顶管子比较少,在管壁间所形成的摩阻力不足以克服作用在顶管机上的力,从而使中继间油缸回缩。

4. 防治措施

中继间,尤其是紧接顶管机后的中继间应与顶管机保持一定的距离,不能靠顶管机太近。如果发生上述情况,必须在中继间油缸的回油路中安装一只单向背压阀,并且把背压设定在中继间不会产生回缩的压力状态中。这样,当中继间后的管子顶进时,中继间就不会回缩。只有顶力超过所设定的背压时,中继间油缸才会回缩。

23.2.9 中继间发生折点

1. 现象

在中继间处有一个明显的折点,使管子的方向不易控制。

2. 规范规定

《给水排水管道工程施工及验收规范》GB 50268－2008：

6.3.19 中继间的安装、运行、拆除应符合下列规定:

1 中继间壳体应有足够的刚度;其千斤顶的数量应根据该段施工长度的顶力计算确定,并沿周长均匀分布安装;其伸缩行程应满足施工和中继间结构受力的要求。

3. 原因分析

在曲线顶管时或方向纠偏比较猛的地方。因为这种状态本身已成为能使中继间产生折点的条件,再加上中继间配合间隙过大及中继间油管接法不妥,或是由于所用中继间油缸的行程太长,从而造成了在中继间处产生折点。

4. 防治措施

中继间处产生折点,其后的推力会明显增加。预防措施是方向纠偏过程中不能过猛,不能有大起大落的现象。另外,中继间油缸应从下部向两边分别供油,或者分多组进油,以减小每个油缸推力的衰减值所造成的中继间推力分布不均匀现象。中继间油缸的行程一般为300mm,不宜太长。

23.2.10 注浆减摩效果不明显

1. 现象

在空隙比较大的砂土中,由于浆液太稀质量不好、注浆管堵塞、顶力突增、浆液冒出地面、地面沉降大、工作井洞口区地面下沉等,均会造成注浆减摩效果不明显,出现注浆与不注浆对顶力影响不大的现象。

2. 规范规定

《给水排水管道工程施工及验收规范》GB 50268－2008:

6.3.11 触变泥浆注浆工艺应符合下列规定:

2 确保顶进时管外壁和土体之间的间隙能形成稳定、连续的泥浆套。

4 触变泥浆应搅拌均匀。

6 应遵循"同步注浆与补浆相结合"和"先注后顶、随顶随注、及时补浆"的原则,制定合理的注浆工艺。

3. 原因分析

(1)注浆材料选用不当,或是调制不当。浆液渗透到砂土层中,形不成浆套。

(2)注浆材料是有膨润土加入纯碱和添加剂制作而成。因膨润土质量差或膨胀体积不够大或膨胀时间不足,造成浆液太稀形不成浆套;拌浆用水酸性过强或含泥量过多,也影响浆液质量。

(3)没有安装注浆专用单向阀,注浆孔和部分管道易被泥砂堵住。

(4)顶管沿线没有经常补浆,或补浆方法不正确。

(5)注浆孔设置不合理,引起浆套偏置。

(6)注浆压力太高使浆液冒出地面。

(7)注浆量不足,洞口没有形成一定压力的浆套,管节外壁黏土,管节带土顶进,后续管节继续带土,并增多,恶性循环。引起洞口区失土沉陷。

4. 防治措施

(1)空隙较大的砂性土,应按渗透系数大小,采用比重适当的膨润土触变泥浆,使管道外形成完整的泥浆套。

(2)选用质量好的注浆材料。在调制浆液时必须按配方规定配制,经过充分搅拌,并放置一定时间再用。浆液应黏滞度高、失水量小和稳定性好,满足长距离输送的要求。

(3)在注浆孔中一定要设置单向阀,能让浆液流出,而不让泥砂混入。

(4)机尾同步注浆压力,要用压力表显示。停机时,要关闭所有球阀,重新顶进时要查看压力,压力达到才开,并逐一检查浆孔是否堵塞。

(5)采用机尾同步注浆,沿线管节、中继间补浆、沿口补浆的注浆工艺。

(6)沿线补浆时,采用主顶的"顶"、"缩"动作进行配合,使管道有微微松动,防止注浆孔附近形成局部高压区,利于管道外壁快速形成浆套。

(7)带有注浆孔的管节,进入工作井洞口区,应及时补浆。并观察管节过洞口止水圈处时浆液喷出的状态,以控制浆液压力和黏滞度。

23.2.11 开挖面前地面隆起较大

1. 现象

顶管机头开挖面前地表开裂、隆起、顶力增大。

2. 规范规定

《给水排水管道工程施工及验收规范》GB 50268 - 2008:

6.3.13 根据工程实际情况正确选择顶管机,顶进中对地层变形的控制应符合下列要求:

1 通过信息化施工,优化顶进的控制参数,使地层变形最小。

2 采用同步注浆和补浆,及时填充管外壁与土体之间的施工间隙,避免管道外壁土体扰动。

3. 原因分析

(1)顶管中,操作不当,机头作用在正面土体的推应力大于原始侧向应力,正面土体向上向前移动,引起负地层损失(欠挖)导致顶管前上方土体隆起。

(2)开挖面有较大障碍物。

4. 防治措施

(1)根据地质和环境资料选用合适的工具管及稳定地层的措施和施工方法,施工中严格控制顶进速度、顶进推力、出土量,使开挖面土体比较接近土压平衡状态,减小地表变形量。

(2)对于挤压式或网格式工具管,在黏性土中顶进,精心操作,严格控制顶进速度和出土量,负地层损失可控制在 $-2\% \sim -5\%$。

(3)对于土压平衡式等平衡式顶管机,只要认真操作,加强监测信息反馈,控制好顶进速度和出土量,使开挖面土体稳定地保持在平衡状态,地层损失可控制在 $\pm 0.1\% \sim \pm 1\%$ 的范围内。

(4)判明障碍物,排除障碍物或减慢顶进速度通过。

23.2.12 顶管机尾部地面隆起较大

1. 现象

机头尾部上方土体隆起、开裂,有时出现冒浆。

2. 规范规定

《给水排水管道工程施工及验收规范》GB 50268 - 2008:

6.3.11 触变泥浆注浆工艺应符合下列规定:

7 施工中应对触变泥浆的黏度、重度、pH值、注浆压力、注浆量进行检测。

6.3.12 触变泥浆注浆系统应符合下列规定:

3. 原因分析

机尾注浆量过多、浆压过大。

4. 防治措施

适当减小机尾注浆压力和浆量。

23.2.13 顶管机尾部地面沉降较大

1. 现象

机头尾部上方土体沉降较大。

2. 规范规定

3. 原因分析

(1)机头纠偏量较大,其轴线与管道轴线形成一个夹角,在顶进中机头形成的开挖的坑道成为椭圆形,此椭圆面积与管道外圆面积之差值,即为机头纠偏引起的地层损失。纠偏量越大,地层损失也越大。土体沉陷也越大。

(2)机尾注浆不及时。机头外径一般较管道外径大2cm,工具管顶过后管道外周产生环形空隙,如不能及时充分注浆充填,周围土体挤入环形空隙,就导致机尾地层损失而产生沉降。

(3)注浆孔阻塞、注浆量不足或浆液漏失。

4. 防治措施

(1)机尾同步注浆应及时,浆量要充足,通常浆量要大于管道外空隙体积的2.5倍以上,松软土质、机头纠偏时,注浆量还要相应增加。

(2)顶进时要控制纠偏量,减小纠偏量,勤纠慢纠少纠。

(3)同步注浆,要装压力表,控制好注浆压力。每节管子开顶时,都要检查注浆情况,确保和管节浆液与机尾浆液通畅,形成完整的浆套。发现机尾缺浆,要及时补浆。

23.2.14 后续管节处局部沉降较大

1. 现象

(1)已顶管道的局部管节处沉降过大。

(2)主顶油缸顶力上升较快。

2. 规范规定

《给水排水管道工程施工及验收规范》GB 50268－2008：

6.3.13 根据工程实际情况正确选择顶管机,顶进中对地层变形的控制应符合下列要求:

2 采用同步注浆和补浆,及时填充管外壁与土体之间的施工间隙,避免管道外壁土体扰动。

3 发生偏差应及时纠偏。

3. 原因分析

(1)机头纠偏过大,引起后续管节偏斜,形成管节"蛇形"顶进。局部管节弯折处地层损失大,引起局部管节处沉降过大。

(2)混凝土管节断面不平行。

(3)管道局部管节浆套未形成或触变泥浆发生失浆现象而未及时适当补浆。管节外周空隙塌下引起局部沉降。

4. 防治措施

(1)随时掌握主顶油缸顶力变化动态。稍有不正常的较快上升,就应引起重视,并逐一检查管节注浆状况。有缺浆就补。

(2)顶进中,勤观察机尾、注浆管节、中继间、洞口的注浆情况,进行全线动态补浆,及时修补缺损的浆套。

23.2.15 中继间处地面沉降较大

1. 现象

中继间一旦开顶,该处就出现沉降。

2. 规范规定

《给水排水管道工程施工及验收规范》GB 50268－2008：

6.3.13 根据工程实际情况正确选择顶管机,顶进中对地层变形的控制应符合下列要求:

4 避免管节接口、中继间、工作井洞口及顶管机尾部等部位的水土流失和泥浆渗漏,并确保管节接口端面完好。

3. 原因分析

(1)中继间顶伸时,外部体积增大,中继间合拢时,外部体积减小,扰动土体,引起地表沉降。

(2)中继间接缝和密封不好,泥水流失,引起地层损失,地表沉降。

(3)中继间外径偏大。外径大于管节外径,顶进中带走较多泥浆,乃至一些管道外周的土体。

4. 防治措施

(1)中继间伸缩时,要注意前、后区段管节浆套状况,要保持浆套完整,减少浆压的波动。

(2)中继间顶伸时,要随即补浆,充填空隙。

(3)中继间外形尺寸,特别是外径要严格控制。

(4)中继间橡胶密封圈的材质和外形尺寸要按设计要求加以严格控制。

23.2.16 机头、管道偏转

1. 现象

（1）各种类型的顶管机的机头产生偏转。偏转不仅仅限于机头，有时会涉及管节、中继间和整条已顶进的管道。

（2）偏转方向也各不相同，有顺时针偏转，也有逆时针偏转。刀盘式顶管机，出洞时，顶进中都会偏转。非刀盘式顶管机，常常在顶进一段距离以后发生偏转。

（3）随着偏转角度的加大，会给操作、测量、出土等工作带来诸多困难。

2. 规范规定

《给水排水管道工程施工及验收规范》GB 50268-2008：

6.3.8 施工的测量与纠偏应符合下列规定：

5 纠偏应符合下列规定：

2）在顶进中及时纠偏；

3）采用小角度纠偏方式；

5）刀盘式顶管机应有纠正顶管机旋转措施。

3. 原因分析

（1）刀盘式顶管机出洞时，由于机头与导轨之间的摩阻力较小，难以平衡刀盘切入土体时的反力矩，机头产生偏转。出洞后，虽然机头后有管节，但是有时还不能平衡反力矩，还会带着管节一起偏转。

（2）纠偏量过大，纠偏频繁，往往也使管节产生偏转力矩，引起管节偏转。

（3）中继间油缸安装不平行，油缸动作不同步，也能使中继间产生偏转，有时还会涉及相邻管节。主顶油缸安装不平行同样会使管节产生偏转。

4. 防治措施

（1）出洞时，在刀盘顶管机及其后续管节上，焊防偏转定位板，卡在导轨两边。也可用其他防偏转的措施阻止顶管机出洞时偏转。

（2）顶进中由于纠偏过大、纠偏频繁引起的偏转，可尽量避免剧烈地、大角度纠偏及"蛇形"顶进。

（3）中继间油缸、主顶油缸安装时油缸轴线要平行，控制油路要使油缸动作同步。

（4）刀盘式顶管机在顶进中，可采用刀盘切土的反力矩纠正偏转，运用时必须注意以下几点：

1）刀盘校正偏转的转向，要同机头偏转方向一致。

2）要适当加大刀盘切土深度，增加校正力矩，否则不易校正过来。

3）如果采用1）和2）办法后，机头仍不能校正，可能是机头与后续管节顶得太紧，与机头相连管节的止水密封圈与管节咬合太紧，形成机头与管道要一起校正偏转。刀盘反力矩校正力矩不够，因此要松动机头与管节，特别是要松动止水密封圈，使机头与管节可能相对转动。因此，机头与管节之间的止水密封圈，在不影响密封性能的前提下，要选择松一些。

（5）非刀盘式顶管机，可采用在机头一侧加压重的方法校正偏转。

23.2.17 手掘式顶管高程偏差过大

1. 现象

工具管及管子均严重偏高。

2. 规范规定

3. 原因分析

管子严重偏高是手掘式顶管中常见的质量问题。产生的原因是土质较差，辅助施工措施（如降水等）又没有很好发挥作用。工具管前方发生塌方。操作者为了预防或制止塌方而错误的采用了"闷顶"，即不出土或出土很少的情况下一味地往前顶进而造成的。

在工具管前方发生塌方时，塌方的土就按土的自然休止角涌入工具管内。工具管往前顶时就会沿着土的自然休止角往上爬。当清理完管内的土再进行测量时，工具管已爬得很高了。严重时工具管可爬到地面附近，在数十米长度内可一下子爬高 2 ~ 3m。所以"闷顶"是万万不可采用的。

4. 防治措施

当工具管前方出现塌方以后应采用井点降水或采用注浆等措施，也可在工具管内充以适当的气压来稳定挖掘面。

23.2.18 手掘式中轴线偏差过大

1. 现象

左右偏差已超标，而且方向纠偏越纠越偏。

2. 规范规定

3. 原因分析

左右偏差一般较高低偏差纠正容易些，发生在手掘式顶管中的这种偏差不外乎以下几种原因：

（1）采用单排单边井点降水，靠近井点一边的土较硬，另一边土较软，因此工具管和管子偏向土软的一边。

（2）手掘式工具管因为比较简单，施工人员也不够重视，开始发生小的偏差时，不及时纠偏，偏差大了就难以纠正。

4. 防治措施

（1）降水也好，注浆也好，尽量使管子两侧的措施对称。

（2）认真观察、测量机管轴线，及时纠偏切忌过猛。

23.2.19 手掘式顶管中主顶油缸推力过大

1. 现象

主顶油缸的推力已超出正常顶进阻力。

2. 规范规定

3. 原因分析

(1) 管子顶得不直,方向和高低偏差有大起大落现象。

(2) 注浆效果不好,浆量不足使管子与土层间形不成浆套。这是手掘式常见的问题之一。手掘式的工具管是敞开的,前几节管子不能充分注浆,否则浆液会流到挖掘面上去,因此,不易形成浆套。或者是上述两种情况兼而有之。

4. 防治措施

(1) 方向纠偏切忌过猛。

(2) 加强注浆管理,可适当地增加浆液的稠度和注浆量。

(3) 适当提前安装中继间。如果当主顶推力接近设计总推力的 80% 时,就应安装中继间。当主顶推力达到设计推力的 90% 时,就应启动中继间。如果是长距离顶管,第一只中继间的安装位置还可以适当提前些,以降低主顶推力。

23.2.20 手掘式顶管中地面沉降过大

1. 现象

管子顶进过后,管位上方地面的两侧有较宽的平行的沉降裂缝,同时管中心有明显的沉降槽。

2. 规范规定

3. 原因分析

大多数手掘式顶管施工时均采用井点降水作为辅助施工措施。井点降水时土体会因失去地下水而产生一次压密沉降。再加上手掘式顶管的开挖面是敞开的,不加正面支撑,稍有疏忽就会发生正面坍塌,引起较大的地面沉降。这种沉降会因土质的不同而不同,但是地面沉降大是手掘式顶管的一个通病。

4. 防治措施

采用这种工具管必须谨慎从事,仔细地查清穿越地层的工程地质和水文地质情况,并判别可否采用。符合稳定基本条件,才可采用。如稳定系数 N_t 大于 4 时,应考虑施加气压、降水等辅助措施。施工中要精心施工,防超挖、塌方。

23.2.21 手掘式顶管中地面隆起过大

1. 现象

在所顶工具管前方一定距离的底面发生隆起。

2. 规范规定

3.原因分析

工具管内积土过多且带土一次推进距离过长,在工具管内积聚的土形成一个土塞,再由土塞使工具管前上方的土体被破坏从而使地面隆起。

4.防治措施

适当地掌握好挖土与顶进的关系,做到勤挖、勤顶,同时加强地面观测。

第24章　管道附属构筑物

24.1　井　室

24.1.1 尺寸偏差过大

1.现象

砖砌直线窨井的内径尺寸不符合设计的规定。窨井上下口不垂直,转折窨井,二通、三通交汇窨井的角度不准。

2.规范规定

3.原因分析

(1)没有按设计图和有关"排水管道通用图"规定的适用范围,结合现场实际情况取用。

(2)没有向操作人员详细交底,测量放样的结果未经复核就使用,缺乏合理安排施工。

(3)放样时未考虑内粉刷厚度,施工后造成窨井内径尺寸变小。

(4)施工时未使用垂线球以及角尺,使井筒不直,角度不准。

4.预防措施

施工：

(1)认真熟悉图纸,选定适用的通用图,明确窨井结构尺寸的要求,并能放出大样。进一步弄清井的规格、尺寸、角度等技术要求。

(2)应有专职测量人员引设中线,并要建立交接复核制度,发现问题及时纠正。对窨井中心线位置、方向、角度进行放样和复核。放、复不得同一人进行。放、复应有书面签证。

(3)向现场操作人员详细交底,并有书面交底记录。

(4)砌筑前,对照设计图纸,竖立样架,将井位的标高和角度一并设置在样板架上,以便砌筑时经常校核。实量窨井部位的沟槽宽度是否正确,如宽度小于设计要求,致使井壁无法砌筑时,应另作处理。

(5)窨井砌筑高度至1m左右时,应用直尺板和垂球吊线,测定井壁的垂直度。对于窨井的水平角度,可用90°角尺测定窨井四角的角度是否相符。

5. 治理措施

窨井尺寸偏差的治理,应立足过程控制,发现问题及时纠正。若窨井整体完成,发现尺寸偏差,则视偏差程度确定治理方法。偏差较小,作局部调整;偏差较大,影响结构及使用的,应予返工。

24.1.2 标高不正确

1. 现象

标高不正确,不符合设计要求。不正确与正确标高见图24－1(a)与图24－1(b)。

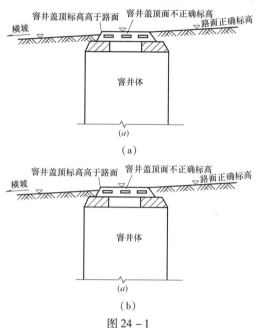

图24－1
(a)窨井不正确标高;(b)窨井正确标高

2. 规范规定

《给水排水管道工程施工及验收规范》GB 50268－2008:
8.5.1 井室应符合下列规定:
8 井室砌筑应符合设计要求。

3. 原因分析

(1)没有看清设计图纸中标明的标高。

(2)临时水准点高程引设有误。标高设计时,读尺、计算不正确。无专人复核。

4. 预防措施

施工:

(1)看清弄懂设计图纸上的高程要求,以及水准点的引设要准确。

(2)窨井施工时应首先找准地面上中心线及标高,标高应设在样桩上,或样架上,可随时校核。

(3)标高样桩应设在离砌筑窨井最近处,以便随时核对。标高复核后,也应作书面记录备存。

5. 治理措施

窨井标高问题主要是基础及管道预留孔的标高出现偏差严重偏离设计要求,应会同设计、业主、监理等制订治理方案。若偏差较小则适当调整管底标高,采用凿或垫的方法。要是在井顶的偏差,则调整砖砌的层次或局部换用薄砖。

24.1.3 基础底板强度不足

1. 现象

混凝土底板厚度不足,表面松散、局部断裂。

2. 规范规定

> 《给水排水管道工程施工及验收规范》GB 50268－2008:
>
> 8.5.1 井室应符合下列规定:
>
> 2 砌筑水泥砂浆强度、结构混凝土强度符合设计要求。

3. 原因分析

(1)没按设计图纸要求,弄清有筋混凝土和无筋混凝土结构,并搞错底板厚度。

(2)混凝土浇筑前,没有抽水,带水施工,影响混凝土质量。

(3)浇筑混凝土前没立模板施工,振捣不实,养护期未到。

(4)有钢筋混凝土中钢筋少放漏放,规格不符。

(5)混凝土的强度等级,配合比不符合设计要求。

(6)底板的碎石垫层不足,底板基层土松软。

4. 预防措施

施工:

(1)认真熟悉图纸,实行交底制,加强检查复核工作。

(2)底板的垫层要符合设计要求,密实、平整。

(3)混凝土浇筑前,做好排水措施,确保垫层不积水。

(4)基础底板应立模,有钢筋必须绑扎牢固,确保混凝土保护层厚度。

(5)基础混凝土强度、级配应符合设计要求,振捣密实,并确保足量的试块(包括备用试块),做好试块的养护。

(6)混凝土应确保养护达到设计强度后,才能砌井壁。

(7)预制井底板。

5. 治理措施

由于试块原因,反应强度的不足,可将备用试块再予试验或进行不破损试验,排除因试块不均匀性造成对强度的误判,确实强度不足或产生断裂,则应返工。

24.1.4 砖墙砌筑不符合要求

1. 现象

墙面出现裂缝,砖墙粉刷起壳、剥落。

2. 规范规定

> 《给水排水管道工程施工及验收规范》GB 50268－2008:
>
> 8.5.1 井室应符合下列规定:
>
> 8 井室砌筑应符合设计要求。

3. 原因分析

(1)砖墙厚度不足。砌砖时,夹角不齐,上下不错缝,内外无搭接。使砖墙强度不足。

(2)沟管上半圈墙体的砌砖拱圈高度不符合要求,拱圈砌筑不正确。

(3)砂浆配合比未按规定,拌合不均匀。

(4)砌砖时,坐浆、灌浆不符合要求,尤其墙体座浆过厚,引起不均匀沉降。

(5)不重视粉刷的养护。

4. 预防措施

施工:

(1)严格按技术规程施工:控制砂浆拌合时间(机拌一般为 1~1.5min),确保砂浆稠度(标准圆锥体沉入度测定一般在 8~10cm),灌浆和坐浆规范(缝宽一般为 10mm,误差不大于±2mm)等。

(2)严格按设计的墙厚要求。砌砖应做到墙面平直,边角整齐,宽度一致,夹角应对齐,上下错缝,内外搭接,使井体不走样。

(3)改进砌筑方法,不宜采取推尺铺灰法或摆砖砌筑法,应使用"一块砖、一铲灰、一揉挤"的砌筑方法。

(4)沟管上半圈墙体应砌砖拱圈。若管径≥φ800mm,拱圈高度为 250mm;若管径≤φ600mm,拱圈高度为 125mm。砌砖时应由两侧向顶部合拢,保证砖位和拱圈的正确。

(5)设专人养护,尤其冬期施工时的养护。

5. 治理措施

根据裂缝性质和程度,由设计部门提出加固方法。对于裂缝趋于稳定,不影响结构安全使用,可用砂浆堵抹,影响结构使用则要加固处理。

24.1.5 渗漏水

1. 现象

墙体砌筑缝渗水、漏水,墙体裂缝,墙体与基础面、沟管的接触不密实;墙面粉刷接缝不佳,空鼓脱落。

2. 规范规定

《给水排水管道工程施工及验收规范》GB 50268—2008:

8.5.1 井室应符合下列规定:

3 砌筑结构应灰浆饱满、灰缝平直,不得有通缝、瞎缝;预制装配式结构应坐浆、灌浆饱满密实,无裂缝;混凝土结构无严重质量缺陷;井室无渗水、水珠现象。

3. 原因分析

(1)砖墙抹面未按工序规定进行,砌缝不饱满,所用砖材质量差,砌筑时未湿润等。

(2)砂浆配比不符合设计要求。

(3)粉刷密实度差,内外墙粉刷接缝在同一截面上。

(4)墙体与沟管的连接处,未按三角接缝处理,内壁管口未粉平。

(5)砌筑前未清洗混凝土底板或带水砌砖,或墙底坐浆不规范。

4. 预防措施

(1)材料

粉刷用的黄砂,应经过筛选。砖材质量必须合格。

(2)施工

1)砖墙抹面应采用1:2水泥砂浆,粉刷前应将墙面洒水湿润,残留的砖缝浆应清除。

2)抹面应二道工序,先刮糙打底后抹光,抹面宜先外壁,后内壁,厚度一般为15mm,刮糙厚度一般控制在10mm内,用直尺刮平。刮糙的水泥砂浆终凝后,应及时粉刷第二道水泥砂浆,并压实抹光。

3)抹面终凝后,应做好湿治养护,防止产生收缩裂缝。

4)内外墙的粉刷接缝位置不得在同一截面上,应予错开。

5)墙体与沟管的连接处,应用1:2水泥砂浆抹成45°的三角接缝。

6)墙体砌筑缝应做到饱满,墙体与基础的接触处座浆应符合要求,必要时接触处的墙内外用砂浆抹成45°的三角接缝。

7)可采用防水砂浆粉刷。

5. 治理措施

(1)因砖材质量差造成渗漏,必须调换后重新砌筑。

(2)因缝隙未饱满或裂缝引起的渗漏,可先对缝内嵌缝填实。而后采用1:1水泥砂浆,加水泥重量20%的乳胶或107胶水搅均进行粉刷,待底层终凝后,再第二道抹光。

(3)对于窨井粉刷的裂缝和起壳,应及时返工,重新粉刷。

24.1.6 道路检查井、井周路面沉降、裂缝及破损

1. 现象

道路检查井在道路通行后,经常出现检查井沉降或井周路面沉降,出现裂缝及破损从而降低道路通行性能(见图24-2、图24-3)。

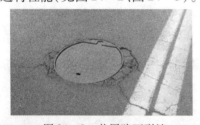 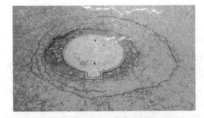

图24-2 井周路面裂缝　　　　图24-3 检查井、井周路面沉降

2. 规范规定

《给水排水管道过程施工及验收规范》GB 50268-2008:

8.2.1 井室的混凝土基础应与管道基础同时浇筑;施工应满足本规范第5.2.2条规定。

8.2.2 管道穿过井壁的施工应符合设计要求;设计无要求时应符合下列规定:

1 混凝土类管道、金属类无压管道,其管外壁与砌筑井壁洞圈之间为刚性连接时水泥砂浆应坐浆饱满、密实;

2 金属类压力管道,井壁洞圈应预设套管,管道外壁与套管的间隙应四周均匀一致,其间隙宜采用柔性或半柔性材料填嵌密实;

3 化学建材管道宜采用中介层法与井壁洞圈连接;

4 对于现浇混凝土结构井室,井壁洞圈应振捣密实;

5 排水管道接入检查井时,管口外缘与井内壁平齐;接入管径大于300mm时,对于砌筑结构井室应砌砖圈加固。

8.2.3 砌筑结构的井室施工应符合下列规定:

1 砌筑前砌块应充分湿润;砌筑砂浆配合比符合设计要求,现场拌制应拌合均匀、随用随拌;

2 排水管道检查井内的流槽,宜与井壁同时进行砌筑;

3 砌块应垂直砌筑,需收口砌筑时,应按设计要求的位置设置钢筋混凝土梁进行收口;圆井采用砌块逐层砌筑收口,四面收口时每层收进不应大于30mm,偏心收口时每层收进不应大于50mm;

4 砌块砌筑时,铺浆应饱满,灰浆与砌块四周粘结紧密、不得漏浆,上下砌块应错缝砌筑;

5 砌筑时应同时安装踏步,踏步安装后在砌筑砂浆未达到规定抗压强度前不得踩踏;

6 内外井壁应采用水泥砂浆勾缝;有抹面要求时,抹面应分层压实。

8.2.6 有支、连管接入的井室,应在井室施工的同时安装预留支、连管,预留管的管径、方向、高程应符合设计要求,管与井壁衔接处应严密;排水检查井的预留管管口宜采用低强度砂浆砌筑封口抹平。

8.2.7 井室施工达到设计高程后,应及时浇筑或安装井圈,井圈应以水泥砂浆坐浆并安放平稳。

8.2.8 井室内部处理应符合下列规定:

1 预留孔、预埋件应符合设计和管道施工工艺要求;

2 排水检查井的流槽表面应平顺、圆滑、光洁,并与上下游管道底部接顺;

3 透气井及排水落水井、跌水井的工艺尺寸应按设计要求进行施工;

4 阀门井的井底距承口或法兰盘下缘以及井壁与承口或法兰盘外缘应留有安装作业空间,其尺寸应符合设计要求;

5 不开槽法施工的管道,工作井作为管道井室使用时,其洞口处理及井内布置应符合设计要求。

8.2.9 给排水井盖选用的型号、材质应符合设计要求,设计未要求时,宜采用复合材料井盖,行业标志明显;道路上的井室必须使用重型井盖,装配稳固。

8.2.10 井室周围回填土必须符合设计要求和本规范第4章的有关规定。

8.5.1 井室应符合系列要求:

1 所用的原材料、预制构件的质量应符合国家有关标准的规定和设计要求;

2 砌筑水泥砂浆强度、结构混凝土强度符合设计要求;

3 砌筑结构应灰浆饱满、灰缝平直,不得有通缝、瞎缝;预制装配式结构应坐浆、灌浆饱满密实,无裂缝;混凝土结构无严重质量缺陷;井室无渗水、水珠现象;

4 井壁抹面应密实平整,不得有空鼓,裂缝等现象;混凝土无明显一般质量缺陷;井室无明显湿渍现象;

5 井内部构造符合设计和水力工艺要求,且部位位置及尺寸正确,无建筑垃圾等杂物;检查井流槽应平顺、圆滑、光洁;

6 井室内踏步位置正确、牢固；

7 井盖、井座规格符合设计要求，安装稳固；

8 井室的允许偏差应符合表8.5.1的规定。

井室的允许偏差   表8.5.1

检查项目			允许偏差（mm）	检查数量		检查方法
				范围	点数	
1	平面轴线位置（轴向、垂直轴向）		15	每座	2	用钢尺量测、经纬仪测量
2	结构断面尺寸		+10,0		2	用钢尺量测
3	井室尺寸	长、宽	±20		2	用钢尺量测
		直径				
4	井口高程	农田或绿地	+20		1	用水准仪测量
		路面	与道路规定一致			
5	井底高程	开槽法管道铺设 $D_i \leqslant 1000$	±10		2	
		开槽法管道铺设 $D_i > 1000$	±15			
		不开槽法管道铺设 $D_i < 1500$	+10,-20			
		不开槽法管道铺设 $D_i \geqslant 1500$	+20,-40			
6	踏步安装	水平及垂直间距、外露长度	±10		1	用尺量测偏差较大值
7	脚窝	高、宽、深	±10			
8	流槽宽度		+10			

3. 原因分析

（1）井室基础施工时，排水不到位，混凝土带水作业，强度得不到保证。

（2）基础超挖，土质不良，遇松软地基、流砂等特殊地质来处理。

（3）井室于管道未同时施工，不密封而渗漏水。

（4）井室井体砌筑时，用砖不浇水湿润。

（5）砌体的平缝、夹缝不饱满，上下砖块不错缝，砂浆标号低于设计要求。

（6）检查井接入圆管的管口与井壁间空隙封堵不严密。

（7）检查井未全部进行内外壁粉刷，井筒内积水未排干就粉刷。

（8）井周砌体水泥砂浆强度未达到设计要求就回填。

（9）压实工具选用不当达不到压实度要求，从而造成工后沉降。

（10）回填材料选用不当，压实度达不到设计要求，从而产生沉降。

（11）当进入道路结构层施工时，未采用具有一定刚度的盖板覆盖井口，压实时井周填土达不到要求的压实度。

（12）井盖、井座质量不满足要求。

（13）井座安装时，其基础底部未用规定高强度材料座实。

（14）井盖、井座之间未采取避震措施，行车荷载造成震动异响，损坏检查井井盖、井座本身及井周沥青混凝土。

230

(15)检查井盖、座施工完毕后,其基础混凝土尚未达设计强度时,强行施工上面层沥青混凝土,造成检查井基础混凝土早期破坏。

4.预防措施

(1)设计

1)井室底板采取预制钢筋混凝土底板。

2)检查井应全部进行内外壁粉刷。

3)井周2.5m×2.5m范围内采取混凝土加固,并分两次浇筑井周加固混凝土。见井周加固断面图(图24-4)。

4)采用防震防盗重型检查井(有防震措施的钢纤维盖、铸铁座或者铸铁盖、座)。

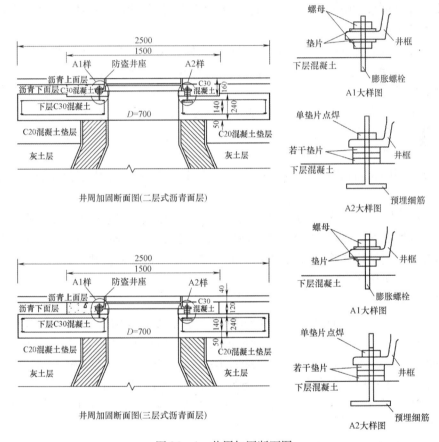

图24-4 井周加固断面图

(2)施工

1)基础施工

①在检查井施工过程中,应做到不间断排水,严格控制带水作业。

②基坑不得超挖,土质应满足设计要求,遇松软地基、流砂等特殊地质时,应与设计单位商定处理措施。

③检查井应与管道同步施工,严禁留出井位,先施工管道,再施工检查井的错误作业法。

④检查井必须采用预制钢筋混凝土底板,并在底板下设置碎石或低标号混凝土找平层。找平层材料、厚度和预制底板的规格、配筋、混凝土强度必须符合设计要求。

231

2）井体砌筑

①施工前,应将砌筑用砖浇水湿润。

②砌体的平缝、夹缝必须饱满,上、下砌块应错缝砌筑。砌筑砂浆标号不得低于设计要求,且不宜低于 M10。

③检查井内流槽应与井壁同时进行砌筑,井壁的砌筑宜一次性砌到 10% 灰土底标高。

④检查井接入圆管的管口与井壁间空隙应封堵严密,当接入管径大于 300mm 时,应砌砖圈加固。

⑤砌筑时应同时安装踏步,踏步安装后在砌筑砂浆未达到规定强度前不得踩踏。

⑥较大直径管道检查井的下部方井顶标高应符合设计要求,下部方井与上部圆井结合部位应按设计要求采取防移位措施,同时,应在砌筑砂浆达到强度后对称回填,避免碰撞上部井筒产生移位现象。

⑦检查井应全部进行内外壁粉刷,粉刷必须在回填土之前进行,且在排干井筒内积水后一次粉刷到底、不留接缝,水泥砂浆粉刷完成后宜在井内壁增刷一道防水砂浆。

3）井周回填

①砌体水泥砂浆的强度应达到设计规定的强度后方可允许回填,严禁边砌筑边回填。

②压实应采用小型压实机具(振动夯、冲击夯等),优先采用立式冲击夯,虚铺厚度不宜大于 20cm,并应严格控制夯实遍数。

③井外壁周围 50cm 以内均应采用预拌 6% 灰土回填,回填土中不得含有石块、砖块及其他杂物。

④井室周围回填压实时应沿井室中心对称进行,并确保夯与夯搭接重叠、不留打夯盲区。

⑤井室周围的回填,应与管道沟槽的回填同时进行,当不便同时进行时,应留台阶接茬。

⑥当进入道路结构层施工时,应采用具有一定刚度的盖板覆盖井口,保证井周围与结构层同步采用压路机压实,提高井周填土压实度。

4）调井和井周加固

①工艺流程:本工艺分两次浇筑井周加固混凝土。在水稳基层施工完成后,对井周基层切割破除并浇筑下层混凝土;在沥青中、下面层铺筑完成、摊铺沥青上面层前,对井周中、下面层沥青切割破除,完成井框(盖)安装后,再浇筑上层混凝土,并将井框(盖)锚固于上层混凝土中。具体工艺流程如下:井周基层破除、垫层浇筑——安放加强钢筋网——下层混凝土立模、浇筑——摊铺沥青中、下面层——井周沥青破除——井框(盖)安装——上层混凝土立模、浇筑。

②操作要求:

a. 井周基层破除、垫层浇筑:破除尺寸为 2.5m×2.5m,破除前应进行切割,破除时应从井边逐渐向外施工,做到基层边缘垂直无松散、底面干净平整。如两座井或多座井相连,可将其看成一个区域,对基层进行整体破除。垫层浇筑时,应控制好顶面标高和平整度,不得超高。

b. 安放加强钢筋网:网片应焊接成整体,两层网片间支撑牢固,防止在混凝土浇筑时发生变形。采用钢筋加铁垫片形式固定井框(盖)时,应预埋钢筋,直径不得小于 10mm,数量应为 6 个,且宜均布设置,用预先设计好尺寸的环形木板开眼后将其定位,保证钢筋安放位置的准确性,钢筋宜与加强网焊接,或采用 T 形或 L 形等形式,锚固入混凝土中。

c. 下层混凝土立模、浇筑:浇筑前设置足够刚度的内模,安放牢固,中心与井中心一致。混凝土浇筑必须严格采用机械振捣,不得采用人工振捣。为确保上层混凝土厚度不小于

232

12cm(有条件时可增厚至 15cm),对于三层式沥青路面,下层混凝土顶面应与基层顶面齐平;对于二层式沥青路面,井周不小于 1.5m×1.5m 范围内下层混凝土顶面应控制在距离沥青上面层顶面 16cm 左右,下层其他范围混凝土顶面应与基层顶面齐平。

d. 井周沥青破除:摊铺沥青上面层前,应对井周已铺沥青中、下面层进行切割,尺寸一般为 1.5m×1.5m,切割深度应达下层混凝土顶面,并将切割范围内沥青混合料全部挖除。

e. 井框(盖)安装:

(a)井框(盖)安装开启方向宜与道路行进方向垂直。

(b)井框(盖)安装前,应将受弯变形的预埋钢筋进行恢复,或采用后置埋形式,根据检查井井框(盖)孔位精确定位后在下层混凝土中植入膨胀螺栓,螺栓直径不得小于 10mm,数量应为 6 个,且宜均布设置。

(c)根据检查井的种类,配置防盗防震铸铁井框(盖),按照沥青上面层控制标高或根据相邻平石标高,沿纵横两个方向带线,确定检查井的井框(盖)顶面标高。

(d)采用预埋钢筋固定井框(盖)时:根据井框(盖)顶面标高和井框(盖)厚度,反推井框(盖)支垫铁片厚度,然后在预埋钢筋位置放置预先开孔的支垫铁片,再安放井框(盖),将井框(盖)顶面调至放线标高位置且安放平稳后,在钢筋上再次安放一片开孔铁片,并将其与预埋钢筋焊接、将井框(盖)临时固定牢固。

(e)采用后置埋螺栓固定井框(盖)时:每根螺杆应配齐 2 套螺母、垫片,其中垫片的尺寸应根据螺杆直径及螺杆穿过井框(盖)的孔洞直径确定。在后置埋螺栓位置放置 1 套螺母、垫片,再安放井框(盖),将井框(盖)顶面调至放线标高位置后,将螺母和垫片旋调至井框(盖)底、支撑井框(盖)并确保安放平稳后,在螺栓上再次安放 1 套螺母、垫片,拧紧螺母,将井框(盖)临时固定牢固。

f. 上层混凝土立模、浇筑:浇筑前设置足够刚度的内模,安放牢固、密贴,浇筑时必须采用机械振捣并确保井框(盖)底与下层混凝土之间的间隙填塞密实,其顶面标高应与沥青中面层齐平,不得超高,浇筑完成后对其进行至少 3d 的隔离养护。沥青上面层摊铺前应在其表面涂刷粘层油。

5)质量控制要点

①井框(盖)安装质量的关键是高程控制和牢固性,必须严格控制井框(盖)与路面高差,安装时井框(盖)标高不得低于控制线标高。

②破除基层和面层时,严禁扰动砖砌井井身和井周围路面结构,避免出现井身破坏或路面裂纹、隆起。

③前后两次混凝土浇筑时,应加强与四周交接部位、井框(盖)周围的振捣,确保井框(盖)底部密实、加固结构与路面结构交接部位结合紧密。

④为防止加固混凝土结构与路面结构交接部位产生反射裂缝,在下层混凝土与基层交接部位必须跨缝铺设玻纤格栅,上层混凝土与沥青面层交接应设置防裂贴,具体操作需满足设计要求。

5. 治理措施

在道路使用过程中发现检查井井周路面沉降、裂缝及破坏时要结合现场实际情况进行勘查、分析,找出问题的原因,然后针对性的进行局部返工调整。如果是路基损坏所致,待路基修复时重新砌筑检查井。

第 25 章　管道功能性试验

25.1　无压管道的闭水试验

25.1.1 闭水试验不合格

1. 现象

(1)规定时间内的渗漏量超过规范要求的数值。

(2)管道闭水试验时有渗水现象。

2. 规范规定

《给水排水管道工程施工及验收规范》GB 50268-2008:

9.3.5 管道闭水试验时,应进行外观检查,不得有漏水现象,且符合下列规定时,管道闭水试验为合格:

1 实测渗水量小于或等于表9.3.5规定的渗水量;

无压管道闭水试验允许渗水量　　　　　　　　　　　　　　　　表 9.3.5

管材	管道内径 D_i (mm)	允许渗水[m³/(24h·km)]
钢筋混凝土管	200	17.60
	300	21.62
	400	25.00
	500	27.95
	600	30.60
	700	33.00
	800	35.35
	900	37.50
	1000	39.52
	1100	41.45
	1200	43.30
	1300	45.00
	1400	46.70
	1500	48.40
	1600	50.00
	1700	51.50
	1800	53.00
	1900	54.48
	2000	55.90

2 管道内径大于表22.5.1规定时,实测渗水量应小于或等于按下式计算的允许渗水量;

$$q = 1.25 \sqrt{D_i}$$

3 异形截面管道的允许渗水量可按周长折算为圆形管道计;

4 化学建材管道的实测渗水量应小于或等于按下式计算的允许渗水量。

$$q = 0.0046 D_i$$

式中　q——允许渗水量$[\mathrm{m^3/(24h \cdot km)}]$;

　　　　D_i——管道内径(mm)。

3. 原因分析

(1)管材质量不符合设计要求。

(2)管道接口不密封。

(3)管道与检查井联接处处理不到位,有渗水现象。

4. 预防措施

(1)材料

使用符合设计要求的管道。

(2)施工

1)管道连接时,接口处采取有效措施,使之达到密封要求。

2)管道与检查井联接处采取有效手段进行密封处理。

5. 治理措施

(1)更换管道。

(2)接口处360°混凝土包封处理。

(3)检查井采用防水砂浆重新粉刷。

第26章　市政设施使用、养护期中病害

26.1　排水设施

26.1.1 排水设施损坏

1. 现象

我国给排水管道在面临寿命到期的同时,城市用水、排水量也相应增加,排水管道承受的负荷也越来越重,而我国在排水管道的维护、修复上投入不足,造成我国排水管道腐蚀、麻面、管口脱节、错位、管道裂缝、渗漏、检查井裂缝及不均匀沉降等因素的影响致使管道结构遭到破坏情况时有发生,例如图26-1。

2. 规范规定

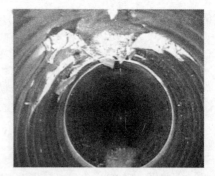

图 26 - 1 管道基础沉陷

3. 原因分析

给水排水管道出现腐蚀、麻面、管口脱节、错位、管道裂缝、渗漏、检查井裂缝及不均匀沉降等归纳起来分为以下几种类型：

(1) 管道位置偏移或积水

产生原因：测量差错,施工走样和意外的避让原有构筑物,在平面上产生位置偏移,立面上产生积水甚至倒坡现象。

(2) 管道渗漏水

产生原因：基础不均匀下沉,管材及其接口施工质量差、闭水段端头封堵不严密、井体施工质量差等原因均可产生漏水现象。

(3) 检查井变形、下沉

产生原因：检查井变形和下沉,井盖质量和安装质量差,铁爬梯安装随意性太大,影响外观及其使用质量。

(4)回填土不均匀沉降

地基不均匀沉降产生原因如下：

1)沟槽开挖施工会对流砂层产生扰动，仅做一般的平整、夯实对控制流砂层的运动是不够的，在管道上覆荷载的作用下，在某些薄弱区域将会产生相对较大的沉陷，导致管道接头拉裂，而管内外压力的不平衡又进一步加剧对流砂层的扰动冲刷，直至地基及管道损坏和路面下沉，最终导致管道破损。

2)沟槽开挖或超挖使基底产生反弹、扰动后，在回填土重量作用下，又使反弹、扰动(或超挖)部位产生较大的沉降值和差异沉降，并使接口开裂。管外高压地下水通过裂缝渗漏流入管内，并带走粉砂，使管外土体被局部掏空，进一步增加差异沉降并使开裂扩大，大量流砂涌入管内，恶性循环，造成管道破损。

3)沟槽回填后，拔桩引起的管沟地基的土层损失，严重松动了管道的地基，造成管道的不均匀下沉，促使接头开裂。

4)沟槽回填两侧不对称产生较大的水平位移及管道间错位，促使接头开裂。

5)外界打桩振动，挤压使粉砂产生扰动、液化，土体结构被破坏，待空隙水消散后，管道严重下沉，接头开裂。

6)车辆严重超载，在冲击荷载的作用下，窨井可能产生严重下沉，造成管道接头错位开裂。

7)管道铺设中，因窨井的两水平轴线与管道轴线斜交或截管等原因，少量接头使用砖砌与窨井连接，砌体砌筑质量差，造成窨井与管道的连接处严重漏水、流砂涌入，致使窨井和附近管道严重下沉。

4.治理措施

根据是否开挖，管道修复可分为开挖修复技术和非开挖修复技术。在城区开挖施工会对社会及环境造成多方面的不利影响，由于传统开挖技术的弊端使得非开挖技术应运而生。

非开挖修复技术总体上可分为整体修复和局部修复两大类，整体修复通常指对某一管段进行整体加固和修复，采用整体修复可以达到防腐防渗增加结构强度甚至整旧如新的目的；局部修复通常指只对管道接口等损坏点进行防渗堵漏修理的一种做法，其针对性强，可以降低维修费用，但无法提高管道的整体刚度和强度。

(1)整体修复

下面重点介绍非开挖管道修复，主要包括管道整体修复原位固化法(CIPP)、机械制螺旋缠绕法、内衬管法、碎(裂)管法等及局部修复的注浆法、玻璃纤维点位修复法等。

1)原位固化法(CIPP)

原位固化法，是以浸透树脂的纤维增强软管或编织软管作为管道的内衬材料，通过加热加压使其固化，形成与旧管道紧密配合的薄壁管。管道修复后表面光滑、连续，管道断面几乎没有损失，水流动性大大提高，同时避免了管道泄漏造成的损害。CIPP法修复管道时，通常采用翻转法和拉入法施工(图26-2)。

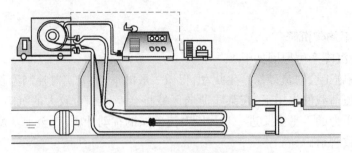

图 26 - 2　翻转法（CIPP）

2）机械制螺旋缠绕法（图 26 - 3）

带肋的 PVC 板材从井口送入井内，然后由安装在井内的制管机将 PVC 板带绕制成螺旋管，制成的螺旋管不断向管内推进，直达下一个检查井，螺旋管和母管之间的间隙通常需要灌注水泥浆（可带水作业）。

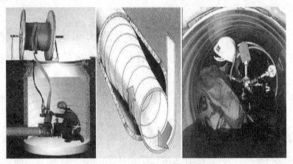

图 26 - 3　机械制螺旋缠绕法

3）内衬管法

①PE 灌浆内衬（图 26 - 4）

外侧带钉状的 PE 软管折叠成 U 形后从井口被牵引进入母管，然后充气使之复圆，钉状短柱使 PE 管与母管之间保留了一个等厚的空隙，最后向空隙内灌注水泥浆使 PE 内衬定型。

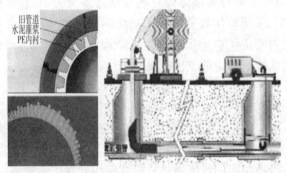

图 26 - 4　PE 灌浆内衬

②短管内衬法（图 26 - 5）

塑料短管或管片由检查井进入管内，然后组装成衬管，最后在衬管和母管之间灌注水泥浆。短管内衬设备简单、造价低，缺点是断面损失较大。

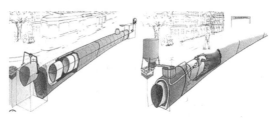

图 26-5　短管内衬法

③折叠拉管内衬法(图 26-6)

利用外径比旧管道内径略小的 HDPE 管,通过变形设备将 HDPE 管压成"U"形并暂时捆绑以使直径减小,通过牵引机将 HDPE 管穿入旧管道,然后用水或气(汽)压与通软体球将其打开并恢复到原来的直径,使 HDPE 管涨贴到旧管道的内壁上,与旧管道紧密的配合,形成 HDPE 管的防腐性能与原管道的机械性能合二为一的一种"管中管"复合结构。

图 26-6　折叠法拉管

④缩径内衬法(图 26-7)

直径经挤压缩小 10% ~20%,拉入母管后利用材料记忆的特性恢复到原来直径的方法。

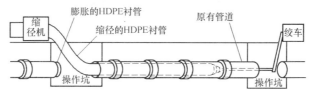

图 26-7　缩径内衬示意图

4)碎(裂)管法

不是严格意义上的非开挖,要挖工作坑,破掉原来的旧管,拖入同口径或更大一级新管。早期破碎法多气动锤式,现多为液压式。

(2)局部修复

1)注浆法(图 26-8)

注浆法主要针对较大管径的管道,施工人员进入管道采用裂缝修复、注浆等方法对破损区域进行修复,如图 26-8 所示。

图 26-8　注浆法

239

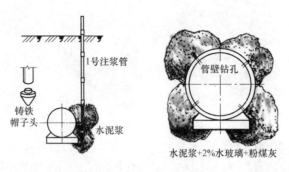

图 26 - 8　注浆法(续)

2)玻璃纤维点位修复法(图 26 - 9)

玻璃纤维点位修复是在管道局部裂缝、渗漏、破损的情况下,无需对整段管道进行内衬,或者因管道局部破损而需要紧急抢修时,可用短距离内衬对管道进行修复。实际使用中将修补器精确定位后,将配有压力表的空压机与充气顶管的专用接口相接,给修补器充气。待树脂固化后,裂缝就被纤维布堵住,放气,修补器回收。

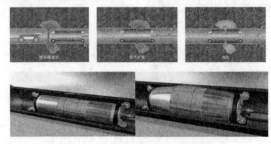

图 26 - 9　玻璃纤维点位修复法

第四篇　城市隧道工程

第 27 章　基坑工程

27.1　地下连续墙

27.1.1 导墙施工质量差

1. 现象

地下连续墙施工均应设置导墙,导墙施工质量的好坏直接影响到后续成槽施工。往往发现导墙的净宽度尺寸、垂直度、顶标高在施工中是合格的,施工结束一段时间后,导墙的各项指标发生变化,轻微的变化对后续影响不大,严重的话就会直接制约地连墙施工质量,有的导墙则会返工重做。

2. 规范规定

> (1)《建筑地基基础工程施工质量验收规范》GB 50202 - 2002:
>
> 7.6.1 地下连续墙均应设置导墙,导墙的形式有预制及现浇两种,现浇导墙形状有"L"形或倒"L",可根据不同土质选用。
>
> (2)《城市桥梁工程施工与质量验收规范》CJJ 2 - 2008:
>
> 10.5.2 用泥浆护壁挖槽的地下连续墙应先构筑导墙。
>
> 10.5.3 导墙的材料、平面位置、形式、埋置深度、墙体厚度、顶面高程符合设计要求。当设计无要求时,应符合下列规定:
>
> 1 导墙宜采用钢筋混凝土构筑,混凝土等级不宜低于C20。
>
> 2 导墙的平面轴线应与地下连续墙平行,两导墙的内侧间距应比地下连续墙体厚度大40 ~60mm。
>
> 3 导墙断面形式应根据土质情况确定,可采用板形、[形或倒L形。
>
> 4 导墙底端埋入土体内深度宜大于1m,基底土层应夯实。导墙顶端应高地下水位,墙后填土应与墙顶齐平,导墙顶面应水平,内墙面应竖直。
>
> 5 导墙支撑间距宜为1 ~1.5m。

3. 原因分析

(1)导墙下方土体松动,未夯实,出现土体下层。

(2)导墙出现变形,强度未达到设计要求就遭到重物挤压。

(3)导墙钢筋保护层不合格,浇筑厚度不满足要求。

(4)导墙模板拆除过早,拆除后未及时回填加设临时支撑。

4. 预防措施

(1)对导墙施工地段地质情况调查清楚,是否存在雨水管道,土质是否松散,承载力是否合格。导墙设置形式能否满足要求。

（2）导墙沟槽开挖采取小型挖机挖土为宜，边开挖边控制标高，避免超挖、欠挖。

（3）导墙钢筋施工严格按规范实施，保证立模整体性，混凝土应连续浇筑，振捣均匀密实，及时养护充分。导墙施工缝与地连墙分幅线应错开布置。

（4）导墙强度未达到要求前，避免重物如成槽机、汽车过早碾压导墙，严禁外来重载如挖掘机对导墙施压，严格控制成槽机停放位置，在导墙边上铺设钢板，增大抗压能力。施工便道距导墙边距离宜大于 5m，确保外来施工机械不破坏导墙。

（5）导墙模板拆除后，及时部分回填导墙基槽，增加导墙临时支撑，支撑间距不小于 1m。

5. 治理措施

（1）排除导墙范围内的雨水通道，对松软地质段换填处理，并分层回填夯实地基。特别松软的地质段对导墙下部土体进行如水泥搅拌、高压旋喷等加固措施。

（2）导墙浇筑应连续进行，保证每段导墙的完整性，振捣均匀，避免出现蜂窝麻面造成后期的漏浆现象。

（3）导墙上强度的过程中，严禁重物碾压，冬期施工导墙应采取保温措施。

（4）导墙外形出现变化后，若宽度、垂直度超出设计，较小变化（1－2cm）时可采取人工凿除导墙内侧侧壁方式进行调整，较大变化影响成槽质量时，就需要对导墙返工处理。

27.1.2 成槽质量差

1. 现象

成槽施工是一个较隐蔽的施工，基坑开挖前不能完整的反映施工结果。看似顺利的成槽施工，开挖后仍能发现有一些墙体鼓包、墙体夹泥、接缝错台、垂直度超限等问题，增大了墙面凿除量，甚至侵限超标严重。

2. 规范规定

（1）《建筑地基基础工程施工质量验收规范》GB 50202－2002：

7.6.2 地下连续墙施工前宜先试成槽，以检验泥浆的配比、成槽机的选型并可复核地质资料。

7.6.4 地连墙槽段间的连接接头方式，应根据地连墙的使用要求选用，且应考虑施工单位的检验，无论选用何种接头，在浇筑混凝土前，接头处必须清洗干净，不留任何泥沙或污物。

7.6.7 施工前应检验成槽垂直度、槽底淤积物厚度、泥浆比重、钢筋笼大小。

7.6.8 成槽结束后应对成槽的宽度、深度及倾斜度进行检验，重要结构每段都应检查，一般结构可抽查总槽段数的 20%，没槽段应检查 1 个断面。

（2）《城市桥梁工程施工与质量验收规范》CJJ 2－2008：

10.5.5 地下连续墙的成槽施工，应根据地质条件和施工条件选用挖槽机械，并采用间隔式开挖，一般地质条件应间隔一个单元槽段。挖槽时，抓斗中心平面应与导墙中心平面相吻合。

10.5.6 挖槽过程中应观察槽壁变形、垂直度、泥浆液面高度，并应控制机斗上下运行速度。如发现较严重坍塌时，应及时将机械设备提出，分析原因，妥善处理。

10.5.7 槽段挖至设计高程后，应及时检查槽位、槽深、槽宽和垂直度，合格后方可进行清底。

10.5.8 清底应自底部抽吸并及时补浆,沉淀物淤积厚度不得大于100mm。

3.原因分析

(1)成槽质量的速度和精度主要靠成槽机司机及机器上的测斜仪来控制,而司机的水平、施工经验、质量意识,直接影响施工质量。

(2)护壁泥浆合格率未达到100%。

(3)成槽施工时附近有其他施工荷载或附加应力等。

(4)成槽时有水通过暗流流入槽内,破坏泥浆质量,影响护壁效果。

(5)此外就是现场的地质条件比较复杂,人为因素和偶然机械因素造成了难以避免的质量隐患。

4.预防措施

(1)对成槽机司机加强培训,调用素质高、技术熟练、经验丰富、责任心强的人员担当,不得疲劳施工。严格控制抓斗上下速度,派人时时监督。

(2)根据场地内土层的特性、地墙形式、成槽深度,制定相应的成槽方案,使用合适的机械,制备和使用符合现场地质条件和施工条件的泥浆,合理安排挖槽顺序来提高成槽精度和安全性。

(3)严格控制泥浆的使用和管理,在现场泥浆箱上搭设防雨遮阳篷,成槽中全程跟踪取样测试,根据测试结果,对泥浆采取修正配合比、再生处理,或采用废弃处理等措施,对成槽中、成槽后、灌注前分别进行相关指标控制,确保泥浆指标满足施工要求。

(4)成槽过程中,用取浆桶分别选取泥浆池及槽段不同深度的泥浆,进行泥浆指标测试,实时掌握泥浆指标,及时根据结果做相应调整。若发现槽内液面突然升高或下降现象,及时停止成槽,并分析原因。

(5)成槽中加强垂直度控制,按照成槽机上垂直度显示仪上显示的垂直度,及时调整臂杆的角度来调整抓斗的垂直度,利用抓斗自身上下活动刷除不直之处,发现倾斜度超限时及时纠正,尽可能随挖随纠。清底结束后,钢筋笼吊装前,采取"测壁仪"检测槽壁垂直度、宽度,不合格的仍然再次修正。

(6)抓斗每次下放和提起时都要缓慢、匀速进行,使抓斗两侧阻力均衡。减少对槽壁的碰撞及泥浆的振荡。

(7)优化施工方案,加强工序间的衔接,对不同厚度的地墙之间相接时应优先考虑施工薄的一幅,尽可能减小对邻幅土体的扰动,对特殊地层,必要时采用两钻一抓法控制垂直度。

(8)施工过程中严格控制地面的重载,避免槽壁受到施工荷载作用而造成槽壁坍塌,缩短槽壁暴露时间,及时下放钢筋笼和导管、灌注混凝土。

5.治理措施

基坑开挖后,对可能出现的鼓包,采取人工凿毛和清洗处理,其表面做成凹凸面平均深20mm的人工粗糙面。严禁机械拆除。

夹泥的地连墙应清理干净,露出完整的混凝土面(青石子露面)。

错台的部位,或采取人工风镐凿除,或回填高强砂浆修补。

27.1.3 锁口管施工不到位

1. 现象

验槽前后进行锁口管下放、刷壁施工,如果施工不当会产生管身不稳固、不垂直、偏斜等现象,处理不当会出现混凝土绕流现象,阻碍钢筋笼下放。

2. 规范规定

《城市桥梁工程施工与质量验收规范》CJJ 2–2008:

10.5.9 接头施工应符合设计要求,并应符合下列规定:

1 锁口管应能承受灌注混凝土时的侧压力,且不得产生位移。

2 安放锁口管时应紧贴槽端,垂直,缓慢下放,不得碰撞槽壁和强行入槽。锁口管应沉入槽底 300~500mm。

3 锁口管灌注混凝土 2~3h 后进行第一次起拔,以后应每 30min 提升一次。每次提升 50~100mm,直至终凝后全部拔出。

4 后继段开挖后,应对前槽段竖向接头进行清刷,清除附着土渣、泥浆等物。

3. 原因分析

垂直度超限,很难纠正,造成地墙交错不齐,钢筋笼无法下放到位。

管后填土不足、不密实,导致锁口管在混凝土或邻槽段土侧压力作用下变形、弯曲,最终造成灌注时绕流、夹泥、窝泥。

锁口管起拔时间过快,以至混凝土未终凝,出现塌落、绕流现象。

4. 预防措施

(1)下放前,找出导墙上的油漆线,严格控制顶拔机的位置,用水平尺或水准仪控制底座的标高,保证其垂直、稳固,提前检查管身受伤、连接件焊接质量,各节拼装后轴线是否直顺,连接销和各节节间间隙是否影响其他工序。

(2)当墙体不深,整体起吊接头管时不得使管子弯曲,吊放时应小心匀速轻放,专人用水平尺检查管体垂直度情况,确保管身自由而又垂直的插入到槽底。

(3)吊放到位后,及时检验管体是否在预定的位置上,是否达到了规定的深度,是否满足了接头施工所要求的条件。

(4)管后填土尽可能用人工将挖出的新鲜黏土回填,用自制捣固棒或钢钎分层捣实,避免灌注混凝土时绕流。

(5)锁口管拔出后要将其拆开,然后将其冲洗干净,堆放在指定位置,留备下次再用。

(6)严格控制锁口管起拔时间,以灌注混凝土 2~3h 后开始起拔为宜,且起拔速度应符合规范。

5. 治理措施

(1)锁口管不垂直时及时纠偏,重新安放。

(2)验槽时,用测绳沿着上一幅地连墙墙缝往下垂放,检查是否出现绕流。

(3)锁口管因绕流而无法安放到位时,重新用成槽机多次刷壁;绕流较严重时,吊用相应直径冲击锤对绕流混凝土块进行冲击处理。

27.1.4 混凝土灌注施工质量差

1. 现象

基坑开挖后地墙表面有鼓包、泛砂、蜂窝、气孔、孔洞、夹泥,接缝处有渗水、漏水、地墙下沉等现象,这些问题的出现直接影响下步施工,甚至会造成质量事故引起经济损失。

2.规范规定

(1)《城市桥梁工程施工与质量验收规范》CJJ 2-2008:

10.3.5 灌注水下混凝土应符合下列规定:

1 灌注水下混凝土之前,应再次检查孔内泥浆性能指标和孔底沉淀厚度。如超过规定,应进行第二次清孔,符合要求后方可灌注水下混凝土。

2 水下混凝土的原材料及配合比除应符合本规范第7.2、7.3节的要求以外,尚应符合下列规定:

1)水泥的初凝时间,不宜小于2.5h。

2)粗集料优先选用卵石,如采用碎石宜增加混凝土配合比的含砂率。粗集料的最大粒径不得大于导管内径的1/6~1/8和钢筋最小净距的1/4,同时不得大于40mm。

3)细集料宜采用中砂。

4)混凝土配合比的含砂率宜采用0.4~0.5,水胶比宜采用0.5~0.6。经试验,可掺入部分粉煤灰(水泥与掺合料总量不宜小于350kg/m³,水泥用量不得小于300k/m³)。

5)水下混凝土拌合物应具有足够的流动性和良好的和易性。

6)灌筑时坍落度宜为180~220mm。

7)混凝土的配置强度应比设计强度提高10%~20%。

3 浇筑水下混凝土的导管应符合下列规定:

1)导管内壁应光滑圆顺,直径宜为20~30cm,节长宜为2m。

2)导管不得漏水,使用前应试拼、试压,试压的压力宜为孔底静水压力的1.5倍。

3)导管轴线偏差不宜超过孔深的0.5%,且不宜大于10cm。

4)导管采用法兰盘接头宜加锥形活套;采用螺旋丝扣型接头时必须有防止松脱装置。

4 水下混凝土施工应符合下列要求:

1)在灌注水下混凝土前,宜向孔底射水(或射风)翻动沉淀物3~5min。

2)混凝土应连续灌注,中途停顿时间不应大于30min。

3)在灌注过程中,导管的埋置深度宜控制在2~6m。

4)灌注混凝土应采取防止钢筋骨架上浮的措施。

5)灌注的桩顶标高应比设计高出0.5~1m。

6)使用全护筒灌注水下混凝土时,护筒底端应埋入混凝土内不小于1.5m,随导管提升逐步上拔护筒。

10.3.6 灌注水下混凝土过程中,发生断桩时,应会同设计、监理根据断桩情况研究处理措施。

(2)《建筑地基基础工程施工质量验收规范》GB 50202-2002:

7.6.10 每50m³地连墙应做1组试件,每槽段不得少于1组,在强度满足设计要求后方可进行土方开挖。

3.原因分析

(1)成槽过程中泥浆不能起到护壁效果,槽壁局部坍塌,而坍塌的部位只能由混凝土来填充,从而形成了鼓包。其次混凝土质量差、和易性和工作性能不好,里面的气泡不能及时排除,形成蜂窝、孔洞、泛沙、气孔,直接影响墙体的强度和抗渗性能,混凝土若置换不了槽底沉渣,会使地墙承载力降低,沉降量加大,过多沉渣影响钢筋笼插到预定位置,影响结构及预埋件、接驳器标高。

(2)产生墙身和墙顶夹泥的原因是刷壁、清底不彻底,松动的泥块、沉淀物、不合格的泥浆等加速了泥浆变质,使混凝土上部不良部分增加,影响了流动性,降低了灌注速度、接头部位的凝结强度和防渗性能,还容易使钢筋笼上浮。

(3)灌注时导管与导管的间距过大,摊铺面积不够,两个管灌注混凝土时不同步,灌注速度不一致,上升的速度也不一致,浮在最顶部的泥浆被挤向慢的一边,有块状的稀泥块或混合物被钢筋、锁口管接头销及接驳器,预埋件、钢片保护层拦住,而夹泥、窝泥。

(4)灌注速度太快、导管埋入过深,混凝土上升浮力大于钢筋笼自重使笼体上浮。太快时混凝土来不及下泄,从料斗内溢出,洒落到槽内,污染泥浆,悬浮物易于沉淀并吸附于钢筋上,时间越长,吸附量越大,影响裹握力,形成了渗水通道。垂直度超限,很难纠正,造成地墙交错不齐,钢筋笼无法下放到位。

4.预防措施

(1)泥浆指标严格按照规范执行,泥浆液面保持低于导墙20cm为宜。安排实验员现场检查混凝土,做坍落度等试验,全面跟踪混凝土质量。

(2)验收槽壁及刷壁过程必须通知监理旁站,共同监督,把握质量关。刷壁无明显污物,将刷壁器用水冲洗干净,再刷一次仍无明显污物时,即为刷壁合格。

(3)施工过程中及时测量混凝土面的高度,做好第一手资料的记录、整理工作,详细记录各项技术参数,算出导管埋置深度,来决定导管拆除节数,勤测勤拆,最大/小埋深不得超过设计要求。

(4)确保混凝土的供应,使灌注连续进行。灌注速度不低于2m/h,正常灌注时须匀速进行,不得左右提拉导管。

(5)严格泥浆的管理,对比重、黏度、含砂量大的被污染的泥浆坚决废弃,防止因泥浆质量问题造成夹层现象。

5.治理措施

(1)基坑开挖后露出的混凝土鼓包采用人工风镐凿除。

(2)与混凝土供应拌合站紧密联系,掌握实时路况和交通情况,一切为混凝土连续浇筑(供应)做准备。

(3)对于墙身局部夹泥但不存在渗漏情况的,可将夹泥清理干净后用提高一个强度的混凝土进行修补。

(4)对于混凝土浇筑过程中回收的护壁泥浆,抽检化验,不合格的做废弃泥浆处理。

27.2 SMW工法桩

27.2.1 工法桩垂直度偏差

1.现象

搅拌成桩过程中,桩顶发生横向偏移,桩身偏斜,有时伴随桩机回弹,难以下钻等现象。

2.规范规定

246

3. 原因分析

垂直度偏差通常是由于场地平整度机场地强度不满足要求，导致施工过程中桩机倾斜，或因为在成桩过程中遇较大孤石和不明障碍物，导致钻机回弹，钻杆垂直度偏差。

4. 预防措施

（1）水泥搅拌桩施工场地事先前应予以平整，必须清除地上和地下障碍物。遇有明浜、池塘及洼地时应抽水和清淤，回填黏性土料并予以压实，不得回填杂土或生活垃圾。

（2）加强桩体垂直度测量，使用经纬仪在桩机就位后进行垂直度测量，并在过程中增加测量次数。

（3）施工前加强地质勘测，勘测点适当增加。

5. 治理措施

施工过程中使用经纬仪检测桩基垂直度，若发现垂直度偏差大于 1% 时，但偏差不大，将钻杆适当上提，直至垂直度满足要求，再进行下钻；若偏差过大，或无法纠偏时，采用加桩的措施，在其背面补作加强桩。

若在成桩过程中遇较大孤石和不明障碍物时，在成桩过程中如遇较大孤石，则采用加水冲击，提高水泥掺量的方法，若孤石较大无法冲脱，则采用加桩补强的方法。

27.2.2 断桩、开叉

1. 现象

基坑开挖后出现断桩和分叉的现象。

2. 规范规定

3. 原因分析

由于施工期间机械故障、停电等原因及桩机垂直度左右偏差过大造成开挖后出现断桩和分叉的现象。

4. 预防措施

施工前对机器进行报审，并对桩机进行保养维护，常坏配件留有备用，若出现损坏立刻更换。桩机垂直度在桩机就位开钻前及下钻过程中，对桩机钻杆多方位垂直度进行检测。

5. 治理措施

在基坑开挖中发现 SMW 桩有断桩、开叉处,则采用在开挖内侧注浆,外侧旋喷桩止水,并用 $t=12mm$ 钢板在断桩、开叉处封闭,钢板与 SMW 工法桩内的型钢满焊。

27.3 水泥土桩

27.3.1 邻桩搭接长度不足

1. 现象

相邻三轴搅拌桩之间的搭接长度小于搭接的设计值。

2. 规范规定

《建筑地基处理技术规范》JGJ 79 - 2012:

7.3.8 基槽开挖后,应检验桩位,桩数与桩顶桩身质量,如不符合设计要求,应采取有效补强措施。

3. 原因分析

(1)审图不细或未按图施工。有些施工人员审图不细,而将搅拌桩的组接方式混淆,甚至为了偷工减料谋取利益而故意违背图纸意图随意施工,势必造成质量问题。

(2)搅拌桩施工时,由于相邻桩体施工时扰动桩周土,孔口返出大量淤泥而淹埋相邻桩位,容易造成桩位偏差。

4. 预防措施

一般来说,一个地基处理工程的止水帷幕搅拌桩或基坑工程地下连续墙设计的槽壁加固搅拌桩往往有几种组接形式。如图 27 - 1 所示,该图综合了 3 种三轴水泥土搅拌桩的组接形式。

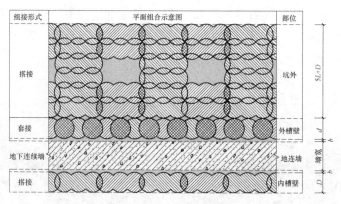

图 27 - 1 3 种组合形式

采取在桩机旁侧焊导向杆,杆上设定位卡尺,提高对桩的精度,确保桩位准确。施工现场安排 1 台挖掘机,及时清除孔口返土,确保桩顶标高、垂直度偏差和桩位误差满足设计要求。

5. 治理措施

搭接长度不满足设计时,在搭接位置进行补打桩。

27.3.2 倾斜过大

1. 现象

成桩过程中,桩顶发生横向偏移,桩身偏斜,有时伴随桩机回弹等现象。

2. 规范规定

3. 原因分析

垂直度偏差通常是由于场地平整度机场地强度不满足要求,导致施工过程中桩机倾斜。

因为围护结构倾斜导致搅拌桩和旋喷桩与围护结构交接处无法垂直下钻。

4. 预防措施

(1) 水泥搅拌桩施工场地事先前应予以平整,必须清除地上和地下障碍物。遇有明浜、池塘及洼地时应抽水和清淤,回填黏性土料并予以压实,不得回填杂土或生活垃圾。

(2) 加强桩体垂直度测量,使用经纬仪在桩机就位后进行垂直度测量,并在过程中增加测量次数。

(3) 施工围护结构时严格把控垂直度。

5. 治理措施

施工过程中使用经纬仪检测桩基垂直度,若发现垂直度偏差大于1%时,但偏差不大,将钻杆适当上提,直至垂直度满足要求,再进行下钻。

若因围护结构偏斜导致无法垂直下钻,则平移一段距离直至可垂直下钻,并加大喷浆压力。

27.3.3 桩体检测强度不均匀

1. 现象

搅拌桩和旋喷桩在施工过程中在导沟内取出的水泥浆所制作的水泥块抗压强度及成桩28d后全桩长抽芯取样的抗压强度,在抗压试验时其值或高于设计无侧限抗压强度或低于设计无侧限抗压强度。

2. 规范规定

3. 原因分析

(1)搅拌机械、注浆机械中途发生故障。

(2)供浆不均匀,使黏土被扰动,无水泥浆拌合。

(3)搅拌机提升速度不均匀。

4. 预防措施

施工前对机器进行报审,并对桩机进行保养维护,常坏配件留有备用,若出现损坏立刻更换。

水泥浆在搅拌桶里搅拌时间不得低于3min,且经过过滤网后在储浆桶内进行二次搅拌。

提高转数,降低钻进速度,提高拌合均匀性;注浆设备单位时间内注浆量相等,不能忽多忽少,不得中断;重复搅拌下沉或提升各一次,以反复搅拌法解决钻进速度或快或慢的矛盾。

5. 治理措施

对于桩体检测强度不均匀的在基坑开挖期间要合理安排开挖顺序,尽量减小基坑裸露时间。

27.4 土方工程

27.4.1 围护结构渗漏

1. 现象

围护结构的施工质量,尤其是地下连续墙的接缝止水性能对基坑开挖安全至关重要。从地质报告看如地下连续墙混凝土或接缝存在夹泥现象,容易造成在基坑开挖过程中产生渗漏,继而演变成涌水涌砂风险,若不及时进行处理,很容易造成周边地表沉陷,危及周边建筑物安全。

2. 规范规定

(1)《地下铁道工程施工及验收规范》GB 50299-1999:

4.1.5 地下连续墙支护的基坑,在土方开挖和隧道结构施工期间,应对基坑围岩和墙体支护系统进行监控量测,并及时反馈信息;

4.1.7 地下连续墙支护的基坑为软弱土层时,其基底加固措施应符合设计要求,并在加固浆体达到设计强度后方可进行土方开挖。

4.9.2 基坑开挖后应进行地下连续墙验收,并符合下列规定:

(1)混凝土抗压强度和抗渗压力应符合设计要求,墙间无露筋和夹泥现象;

(2)墙体结构允许偏差符合表4.9.2的要求:

地下连续墙各部分允许偏差值(mm)   表4.9.2

允许偏差 项目	临时支护墙体	单一或符合墙体
平面位置	±50	+30,0
平整度	50	30
垂直度(%)	5	3
预留孔洞	50	30
预埋件	—	30
预埋连接钢筋	—	30
变形缝	—	±20

5.4.1 基坑开挖前应做好下列工作:

(1)制定控制地层变形和解开那个支护结构支撑的施工顺序及管理指标;

(2)划分分层及分步开挖的流水段,拟定土方调配计划;

(3)落实弃、存土场地并勘察好运输路线;

(4)测放基坑开挖边坡线,清除基坑范围内障碍物,修整运输道路、处理好需要悬吊的地下管线。

5.4.2 存土点不得选在建筑物、地下管线和架空线附近,基坑两侧10m范围内不得存土。在已回填隧道结构顶部存土时,应该计算沉降量后确定堆土高度。

5.4.7 基坑开挖接近基底200mm时,应配合人工清底,不得超挖或扰动基底土。

5.4.8 基底应平整压实,其允许偏差为:高程+10,-20;平整度20mm,并在1m范围内不得多于1处;基底经检查合格后,应及时施工混凝土垫层;

5.4.10 基坑开挖及结构施工期间应经常对支护桩、地下连续墙及支撑系统、放坡开挖基坑边坡、管线悬吊和运输边桥等进行检查,必要时还应进行监测。

3. 原因分析

(1)围护结构折断或大变形:由于施工抢进度,超量挖土,支撑架设不及时,是围护墙缺少设计上必需的大量支撑,或者由于施工单位不按图施工,抱侥幸心理,少加支撑,致使围护墙体应力过大而折断或支撑轴力过大而破坏或产生危险的大变形;

(2)坑底隆起破坏:在软土地基中,当基坑内土体被不断挖出,坑内外土体的高差使支护结构外侧土体向坑内方向挤压,造成基坑土体隆起,导致基坑外地表沉降,坑内侧被动土压力减小,引起支护体系失稳破坏;

(3)围护结构的强度未达到设计强度,即进行基坑开挖。

4. 预防措施

(1)围护结构施工时严格控制接头的刷壁质量,减少围护结构接缝处因夹泥形成渗水通道的现象;

(2)围护结构的衔接缝处止水加固时,钻机的垂直度、喷浆位置等控制,确保止水桩等对接缝处的止水效果;

(3)加强基坑开挖及周边的巡视,随着基坑开挖深度的增加,加大基坑巡视的力度;

(4)施工开挖至基底时,密切关注天气,避免底板施工时因天气等因素导致底板无法快速施工;

(5)加强基坑监测数据的数理分析,发挥基坑开挖的"眼睛"的作用;

(6)如出现围护结构渗水时,分析原因,及时对接缝的渗漏进行处理;

(7)围护结构混凝土浇筑过程中保证连续浇筑,避免出现围护结构的断层及夹泥现象;

(8)在施工现场或附近储备一定数量的砂及蛇皮袋;当基坑出现突涌时迅速用蛇皮袋装砂回填,然后在基坑开挖面以下采用灌浆等处理;处理妥当后在开挖;

(9)若出现严重的突涌现象,可将基坑回填或向坑内灌水压重,先阻止突涌发生,在进行下一步的分析与处理;

(10)基坑开挖前做好基坑降水,并在基坑开挖过程中做好防、排水措施;

(11)基坑开挖过程中减少暴露时间,挖至设计标高后及时浇筑垫层和底板。

5. 治理措施

土方开挖后基壁出现渗水或漏水,如渗水量较小,不影响施工也不影响周边环境的情况,可采用坑底设沟排水的方法。对渗水量较大,但没有泥沙带出,造成施工困难,对周围影响不大的情况,可采用引流、修补方法。具体情况如下:

(1)地下连续墙缝(洞)渗流处理

基坑开挖过程中,如地下连续墙缝(洞)出现渗流现象,不具有明显水压力,可以注聚氨酯进行封堵,或对地下连续墙面进行剔凿清理,然后用堵漏灵或快硬水泥封堵。

(2)地下连续墙缝(洞)轻微管涌处理

基坑开挖过程中,如地下连续墙缝(洞)出现轻微管涌,具有较明显的水压力,可以用图27-2方法处理:

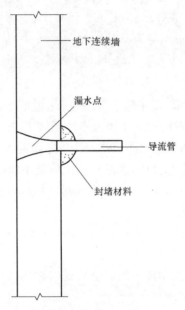

图27-2 地下连续墙缝(洞)轻微管涌处理

处理步骤:

剔凿清理漏水点(满足设置导流管和粘连封堵材料即可)插设导流管涂抹封堵材料(堵漏灵、快硬水泥)封堵导流管。

(3)地下连续墙缝(洞)严重管涌处理

基坑开挖过程中,如地下连续墙缝(洞)出现严重管涌,具有明显水压力。这种情况,用第二种方法封堵有难度,可采用图27-3所示方法处理:

1)处理步骤

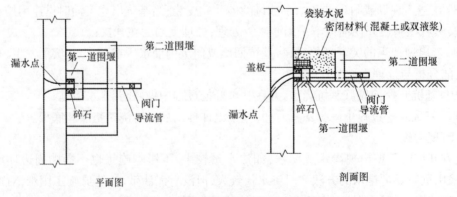

图27-3 地下连续墙缝(洞)严重管涌处理

①如地下连续墙面有较明显突出不平现象,简单进行剔凿处理。

②把预先加工好的封堵钢板贴置于地下连续墙面上,漏水点与导流钢管正对,水流通畅。

③打入膨胀螺栓,使封堵钢板固定牢固。

④用棉沙拌合油脂材料(黏状油脂)作为封边材料,用扁状钢钎沿封堵钢板四周缝隙打入,使封堵钢板与地下连续墙之间缝隙填充密实,然后用堵漏灵或快硬水泥封堵钢板周边。

⑤关闭阀门。

⑥在地下连续墙外侧注浆处理,或在地下连续墙内侧漏水点下方1m左右位置处水平注浆处理。

2)注意事项

①基坑开挖前需加工好封堵钢板,作为抢险设备备用。

②抢险物资材料应包括:棉沙、油脂、铁锤、扁状钢针、电钻、膨胀螺栓、堵漏灵。

③封堵钢板与导流钢管焊接,导流钢管前端应设置阀门。封堵钢板四角位置提前打眼,以备固定膨胀螺栓。封堵钢板以800mm×800mm为宜,不宜过大,以免过重不宜操作。

(4)开挖面阴角部位管涌处理

基坑开挖过程中,如地下连续墙与开挖土体的阴角部位出现管涌,可用以图27-4所示方法处理:

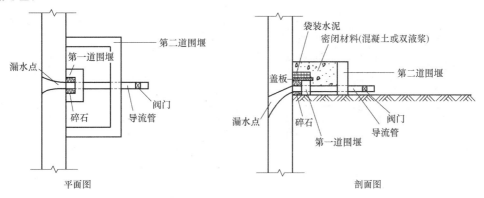

图27-4 开挖面阴角部位管涌处理

1)处理步骤

①插入导流管,导流管尽量与地下连续墙漏水点接触紧密。

②用袋装水泥筑第一道围堰,同时筑第二道围堰。

③在第一道围堰与地下连续墙形成的空仓内填入碎石,然后用木板加盖,再在盖板上用袋装水泥覆压。

④在第二道围堰与地下连续墙形成的空仓内浇筑混凝土,边浇混凝土边灌入水玻璃,使之快速凝固;或灌入水泥浆液,边灌水泥浆液边灌水玻璃,使之快速凝固。

⑤关闭阀门。

⑥在地下连续墙外侧注浆处理。

2)注意事项

①导流管要提前加工好,作为抢险物资备用。管径不宜小于$\phi100$,且要加装阀门。

②此方法如未达到预期效果,则用土方或混凝土大量覆压封闭。

③第一道围堰内的碎石要认真填满,起到滤砂作用。

(5)围护结构外双液注浆施工流程

1)在漏水部位凿毛成凹槽,清洁整理。

2)用双快速凝水泥或其他速凝成型水泥,预埋引流注浆管。

3)用手压泵注浆,将水溶性聚氨酯堵漏剂注入注浆管,直到压不进,随即关闭阀门。

如果渗水量较大,有泥沙带出时,需要在基坑外侧封堵,方法如下:

①方法1、双液速凝注浆方法

材料:水玻璃:模数2.7~3.3;玻美度:稀释到25玻美度;密度:1.21。

水泥:32.5普硅。

主要机械:地质钻机、液压注浆泵、搅拌桶。

施工流程:水泥浆水灰比0.5、注浆孔不要离漏洞太远,又不能太近,一般距离为1~2m,孔距1m。注浆段在缺口上下1~2m范围内最佳,采用上板式一次性足量连续快速灌浆。

②方法2、旋喷桩双重管法

配合比:a.水泥:水:水玻璃:三乙醇胺=1:0.60:2%:0.05%

b.水泥:水:三乙醇胺=1:0.60:0.05%

注浆工艺流程:

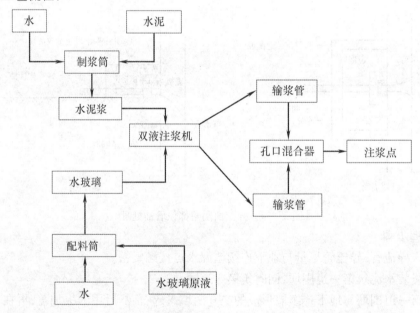

基坑开挖过程中,如开挖面因钻探孔密封不好或开挖面局部疏松出现管涌,可以采用以下方法处理:

(1)处理方法一:

1)处理步骤

①设置导流管。

②用袋装水泥筑围堰。

③在围堰内填入碎石,在围堰上用木板加盖。

254

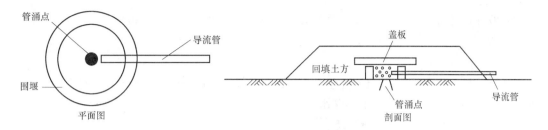

图 27 - 5　流砂及管涌的处理

④回填土方形成操作平台。

⑤对地基进行注浆处理。

2)注意事项

①盖板要有足够强度,承受上部注浆施工时产生的荷载。

②围堰内要填满碎石,一方面承受上部荷载,另一方面要起到滤砂作用。

(2)处理方法二:

如突涌现象十分严重,水量很大,可以用大量混凝土或土方覆压回填基坑。

由于施工和质量方面的原因,围护结构混凝土难免存在夹泥的孔洞,则应进行补强堵漏处理。若事先能确定孔洞的位置,或在开挖过程中发现涌水、涌砂的孔洞,应进行补强处理,补强方法:测定孔洞位置及孔洞大小,在地下墙事故部位的外壁再钻一段槽孔,深度超过孔洞部位深度3m,宽度每边大于孔洞1.5m,混凝土的灌注高度高于洞顶2m,并提高混凝土的强度等级。如果只是出现小孔洞漏水,采用堵漏剂或喷射快硬水泥浆封堵。保证围护结构的止水效果。

27.4.2 基坑纵向滑坡

1.现象

基坑土体开挖时纵向滑坡,基坑内土体对围护结构的应力瞬间减小,支护固有时间内无法满足以抵抗变形,导致基坑失稳。

2.规范规定

《建筑地基基础工程施工质量验收规范》GB 50202 - 2002:

6.2.3 临时性挖方边坡值应符合表6.2.3 的规定

临时性挖方边坡值　　　　　　　　　　　　　　　　　表6.2.3

土的类别		边坡值(高:宽)
砂土(不包括细砂、粉砂)		1:1.25 ~ 1:1.5
一般性黏土	硬	1:0.75 ~ 1:1.0
	硬、塑	1:1.1 ~ 1:1.25
	软	1:1.5 或更缓

注:1 设计有要求时,应符合设计要求;

　　2 如采取降水或其他加固措施,可不受本表控制,但应计算复核;

　　3 开挖深度,对软土不应超过4m,对硬土不应超过8m。

3.原因分析

（1）坡度过陡

放坡开挖的坡度未按照相应土质的开挖坡比进行放坡，局部放坡坡比偏小，极易形成土体标准滑动面，土体失稳。

（2）降水深度不足

基坑开挖前必须保证水位未降至开挖面1.0m以下，开挖过程中在两侧设排水沟未设置或设置不满足要求，导致引渗土壤含水，保持开挖土体干燥。

（3）机械开挖的作业平台不满足

分台阶接力开挖时，开挖作业平台保持5～7m，开挖作业时挖机尽量沿纵向停放，且距离开挖边线不小于1m，避免由于挖机自身的静载及挖掘过程中的动荷载造成边坡失稳。

4. 预防措施

（1）制定基坑开挖及支撑方案，并进行技术交底和安全交底。

（2）严格按照"时空效应"理论，采用分层、分段挖土。土方开挖的顺序、方法必须与设计工况相一致，并遵循"开槽支撑、先撑后挖、分层开挖、严禁超挖"的原则。

（3）合理安排施工工序，施工时挖土不要太快，及时做支撑，尽可能的减少基坑无支撑暴露时间，分段开挖不宜太长。

（4）加强对支护的质量验收，定期对支护进行检查，钢支撑拆除前办理拆除手续。

（5）加强对基坑的沉降、位移等现象的监测，做好施工中的防水排水和降水措施；基坑内的明排水设施完备并配备足够的排水泵；基坑边设挡水墙。

（6）加强施工管理，严禁在坑外滑动区内超重搭设办公室、仓库、材料库、维修间甚至民工宿舍等。基坑浇筑混凝土时，混凝土搅拌车与泵车不要离支护结构太近。防止支撑体系受外力撞击，支撑上堆重物。

（7）开挖时采取放坡开挖，严格按照技术交底的坡度要求进行开挖，现场施工时勤量测，保证基坑放坡开挖坡比满足要求。

（8）加强基坑的降水：

根据降水井的降水范围进行布置，确保降水井的数量满足基坑降水的要求。基坑开挖前必须保证水位降至开挖面1.0m以下，开挖过程中在两侧设排水沟引渗土壤含水，保持开挖土体干燥。

（9）保证机械开挖的作业平台：

分台阶接力开挖时，开挖作业平台保持5～7m，开挖作业时挖机尽量沿纵向停放，且距离开挖边线不小于1m，避免由于挖机自身的静载及挖掘过程中的动荷载造成边坡失稳。

（10）禁止坡顶堆载，禁止工程车辆和工程机械在坡顶行驶或作业。

（11）采取有效措施阻止地面水侵入基坑，沿基坑边修砌高25cm的挡水墙。

（12）遇到雨天用彩条布遮盖边坡，防止土流失。

（13）预留排水沟，引导水进入集水坑再由水泵排至基坑外。

（14）加强监测数理分析，做到一定的预处理。

5. 治理措施

当土体出现滑坡时，应采用以下措施：

（1）及时坡顶刷坡减重、坡脚堆载反压；

（2）及时挖除滑坡体：

清除滑体自上而下水平分段分层(每层0.3m左右)进行开挖,切忌先切除坡脚,且边挖边检查坑底宽度及坡度,不够时及时修整,每3m左右修一次坡,挖至设计标高后,再统一进行一次修坡清底,并且放大开挖坡度,使其土体的坡度小于休止角,防止土体再次发生滑坡。

(3)加强排水。

(4)增加支挡措施。

27.4.3 支撑体系失稳

1. 现象

基坑内支撑体系失稳,导致基坑外土体主动土压力增加,围护结构形变,地面坍陷,围护结构甚至出现折断,继而造成周边建筑变形失稳,坍塌。

2. 规范规定

《建筑基坑支护技术规程》JGJ 120-2012:

4.10.6 对预加轴力施加压力的钢支撑,施加预压力时应符合下列要求:

(4)支撑施加压力过程中,当出现焊点开裂、局部压曲等异常情况是应卸除压力,对支撑的薄弱处进行加固后,方可继续施加压力;

(5)当检测的支撑压力出现损失时,应再次施加预压力。

4.10.7 对钢支撑,当夏季施工产生较大温度应力时,应及时对支撑采取降温措施。当冬期施工降温产生的收缩时支撑端头出现空隙时,应及时用铁楔紧或采用其他可靠性连接措施。

8.2.1 基坑支护设计应根据支护结构类型和地下水控制方法,按表8.2.1选择监测项目,并应根据支护结构的具体形式、基坑周边环境的重要性及地质条件的复杂型确定,监测点部位及数量。

基坑监测项目选择   表8.2.1

监测项目	支护结构的安全等级		
	一级	二级	三级
支护结构顶部水平位移	应测	应测	应测
基坑周边建筑物、地下管线、道路沉降	应测	应测	应测
基坑地面沉降	应测	应测	应测
支护结构深度水平位移	应测	应测	宜测
锚杆拉力	应测	应测	宜测
支撑轴力	应测	应测	宜测
挡土构件内力	应测	宜测	宜测
支撑立柱沉降	应测	宜测	宜测
挡土构件、水泥土墙沉降	应测	宜测	宜测
地下水位	应测	宜测	宜测
土压力	宜测	宜测	宜测
孔隙水压力	宜测	宜测	宜测

3. 原因分析

（1）立柱桩与支撑连接处破坏，造成应力集中失稳；

（2）施加预应力不符合设计要求，未达到设计应力或者偏大导致支撑变形；

（3）支撑进场原材料局部存在不满足设计要求的材料混进场，导致应力增加时不能满足要求折断；

（4）围檩被压坏扭曲，围檩支撑面未与围护结构全面接触，导致局部接触面过小，发生扭曲，继而影响到支撑，传递至基坑围护结构变形；

（5）围檩或支撑体系位置安装错误。

4. 预防措施

（1）基坑开挖至支撑中心线设计标高时应及时设置支撑；支撑架设完毕后应检查支撑的稳定性；

（2）支撑安装时须确保承压板与支撑轴线垂直，使支撑轴向受力，避免支撑失稳；

（3）钢支撑应随挖随撑，避免因支撑不及时造成围护结构过大变形；施工中采取有效措施，确保支撑力消失时支撑不下掉；

（4）与围檩梁接触的支护壁部位，一定要凿毛处理，以确保围檩梁与护壁的紧密衔接，钢筋混凝土支撑梁和围檩梁混凝土浇筑应同时进行，保证支撑体系的整体性；

（5）钢筋混凝土支撑体系应在同一平面整体浇筑，多道钢筋混凝土支撑施工应严格按程序施工；

（6）支撑拆除的顺序，必须严格按照设计图纸的要求和顺序进行。每次拆除一道支撑，需等到内部结构或隔墙达到设计强度后方可拆除。

5. 治理措施

当出现钢支撑失稳时，分析原因，及时对失稳的钢支撑或围檩进行处理，快速及时更换，及时施加应力，以减小基坑变形。

27.4.4 坑底隆起

1. 现象

当基坑内土体被不断挖出，坑内外土体的高差使支护结构外侧土体向坑内方向挤压，造成基坑土体隆起，导致基坑外地表沉降，坑内侧被动土压力减小，引起支护体系失稳破坏。

2. 规范规定

《建筑基坑工程监测技术规范》GB 50497－2009：

5.2.8 坑底隆起（回弹）监测点布置应符合下列要求：

（1）监测点宜按纵向或横向剖面布置，剖面宜选在基坑中央及其他能反映变形特征的位置，剖面数量不应少于2个。

（2）同一剖面监测点横向间距为 10～30m，数量不应少于2个。

5.2.9 围护墙侧向土压力监测点的布置应符合下列要求：

（1）监测点应布置在受力、土质套件变化较大或其他有代表性的部位；

（2）平面布置上基坑每边不宜少于2个监测点，竖向布置上监测点间距2～5m，下部宜加密；

（3）当按土层分布情况布设时，每层应至少布设1个测点，且宜布置在各层图的中部。

258

6.2.3 基坑围护墙(边坡)顶部、基坑周边管线、临近建筑水平位移监测精度应根据其水平位移报警值按表6.2.3确定。

水平位移监测精度要求(mm) 表6.2.3

水平位移报警值	累计值 D(mm)	$D < 20$	$20 \leq D < 40$	$40 \leq D \leq 60$	$D > 60$
	变化速度 v_D(mm/d)	$v_D < 2$	$2 \leq v_D < 4$	$4 \leq v_D \leq 6$	$v_D > 6$
监测点坐标中误差		≤ 0.3	≤ 1.0	≤ 1.5	≤ 3.0

注:1 监测点坐标中误差,是指监测点相对测站点(如工作基点等)的坐标中误差,为点位中误差的 $1/\sqrt{2}$;
　　2 当根据累计值和变化速率选择的精度要求不一致时,水平位移监测精度优先按变化速率报警值的要求确定;
　　3 本规范以中误差作为衡量精度的标准。

6.3.3 基坑围护墙(边坡)顶部、基坑周边管线、临近建筑水平位移监测精度应根据其竖向位移报警值按表6.3.3确定。

竖向位移监测精度要求(mm) 表6.3.3

竖向位移报警值	累计值 S(mm)	$S < 20$	$20 \leq S < 40$	$40 \leq S \leq 60$	$S > 60$
	变化速度 v_S(mm/d)	$v_S < 2$	$2 \leq v_S < 4$	$4 \leq v_S \leq 6$	$v_S > 6$
监测点测站高差中误差		≤ 0.15	≤ 0.3	≤ 0.5	≤ 1.5

注:监测点测站高差中误差是指相应精度与视距的几何水准测量单程 – 测站的高差中误差。

6.3.4 坑底隆起(回弹)监测精度应符合表6.3.4的要求。

坑底隆起(回弹)监测的精度要求(mm) 表6.3.4

坑底回弹(隆起)报警值	≤ 40	$40 \sim 60$	$60 \sim 80$
监测点测站高差中误差	≤ 1.0	≤ 2.0	≤ 3.0

8.0.4 基坑及支护结构监测报警值应根据土质特征、设计结果及当地经验等因素确定;当无当地经验时,可根据土质特征、设计结果以及表8.0.4确定。

基坑及支护结构监测报警值 表8.0.4

序号	监测项目	支护结构类型	基坑类别								
			一级			二级			三级		
			累计值		变化速率 mm/d	累计值		变化速率 mm/d	累计值		变化速率 mm/d
			绝对值(mm)	相对基坑深度(h)控制值		绝对值(mm)	相对基坑深度(h)控制值		绝对值(mm)	相对基坑深度(h)控制值	
1	围护墙(边坡)顶部水平位移	放坡、土钉墙、喷锚支护、水泥土墙	30~35	0.3%~0.4%	5~10	50~60	0.6%~0.8%	10~15	70~80	0.8%~1.0%	15~20
		钢板桩、灌注桩、型钢水泥土墙、地下连续墙	25~30	0.2%~0.3%	2~3	40~50	0.5%~0.7%	4~6	60~70	0.6%~0.8%	8~10

序号	监测项目	支护类型									
2	围护墙（边坡）顶部竖向位移	放坡、土钉墙、喷锚支护、水泥土墙	20~40	0.3%~0.4%	3~5	50~60	0.6%~0.8%	5~8	70~80	0.8%~1.0%	8~10
		钢板桩、灌注桩、型钢水泥土墙、地下连续墙	10~20	0.1%~0.2%	2~3	25~30	0.3%~0.5%	3~4	35~40	0.5%~0.6%	4~5
3	深层水平位移	水泥土墙	30~35	0.3%~0.4%	5~10	50~60	0.6%~0.8%	10~15	70~80	0.8%~1.0%	15~20
		钢板桩	50~60	0.6%~0.7%	2~3	80~85	0.7%~0.8%	4~6	90~100	0.9%~1.0%	8~10
		型钢水泥土墙	50~55	0.5%~0.6%		75~80	0.7%~0.8%		80~90	0.9%~1.0%	
		灌注桩	45~50	0.4%~0.5%		70~75	0.6%~0.7%		70~80	0.8%~0.9%	
		地下连续墙	40~50	0.4%~0.5%		70~75	0.7%~0.8%		80~90	0.9%~1.0%	
4	立柱竖向位移		25~35	—	2~3	35~45	—	4~6	55~65	—	8~10

3. 原因分析

（1）基底加固的质量及基底加固的时间的龄期不足；

（2）承压水的降水深度不足，剩余土体不足以抵抗承压水压力，导致基底隆起甚至基底被水击穿；

（3）黏性土基坑积水，即使时间短也会因黏性土吸水体积增大而发生隆起；

（4）地连墙在侧水压力作用下，墙角与内外侧土体发生塑性变形而上涌；

（5）基坑外堆载偏大；

（6）基坑降水效果不理想；

（7）钢支撑架设不及时、加力值不能达到设计值等；

（8）基底土受回弹后的松弛和蠕变的影响加大隆起；

（9）基坑开挖时超挖。

4. 预防措施

（1）加大监测的数据数理分析，根据数理分析做出合理健康状态预估，防患于未然；

（2）基底加固的时间段与基坑开挖时间的合理性上进行优化，确保加固土体的强度，土体改良后增加内摩阻力，减少基坑隆起发生的几率；

（3）随着基坑的开挖是深度不断加大，架设难度增加，架设钢支撑等内支撑体系的施工根据现场情况，合理增加机械配置，保证随挖随撑；

（4）下一开挖面开始前，及时根据降水及水位情况结合监测情况综合分析，确保基坑的下一开挖到达面以下 1m 位置；

（5）雨天时及时对土体进行覆盖，尽量减少基坑内积水，避免因吸水导致土体膨胀，从而导致基底隆起；

（6）基坑开挖前一周，对基底加固再次取芯，以验证其强度和加固质量是否满足设计要求。

5. 治理措施

（1）在施工现场或附近储备一定数量的砂及蛇皮袋；当基坑出现隆起时迅速用蛇皮袋装砂回填，处理妥当后在开挖。

（2）向基坑中注水，压重处理。

（3）增加临时钢支撑。

（4）必要时进行旋喷加固。

27.4.5 基坑回填压实度不足、平整度差

1. 现象

由于隧道工程顶板多采用防水卷材及顶板防水保护层的形式处理，故在施工顶板回填时追求施工进度采用机械进行碾压导致，顶板防水保护层被机械碾压破坏，造成顶板防水层破坏，进而导致顶板局部漏水。顶板以上1000mm回填透水性较差的黄土进行防水，含水量较大，造成路基弹簧现象出现，最终导致路面弯沉值不足。石灰稳定土局部鼓包，平整度局部较差。

2. 规范规定

《城镇道路工程施工与质量验收规范》CJJ 1 - 2008：

　6.3.1 路基施工前，应将现状地面上的积水排除、疏干，将树根坑、井穴、坟坑等进行技

路基填料强度（CBR）的最小值　　　　　　　　　　表6.3.12 - 1

填方类型	路床顶面以下深度(cm)	最小强度	
		城市快速路、主干路	其他等级道路
路床	0 ~ 30	8.0	6.0
路基	30 ~ 80	5.0	4.0
路基	80 ~ 150	4.0	3.0
路基	>150	3.0	2.0

路基压实度标准　　　　　　　　　　表6.3.12 - 2

填方类型	路床顶面以下深度(cm)	道路类型	压实度(%) 重型击实	检验频率		检查办法
				范围	点数	
填方	0 ~ 80	城市快速路、主干路	≥95	1000㎡	每层3点	环刀法、灌水法或灌砂法
		次干路	≥93			
		支路及其他小路	≥90			
	80 ~ 150	城市快速路、主干路	≥93			
		次干路	≥90			
		支路及其他小路	≥90			
	>150	城市快速路、主干路	≥90			
		次干路	≥90			
		支路及其他小路	≥90			

术处理,并将地面整平。

6.3.3 人机配合土方作业,必须设专人指挥。机械作业时,配合作业人员严禁处在机械作业和走行范围内。配合人员在机械行走范围作业时,机械必须停止作业。

6.3.5 当与有翻浆时,必须采取措施。当采用石灰土处理翻浆时,土壤宜就地取材。

6.3.12 填方材料应符合下列规定:

6.8.1 土路基允许偏差应符合表6.8.1的规定

土路基允许偏差 表6.8.1

项目	允许偏差	检验频率			检验方法
		范围(m)	点数		
路床纵段高程(mm)	−20, +10	20	1		用水准仪测量
路床中线高程(mm)	≤30	100	2		用经纬仪、钢尺量取最大值
路床宽度(mm)	≤15	20	路宽(m)	<9	1	3m直尺和塞尺连续量2次,取较大者
				9~15	2	
				>15	3	
路床横坡(mm)	不小于设计值+B	40	1		用钢尺量
路床横坡	±0.3%且不反坡	20	路宽(m)	<9	1	
				9~15	2	
				>15	3	
边坡	不陡于设计值	20			用坡度尺量,每侧1点

注:B为施工时必要的附加宽度。

路床平整度、坚实,无明显轮迹、翻浆、波浪、起皮等现象,路堤边坡应密实、稳定、平顺等。

3. 原因分析

(1)顶板防水保护层养护龄期不足;

(2)为抢施工进度,回填时过早使用机械进行碾压;

(3)人工夯实局部不均匀,导致局部压实度不足;

(4)分层厚度压实后超过设计及规范要求值,导致压实度不足;

(5)顶板以上回填封水层黄土,含水量过大,导致路基弹簧现象出现;

(6)7%石灰消解不彻底。

4. 预防措施

(1)基坑顶板回填前,顶板防水保护层养护龄期达到设计强度;

(2)回填封水层时,场地内设施临时土场,确保土的含水量满足重型击实最佳含水量1%以内,现场及时采用人工拣出泥块等非适用性材料,现场设置专人进行指挥和监督此阶段施工;

(3)顶板以上50 cm内采用人工分层夯实,1m范围内采用机械压实时静压,严禁开震动;

（4）试验段总结机械、虚铺系数等参数规范引导后期施工；

（5）施工时严格按照路基虚铺系数、压实度控制现场施工，确保每层压实厚度满足设计及规范要求；

（6）石灰稳定土对材料进行灰剂量检测，不合格的一律不得用于施工现场；施工时确保石灰消解到位，避免路基冒泡，局部成为路基渗水通道，造成路基病害；

（7）与周边围护结构处采用人工同步分层夯实，确保边部、细部的压实度；

（8）密切关注天气，雨期施工时，适当增大路基横坡，在低处设置集水井，及时排出路基积水；

（9）施工用原材料严格按照路基填料的设计及规范要求进行控制，把住源头关；

（10）施工中遇到翻浆，出现弹簧等现象，及时进行换填处理，保证路基路床弯沉值达到设计要求；

（11）路基中雨污水管道等施工时，加强回填质量控制，确保在路基的土基强度；

（12）用于路基回填压实机具等满足施工规范要求；

（13）每施工完成一工作面时，应预留台阶，确保下次施工搭接；上下层施工时工作面应错开。

5. 治理措施

（1）路基施工完顶板封水层时，应局部进行开挖，查看顶板防水保护层是否有损坏，如遇到损坏，应局部进行加强并对顶板防水层进行补强处理，回填时采用素混凝土回填，确保路基质量；

（2）石灰稳定土石灰消解不到位时，现场及时清理，避免换用新的石灰稳定土；

（3）出现弹簧现象，及时对局部采用石灰稳定土换填处理；

27.4.6 基坑疏干降水常见质量问题

1. 现象

（1）井位偏差较大，井点分部不合理；（2）井管下放受阻，井管倾斜；（3）井管接缝错位，井管变形无法下泵；（4）轻型井点真空压力大抽水量过小；（5）轻型井点真空压力升不上去抽水量过小；（6）轻型井点出水浑浊不清夹泥夹砂；（7）轻型井点气水分离失效，严重影响抽水效果；（8）轻型井点干式真空泵升温过高无法工作；（9）喷射井点扬水器失效，压差不正常，井附近涌水冒砂，局部土层较湿；（10）喷射井点井管堵塞，工作水压正常但真空度超出周围正常井点很多，向井内灌水渗不下去；（11）喷射井点管漏水，底座密封部位大量漏水抽出的水是上部漏下的水，导致水位降不下去；（12）喷射井循环池水位不断下降；（13）喷射井点工作水压升不上去，真空度很小；（14）电渗井电极偏斜相碰，电表上显示用电量大但是出水效果不明显或者电流不通；（15）电渗井点没有达到预定降水效果；（16）深井泵排水能力有余但实际出水量很小，地下水降不下去；（17）深井降水水位标高降不到设计要求或预定时间内降不到预计深度，基坑内涌水冒砂；（18）设备异常或断电导致无法工作；（19）基坑周边沉降过大（异常）；（20）开挖过程中井管损坏；（21）降水结束后井口封闭不严，向上反水。

2. 规范规定

263

《建筑基坑支护技术规程》JGJ 120 - 2012：

7.3.8 真空井点降水的井间距宜取 0.8mm ~ 2.0mm；喷射井点降水的井间距宜取 1.5m ~ 3.0m；当真空井点、喷射井点的井口至设计降水水位的深度大于 6m 时，可采用多级井点降水，多级井点上下级的高差宜取 4m ~ 5m。

7.3.13 管井的构造应符合下列要求：

1 管井的滤管可采用无砂混凝土滤管、钢筋笼、钢管或铸铁管。

2 滤管内径应按满足单井设计出水量要求而配置的水泵规格确定，滤管内径宜大于水泵外径 50mm，且滤管外径不宜小于 200mm，管井成孔直径应满足填充滤料的要求。

3 井管外滤料宜选用磨圆度好的硬质岩石的圆砾，不宜采用棱角形石渣料、风化料或其他粘质岩石成分的砾石。滤料规格宜满足下列要求：

1）砂土含水层

$$D_{50} = 6d_{50} - 8d_{50} \qquad (7.3.13 - 1)$$

式中　D_{50}——小于该粒径的填料质量占总填料质量50%所对应的填料粒径(mm)；

　　　d_{50}——小于该粒径的土的质量占总土质量50%所对应的含水层土颗粒的粒径（mm）。

2）$d_{20} < 2mm$ 的碎石土含水层

$$D_{50} = 6d_{20} - 8d_{20} \qquad (7.3.13 - 2)$$

式中　d_{20}——小于该粒径的土的质量占总土质量20%所对应的含水层土颗粒的粒径（mm）。

3）对 $d_{20} \geqslant 2mm$ 的碎石土含水层，宜充填粒径为 10mm ~ 20mm 的滤料。

4）滤料的不均匀系数应小于2。

4 采用深井泵或深井潜水泵抽水时，水泵的出水量应根据单井出水内力确定，水泵的出水量应大于单井出水能力的 1.2 倍。

5 井管的底部应设置沉砂段，井管沉砂段长度不宜小于 3m。

7.3.14 真空井点的构造应符合下列要求：

1 井管宜采用金属管，管壁上渗水孔宜按梅花状布置，渗水孔直径宜取 12mm ~ 18mm，渗水孔的孔隙率应大于 15%，渗水段长度应大于 1.0mm；管壁外应根据土层的粒径设置滤网；

2 真空井管的直径应根据设计出水量确定，可采用直径 38mm ~ 110mm 的金属管；成孔直径应满足填充滤料的要求，且不宜大于 300mm；

3 孔壁与井管之间的滤料宜采用中粗砂，滤料上方应使用黏土封堵，封堵至地面的厚度应大于 1m。

7.3.15 喷射井点的构造应符合下列要求：

1 喷射井点过滤器的构造应符合本规程第 7.3.14 条第 1 款的规定；喷射器混合室直径可取 14mm，喷嘴直径可取 6.5mm；

2 喷射井点的井孔直径宜取 400mm ~ 600mm，井孔应比滤管底部深 1m 以上；

3 孔壁与井管之间填充滤料的要求应符合本规程第 7.3.14 条第 3 款的规定；

4 工作水泵可采用多级泵，水泵压力宜大于 2MPa。

7.3.16 管井施工应符合下列要求：

1 管井的成孔施工工艺应适合地层特点，对不易塌孔、缩孔的地层宜采用清水钻井；钻孔深度宜大于降水井设计深度 0.3~0.5m；

2 采用泥浆护壁时，应在钻进到孔底后清除孔底沉渣并立即置入井管，注入清水、当泥浆比重不大于 1.05 时，方可投入滤料；遇塌孔时不得置入井管，滤料填充体积不应小于计算量的 95%；

3 填充滤料后，应及时洗井，洗井应充分直至过滤器及滤料滤水畅通，并应抽水检验降水井的滤水效果。

7.3.17 真空井点和喷射井点的施工应符合下列要求：

1 真空井点和喷射井点的成孔工艺可选用清水或泥浆钻进、高压水套管冲击工艺（钻孔法、冲孔法或射水法），对不易塌孔、缩孔的地层也可选用长螺旋钻机成孔；成孔深度宜大于降水井设计深度 0.5m~1.0m；

2 钻进到设计深度后，应注水冲洗钻孔、稀释孔内泥浆；滤料填充应密实均匀，滤料宜采用粒径为 0.4mm~0.6mm 的纯净中粗砂；

3 成井后应及时洗孔，并应抽水检验井的滤水效果；抽水系统不应漏水、漏气；

4 降水时真空度应保持在 55kPa 以上，且抽水不应间断。

7.3.19 抽水系统的使用期应满足主体结构的施工要求。当主体结构有抗浮要求时，停止降水的时间应满足主体结构施工期的抗浮要求。

8.2.15 基坑内地下水位的监测点可设置在基坑内或相邻降水井之间，当监测地下水位下降对基坑周边建筑物、道路、地面等沉降的影响时，地下水位监测点应设置在降水井或截水帷幕外侧且宜尽量靠近被保护对象。当有回灌井时，地下水位监测点应设置在回灌井外侧，水位观测管的滤管应设置在所测含水层内。

3. 原因分析

（1）井点偏差和分布不均匀，由于施工开始前未进行点位复核，或者原点位钻进遇障碍物调整位置时未进行整体考虑；（2）成孔结束后井孔局部出现塌孔或严重缩径，钻进过程中钻机垂直度控制不到位导致井管下方受阻或倾斜较大；（3）井管管节焊接不牢固，接缝处连接不顺直，下管过程发生碰撞导致接缝错位；井管材料不合格或者存在缺陷，填料过程中图快或没有均匀回填导致井管周围压力不均使得井管受力变形影响正常使用；（4）抽水机零部件磨损或发生故障，井点滤网、滤管、集水总管和滤消器被泥沙淤塞，砂滤层含泥量过大等导致真空度很大但是抽不出水；（5）井点设备安装不严密，管路系统大量漏气导致真空压力升不上去，出水量很小；（6）井点滤网破损、滤网孔径或砂滤料粒径过大、砂滤层厚度不足或井管不居中导致局部砂滤层厚度不够，使得土体中泥沙进入井管导致出水浑浊；（7）由于零部件损坏导致气水分离设备不能正常工作，导致真空泵不能持续工作；（8）冷却水箱内水量不足或管路阻塞，导致干式真空泵升温过高无法工作；（9）喷嘴被杂物堵塞或喷嘴严重磨损导致扬水器失效；（10）井点管四周回填滤料后未及时试抽水、井点滤管埋设位置和标高不当、冲孔下井过程中孔壁坍塌缩孔或土层中的硬黏土夹层未及时处理，导致滤网四周不能形成良好的砂滤层，使滤网被淤泥堵塞；（11）密封环损坏或紧固件松动密封不严导致漏水；（12）循环水池距离基坑太近，当地表发生沉陷时循环水池开裂漏水；（13）水泵负担过多井点或者循环水池内沉淀过多,堵塞水泵吸水口,以致工作水量不足,水压力升不高,真空度很小;(14)井点管与阳极棒距离太近,并且埋设不垂直互相接触,通电后造成短路,电解过程中产生气体附在电极附近,使土体电阻加大,电能量消耗相应增加;(15)用作正极的钢筋埋设深度不够或正负极之间的距离不当,导致电渗效果不明显;(16)井身、井径和垂直度不符合要求,井内沉淀物过多,井孔淤塞,洗井质量不好,砂滤层含泥量过高;孔壁泥皮在洗井过程中没有破坏掉,使得地下水渗流不畅;滤管位置标高以及滤料规格不合适导致渗透能力差;(17)基坑局部地段井深不够,深井泵型号选用不当,土质原因导致深井排水能力不能充分发挥,水文地质资料不确切导致实际水量比预估水量大;(18)设备故障或者电源故障导致不能持续降水;(19)抽水量过大过快,管壁损坏井水携带大量周围土体导致周围地表沉降;(20)基坑开挖过程中机械距离井管太近或操作不当导致井壁损坏,井管加固不到位,开挖后裸露部位较高井管失稳损坏;(21)降水结束后未按照要求封井导致井口漏水。

4. 预防措施

(1)施工前就井位进行复测,如若钻井遇到障碍需要调整井位需根据整体降水需求重新合理的选择井位;

(2)井孔钻孔速度不宜过快,合理控制护壁泥浆质量,实时监测钻机及钻杆垂直度保证成孔质量;

(3)管节之间焊接质量严格控制,下管时用长竹条连接管节接缝处防止因磕碰引发焊缝损坏,回填填料时人工回填速度不宜过快且要四周对应回填;

(4)抽水机组安装前必须全面保养,空运转时真空度应大于60kPa,轻型井点系统必须按照规定程序施工,全部管路安装前均应将管内铁锈、淤泥等杂物清除,井点埋设后要及时试抽水洗井,发现异常及时处理;

(5)滤管顶端标高应与设计保持一致,井点距离开挖面不宜过近,管路应密封严紧,及时修理或更换损坏部件;

(6)下井管前必须严格检查滤网,发现破损或绑扎不严应及时修补,井点滤网和砂滤料应根据土质条件选择,井点施工应按照有关规定执行;

(7)气水分离箱进场前必须保养,防止箱内的水进入真空泵,气水分离箱水位器上下两端应安装旋塞,必要时能关闭,气水分离箱上下两个筒体应密闭,防止漏气,离心泵与气水分离箱间的阀门应可靠,离心水泵出水量控制适度,保持连续出水;

(8)干式真空泵抽水机组开动前必须将冷水箱内灌满清水,冷却水泵、水箱及管路保养后都完好,方可正式使用,真空泵运转期间经常检查缸套温度状况,以确保设备运转正常;

(9)严格检查扬水器质量,装配扬水器时要防止工具损伤喷嘴夹板焊缝,井点管和总管内杂物必须清除干净,防止喷射器损坏,预先对每个井管进行冲洗,开泵压力逐步加大,工作水要保持清洁,根据水的浑浊度进行经常性的更换;

(10)喷射井点按正常程序进行施工,滤管设在透水率较大的土层中,必要时扩大砂滤层直径,冲孔应垂直,孔径不小于40cm,孔深应大于井管底端1m以上,拔冲管时应先将高压水阀门关闭,防止将孔壁冲塌,单井试抽水时排出的浑水不可回收入回水总管,水质变清后连续试抽水应不小于1h;

(11)改进安装工艺,避免密封环破损,外管底座上的密封面应无锈迹且保持必要的光洁度;露在地面上的内外管之间的紧固件应箍紧,接头要进行压水试验,合格后方可使用;

（12）合理选择水池位置加强水池的抗裂性并定期检查水位情况发现异常及时处理；

（13）按照水泵实际性能来负担井点数量，要有备用水泵，防止水泵吸水口堵塞，经常注意水池中的泥沙沉积高度；

（14）按照规范程序施工井点，阴极阳极数量应相等，通电前清除地面上阳极和阴极间无关金属和其他导电物，保证阳极和阴极埋设的垂直度，电极与土体的接触性要良好；

（15）阳极应比阴极埋设深 0.5～1m，阳极与阴极间距要合理计算；

（16）按正确顺序施工，孔径应比管径大 300～500mm，深度应比所需降水深度深 6～8m，井管垂直，用人工均匀回填填料，上部用黏土封口，回填料填完之后应及时洗井，需要疏干的含水层均应设置花管，下泵前检测管内沉渣厚度，如果过厚应进行冲洗排除沉渣；

（17）根据实际水文地质资料计算的参数复核设计参数，保证设计满足实际要求，选择深水泵时考虑不同阶段涌水量和降深要求，改善提高单井排水能力如适当增加滤管长度和滤层直径；

（18）现场存有足够的备用设备和零件出现问题时及时更换修理，备有备用电源当电路出现问题时尽快连接备用电源，继续降水；

（19）合理控制排水速度及排水量，下管时控制好滤管及滤网的完整性，根据土层条件选择合理的滤网和滤管，抽水时经常观察出水是否浑浊，如有异常及时采取措施补救；

（20）开挖时派人指挥，机械远离井管，井管附近采用人工开挖，井点选择时尽量靠近支撑或系梁等固定结构，可根据情况边开挖边将露出的井管固定在上面，以加强井管稳定性；

（21）回灌混凝土数量满足要求，顶口密封焊接质量严格控制。

5. 治理措施

如果井位偏差过大导致局部降水质量达不到设计要求考虑在问题区域适当增加井点进行排水；

如若下管时塌方严重可提管重新复钻，若塌方严重需回填黏土压实重选井位或待土体稳定后重新钻孔；

若井管变形严重无法使用需就近重选井点，用新井代替；

若是由于部件问题引起的应及时更换损坏部件，若是因井管堵塞引起的基坑未开挖前可用高压水冲洗井点滤管，必要时拔出井点，洗净井点滤管重新水冲下沉；

可先将集水总管和抽水机组间的阀门关闭，若真空度仍很小属于机组故障，若真空度突然变大，属于管路漏气，集水总管可根据漏气声音逐段检查，发现漏气部位及时修理；

始终抽出水质浑浊的井点，必须停止使用；

听到缸体发出撞击声后，立即将气缸下面防水旋塞开启，使气缸内积水排出，排净后将旋塞关闭，若撞击声连续不断，旋塞不断有水排出则应停泵检查，排除故障后方可按规定顺序重新开泵使用；

若冷水箱内无水应将水箱加满水，若因冷水管堵塞或气水分离箱内泥沙等淤积致使热交换失败，则用外面的冷却水来降温；

若喷嘴堵塞时应迅速将堵塞物排除，若因喷嘴损坏引起的则应将内管全部拔出更换喷嘴；

当滤管内被泥沙淤积时，可先提起井点管少许，利用内外管间的空隙冲孔，当淤泥堵塞滤网时可通过内管压水，使高压水带动泥浆从井点孔滤层翻出；

经常性检查设备管路发现问题及时修理;

对水池进行加固堵漏,必要时换成循环水箱;

水泵流量不足时应增设水泵,及时清理循环池中的沉淀物并查明沉淀物来源如若是个别井的问题应按照水质混浊处理方法处理;

当发现抽水效果不好时,先排除井点的原因。然后逐个检查井点管和打入地下的金属棒的通电情况,发现不符重新接电,发现阴阳极之间有导电物应及时清除;

若金属棒长度不够应接长后伸入到土中规定深度,若距离过大时应将阳极金属棒拔除重新按照合适距离插入土中;

重新洗井达到水清砂净,出水量正常,在适当的位置补打深井;

在降水深度不够的部位增设深井,在单井最大集水能力允许范围内,可更换排水能力较大的深井泵,洗井不合格时应重新洗,以提高单井滤管的集水能力;

发现设备异常及时找出原因检修,更换设备或零部件,若因供电系统引起断电首先查明原因,若是线路问题及时解决,若是电源问题则切换备用电源;

根据检测和水位情况及时调整抽水参数,若因个别井管抽出泥沙导致土体流失,则参考井水浑浊事项处理,必要时弃用问题井点;

发现损坏的井管及时修补加固,在不影响后续抽水的情况下可先将井管损坏部分切除重新密封,确保安全质量;

发现漏水可在出水点进行堵漏,若堵不住可将密封钢板切除重新用混凝土等材料封井并焊接密封钢板。

第 28 章　防水工程

28.1　防水工程

28.1.1 混凝土裂缝渗漏水

1. 现象:

混凝土表面出现不规则的收缩裂缝或环形裂缝。当裂缝贯穿于混凝土结构本体时,即产生渗漏水。

2. 规范规定

《地下防水工程质量验收规范》GB 50208-2011:

4.1.18 防水混凝土结构表面的裂缝宽度不应大于0.2mm,且不得贯通。

3. 原因分析

(1)设计对结构抵抗外荷载及温度、材料干缩、不均匀沉降等变形荷载作用下的强度、刚度、稳定性、耐久性和抗渗性及细部构造处理的合理性,考虑欠周。

(2)大体积混凝土浇筑时,没有采取积极有效的防裂措施。

(3)混凝土质量差,和易性不好,搅拌时间未达到规范要求。

4. 预防措施

（1）混凝土配合比应通过试验确定，并按规定取样试验。

（2）混凝土必须要保证连续供应，连续浇筑。

（3）混凝土到场后出现离析或坍落度不符合要求时禁止使用，现场严禁直接加水。

（4）混凝土浇筑必须用高频机械振捣密实，以混凝土泛浆和不冒气泡为准，避免漏振、欠振和过振。

（5）混凝土浇筑时，任一截面在任一时间的内部最高温度与表面温度之差一般不高于20℃，新浇混凝土与邻近的已硬化的混凝土的温差不大于20℃。

（6）混凝土应及时进行养护，隧道顶板混凝土浇筑完成后，应立即收水，初凝后及时覆盖浇水养护不少于14d，保证混凝土表面始终处于湿润状态；顶板的底面及侧墙要做到保温、保湿养护。

5. 治理措施

对于非结构裂缝，主要有以下处理方法：

（1）开槽修补裂缝。

（2）低压注浆法修补裂缝。

（3）表面修补法（表面涂抹水泥砂浆、表面涂抹环氧胶泥、表面凿槽嵌补）。

28.1.2 砂浆防水层空鼓

1. 现象

防水层与基层脱离，甚至隆起，表面出现缝隙大小不等的交叉裂缝。

2. 规范规定

《地下防水工程质量验收规范》GB 50208—2011：

4.2.4 水泥浆防水层的基层质量应符合下列要求：

1 水泥砂浆铺抹前，基层的混凝土和砌筑砂浆强度应不低于设计值的80%；

2 基层表面应坚实、平整、粗糙、洁净，并充分湿润，无积水；

3 基层表面的孔洞、缝隙应用与防水层相同的砂浆填塞抹平。

4.2.5 水泥砂浆防水层施工应符合下列要求：

1 分层铺抹或喷涂，铺抹时应压实、抹平和表面压光；

2 防水层各层应紧密贴合，每层宜连续施工，必须留施工缝时应采用阶梯坡形槎，但离开阴阳角处不得小于200mm；

3 防水层的阴阳角处应做成圆弧形；

4 水泥砂浆终凝后应及时进行养护，养护温度不宜低于5℃并保持湿润，养护时间不得少于14d。

3. 原因分析

（1）基层清理不干净或没有进行清理，表面光滑，或有油污、浮灰等，对防水层与基层的粘结起了隔离作用。防水层空鼓后，随着与基层的脱离产生收缩应力，导致裂缝产生与开展。

（2）在干燥的基层上，防水层抹上后水分立即被基层吸干，造成早期严重脱水而产生收缩裂缝，同时与基层粘结不良而产生空鼓。

（3）水泥选用不当，安定性不好，收缩系数不同，造成大面积网状裂缝。

（4）施工时，随意改变水灰比，致使灰浆收缩不均，造成收缩裂缝。

（5）浇水养护不好或不及时，使防水层产生干缩裂缝。

4. 预防措施

（1）选用42.5级以上无结块的普通硅酸盐水泥。不同品种和不同强度等级的水泥不得混用。

（2）基层表面须去污、刷洗清理，并保持潮湿、清洁、坚实、粗糙。凹凸不平处应先剔除，浇水清洗干净，再用素浆和水泥砂浆分层找平。

（3）加强对防水层的养护工作。

5. 治理措施

（1）无渗漏水的空鼓裂缝，须全部剔除，按基层处理要求清洗干净，然后按各层次重新修补平整。

（2）对于未空鼓、不漏水的防水层收缩裂缝，可沿裂缝剔成八字形边坡沟槽，按防水层做法补平。

28.1.3 卷材防水层空鼓

1. 现象

铺贴后的卷材表面，经敲击或手感检查，出现空鼓声。

2. 规范要求

《地下防水工程质量验收规范》GB 50208－2011：

4.3.12 卷材防水层的基层应牢固，基面应洁净、平整，不得有空鼓、松动、起砂和脱皮现象；基层阴阳角处应做成圆弧形。

3. 原因分析

（1）基层潮湿，沥青胶结材料与基层粘结不良。

（2）由于人员走动或其他工序的影响，找平层表面被泥水沾污，与基层粘结不良。

（3）侧墙卷材的铺贴，操作比较困难，热作业容易造成铺贴不实不严。

4. 预防措施

（1）应在垫层或墙面抹水泥砂浆找平层，以创造良好的基层表面。

（2）保持找平层表面干燥洁净。

（3）铺贴卷材前1～2d，喷或刷1～2道冷底子油，以保证卷材与基层表面粘结。

（4）无论采取内贴法或外贴法，卷材应实铺，保证铺实贴严。

（5）当防水层采用SBS、APP改性沥青热熔卷材施工时，可采用热熔条粘法施工。

5. 治理措施

对检查出的空鼓部位，应剪开重新分层粘贴。

28.1.4 卷材搭接不良

1. 现象

铺贴后的卷材甩出被污损破坏，或立面侧墙的卷材被撕破，层次不清，无法搭接。

2. 规范规定

《地下防水工程质量验收规范》GB 50208－2011：

4.3.13 卷材防水层的搭接缝应粘（焊）结牢固，密封严密，不得有皱折、翘边和鼓泡等缺陷。

3. 原因分析

（1）施工现场组织管理不善，工序搭接不紧凑。

（2）在缺乏保护措施的情况下，底板垫层四周伸向侧墙卷铺的卷材，更易污损破坏。

4. 预防措施

从混凝土底板下面甩出的卷材可刷油铺贴在侧墙上，热熔搭接后卷材可超出侧墙高度，待主体结构浇筑完毕后，将卷材放至顶板处。

5. 治理措施

对检查出的搭接不良部位，应重新裁剪卷材加长复贴。

28.1.5 涂料防水层

参见本书第 30~32 章相关内容。

28.1.6 塑料防水层

参见本书第 30~32 章相关内容。

28.1.7 混凝土变形缝渗漏水

1. 现象

地下工程变形缝（包括沉降缝、伸缩缝），一般设置在结构变形和位移等部位，不少变形缝有不同程度的渗漏水。

2. 规范规定

《地下防水工程质量验收规范》GB 50208-2011：

4.7.3 变形缝的防水施工应符合下列规定：

1 止水带宽度和材质的物理性能均应符合设计要求，且无裂缝和气泡；接头应采用热接，不得叠接，接缝平整、牢固，不得有裂口和脱胶现象；

2 中埋式止水带中心线应和变形缝中心线重合，止水带不得穿孔或用铁钉固定；

3 变形缝设置中埋式止水带时，混凝土浇筑前应校正止水带位置，表面清理干净，止水带损坏处应修补；顶、底板止水带的下侧混凝土应振捣密实，边墙止水带内外侧混凝土应均匀，保持止水带位置正确、平直，无卷曲现象；

4 变形缝处增设的卷材或涂料防水层，应按设计要求施工。

3. 原因分析

（1）设计未能满足密封防水、适应变形、施工方便、检查容易等基本要求。变形缝构造形式和材料未根据工程特点、地基或结构变形情况以及水压、水质和防水等级等条件确定。

（2）施工无构造详图。

（3）原材料未能抽样复检。

（4）金属止水带焊缝不饱满，橡胶或塑料止水带接头没有挫成斜坡并粘结搭接。

（5）变形缝处混凝土振捣不密实。

4. 预防措施

变形缝采用中置式橡胶止水带、背贴式止水带施工时，止水带应采用热接法对接，保持接缝平整、严密、不透水。止水带设置应居中，中心线与变形缝中心线重合，止水带不得穿孔或用铁钉固定。混凝土浇筑应做到：浇筑前应校正止水带位置，并将表面清理干净；顶、底板止水带下侧混凝土应振实，止水带应压紧；侧墙处止水带需固定牢靠，内外侧混凝土应均匀、水平灌注,保持止水带位置正确、平直,无卷曲现象。中置式橡胶止水带注浆管的设置间距,预留长度应符合要求,并做好保护。底板和侧墙变形缝两侧的结构厚度不同时,需将变形缝两侧的结构做成等厚度处理,以便设置背贴式止水带,在距变形缝不小于30cm以外的部位再进行变断面处理。

5. 治理措施

(1)在变形缝渗漏水部位缝内嵌入 BM 止水条,每隔 1~2m 处预埋注浆管,用速凝防水胶泥封缝。

(2)采用颜色水试水的方法,确定注浆方量。然后采用丙凝注浆,注浆顺序先底板,次侧墙,后顶板。注浆后 2~3d,应认真检查,对不密实处,可作第二次丙凝注浆,直到不渗漏水为止。注浆管可用微膨胀水泥砂浆填实。

28.1.8 混凝土施工缝渗漏水

1. 现象

施工缝处混凝土集料集中,混凝土酥松,接槎明显,沿缝隙处渗漏水。

2. 规范规定

《地下防水工程质量验收规范》GB 50208－2011:

4.7.4 施工缝的防水施工应符合下列规定:

1 水平施工缝浇筑混凝土前,应将其表面浮浆和杂物清除,铺水泥砂浆或涂刷混凝土界面处理剂并及时浇筑混凝土;

2 垂直施工缝浇筑混凝土前,应将其表面清理干净,涂刷混凝土界面处理剂并及时浇筑混凝土;

3 施工缝采用遇水膨胀橡胶腻子止水时,应将止水条安装在缝表面预留槽内;

4 施工缝采用中埋止水带时,应确保止水带位置准确、固定牢靠。

3. 原因分析

(1)施工缝留的位置不当,如把施工缝留在混凝土底板上或在墙上留垂直施工缝。

(2)施工缝混凝土面没有凿毛,残渣没有冲洗干净,新旧混凝土结合不牢。

(3)在支模和绑扎钢筋过程中,锯末、铁钉等杂物掉入缝内没有及时清除,浇筑上层混凝土后,在新旧混凝土之间形成夹层。

(4)浇筑上层混凝土时,没有先在施工缝处铺一层水泥砂浆,上下层混凝土不能牢固粘结。

(5)施工缝未做企口或没有安装止水带。

(6)下料方法不当,集料集中于施工缝处。

4. 预防措施

浇筑混凝土前,应在施工缝表面凿毛并将浮浆和杂物清除干净,使其表面坚实;施工缝采用遇水膨胀止水胶时,应根据其膨胀性能确定适宜的涂刷时间,并保证连续均匀,宽度、厚度符合要求,位置准确。在施工缝表面靠迎土面方向1/3处设置镀锌钢板(板宽为350mm,厚度为5mm),钢板应固定牢固,沿施工缝通长设置,不能间断,采用搭接法进行连接,有效搭接长度不小于100mm,并要全断面焊接。该处混凝土浇筑时,应有专人负责,混凝土振捣时遵循先下后上,先外后内的原则,确保密实。

5. 治理措施

（1）根据施工缝渗漏水情况和水压大小，采用促凝胶浆或氰凝（丙凝）灌浆堵漏。

（2）对于不渗漏水的施工缝出现缺陷，可沿缝剔成 V 形槽，遇有松散部位，须将松散石子剔除，刷洗干净后，用高强度等级水泥素浆打底，抹 1∶2 水泥砂浆找平压实。

28.1.9 预埋件部位渗漏水

1. 现象

沿预埋件周边渗漏水，或预埋件附近出现渗漏水。

2. 规范规定

《地下防水工程质量验收规范》GB 50208－2011：

4.7.7 埋设件的防水施工应符合下列规定：

1 埋设件的端部或预留孔（槽）底部的混凝土厚度不得小于 250mm；当厚度小于 250mm 时，必须局部加厚或采取其他防水措施；

2 预留地坑、孔洞、沟槽的防水层，应与孔（槽）外的结构防水层保持连续；

3 固定模板用的螺栓必须穿过混凝土结构时，螺栓或套管应满焊止水环或翼环；采用工具式螺栓或螺栓加堵头做法，拆模后应采取加强防水措施将留下的凹槽封堵密实。

3. 原因分析

（1）支撑地下工程底板钢筋的支架脚直接撑在混凝土垫层上；脚手架钢管支在混凝土垫层上，混凝土浇筑后未立即拔除，压力水沿支架脚或撑脚缝渗漏水。

（2）穿过地下工程墙体的水电套管、固定式主管、模板对拉螺栓等，未满焊止水环，或环板宽度太窄，起不到延长渗漏水距离的作用；预埋铁件及环片表面有锈蚀层未清除，混凝土不能与埋件粘结。

（3）暗线管接头不严或套管有缝，水渗入管内后又由管内渗出。

（4）施工中预埋件固定不牢受振松动，与混凝土间产生缝隙。

（5）预埋件周围，尤其是预埋件密集处，混凝土浇筑困难，振捣不密实。

4. 预防措施

（1）设计应合理布置预埋件，利于保证预埋件周围混凝土的浇筑质量。必要时预埋件部位的截面应局部加厚，使埋设件或预留孔（槽）底部的混凝土厚度不小于 250mm。

（2）所有穿过防水混凝土的预埋件，必须满焊止水环，焊缝要密实无缝。环片净宽至少要 50mm，大管径的套管不得小于 100mm。安装时，须固定牢固，不得有松动现象。

（3）预埋铁件表面锈蚀，必须作除锈处理。

（4）防水混凝土结构内部设置的各种钢筋或绑扎铁丝，不得接触模板；固定模板用的拉紧螺栓穿过混凝土结构时，可采用在螺栓或套管上加焊止水环，止水环必须满焊，也可在螺栓两端加堵头。

（5）浇筑混凝土时，加强预埋件周围混凝土的振捣。但振动棒不得碰撞预埋件。

5. 治理措施

采取促凝灰浆堵漏法实施。

28.1.10 穿墙管部位渗漏水

1. 现象

电缆管及排水管穿过防水混凝土墙时与混凝土分离,产生裂缝漏水。

2. 规范要求

《地下防水工程质量验收规范》GB 50208－2011:

4.7.6 穿墙管道的防水施工应符合下列规定:

1 穿墙管止水环与主管或翼环与套管应连续满焊,并做好防腐处理;

2 穿墙管处防水层施工前,应将套管内表面清理干净;

3 套管内的管道安装完毕后,应在两管间嵌入内衬填料,端部用密封材料填缝。柔性穿墙时内侧应用法兰压紧;

4 穿墙管外侧防水层应铺设严密,不留接茬;增铺附加层时,应按设计要求施工。

3. 原因分析

管道和电缆穿墙处是地下防水工程中的薄弱位置,其渗漏水的原因,除与"预埋件部位渗漏水"的原因相同,还因管道穿墙部位构造处理不当,管道在温差作用下,因伸缩变形与结构脱离,产生裂缝渗漏水。

4. 预防措施

穿墙管止水环和翼环应与主管连接满焊,并做防腐处理;穿墙管外侧涂刷防水层,每层防水层应保证严密,不留接茬;在涂刷防水层前,应将翼环和管道表面清理干净;预埋防水套管的管道安装完成后,应在两管间嵌入防水填料,端部用密封材料填缝。

5. 治理措施

采取促凝灰浆堵漏法实施。

28.1.11 注浆施工

参见本书第30～32章相关内容。

28.2 排水工程

28.2.1 排水沟排水不畅

1. 现象

排水沟尺寸不符合要求,排水不畅通。

2. 规范规定

《地下防水工程质量验收规范》GB 50208－2011:

6.2.7 隧道、坑道排水系统必须畅通。

3. 原因分析

(1) 模板配置没有按图纸尺寸进行翻样。

(2) 施工操作人员粗心。

(3) 施工遗留的建筑垃圾未及时清理,导致排水沟堵塞。

4. 预防措施

(1) 施工前应进行技术交底,明确盲沟的尺寸及流水方向和坡度。

(2) 按照结构设计图纸进行重新配置模板。

5. 治理措施

对排水沟进行修整,以满足结构尺寸要求,并保持排水沟畅通。

第 29 章 主体工程

29.1 模板和支架

29.1.1 模板拼缝不严

1. 现象

由于模板间接缝不严有间隙,混凝土浇筑时产生漏浆,混凝土表面出现蜂窝,严重的出现孔洞露筋。

2. 规范规定

> 《混凝土结构工程施工质量验收规范》GB 50204−2015:
>
> 4.2.5 模板安装质量应符合下列规定:
>
> 1 模板的接缝应严密。

3. 原因分析

(1)翻样不认真或有误,模板配制马虎,拼装时接缝过大。

(2)木模板制作粗糙,拼缝不严。

(3)木模板安装周期过长,因木模干缩或裂缝。

(4)浇筑混凝土时,木模板未提前浇水湿润,使其胀开。

(5)模板变形未及时修整。

(6)模板接缝措施不当。

4. 防治措施

(1)翻样要认真严格按一定比例将各分部分项细部翻成详图,详细标注尺寸,经复核无误后认真向操作工人交底,强化工人质量意识,认真制作定型模板和拼装。

(2)严格控制木模板含水率,制作时拼缝要严密。

(3)木模板安装周期不宜过长,浇筑混凝土时,木模板要提前浇水湿润,使其胀开密缝。

(4)模板变形特别是边框变形,要及时修整平直。

(5)模板间嵌缝措施要控制,不能用油毡、塑料布、水泥袋等嵌缝堵洞。

5. 治理措施

木模的转角处加嵌条或作成斜角;模板拼装时结缝处应采用双面胶处理。

29.1.2 隔离剂使用不当

1. 现象

模板表面用废机油造成混凝土污染或混凝土砂浆不清除即涂刷隔离剂,造成混凝土表面出现麻面等缺陷。

2. 规范规定

> 《混凝土结构工程施工质量验收规范》GB 50204−2015:
>
> 4.2.6 脱模剂的品种和涂刷方法应符合施工方案的要求。脱模剂不得影响结构性能及装饰施工;不得沾污钢筋、预应力筋、预埋件和混凝土接槎处;不得对环境造成污染。

3. 原因分析

（1）拆模后不清理混凝土残浆即刷隔离剂。

（2）隔离剂涂刷不匀或漏涂或涂层过厚。

（3）使用废机油脱刷模板，即污染了钢筋及混凝土，又影响了混凝土表面装饰质量。

4. 预防措施

（1）拆模后必须清除模板上遗留的混凝土残浆后，再刷隔离剂。

（2）严禁用废机油作为隔离剂，隔离剂材料选用原则应为：即适于隔离，又便于混凝土表面装饰。选用的材料有皂液、滑石粉、石灰水及其混合液或各种专门化学制品的隔离剂等。

（3）隔离剂材料宜拌成糊状，应涂刷均匀，不得流滴，也不宜涂刷过厚。

（4）隔离剂涂刷后，应在短期内及时浇筑混凝土，以防隔离层受破坏。

5. 治理措施

小蜂窝洗刷干净后，用1:2或1:2.5水泥砂浆抹平压实，较大的蜂窝应凿去蜂窝处薄弱松散颗粒，刷洗净后，支模用高一级细石混凝土仔细填塞捣实。

29.1.3 模板清理不干净

1. 现象

模板内残留木块、浮浆残渣、碎石等建筑垃圾，拆模后发现混凝土中有缝隙且有垃圾夹杂物。

2. 规范规定

《混凝土结构工程施工质量验收规范》GB 50204－2015：

4.2.5 模板安装质量应符合下列规定：

2 模板内不应有杂物、积水或冰雪等。

3. 原因分析

（1）钢筋绑扎完毕，模板位置未用压缩空气或压力水清扫。

（2）封模前未仔细检查和进行清仓。

（3）侧墙根部最低处未留清扫孔，或所留位置不当无法进行清扫。

4. 预防措施

（1）钢筋绑扎完毕，用压缩空气或压力水清除模板内垃圾。

（2）检验钢筋时必须连带验仓。

（3）在封模前，派专人将模内垃圾清除干净。

（4）侧墙根部处预留孔尺寸≥100mm×100mm，模内垃圾清除完毕后及时将清扫口处封严。

5. 治理措施

将混凝土中垃圾夹杂物及松散混凝土和软弱浆膜凿除，用压力水冲洗，湿润后用高强度等级细石混凝土仔细浇灌、捣实。

29.1.4 模板支撑选配不当

1. 现象

由于模板支撑体系选配和支撑方法不当，结构混凝土浇筑时产生变形。

2. 规范规定

3. 原因分析

(1)支撑选配马虎,未经过安全教育,无足够的承载能力及刚度,混凝土浇筑后变形。

(2)支撑稳定性差,无保证措施,混凝土浇筑后支撑自身失稳,使模板变形。

4. 预防措施

(1)模板支撑系统根据不同的结构类型和模板类型选配,以便相互协调配套。使用时应对支承系统进行必要的验算和复核,确保模板支撑系统具有足够的承载能力、刚度和稳定性。

(2)木质支撑体系如与木模板配合,木支撑必须钉牢楔紧,支柱之间必须加强拉结连紧,木支柱脚下用对拔木楔调整标高并固定,荷载过大的木模板支撑体系可采用钢管支设牢固。

(3)钢管支撑体系其支撑的布置形式应满足模板设计要求,并能保证安全承受施工荷载,钢管支撑体系一般宜扣成整体排架式,同时应加设斜撑和剪力撑。

(4)支撑体系的基底必须坚实平整。

5. 治理措施

模板安装和浇筑混凝土时,应对模板及其支架进行观察和维护。发生异常情况时,应按施工技术方案及时进行处理。

29.1.5 支架安装缺陷

1. 现象

(1)整体稳定性不够;

(2)底座有裂纹、气孔、砂眼等缺陷;

(3)钢杆件不顺直,局部弯曲、变形。

2. 规范要求

3. 原因分析

(1)支架设计的安全系数偏小。

(2)没有及时设置斜撑杆和剪刀撑。

(3)支架的搭设顺序不符合要求。

4. 预防措施

(1)支架设计的安全系数应符合规范要求,不应产生过大的变形。

(2)支架立杆必须安装在平稳的地基上,浇筑混凝土后不发生超过允许的沉降。

(3)立杆在高度方向所设的水平撑和剪力撑,应按构造与整体稳定性布置。

(4)钢管材料不得有裂纹、气孔,不宜有疏松,砂眼或其他影响使用性能的铸造缺陷,并将影响质量的因素消除干净。

5. 治理措施

经检查外观不符合规范要求的材料严禁使用,支架设计时安全系数要符合规范要求,浇筑过程中,应派专人在支架下检查,有变形时及时停止浇筑,按施工技术方案及时处理。

29.2 钢　筋

29.2.1 钢筋骨架外形尺寸不准

1. 现象

在钢筋绑扎后,由于尺寸不准导致模板无法按设计图纸安装。

2. 规范规定

《混凝土结构工程施工质量验收规范》GB 50204-2015:

5.5.3 钢筋安装偏差及检验方法应符合表5.5.3的规定

梁板类构件上部受力钢筋保护层厚度的合格点率应达到90%及以上,且不得有超过表中数值1.5倍的尺寸偏差。

钢筋安装允许偏差和检验方法　　　　　　　表5.5.3

项目		允许偏差(mm)	检验方法
绑扎钢筋网	长、宽	±10	尺量
	网眼尺寸	±20	尺量连续三档,取最大偏差值
绑扎钢筋骨架	长	±10	尺量
	宽、高	±5	尺量
纵向受力钢筋	锚固长度	-20	尺量
	间距	±10	尺量两端、中间各一点,取最大偏差值
	排距	±5	
纵向受力钢筋、箍筋的混凝土保护层厚度	基础	±10	尺量
	柱、梁	±5	尺量
	板、墙、壳	±3	尺量
绑扎箍筋、横向钢筋间距		±20	尺量连续三档,取最大偏差值
钢筋弯起点位置		20	尺量,沿纵、横两个方向量测,并取其中偏差的较大值
预埋件	中心线位置	5	尺量
	水平高差	+3,0	塞尺量测

3. 原因分析

成型工序能确保尺寸合格,就应从安装质量上找原因,安装质量影响因素有两点,多根钢筋未对齐;绑扎时某号钢筋偏离规定位置。

4. 预防措施

绑扎时将多根钢筋端部对齐,防止钢筋绑扎偏斜或骨架扭曲。

5. 治理方法

将导致骨架外形尺寸不准的个别钢筋松绑,重新安装绑扎。切忌用锤子敲击,以免骨架其他部位变形或松扣。

29.2.2 同一截面钢筋接头过多

1. 现象

在绑扎或安装钢筋骨架时,发现同一截面受力钢筋接头过多,其截面面积占受力钢筋总截面面积的百分率超出规范中规定数值。

2. 规范规定

《混凝土结构工程施工质量验收规范》GB 50204-2015:

5.4.6 当纵向受力钢筋采用机械连接接头或焊接接头时,同一连接区段内纵向受力钢筋的接头面积百分率应符合设计要求;当设计无具体要求时,应符合下列规定:

1 受拉接头,不宜大于50%;受压接头,可不受限制;

2 直接承受动力荷载的结构构件中,不宜采用焊接;当采用机械连接时,不应超过50%。

5.4.7 当纵向受力钢筋采用绑扎搭接接头时,接头的设置应符合下列规定:

1 接头的横向净间距不应小于钢筋直径,且不应小于25mm;

2 同一连接区段内,纵向受拉钢筋的接头面积百分率应符合设计要求;当设计无具体要求时,应符合下列规定:

1)梁类、板类及墙类构件,不宜超过25%;基础筏板,不宜超过50%。

2)柱类构件,不宜超过50%。

3)当工程中确有必要增大接头面积百分率时,对梁类构件,不应大于50%。

3. 原因分析

(1)钢筋配料时疏忽大意,没有认真考虑原材料长度。

(2)忽略了某些杆件不允许采用绑扎接头的规定。

(3)忽略了配置在构件同一截面中的接头,其中距不得小于搭接长度的规定,对于接触对焊接头,凡在30d区域内作为同一截面,但不得小于500mm,其中d为受力钢筋直径。

(4)分不清钢筋在受拉区还是在受压区。

4. 预防措施

(1)配料时按下料单钢筋编号,再划出几个分号,注明哪个分号与哪个分号搭配,对于同一搭配安装方法不同的(同一搭配而各分号是一顺一倒安装的),要加文字说明。

(2)记住轴心受拉和小偏心受拉杆件中的钢筋接头,均应焊接,不得采用绑扎接头。

(3)弄清楚规范中规定的同一截面的含义。

(4)如分不清受拉或受压区时,接头位置均应按受压区的规定办理,如果在钢筋安装过程中,安装人员与配料人员对受拉或受压理解不同(表现在取料时,某分号有多少),则应讨论解决。

5. 治理措施

在钢筋骨架未绑扎时,发现接头数量不符合规范要求,应立即通知配料人员重新考虑设置方案,如已绑扎或安装完钢筋骨架才发现,则根据具体情况处理,一般情况下应拆除骨架

279

或抽出有问题的钢筋返工。如果返工影响工时或工期太长,则可采用加焊帮条(个别情况经过研究也可以采用绑扎帮条)的方法解决,或将绑扎搭接改为电弧焊接。

29.2.3 钢筋少放或漏放

1. 现象

在检查核对绑扎好的钢筋骨架时,发现某号钢筋遗漏。

2. 规范规定

> 《混凝土结构工程施工质量验收规范》GB 50204－2015:
> 5.5.1 钢筋安装时,受力钢筋的牌号规格和数量必须符合设计要求。

3. 原因分析

施工管理不当,没有事先熟悉图样和研究各号钢筋安装顺序。

4. 预防措施

绑扎钢筋骨架之前要熟悉图样,并按钢筋材料表核对配料单和料牌,检查钢筋规格是否齐全准确,形状、数量是否与图样相符。在熟悉图样的基础上,仔细研究各钢筋绑扎安装顺序和步骤,整个钢筋骨架绑完后应清理现场,检查有无遗漏。

5. 治理方法

遗漏的钢筋要全部补上,骨架结构简单的,将遗漏钢筋放进骨架即可继续绑扎,复杂的要拆除骨架部分钢筋才能补上,对于已浇灌混凝土的结构物或构件发现某号钢筋遗漏要通过结构性能分析确定处理方法。

29.2.4 钢筋焊接接头质量不符合要求

1. 现象

钢筋焊接质量不符合规范要求,出现氧化膜、夹渣、过烧、未焊透、缩孔、接头区有裂纹等。

2. 规范规定

> (1)《混凝土结构工程施工质量验收规范》GB 50204－2015:
> 5.4.1 钢筋的连接方式应符合设计要求。
> 5.4.2 钢筋采用机械连接或焊接连接时,钢筋机械连接接头、焊接接头的力学性能、弯曲性能应符合国家现行相关标准的规定。接头试件应从工程实体中截取。
> (2)《钢筋焊接及验收规程》JGJ 18－2012:
> 4.1.4 在工程开工、正式焊接之前,参与该项施焊的焊工应进行现场条件下的焊接工艺试验,并经试验合格后,方可正式生产。试验结果应符合质量检验与验收时的要求。

3. 原因分析

(1)钢筋端部下料弯曲过大,清理不干净或端面不平;钢筋安装不正,轴线偏移,机具损坏,卡具安装不紧,造成钢筋晃动和位移,焊接完成后,接头未经充分冷却。

(2)焊接工艺方法应用不当,焊接参数选择不合适,操作技术不过关。

(3)钢筋下料未充分考虑接头位置。

4. 预防措施

(1)焊接前应矫正或切除钢筋端部过于弯折或扭曲的部分,并予以清除干净,钢筋端面应磨平。

（2）钢筋加工安装应由持证焊工进行,安装钢筋时要注意钢筋或夹具轴线是否在同一直线上,钢筋是否安装牢固,过长的钢筋安装时应有置于同一水平面的延长架,如机具损坏,应及时修理或更换,经验收合格后方准焊接。

（3）根据《钢筋焊接及验收规程》JGJ 18 - 2012 合理选择焊接参数,正确掌握操作方法。焊接完成后,应视情况保持冷却 1 ~ 2min 后,待接头有足够的强度时再拆除机具或移动。

（4）焊工必须持证上岗。钢筋焊接前,必须根据施工条件进行试焊,合格后方可施焊。

（5）焊接完成后必须坚持自检。

5. 治理措施

（1）对接头弯折和偏心超过标准的及未焊透的接头,应切除热影响区后重新焊接或采取补强焊接措施。

（2）对脆性断裂的接头应按规定进行复检,不合格的接头应切除热影响区后重新焊接。

29.2.5 钢筋直螺纹连接常见质量问题

1. 现象

直螺纹连接不到位,钢筋伸入长度不够,钢筋车丝长度不符合要求,钢筋丝头的螺纹与连接套筒的螺纹不吻合。

2. 规范规定

（1）《混凝土结构工程施工质量验收规范》GB 50204 - 2015:

5.4.3 螺纹接头应检验拧紧扭矩值,挤压接头应量测压痕直径,检验结果应符合现行行业标准《钢筋机械连接技术规程》JGJ 107 的相关规定。

（2）《钢筋机械连接通用技术规程》JGJ 107 - 2003:

6.0.1 接头的施工现场及验收符合规范要求

3. 原因分析

（1）加工机械破旧。

（2）加工机械未核准或在加工时尺寸发生了变化。

（3）操作工人操作不当。

4. 预防措施

（1）车丝机械进场前,要进行检查调试。

（2）车丝加工及连接施工的人员要进行技术培训,经考核合格后并颁发上岗证书后方可作业。

（3）钢筋原材截断时应采用砂轮切割机等进行冷切割。

（4）每加工 10 个丝头便用套筒测试一次。

（5）加工好的合格丝头应带上标有规格的塑料帽套,分类存放。

5. 治理措施

（1）螺纹丝牙加工不合格应及时更换机械部件或机器。

（2）不合格的丝头应切去重新加工。

29.3 混凝土

29.3.1 混凝土表面缺陷

1. 现象

拆模后混凝土表面出现蜂窝、麻面及孔洞。

2. 规范规定

《混凝土结构工程施工质量验收规范》GB 50204－2015：

8.1.1 现浇结构的外观质量不应有严重缺陷。

对已经出现的严重缺陷，应由施工单位提出技术处理方案，并经监理单位认可后进行处理；对裂缝、连接部位出现的严重缺陷及其他影响结构安全的严重缺陷，技术处理方案尚应经设计单位认可。对经处理的部位应重新验收。

8.2.2 现浇结构的外观质量不应有一般缺陷。

对已经出现的一般缺陷，应由施工单位按技术处理方案进行处理。对经处理的部位应重新验收。

3. 原因分析

（1）模板工程质量差，模板接缝不严、漏浆，模板表面污染未及时清除，新浇混凝土与模板表面残留的混凝土"咬接"。

（2）浇筑方法不当、不分层或分层过厚，布料顺序混乱等。

（3）漏振或过振使振捣不实。

（4）局部设计配筋过密，阻碍混凝土下料或无法振捣。

（5）钢筋安装误差较大，使局部钢筋过密，混凝土下料或振捣困难。

4. 预防措施

（1）模板使用前应进行表面清理，保持表面清洁光滑，组合后应使接缝严密，必要时在接缝处使用双面胶加强，浇筑混凝土前应充分湿润。

（2）按规定要求合理布料，对于过长过高的结构混凝土浇筑时采用分段分层浇筑，并选派操作熟练的混凝土振捣工，分层振捣密实，防止漏振或过振现象。

（3）对局部设计配筋过密处，事先制定处理方案（如开门子板、后扎等）以保证混凝土拌合物的顺利通过。

（4）加强对钢筋施工人员的技术交底，从钢筋制作抓起，严格按照设计及规范要求进行加工和安装。

5. 治理措施

（1）小蜂窝洗刷干净后，用1:2或1:2.5水泥砂浆抹平压实，较大的蜂窝应凿去蜂窝处薄弱松散颗粒，刷洗净后，支模用高一级细石混凝土仔细填塞捣实。

（2）在麻面部位浇水充分湿润后，用原混凝土配合比砂浆，将麻面抹平压光。

（3）将孔洞周围的松散混凝土和软弱浆膜凿除，用压力水冲洗，湿润后用高强度等级细石混凝土仔细浇灌、捣实。

29.3.2 混凝土露筋

1. 现象

混凝土内部主筋、副筋或箍筋局部裸露在主体结构表面。

2. 规范规定

《混凝土结构工程施工质量验收规范》GB 50204-2015:

8.2.1 现浇结构的外观质量不应有严重缺陷。

对已经出现的严重缺陷,应由施工单位提出技术处理方案,并经监理单位认可后进行处理;对裂缝、连接部位出现的严重缺陷及其他影响结构安全的严重缺陷,技术处理方案尚应经设计单位认可。对经处理的部位应重新验收。

8.2.2 现浇结构的外观质量不应有一般缺陷。

对已经出现的一般缺陷,应由施工单位按技术处理方案进行处理。对经处理的部位应重新验收。

3. 原因分析

(1)浇筑混凝土时,钢筋保护层垫块移位或垫块太少或漏放,致使钢筋紧贴模板外露。

(2)钢筋过密,石子卡在钢筋上,使水泥砂浆不能充满钢筋周围,造成露筋。

(3)混凝土配合比不当,产生离析,靠模板部位缺浆或模板漏浆。

(4)混凝土保护层太小或保护层处混凝土振捣不实;或振捣棒撞击钢筋或踩踏钢筋,使钢筋位移,造成露筋。

(5)模板未浇水湿润,隔离过早,拆模时缺棱掉角,导致露筋。

4. 预防措施

(1)浇筑混凝土,应保证钢筋位置和保护层厚度正确,并加强检查,钢筋密集时,应选用适当粒径的石子,保证混凝土配合比准确和良好的和易性。

(2)浇筑高度超过2m,应采取措施,以防止混凝土离析。

(3)模板应充分湿润并认真堵好缝隙。

(4)混凝土振捣严禁撞击钢筋,操作时,避免踩踏钢筋,如有踩弯应及时调整。

(5)保护层混凝土要振捣密实。

(6)正确掌握隔离时间,防止过早拆模,碰坏棱角。

5. 治理措施

表面露筋,刷洗净后,在表面抹1:2或1:2.5水泥砂浆,将露筋部位抹平;露筋较深的凿去薄弱混凝土和突出颗粒,洗刷干净后,用比原来高一级的细石混凝土填塞压实。

29.3.3 混凝土缺棱掉角

1. 现象

结构边角处混凝土局部掉落,不规则,棱角有缺陷

2. 规范规定

《混凝土结构工程施工质量验收规范》GB 50204-2015:

8.2.2 现浇结构的外观质量不应有一般缺陷。

对已经出现的一般缺陷,应由施工单位按技术处理方案进行处理。对经处理的部位应重新验收。

3. 原因分析

(1)模板未充分湿润,混凝土浇筑后养护不好,造成脱水,强度低或模板吸水将边角拉裂,拆模时,棱角被粘掉。

(2)拆模时,边角受外力或重物撞击,或保护不好,棱角被碰掉。

（3）模板未涂刷隔离剂,或涂刷不均。

4. 预防措施

（1）模板在浇筑混凝土前应充分湿润,混凝土浇筑后应认真浇水养护,混凝土必须达到强度后方可拆模。

（2）拆模时注意保护棱角,避免用力过猛过急。

（3）吊运模板,防止撞击棱角。

5. 治理措施

缺棱掉角,可将该处松散颗粒凿除,冲洗充分湿润后,视破损程度用 1:2 或 1:2.5 水泥砂浆抹补齐整,或支模,用比原来高一级混凝土捣实补好,认真养护。

29.3.4 混凝土强度不够,匀质性差

1. 现象

同批混凝土试块的抗压强度平均值低于设计要求强度等级。

2. 规范规定

《混凝土结构工程施工质量验收规范》GB 50204－2015:

7.4.1 混凝土的强度等级必须符合设计要求。

用于检验混凝土的试件应在浇筑地点随机抽取。

3. 原因分析

（1）水泥过期或受潮,活性降低;砂、石集料级配不好,空隙大,含泥量大,杂物多,外加剂使用不当,掺量不准确。

（2）混凝土配合比不当,计量不准,施工中随意加水,使水灰比增大。

（3）混凝土加料顺序颠倒,搅拌时间不够,拌合不匀。

（4）混凝土试块制作未振捣密实,养护管理不善,养护条件不符合要求,在同条件养护时,早期脱水或受外力砸坏。

4. 预防措施

（1）定期或不定期对商品混凝土供应商进行检查,水泥应有出厂合格证;砂、石子粒径、级配、含泥量等应符合要求。

（2）严格控制混凝土配合比及外加剂掺量。

（3）各种原材料计量要准确,应按顺序拌制,保证拌制时间和拌匀。

（4）应按施工规范要求认真制作混凝土试块,并加强对试块的管理和养护。

5. 治理措施

当混凝土强度偏低,可用非破损方法（如回弹仪法,超声波法）来测定结构混凝土实际强度,如仍不能满足要求,可按实际强度校核结构的安全度,研究处理方案,采取相应加固或补强措施。

29.3.5 混凝土表面裂缝

1. 现象

混凝土表面出现裂缝。

2. 规范规定

3. 原因分析

(1)混凝土配合比中水泥用量过大。

(2)混凝土早期养护不及时。

(3)大体积混凝土结构表面裂缝使混凝土水化热不能及时排出。

4. 预防措施

(1)混凝土配合比应通过试验确定,并按规定取样试验。

(2)混凝土必须要保证连续供应,连续浇筑。

(3)混凝土到场后出现离析或坍落度不符合要求时禁止使用,现场严禁直接加水。

(4)混凝土浇筑必须用高频机械振捣密实,以混凝土泛浆和不冒气泡为准,避免漏振、欠振和过振。

(5)混凝土浇筑时,任一截面在任一时间的内部最高温度与表面温度之差一般不高于20℃,新浇混凝土与邻近的已硬化的混凝土的温差不大于20℃。

(6)混凝土应及时进行养护,隧道顶板混凝土浇筑完成后,应立即收水,初凝后及时覆盖浇水养护不少于14d,保证混凝土表面始终处于湿润状态;顶板的底面及侧墙要做到保温、保湿养护。

5. 治理措施

对于非结构裂缝,主要有以下处理方法:

(1)开槽修补裂缝。

(2)低压注浆法修补裂缝。

(3)表面修补法(表面涂抹水泥砂浆、表面涂抹环氧胶泥、表面凿槽嵌补)。

第30章 隧道开挖和主体结构

30.1 开挖和支护

30.1.1 开挖时洞门坍塌

1. 现象

(1)洞门坍塌;

(2)洞门表观质量差。

2. 规范规定

5.1.2 边坡和仰坡以上可滑塌的表土、灌木及山坡危石等应清除或加固。

5.1.3 在不良地质地段,应在进洞前按设计要求对地表及时进行加固防护。

5.1.4 洞口边坡及仰坡应自上而下开挖,不得掏底开挖或上下重叠开挖。洞口有临近建(构)筑物时,应采取微震爆破。当地质条件不良时,应采取稳定边坡和仰坡的措施。

5.1.5 应随时检查边坡和仰坡的变形状态,发现不稳定现象时,及时采取措施,保证施工安全。

5.1.6 洞口边、仰坡排水系统应在雨季之前完成。

5.1.7 隧道排水应与洞外排水系统合理连接,不得侵蚀软化隧道和明洞基础,不得冲刷路基坡面及桥涵锥坡等设施。

5.1.8 应对地表沉降和拱顶下沉进行监控量测,并适当增加量测频率。

5.1.9 洞口永久性挡护工程应紧跟土石方开挖及早完成。低级承载力应满足设计要求。

3. 原因分析

洞门坍塌:

(1)地表水渗透或雨水冲刷使隧道洞门边、仰坡失稳,造成洞口坍塌;

(2)洞门边、仰坡开挖采用大爆破作业方式,对隧道洞口围岩产生扰动,造成隧道洞口坍塌;

(3)洞口围岩松散软弱,自稳性能差,进洞施工方案不妥;

(4)洞口边仰坡开挖后防护不及时。

洞门表观质量差:

(1)洞门立模不稳,不平顺,混凝土灌注质量差;

(2)修补工艺欠佳。

4. 预防措施

洞门坍塌:

(1)在洞口边仰坡开挖前先施工洞顶截、排水沟,防止地表水冲刷边仰坡。

(2)洞口边仰坡严格按照设计要求开挖,边开挖边防护,做好锚、网、喷防护工作,防止雨水冲刷。

(3)根据洞口围岩情况制定相应的施工方案,软弱围岩做好超前支护,并预留核心土开挖进洞;围岩较好,可采用超前小导管进洞,一般严格按照设计支护类型施工,局部适当加强,方可安全进洞。

(4)洞口一般沉降量较大,衬砌施工时间较晚,施工时根据围岩情况适当增大沉降预留量,防止因围岩变形而侵占衬砌净空。

洞门表观质量差:

(1)一般洞门形式很多,如果是混凝土现浇洞门,要求采用钢模板,且模板定位准确,涂抹隔离剂,施工后洞门美观;如果是大理石镶面洞门,混凝土浇筑表面只要平顺即可,后期大理石镶面时要求平顺、错缝、勾缝美观。

(2)洞门模板安装及混凝土浇筑要严格控制,一次成型,如局部混凝土缺陷,应制定修补措施,按要求修补平顺,确保修补部分不脱落;局部不平顺采用手砂轮打磨平顺。

5. 防治措施

由于坍塌复杂,因此不能简单将边、仰坡坍塌体清除来进行处理,而是应当采用比较稳妥、安全、详细的方案来解决。通过多方论证和聘请有经验的隧道专家进行了现场方案确定,其具体做法如下:

(1)先做好防、排水工作

由于坍塌导致了原有的边、仰坡顶部的截水沟局部产生了开裂,甚至局部还出现了破坏现象,为了防止地表水和雨水渗透使坍塌体再次产生失稳现象,以致出现再次坍塌使后果更严重,因此必须先完善防、排水设施。具体做法就是对开裂了的和破坏了的截水沟全部重做,对坡面上喷射混凝土开裂但下一步又不需清除的部分,用水泥浆灌缝处理,同时用防水布覆盖以便雨水产生渗漏。

(2)及时加固未坍部分、防止再次坍塌

坍塌后应及时采取加固措施,防止坍塌范围继续扩大。坍塌时除坍塌的边、仰坡外,还拉动了其他相邻的边、仰坡产生了开裂,坍塌了的边、仰坡应当清除后进行加固,但在此前应当先对周边开裂了的边、仰坡进行加固。对边、仰坡采用喷锚支护对坡体进行有效的加固,在局部开裂严重的地方采用内插一根注浆小导管的做法,并用水泥浆对裂缝进行灌缝处理。对开裂不大的地方采用内插相应的砂浆锚杆的做法。

30.1.2 隧道爆破开挖效果差

1. 现象

(1)光爆效果差,超欠挖严重;

(2)断层、破碎带开挖局部坍塌。见图30-1。

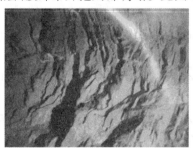

图30-1 爆破开挖超挖、坍塌

2. 规范规定

《地下铁道工程施工及验收规范》GB 50299-1999:

7.4 隧道钻爆开挖,在硬岩中宜采用光面爆破,软岩中宜采用预裂爆破。

分部开挖时,可采用预留光面层的光面爆破。爆破前应进行爆破设计,并根据爆破效果及时修正有关参数。爆破后应对开挖断面进行检查,开挖断面不得欠挖,允许超挖值应符合规范要求。

3. 原因分析

爆破效果差:

(1)没有根据围岩情况的变化及时调整爆破参数。

(2)周边眼位置不准确,外插角偏大或不一致。

（3）爆破工责任心不强,未按照钻爆设计的装药结构、装药量和雷管的段数进行装药。

（4）技术人员测量开挖轮廓尺寸不够准确。

坍塌:

（1）未进行超前地质预报,对断层破碎带未做预处理。

（2）未及时改变开挖及支护方法,盲目追求进度。

4. 预防措施

爆破效果差:

（1）根据围岩情况进行爆破设计,并根据围岩变化及时调整爆破参数。

（2）周边眼定位要准确,炮眼应平直、平行,炮眼间距严格按照钻爆设计要求布置。

（3）软弱围岩边墙宜采用预裂爆破,拱部宜采用光面爆破,并预留沉落量。

（4）加强爆破工的责任心。提高业务水平,施工中严格按照钻爆设计的装药结构、装药量和雷管段数进行装药;周边眼采用小药量间隔装药,导火索引爆。

（5）测工应每循环对开挖断面进行准确测量。测量实行双检制,每开挖 10m,对中线、标高和轮廓线进行一次复查。

（6）控制超欠挖,欠挖应凿除,超挖部分在允许范围内,应按照同级混凝土回填;超出允许范围,应根据相关规范做出方案报批后实施回填作业。

坍塌:

（1）加强超前地质预报,及时分析塌方地段地质的特征。

（2）根据地质特征,及时调整开挖方法、开挖进度、支护方法、调整爆破参数。

（3）增加管棚、超前小导管或超前锚杆等超前预支护措施,防止坍塌。

5. 治理措施

（1）对于超挖部位,在初支拱架架设完成时,首先利用初支喷射混凝土,分层间隔填平至初支轮廓面,确保初支背面无孔洞存在。

（2）欠挖部位,可人工进行二次光面爆破。不具备爆破部位可用小型挖机进行机械破除。

（3）存在破碎带时,停止开挖,首先施做超前小导管支护,支护强度满足要求后方可继续开挖。

30.1.3 开挖通风防尘不畅

1. 现象

在隧道掘进施工过程中,经常出现洞内空气污浊、粉尘浓度大、温度高,使施工作业人员明显感到缺氧、沫眼、呼吸困难,甚至产生头晕、呕吐现象,影响正常的安全生产及人身健康。

2. 规范规定

《公路隧道施工技术规范》JTG F60 - 2009:

12.1 供风和供水

12.1.1 空气压缩机站设置应合理,并有防水、降温和防雷击设施。

12.1.2 隧道掌子面使用风压应不小于 0.5MPa,高压风管的直径应通过计算确定。

12.1.3 高压风、水管路的安装使用,应符合下列规定:

1 洞内风、水管不宜与电缆电线敷设在同一侧。

> 2 在空气压缩机站和水池总输出管上必须设总闸阀;主管上每隔300～500m应分装闸阀。高压风管长度大于1000m时,应在管路最低处设置油水分离器,定时放出管中的积油和水。
>
> 3 高压风、水管在安装前应进行检查,有裂纹、创伤、凹陷等现象时不得使用,管内不得保留残余物和其他脏污。

3. 原因分析

(1)随着坑道开挖,不断向山体延伸,由于洞内空气稀薄且不能流通,使洞内氧气大大减少。

(2)由于某种原因钻眼、施工爆破、清渣装渣以及喷射混凝土使岩渣内的粉尘飞扬。

(3)由于炸药爆炸产生的有害气体、施工时各类内燃机械及运输汽车排出的尾气,以及开挖时地层中放出有害气体不能及时排除。

4. 预防措施

(1)采用湿式凿岩法,即打"水风钻",可使岩粉湿润,减少扬尘。

(2)在隧道掘进过程中要经常喷雾洒水,这样不仅降低了粉尘浓度,还可溶解少量的有害气体,降低洞内温度,使洞内空气清新。

(3)机械通风要经常化,以稀释空气中有害气体及粉尘浓度。

(4)尽量使用先进的、尾气排放符合国家规定的设备。

(5)洞内施工人员要戴防尘口罩进行作业,搞好个人防护。

5. 防治措施

若在施工中作业人员出现上述现象,应采取如下措施:

(1)立即停止作业,出洞呼吸新鲜空气或吸氧。

(2)加强洞内喷雾洒水。

(3)提高机械通风的强度,使供应洞内每人每分钟的新鲜空气不小于$3m^3$,若给瓦斯逸出地段通风,应将新鲜空气送至开挖面,并用排风管将瓦斯气体排出洞外,不允许瓦斯气流入隧道后方。

30.1.4 隧道爆破后炮烟不能及时排走

1. 现象

随着隧道施工开挖长度的增长,利用自然通风爆破后产生的炮烟需要很长时间才能排走,延长了下道工序的衔接时间,影响了隧道施工进度。

2. 规范规定

> (1)《公路隧道施工技术规范》JTG F60－2009:
>
> 12.1 供风和供水
>
> 12.1.1 空气压缩机站设置应合理,并有防水、降温和防雷击设施。
>
> 12.1.2 隧道掌子面使用风压应不小于0.5MPa,高压风管的直径应通过计算确定。
>
> 12.1.3 高压风、水管路的安装使用,应符合下列规定:
>
> 1 洞内风、水管不宜与电缆电线敷设在同一侧。
>
> 2 在空气压缩机站和水池总输出管上必须设总闸阀;主管上每隔300～500m应分装闸阀。高压风管长度大于1000m时,应在管路最低处设置油水分离器,定时放出管中的积油和水。

289

3. 原因分析

隧道开挖越长,洞内空气越稀薄,洞内外气压差大,使爆破产生的炮烟不易排出。

4. 预防措施

以机械通风的方式,将空气强行压入洞内爆破地点,增大洞内空气压力,将炮烟快速赶到洞外。一般除300m以下短隧道及导坑贯通后的隧道施工,可利用自然通风外,其他的均要采用机械通风,常用的机械通风的方式如下:

(1)风管式通风:风流经管道输送,采用压入风机将新鲜空气由管道送到开挖面,或采用抽出风机将污浊空气抽走,目前利用风管独头通风的长度已超过6km。对于无法采用风管独头通风的独头巷道或上下导坑,全断面分块开挖,用药量较大,下导坑为双轨断面的隧道施工,可同时采用压入风机和抽出风机一起工作。

(2)巷道式通风:适用于有平行导坑的长隧道。其特点是:通过最前面的横洞使正洞和平行导坑组成一个风流循环系统,在平行导坑洞口附近安装通风机,将污浊空气由平行导坑抽出,新鲜空气由正洞流入,形成循环风流。另外,对平行导坑和正洞前面的独头巷道,再辅以局部的风管式通风。这种通风方式,目前在长隧道施工中,通风效果较好。

(3)风墙式通风:当管道通风难以解决,又无平行导坑可以利用时,可采用风墙式通风。

5. 防治措施

进行爆破时,所有人员应撤至不受有害气体侵入及爆炸不影响的安全地点。

爆破后必须经过通风排烟才能进入工作面检查,但不得早于15min。待认真进行敲帮问顶、危石处理以后可进入洞内进行作业。

30.1.5 隧道围岩超欠挖

1. 现象

(1)因欠挖超限造成衬砌厚度不足。

(2)因超挖处理不当降低围岩整体性和自成拱能力,增大衬砌受力。

2. 规范规定

6.3.2 应尽量减少超挖,不同围岩地质条件下的允许超挖值规定见表6.3.2。平均超挖值按公式(6.3.2)计算。

$$平均超挖值 = \frac{超挖面积}{爆破设计开挖断面周长(不包括隧底)} \tag{6.3.2}$$

平均和最大允许超挖值(mm)　　　　　　　　表6.3.2

项　目		规定值或允许偏差	检查方法和频率
拱部	破碎岩、土(Ⅳ Ⅴ级围堰)	平均100,最大150	水准仪或断面仪:每20m一个断面
	中硬岩、软岩(Ⅱ Ⅲ Ⅳ级围岩)	平均150,最大250	
	硬岩(Ⅰ级围岩)	平均100,最大200	
边墙	每侧	+100,-0	尺量:每20m检查一处
	全宽	+200,-0	
仰拱、隧底		平均100,最大250	水准仪:每20m检查3处

6.3.3 隧道开挖轮廓应按设计要求预留变形量,预留变形量大小宜根据监控量测信息进行调整。

6.3.4 超挖部分必须回填密实。

3. 原因分析

(1)测量放样不精确;

(2)岩石隧道爆破施工未到位或围岩坍落;

(3)挖掘机开挖时直接开挖到设计预留的开挖轮廓边缘;

(4)地质情况较差、土体垂直节理发育、稳定性差、局部出现坍塌;

(5)掌子面开挖后架设拱架前不进行初喷,导致粉质黄土失水松散掉块。

4. 预防措施

(1)测量放样时要精确标出开挖轮廓线,在开挖过程中控制好开挖断面,做到测量精确;

(2)岩石隧道爆破开挖时要严格按照爆破施工技术交底进行提前准备,精确控制好炮眼间距,并严格按照技术参数装入药量,不能忽多忽少;

(3)在开挖过程中还需根据实际情况确定预留变形量,应将施工中可能发生的围岩变化情况(掉块或坍落)进行考虑;

(4)在施作超前小导管时要控制好外插角,防止因外插角过大造成超挖;

(5)预留开挖轮廓边缘线,在开挖过程中采用人机配合,避免机械开挖造成超、欠挖现象;

(6)地质情况较差、局部出现坍塌时根据实际情况尽快施作初期支护进行封闭处理;

(7)开挖到设计轮廓线位置后立即进行初喷封闭开挖面,再架设型钢拱架。

5. 防治措施

(1)欠挖超过规定允许范围内的必须作凿除处理。

(2)超挖在允许范围内的均可在衬砌时用与衬砌相同标号的混凝土同时浇筑。

(3)超挖超过允许范围的:边墙脚以上1m范围内及拱脚以上1m范围内的超挖应用与边墙及拱圈相同标号的混凝土与边墙及拱圈同时浇筑。其余部位的超挖,宜用片石混凝土或比拱、墙混凝土低一级的混凝土填筑施工。片石混凝土所用混凝土标号应与衬砌相同。

30.1.6 隧道塌方及冒顶

1. 现象

（1）出现大量超挖，增大出渣量和填塞量。

（2）造成人身伤亡，机械设备损坏事故。

（3）影响工期，增大投资。

2. 规范规定

《公路隧道施工技术规范》JTG F60-2009：

16.1 一般规定

16.1.1 在不良地质和特殊岩土地段时，地质状态并不能完全符合现场的实际情况，因此有必要将设计资料与现场实际情况结合起来分析研究，在施工前必须制定一套科学合理的施工方案，并报上级及业主、监理部门审批，结合紧急预案，防止地质灾害的发生。

不良地质和特殊岩土除了包括本章给出规定的岩溶、岩爆、瓦斯等不良地质和黄土、膨胀岩土、流沙、腹水软弱破碎岩等特殊岩土，还包括可能对隧道施工产生影响的其他不良地质和特殊岩土，如：滑坡、危岩和崩塌、泥石流、采空区、活动断裂和冻土、盐渍岩石、风化岩、残积土等。

不良地质和特殊岩土对隧道的安全、经济有重大影响，应准确探明其位置、规模和对工程的影响程度。为此，条文中要求认真熟悉勘察资料。

本章强调，施工前应了解设计意图，将设计资料与现场实际情况结合起来分析研究，制订出一套科学合理的施工方案，做到有的放矢、有备无患，以应对突发现象。熟悉设计图纸、理解设计意图，与施工过程揭示的实际现象对照，及时修订施工方案，是不良地质和特殊岩土隧道施工的重要环节。一定要改变只凭一些类似工程经验、制订个别施工关键方案的习惯做法，应通过制订一套完整的、符合实际情况的实施方案，达到情况明、措施全、有准备的组织施工。

3. 原因分析

（1）隧道开挖中，围岩性质及地质条件发生变化，岩质由硬变软，或出现断层、破碎带、梯形软弱带等不良地质情况而未及时改变开挖方法、支护方式。

（2）未严格按钻爆设计要求钻孔、装物：孔间距不符合要求或过量装药，爆破后使岩壁围岩过于破碎、裂缝深大而坍落，或爆破震动过大，造成局部围岩失稳而塌方、冒顶。

（3）水害：因出现大面积淋水或涌水。

（4）组织管理不善、工序衔接不当，支护不及时，采用支护方式不妥，衬砌未及时跟进。

（5）忽视对开挖面和未衬砌、未支护段围岩变化情况的监测检查。

（6）隧道通过沟谷凹地等覆盖层过薄地带或通过沿溪傍山偏压浅埋地段。

（7）洞口围岩节理发育、严重破碎，或因不利岩层走向而产生沿岩层面滑塌。

4. 预防措施

（1）隧道开挖中，如发现围岩性质、地质情况发生变化，应及时对所用的掘进方法、支护方式作相应调整，以适应新的围岩条件，确保安全施工。

（2）施工操作人员应严格按钻爆设计要求钻孔、装药、爆破，严禁超量装药，爆破工必须经培训合格方可上岗,避免人为因素造成塌方冒顶。

(3)对于出现突发性大面积淋水或涌水,应根据水量大小、补给方式、变化规律及水质成分等情况,正确采用诸如"超前钻孔或辅助坑道排水"、"超前小导管予以注浆止水"、"井点降水及深井降水"等辅助施工方法,排除淋水、涌水对掘进施工的干扰和影响,根据塌方、冒顶隐患,确保围岩稳定及施工安全。

(4)加强施工组织管理,严格按施工组织设计施工,各工序应有序跟进,相互衔接。

(5)加强对开挖面、未支护及未衬砌断面围岩情况的监测和检查,如有塌方,冒顶症兆要及时做强支护处理。对已支护地段亦要经常检查,有无异常变形或破坏,锚杆是否松动,喷混凝土层是否开裂、掉落等,一经发现应立即补救,采取适当方式加固处理。还要防止在施工过程中机械对支护的碰撞破坏。

(6)当隧道掘进通过沟谷凹地等覆盖层过薄地带或通过沿溪傍山偏压浅埋地段时,因围岩自身成拱能力差,缺乏足够稳定性,施工时应特别谨慎,应采取先支护、后开挖、快封闭、勤量测的施工方式,再根据不同地质条件,辅之以必要加固措施,稳定开挖面,确保施工安全。

(7)如发现洞口围岩节理发育、严重破碎,或因不利岩层走向,有可能产生滑塌,则应对开挖线以外围岩顺洞向打设锚杆并注浆加固处理。为确保洞口安全还应进行管棚钢架支护,以防洞口坍塌,影响掘进。

5. 防治措施

(1)隧道为动态设计,遇有地质与物探设计有出入时要及时报告,停止开挖重新设计支护参数。

(2)不论采用双液浆或单液浆加固坍碴体和周围饱和岩土时,必须先降低地下水后注浆才能达到效果。

(3)注浆扩散效果达不到时不能随便乱清坍碴体,以防塌方扩大。

(4)加强监控量测和地表沉降观测,严格按方案施工,采用注小导管和中管棚分部开挖支护处理塌方方法是可行的。见图30-2。

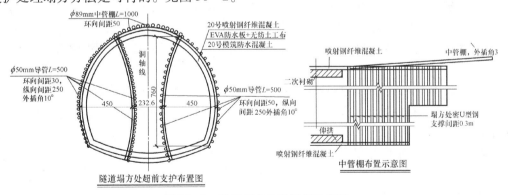

图30-2 隧道塌方处置措施示意图

30.1.7 初期支护喷射混凝土掉层脱落

1. 现象

初期支护喷射混凝土表面局部掉落。

2. 规范规定

《公路隧道施工技术规范》JTG F60－2009：

8.2 喷射混凝土

8.2.1 喷射混凝土施工不得采用干喷工艺。

8.2.2 喷射混凝土配合比,应通过试验确定并满足设计强度和喷射工艺要求。

8.2.3 喷射混凝土作业应符合下列规定:

1 当喷射作业分层进行时,后一层喷射应在前一层混凝土终凝后进行。

2 混合料应随拌随喷。

3 喷射混凝土回弹物不得重新用作喷射混凝土材料。

8.2.4 喷射混凝土应适时进行养护,隧道内环境温度低于5℃时不得洒水养护。

8.2.4 冬期施工时,喷射作业的气温不应低于5℃。在结冰的岩面上不得进行喷射混凝土作业。混凝土强度未达到6MPa前不得受冻。

3. 原因分析

(1)第一次喷射层和钢架表面尘土污染清理不彻底,降低了新旧混凝土的黏结力;

(2)喷射混凝土不密实、空鼓,造成初期支护表面渗漏水,钢架表面锈蚀;

(3)结合以上两个原因在整个初期支护未稳定前,由收敛和沉降引起,造成钢架外露和混凝土表面掉层。

4. 预防措施

(1)采用湿喷。

(2)钢架和第一层喷射混凝土表面进行彻底清理。

(3)喷射混凝土时,填塞钢架背后,一般3~5cm厚度分层喷射。

(4)采取有效的养护措施。

5. 防治措施

(1)对钢架和第一层喷射混凝土表面必须进行彻底清理(针对黄土隧道严禁水洗);

(2)喷射时喷射手先喷射填塞钢架背后,然后以每层3~5cm厚度分层喷射。对于富水隧道尽量采取引排的措施减少初期支护背后积水对混凝土的长期侵蚀;

(3)短进尺、强支护、早封闭、快成环,减少对原有土层的扰动,减少原深埋土层的暴露时间;

(4)产生喷射混凝土脱落的原因很多,总结为三点:①人的原因;②材料的原因;③工艺的原因,为避免同样问题重复发生,必须要根据上述三点综合分析,得出正确的结论后再采取措施。

30.1.8 锚杆支护质量差

1. 现象

(1)锚杆间距偏差超标。

(2)锚杆锚固有效长度不足。

(3)锚杆与围岩固结力、抗拔力达不到设计要求。

(4)锚杆与主要岩石结构层面垂直度偏差过大,致使锚固厚度不足,影响锚固效果。

(5)锚杆杆体松动,失去锚固作用。

(6)锚杆脱落或与围岩一起掉落。

2. 规范规定

《地下铁道工程施工及验收规范》GB 50299 - 1999:

(1) 安装前应将孔内清理干净。

(2) 水泥砂浆锚杆杆体应除锈、除油。安装时孔内砂浆应灌注饱满,锚杆外露长度不应大于 100mm。

(3) 楔缝式和胀壳式锚杆应将杆体与部件事先组装好,安装时应先楔紧锚杆后再安托板并拧紧螺栓。

(4) 检查合格后应填写记录。

3. 原因分析

锚杆施工存在问题的原因可大体分为三类:(1) 属于设计缺陷造成的,如三台阶施工中受空间限制,拱顶部分的锚杆无法施工;(2) 属于工艺本身的问题,如中空注浆锚杆在注浆环节中存在不利于控制的因素,导致注浆不饱满;(3) 属于管理问题,如施工队伍的偷工减料,施工不规范,工人偷懒等。

4. 预防措施

(1) 钻孔前应严格按设计要求正确定出孔位,标以明显标记,成孔孔位实际偏差应控制在 ±15mm 以内。

(2) 钻孔深度要逐孔量测并记录,水泥砂浆锚杆其孔深偏差应控制在 ±50mm 以内,其他类型锚杆应保证杆体有效长度。注浆锚杆在注浆后应迅速将杆体插入,插入长度不小于设计长度的95%,各类锚杆应按设计及施工规范要求仔细操作安设。

(3) 砂浆锚杆钻孔直径应比锚杆直径大 15mm,过小则杆体难于插入,过大则砂浆在杆体插入时易流出,造成砂浆不饱满,使锚杆与孔壁粘结不实,降低固结力、抗拔力,甚至出现杆体活动,失去锚杆作用。因此钻孔直径未达到要求的应返工。注浆时注浆管应距孔底 5 ~ 10cm 处开始注浆,并随水泥浆的流入缓慢均匀地拔出,以防水泥浆不连续不饱满,其他各类锚杆要确保其锚头、托板、螺母、药卷功能有效。

(4) 砂浆锚杆安妥后,要防止人、机对杆体的碰击,杆头 3d 内不得挂重物。

(5) 钻孔作业应选技术水平较高的人员操作,以正确掌握钻杆方向,使锚杆安设后能与岩层主要结构层面保持垂直。

(6) 注浆用水泥砂浆配比宜为水泥:水 = 1:1 ~ 1.5:0.45 ~ 0.5,过稀难于灌满钻孔,过稠锚杆难于插入。施工时要做到随拌随用,并在初凝前用完,所用砂子直径不应大于 3mm,使用前应过筛,注浆孔口压力不得大于 0.4MPa。

(7) 应按锚杆总数 1% 且不少于 3 根做抗拔力试验,其标准为 28d 抗拔力 ≥ 设计值,最小抗拔力应 ≥ 0.9 倍的设计值。

(8) 软弱围岩及土砂围岩中应加长锚杆长度或采用辅助施工方法加固围岩。

5. 治理措施

在实际施工中拱顶部分的中空注浆锚杆由于空间限制及竖向不利操作等原因造成锚杆搭设角度的极大偏差、锚杆长度的不足及注浆不饱满等问题,导致这部分锚杆发挥的作用十分有限,甚至没有作用了。不仅如此,而且浪费了大量人力、物力和时间。因此隧道设计应充分考虑施工的可行性,取消拱顶部分的锚杆,采用其他加强手段替代。

对于工艺本身的问题,可以考虑改变工艺。如中空注浆锚杆注浆难以控制的问题,可以考虑采用其他类型的锚杆来代替。如在三级围岩的中空注浆锚杆全部改为药卷锚杆,有效提高了锚杆施工质量。

对于管理问题,应加强监督管理手段,加强现场的检查,组织夜间不定期的突击检查效果很好;锚杆的第三方检测,也是一种有效的事后控制手段,同时能起到一定的威慑作用。

30.1.9 喷射混凝土钢筋网常见质量问题

1. 现象

(1)露筋;(2)网片混凝土离骨脱落;(3)保护层不足。

2. 规范规定

《公路隧道施工技术规范》JTG F60 - 2009:

8.4 钢筋网

8.4.1 钢筋网材料应满足设计要求,钢筋网钢筋在使用前应调直、清除锈蚀和油渍。

8.4.2 钢筋网安装应符合下列规定:

1 应在初喷一层混凝土后再进行钢筋网铺设。

2 采用双层钢筋网时,第二层钢筋网应在第一层钢筋网被喷射混凝土全部覆盖后进行铺挂。

3 钢筋搭接长度不得小于$30d$(d 为钢筋直径),并不得小于一个网格长边尺寸。

4 钢筋网应与锚杆或其他固定装置连接牢固。

5 钢筋网应随受喷岩面起伏铺设,受喷面的最大间隙不宜大于30mm。

3. 原因分析

(1)钢筋网未随受喷面起伏安设,或因钢筋网所用钢筋过粗难于随受喷面起伏安设,或受喷面起伏过大,钢筋网难贴合。

(2)钢筋网与锚杆连接薄弱,所喷混凝土过厚,因自重或受开挖爆破震动而离骨脱落。

4. 预防措施

(1)受喷面起伏过大,需对洼坑处用喷射混凝土予以找平处理,并对全部受喷面予以初喷。钢筋网所用钢筋直径宜为6 ~ 8mm,一是可防止混凝土开裂,二是便于操作,易随受喷面起伏而设。

(2)钢筋网应与每一根锚杆牢固连结,绑扎时使钢筋随起伏而行,并使之与初喷面保持不大于3cm 的间距,但在砂土层段内应使之密贴铺设,并用弯设成与受喷面相吻合的较粗钢筋压紧,按"设计规范"要求,挂网喷锚混凝土厚度不宜大于25cm。

5. 治理措施

(1)对于露筋的应予以补喷处理。

(2)离骨掉落的重新施作。

30.1.10 初支拱架常见质量问题

1. 现象

拱架加工几何尺寸不规范,钢架连接板焊接不牢,架立间距较大,拱脚处无固定,见图30 -3所示。

图 30-3 拱架问题图示

2. 规范规定

（1）《地下铁道工程施工及验收规范》GB 50299-1999：

7.6 钢筋格栅采用的钢筋种类、型号、规格应符合设计要求，其施焊应符合设计及钢筋焊接标准的规定。拱架应圆顺，直墙架应直顺，允许偏差：拱架矢高及弧长 0~20mm，墙架长度 ±20mm，拱、墙架横断面尺寸（高、宽）0~10mm。钢筋格栅组装后应在同一平面内，允许偏差为：高度：±30mm；宽度：±20mm；扭曲度：20mm。

（2）《公路隧道施工技术规范》JTG F60-2009：

8.5 钢架

8.5.1 钢架必须具有足够的强度和刚度，采用的钢架类型应满足设计要求。

8.5.2 钢架材料应满足设计要求。

8.5.3 钢架加工应符合下列规定：

1 钢架加工尺寸，应符合设计要求，其形状应与开挖断面相适应。

2 不同规格的首榀钢架加工完成后，应放在平整地面上试拼，周边拼装允许偏差为 ±30mm，平面翘曲应小于 20mm。当各部尺寸满足设计要求时，方可进行批量生产。

8.5.4 钢架安装应符合下列规定：

1 钢架拱脚必须放在牢固的基础上。应清除脚底下的虚渣及其他杂物，脚底超挖部分应用喷射混凝土填充。

2 钢架应分节段安装，节段与节段之间应按设计要求连接。连接钢板平面应与钢架轴线垂直，两块连接钢板间采用螺栓和焊接连接，螺栓不应少于 4 颗。

3 相邻两榀钢架之间必须用纵向钢筋连接，连接钢筋直径不应小于 18mm，连接钢筋间距不应大于 1.0m。

4 钢架应垂直于隧道中线，竖向不倾斜、平面不错位，不扭曲。上、下、左、右允许偏差 ±50mm，钢架倾斜度应小于 2°。

8.5.5 钢架安装就位后，钢架与围岩之间的间隙应用喷射混凝土充填密实。喷射混凝土应由两侧拱脚对称喷射，并将钢架覆盖，临空一侧的喷射混凝土保护层厚度应不小于 20mm。

3. 原因分析

（1）现场管理人员质量意识较差。

（2）型钢拱架的弯曲设备对两端的弧度控制有偏差。

（3）电焊工技术较差，责任心不强。

4. 预防措施

（1）加强现场管理人员的质量意识，拱架架立间距偏差控制在 ±50mm。

（2）型钢拱架的每节弯曲时，两端60cm范围内的弧度要严格控制，确保整个拱架几何尺寸。

（3）提高电焊工的业务水平，增强责任心，确保连接板和拱架之间的焊接质量。

5. 治理措施

钢架连接不牢固部位应采取加焊措施，对于钢拱架间距过大的，采取中间增加一榀的方式，及时施工喷射混凝土封闭，拱脚处增加锁脚锚杆。

30.2 二次衬砌

30.2.1 混凝土裂缝

1. 现象

隧道二衬混凝土表面出现不规则裂纹，且局部接头处混凝土干缩裂纹较大。

2. 规范规定

《公路隧道施工技术规范》JTG F60-2009：

8.7 模筑混凝土衬砌

8.7.1 衬砌模板施工应符合下列规定：

1 混凝土衬砌模板及支架必须具有足够的强度、刚度和稳定性。

2 应按设计要求设置沉降缝。衬砌施工缝应与设计的沉降缝、伸缩缝结合布置。

3 安装模板时应检查中线、高程、断面和净空尺寸。

4 模板安装前，应仔细检查防水板、排水盲管、衬砌钢筋、预埋件等隐蔽工程，作好记录。

8.7.11 混凝土施工应符合下列规定：

1 混凝土的配合比应满足设计和施工工艺要求。

2 混凝土应在初凝前完成浇筑。

3 混凝土衬砌应连续浇筑。如因故中断，其中断时间应小于前层混凝土的初凝时间或能重塑时间。当超过允许中断时间时，应按施工缝处理。

4 混凝土的入模温度，冬期施工时不应低于5℃，夏季施工时不应高于32℃。

5 应采取可靠措施确保混凝土在浇筑时不发生离析。

6 浇筑混凝土时，应采用振动器振实，并应采取确实可靠措施，确保混凝土密实。振实时，不得使模板、钢筋和预埋件移位。

7 边墙基底高程、基坑断面尺寸、排水盲管、预埋件安设位置等应满足设计要求。

8 浇筑混凝土前，必须将基底石渣、污物和基坑内积水排除干净，严禁向有积水的基坑内倾倒混凝土干拌合物。

9 拱墙衬砌混凝土，应由下向上从两侧向拱顶对称浇筑。

10 拱部混凝土衬砌浇筑时，应在拱顶预留注浆孔，注浆孔间距应不大于3m，且每模板台车范围内的预留孔应不小于4个。

11 拱顶注浆充填，宜在衬砌混凝土强度达到100%后进行，注入砂浆的强度等级应满足设计要求，注浆压力应控制在0.1MPa以内。

3. 原因分析

(1)干缩裂缝的因素主要有水泥品种、用量及混凝土拌合物水灰比、集料大小级配原材料的影响,另外还有施工温度对二次衬砌施工的影响;

(2)荷载变形裂缝主要是仰拱和边墙的基础虚碴未清理干净,混凝土浇筑后,基底产生不均匀沉降造成的,模板台车或堵头板没有固定好,以及过早隔离或隔离时混凝土受到较大的外力撞击等是产生变裂缝的原因;

(3)衬砌施工缝(接茬缝)是混凝土在施工过程中由于停电、机械故障等原因迫使混凝土浇筑作业中断,时间超过混凝土初凝时间后,继续浇筑,而先施工混凝土界面未进行处理便进行后续施工导致新旧混凝土接茬间产生裂缝。

4. 预防措施

(1)把好原材料质量关,施工中严格按配合比进行施工,并保证施工温度在允许范围内;

(2)衬砌施工前保证边墙等基础部位无虚渣,在施工过程中严格混凝土浇筑施工工艺;

(3)在混凝土接缝施工时,严格按接缝施工工艺进行混凝土施工,在保证先浇筑混凝土具有良好的重塑性时,加强接茬处混凝土的振捣。

5. 防治措施

发现裂缝后,应立即对施工过程做出详细了解,并调查裂缝数量、裂缝深度、走向;总结裂缝产生的原因,是否影响衬砌结构的安全性,必要时组织相关专家进行专家论证,并根据实际情况确定裂缝处理方法。

30.2.2 混凝土局部蜂窝、麻面、局部出现孔洞现象

1. 现象

拆模后,混凝土结构局部出现酥松、砂浆少、石子多、石子之间形成空隙类似蜂窝状的窟窿。混凝土局部表面出现缺浆和许多小凹坑、麻点,形成粗糙面,但无钢筋外露现象。混凝土结构内部有尺寸较大的空隙,局部无混凝土或蜂窝特别大,钢筋局部或全部裸露。

图30-4 混凝土表面质量缺陷

2. 规范规定

(1)《混凝土结构工程施工质量验收规范》GB 50204-2015:

8.2.1 现浇结构的外观质量不应有严重缺陷。

对已经出现的严重缺陷,应由施工单位提出技术处理方案,并经监理单位认可后进行处理;对裂缝、连接部位出现的严重缺陷及其他影响结构安全的严重缺陷,技术处理方案尚应经设计单位认可。对经处理的部位应重新验收。

8.2.2 现浇结构的外观质量不应有一般缺陷。

对已经出现的一般缺陷,应由施工单位按技术处理方案进行处理。对经处理的部位应重新验收。

(2)《公路隧道施工技术规范》JTG F60-2009

8.7 模筑混凝土衬砌

8.7.1 衬砌模板施工应符合下列规定:

1 混凝土和承诺期模板及支架必须具有足够的强度、刚度和稳定性。

2 应按设计要求设置沉降缝。衬砌施工缝应与设计的沉降缝、伸缩缝结合布置。

3 安装模板时应检查中线、高程、断面和净空尺寸。

4 模板安装前,应仔细检查防水板、排水盲管、衬砌钢筋、预埋件等隐蔽工程,作好记录。

8.7.11 混凝土施工应符合下列规定:

1 混凝土的配合比应满足设计和施工工艺要求。

2 混凝土应在初凝前完成浇筑。

3 混凝土衬砌应连续浇筑。如因故中断,其中断时间应小于前层混凝土的初凝时间或能重塑时间。当超过允许中断时间时,应按施工缝处理。

4 混凝土的入模温度,冬期施工时不应低于5℃,夏季施工时不应高于32℃。

5 应采取可靠措施确保混凝土在浇筑时不发生离析。

6 浇筑混凝土时,应采用振动器振实,并应餐区确实可靠措施,确保混凝土密实。振实时,不得使模板、钢筋和预埋件移位。

7 边墙基底高程、基坑断面尺寸、排水盲管、预埋件安设位置灯应满足设计要求。

8 浇筑混凝土前,必须将基底石渣、污物和基坑内积水排除干净,严禁向有积水的基坑内倾倒混凝土干拌合物。

9 拱墙衬砌混凝土,应由下向上从两侧向拱顶对称浇筑。

10 拱部混凝土衬砌浇筑时,应在拱顶预留注浆孔,注浆孔间距应不大于3m,且每模板台车范围内的预留孔应不小于4个。

11 拱顶注浆充填,宜在衬砌混凝土强度达到100%后进行,注入砂浆的强度等级应满足设计要求,注浆压力应控制在0.1MPa以内。

8.7.12 拆除拱架、墙架和模板,应符合下列规定:

1 不承受外荷载的拱、墙混凝土强度应达到5.0 MPa。

2 承受围岩压力的拱、墙以及封顶口的混凝土强度应满足设计要求。

8.7.13 衬砌拆模后应立即养护。在寒冷地区,应做好衬砌的防寒保温工作。

8.7.14 衬砌采用防水混凝土时,除应符合本章规定外,尚应符合本规范第11章的规定。

3. 原因分析

(1)混凝土配合比不当或砂、石子、水泥材料加水量计量不准,造成砂浆少、石子多;

(2)混凝土搅拌时间不够,未拌合均匀,和易性差,振捣不密实;

(3)下料不当或下料过高,造成石子砂浆离析、砂浆分离、石子成堆、严重跑浆、又未进行振捣。混凝土一次下料过多,过厚,下料过高,振捣器振动不到,形成松散孔洞;

(4)混凝土未分层浇筑,振捣不实,或漏振,或振捣时间不够;

(5)模板缝隙未堵严,水泥浆流失;

(6)钢筋较密或预留孔洞和埋件处,混凝土下料被卡住,未振捣就继续浇筑上层混凝土。

4. 预防措施

(1)二次衬砌模板拼装完成后,严格按照设计和规范要求进行模板检查;

(2)认真设计、严格控制混凝土配合比,经常检查,做到计量准确,混凝土拌合均匀,坍落度适合;混凝土下料高度超过2m,浇灌应分层下料,分层振捣,防止漏振;模板缝应堵塞严密,浇灌中,应随时检查模板支撑情况防止漏浆;

(3)加强混凝土的搅拌、运输、浇筑、振捣等工序质量控制。

5. 防治措施

小蜂窝:洗刷干净后,用1:2或1:2.5水泥砂浆抹平压实;较大蜂窝,凿去蜂窝处薄弱松散颗粒,刷洗净后,支模用高一级细石混凝土仔细填塞捣实,较深蜂窝,如清除困难,可埋压浆管、排气管,表面抹砂浆或灌筑混凝土封闭后,进行水泥压浆处理。

表面作粉刷的,可不处理,表面无粉刷的,应在麻面部位浇水充分湿润后,用原混凝土配合比砂浆,将麻面抹平压光。

将孔洞周围的松散混凝土和软弱浆膜凿除,用压力水冲洗,湿润后用高强度等级细石混凝土仔细浇灌、振捣密实,至排除气泡为止。

在钢筋密集处及复杂部位,采用细石混凝土浇灌,在模板内充满,认真分层振捣密实,预留孔洞,应两侧同时下料,侧面加开浇灌门,严防漏振,砂石中混有黏土块、模板工具等杂物掉入混凝土内,应及时清除干净。

30.2.3 钢筋锈蚀、绑扎不满足要求

参照钢筋混凝土工程类。

30.2.4 主筋、架立筋或箍筋裸露

参照钢筋混凝土工程类。

30.2.5 拱顶脱空

1. 现象

(1)在隧道拱圈衬砌完成后,往往在拱顶合龙处存在一定的空隙,使拱顶部位衬砌厚度不足,形成衬砌受力薄弱部位。

(2)拱背后围岩松弛变化存有一定空间,而使衬砌设计受力状态受到影响。

2. 规范规定

《公路隧道施工技术规范》JTG F60-2009:

8.7.11 混凝土施工应符合下列规定:

1 混凝土的配合比应满足设计和施工工艺要求。

2 混凝土应在初凝前完成浇筑。

3 混凝土衬砌应连续浇筑。如因故中断,其中断时间应小于前层混凝土的初凝时间或能重塑时间。当超过允许中断时间时,应按施工缝处理。

4 混凝土的入模温度,冬期施工时不应低于5℃,夏季施工时不应高于32℃。

5 应采取可靠措施确保混凝土在浇筑时不发生离析。

6 浇筑混凝土时,应采用振动器振实,并应采取确实可靠措施,确保混凝土密实。振实时,不得使模板、钢筋和预埋件移位。

7 边墙基底高程、基坑断面尺寸、排水盲管、预埋件安设位置灯应满足设计要求。

8 浇筑混凝土前,必须将基底石渣、污物和基坑内积水排除干净,严禁向有积水的基坑内倾倒混凝土干拌合物。

9 拱墙衬砌混凝土,应由下向上从两侧向拱顶对称浇筑。

10 拱部混凝土衬砌浇筑时,应在拱顶预留注浆孔,注浆孔间距应不大于3m,且每模板台车范围内的预留孔应不小于4个。

11 拱顶注浆充填,宜在衬砌混凝土强度达到100%后进行,注入砂浆的强度等级应满足设计要求,注浆压力应控制在0.1MPa以内。

3. 原因分析

(1)由于受施工空间的限制,混凝土充填难于饱满。

(2)混凝土振捣时处于流动状态,从高处流向低处,顶部混凝土易向低处流淌,而使顶部难于充实。

(3)混凝土硬化后有一定的收缩,而使拱顶部出现空隙。

4. 预防措施

(1)封顶合龙处的混凝土应适当减小水灰比和坍落度,以减少收缩影响。

(2)可使用掺膨胀剂的混凝土。

(3)施工时应边振捣边勤填料,尽量减少空隙的存在。

5. 防治措施

(1)混凝土凝固后应检查有无空隙及大小,如有应采用注浆方法作充填处理,直至填满为止。注浆压力不得大于0.4MPa,过大则会对拱圈衬砌造成不利影响。

(2)如因超挖过多、塌穴、溶洞而形成的空间,应按相应的回填方法处理。

30.2.6 衬砌内壁弧度、直顺度、平整度、光洁度不足

1. 现象

(1)隧道竣工断面几何尺寸不符合设计要求。

(2)外观视觉效果差,出现折线状、鼓肚、硬坎,造成内壁弧度、弯道隧道边墙面不圆顺、拱圈纵向面、直线隧道边墙面不顺直、不平整,表面过于粗糙。

(3)衬砌侵入建筑限界。

2. 规范规定

《混凝土结构工程施工质量验收规范》GB 50204-2015:

8.2.1 现浇结构的外观质量不应有严重缺陷。

对已经出现的严重缺陷,应由施工单位提出技术处理方案,并经监理单位认可后进行

处理;对裂缝、连接部位出现的严重缺陷及其他影响结构安全的严重缺陷,技术处理方案尚应经设计单位认可。对经处理的部位应重新验收。

8.2.2 现浇结构的外观质量不应有一般缺陷:

对已经出现的一般缺陷,应由施工单位按技术处理方案进行处理。对应处理的部位应重新验收。

3. 原因分析

(1)拱(墙)架制作时设计弧度控制不准确。

(2)模板材质、厚度不一致。

(3)拱(墙)架重复使用时,未对变形作及时修正。

(4)拱(墙)架因制作、安装不坚固、不牢固,或因安设间距过大难以承压而在混凝土浇筑时变形。

(5)模板强度不足,混凝土浇筑时弯曲变形。

(6)模板在混凝土浇筑前未清除混凝土残渣、未刷油。

(7)模板间接头、拼缝不齐整,缝隙未充填刮平。

(8)隔离时间过早,模板粘结混凝土或碰击造成掉边、掉角、麻面。

(9)接茬时下一轮模板安设与已浇筑衬砌表面不密合。

4. 预防措施

(1)拱(墙)架制做应精确放样,完成后应检查,不符处应予以修正。

(2)选用模板材质与厚度应一致。

(3)拱(墙)架重复使用前应逐一检查,发现变形、残缺应作修理,合格后方可使用。

(4)拱(墙)架制作应坚固,运输、支设时不变形,拱(墙)架支设应使立面与隧道轴线垂直,两榀间应有足够的支撑与连结,必要时需加斜撑,拱(墙)架接头应连接牢固,稳定。模板铺设应稳固,外缘径向应设支撑与围岩顶紧,不得利用墙架兼作脚手架,拱(墙)架两榀之间距,应根据承受混凝土重力、模板厚薄、材质确定,一般为 0.8~1.2m,使用钢模板时按通用长度确定,使用木模板时其长度应为榀间距的两倍。

(5)模板必须具有足够强度,在混凝土浇筑时不得弯曲变形,以防出现鼓肚现象。

(6)多次周转使用的模板在使用前必须清除残渣混凝土,并刷润滑油。

(7)模板接头、拼缝处必须齐整,铺设后应将缝隙作充填抹平处理,防止缝隙漏浆,造成混凝土砂漏、棱梗。

(8)应掌握合理隔离时间,过早则对混凝土自身质量产生不利影响,易粘落影响表面光洁,也易产生掉边、掉角,拆模要注意防止对混凝土的损伤、碰撞。

(9)接茬铺设下一轮模板时,与已浇筑衬砌混凝土重叠部分应采取措施,使模板与衬砌混凝土表面密贴,如在模板与拱架间加楔支顶。

5. 防治措施

墙面、拱面纵向平整度,用 2m 直尺检查应在 20mm 以内,对超出部分作凿除修饰处理。

第 31 章 防水工程

31.1.1 衬砌环向施工缝渗漏水

1. 现象

隧道混凝土二衬变形缝(施工缝)处有水渗出。

2. 规范规定

《公路隧道施工技术规范》JTG F60－2009:

11.1 一般规定

11.1.1 隧道施工防排水设施应与运营防排水工程相结合。

11.1.2 应按设计做好防水混凝土、防水隔离层、施工缝、变形缝、诱导缝防水,盲沟、排水管(沟)排水畅通。

11.1.3 防排水材料应符合国家、行业标准,满足设计要求,并有出厂合格证明。不得使用有毒的、污染环境的材料。

3. 原因分析

(1)防水板焊接质量存在问题,或遭破坏;

(2)中埋式橡胶止水带施工质量不到位;

(3)排水盲管或盲沟被堵塞。

4. 预防措施

(1)采用以排为主,排、堵、截相结合的综合治水原则;

(2)每条焊缝均做充气压力检查;

(3)加强对防水板的保护,特别是二衬钢筋焊接施工时,应防止防水板被烧伤、灼伤,防止钢筋接头扎破防水板,混凝土浇筑振捣时,尽量防止破坏防水板;

(4)中埋式橡胶止水带必须严格按规范要求,保持直顺,无损坏;

(5)正确施作排水盲管,做好防排水施工。

5. 防治措施

(1)采用单液型聚氨酯灌浆料进行注浆,与水作用后聚合反应,并迅速发泡膨胀成结构密实的闭孔弹性聚氨酯固结物,堵塞其结构裂缝并可与基材紧密粘合,以期达到完美防水堵漏效果。

(2)沿环向施工缝埋置铝膜舌片,作为收水装置,通过 V 形铝膜漕,将水收入边沟排水系统,见图 31－1 所示。

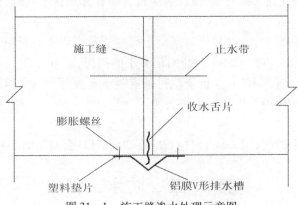

图 31－1　施工缝渗水处理示意图

31.1.2 外贴及中埋式橡胶止水带设置不规范

1. 现象

止水带埋设位置不正确,嵌入深度不平均,造成混凝土无法正确包裹止水带。

止水带未固定牢靠或用钢筋(钉子固定)造成止水带破损。

止水带接头处错开严重,不存在搭接。

2. 规范规定

> 《公路隧道施工技术规范》JTG F60－2009:
>
> 11.3 防排水结构施工
>
> 11.3.10 止水带施工应符合下列规定:
>
> 1 止水带的接头每环不宜多于一处,且不得设在结构转角处。
>
> 2 止水带在转角处应做成圆弧形,橡胶止水带的转角半径不小于200mm,钢片止水带不应小于300mm,且转角半径应随止水带的宽度增大而相应加大。
>
> 3 不得在止水带上穿孔打洞固定止水带。止水带不得被钉子、钢筋和石子等刺破。

3. 原因分析

(1)仰拱内和仰拱填充中埋式橡胶止水带安装固定方法不正确,灌注混凝土时没有保护措施造成中埋式橡胶止水带中心线位置和施工缝中心不重合,出现扭曲现象等;

(2)开挖下一环仰拱土方采用挖掘机进行开挖,没有对已经预埋的止水带进行保护造成止水带有损坏现象。

4. 预防措施

(1)采取增加固定中埋式橡胶止水带钢筋,端头模板开槽夹止水带的措施保证止水带正确位置。确保止水带中心线位置和施工缝中心重合不出现扭曲变形现象;

(2)灌注仰拱混凝土时,应严格控制浇筑的冲击力,避免力量过大而刺破橡胶止水带,振捣棒不要碰撞预埋的止水带确保止水带的正确位置,同时还必须充分振捣,保证混凝土与橡胶止水带的紧密结合,灌注混凝土时发现止水带不正确及时进行处理;

(3)挖掘机挖掘仰拱土方时,应采取保护措施避免损坏已经预埋好的止水带,损坏的止水带采取补救措施。

5. 防治措施

(1)采用单液型聚氨酯灌浆料进行注浆,与水作用后聚合反应,并迅速发泡膨胀成结构密实的闭孔弹性聚氨酯固结物,堵塞其结构裂缝并可与基材紧密粘合,以期达到完美防水堵漏效果。

(2)严环向施工缝埋置铝膜舌片,作为收水装置,通过V形铝膜漕,将水收入边沟排水系统,见图31－1所示。

31.1.3 防水板铺设过程中的损坏

1. 现象

防水板在施工过程中,为便于固定,出现用钉子直接钉在墙上,由于自重原因,下坠严重者,直接用钢筋作为顶撑,部分位置被钢筋接头刺穿。

环向钢筋焊接时,焊点离防水板近,钢筋焊接时产生热量烧坏防水板。

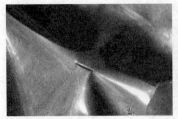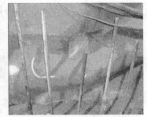

图 31 - 2　防水板损坏现象

2. 规范规定

《公路隧道施工技术规范》JTG F60 - 2009：

11.3.6 防水板铺设应符合下列规定：

1 减少接头。

2 搭接宽度不小于 100mm，焊缝应严密。单挑焊缝的有效焊接宽度不应小于 12.5mm，不得焊焦焊穿。

3 绑扎或焊接钢筋时，不应损伤防水板。

4 振捣混凝土时，振捣棒不得接触防水板。

3. 原因分析

（1）土工布挂设采用带射钉的热塑性圆垫圈进行固定，热塑性圆垫圈与 EVA 防水板无法焊接，或焊接时烧坏。防水板和热塑性圆垫圈不是同一厂家，材料又是加工材料。热塑性圆垫圈质量达不到设计的质量要求；

（2）拆除的中隔壁和临时仰拱工字钢接头没有抹平处理，容易造成防水板损坏；

（3）焊接二次衬砌钢筋对防水板不进行防护，造成防水板损坏。

4. 预防措施

（1）热塑性圆垫圈与 EVA 防水板无法焊接，防水板与土工布之间挂设采用射钉进行固定，射钉处再用防水板采用手持焊枪进行补焊；

（2）拆除的中隔壁和临时仰拱工字钢接头处，要求采用喷射混凝土或砂浆抹平，平整度用 2m 靠尺检查，表面平整度允许偏差：侧壁 5cm、拱部 7cm；

（3）挂设防水板前，仰拱预埋钢筋采用塑料管套在钢筋头上，防止钢筋头损坏防水板，焊接钢筋时在其周围用石棉水泥板进行遮挡，以免溅出火花烧坏防水板，灌筑二衬混凝土时输送泵管不得直接对着防水板，避免混凝土冲击防水板引起防水板被带滑脱，防水板下滑；

（4）二次衬砌钢筋绑扎完成后，要重新进行防水板复查，发现有损坏现象及时进行修补焊接处理，确保防水效果。

5. 防治措施

在二衬钢筋（靠近防水板侧）安装完成后，必须对防水板进行全环监测，发现破损的立即进行修补，修补完后方可进行内层钢筋的安装，钢筋焊接过程中，必须远离防水板。

31.1.4 衬砌后隧道洞顶、洞壁渗水及路面冒水

1. 现象

在渗漏水的长期作用下，隧道的衬砌和设备会受到侵蚀，在寒冷地区因冻融的反复循环，加快衬砌和设备的损坏。路面冒水造成行车环境恶化，降低车轮胎与路面的摩擦力，影响行车安全。寒冷地区混凝土路面，因冻胀而遭破坏。

2. 规范规定

3. 原因分析

（1）地表水下渗到衬砌中。

（2）地下水上冒到隧道路面或衬砌中。

（3）围岩中的水渗透到衬砌中。

4. 预防措施

（1）衬砌背后设置排水管、沟时，应根据隧道的渗水部位及开挖情况适当选择排水设施位置，并配合衬砌进行施工。施工时应防止漏水使浆液流失。灌注混凝土或压浆液不得进入沟管内，以免造成管堵塞，排水不畅。

（2）在初期支护与二次衬砌间铺设防水板，防水板宜选用耐老化、耐细菌腐蚀、易操作且焊接时无毒气、顶破强度及延伸率较好的塑料板材。防水板可在拱部和边墙整环铺设，亦可仅在局部铺设。

（3）在初期支护和二次衬砌间喷涂防水层，可采用阳离子乳化沥青或氯丁胶乳。

（4）采用防水混凝土作隧道衬砌，必须严格按照混凝土防水要求进行施工。

（5）当二次衬砌采用防水混凝土时，施工缝应埋设环向遇水膨胀止水条，沉降缝应埋设橡胶止水带。

（6）为防止路面冒水，在仰拱施工时，可在路面底部仰拱上每隔 10～20m 设置一道横向碎石盲沟，并使其与纵向排水沟相连。

（7）洞外排水要根据当地地形、地质、气候情况，并密切与农田水利工程联系在一起，因地制宜地设置疏水、截水、引水设施，全面考虑，综合治理。

5. 防治措施

（1）对地表水引起的渗漏，应根据地势、地形因地制宜地在洞顶设置防排水设施，如将地表填平、铺砌、勾补、抹面、喷护混凝土等，将坑穴或钻探孔堵死、封闭，达到防渗抗渗目的。

（2）对由地下水引起的渗透，首先要探明水的来源和水流的形成，然后采取相应的措施：①衬砌背后采用压注水泥砂浆防水止水，压浆顺序应从下而上，从无水、少水的地段向有水或多水处，从下坡向上坡方向，从两端洞口向洞身中间压浆。②当采用水泥砂浆压注后仍有渗漏水地段时，可采用化学浆液。采用化学浆液施工时，应符合隧道施工规范的有关要求。

第 32 章　矩形盾构法施工地下通道

32.1　管节制作

32.1.1　尺寸误差

1. 现象

管节预制成型后,经验收,发现管节尺寸与设计尺寸不符,偏差超出误差允许范围。

2. 规范规定

> 《给水排水工程顶管技术规程》CECS 246－2008:
>
> 　4.3.8 钢筋混凝土管管节几何尺寸制作允许误差应符合现行行业标准《顶进施工法用钢筋混凝土排水管》JC/T 640 的规定。

3. 原因分析

(1)管身混凝土浇筑过程中,发生胀模,导致管节尺寸偏差。

(2)模板尺寸不对,导致管节尺寸偏差。

4. 预防措施

(1)设计

模板体系设计:

底模能精确定位组装,放置在固定基础上,外模与内模拼装在底模的四周,具有足够的刚度和平整度不会产生弯曲变形,内外模间等间距设置定位销,以确保混凝土浇筑时外模不变形。

外模与外模配合的四角侧板上连接采用开槽定位销和连接螺栓,以防混凝土浇捣时侧板变形。

外模在装模时应下口先接触定位销,下口偏外再合模,内模的四角有可收支撑和活动的铰组成,可收支撑向内收时可使模板和混凝土脱离便于隔离。

(2)材料

管身模板选用可拆卸、具有足够刚度和精度的整体型良好的钢模,由内外模和底模三部分组成。

(3)施工

1)模板安装

模板进场之前,依据管节重量、模具重量和施工中其他荷载做好基础,要求模板在使用过程中底座不变形。

模板安装之前,复核模板尺寸。模板的检测项目有承口内、外长净尺寸;承口内、外宽净尺寸;插口内、外长净尺寸;插口内、外宽净尺寸以及高度。

底座及支撑体系对称设锚入坚固地基管件,底座及支撑体系可靠、牢固,受力情况下不变形、不移位。模板焊接或通过螺栓固定到支架上,模板安装结束后紧固定位销、连接螺栓。

模板安装严密。

模板安装结束后再次复核整体尺寸。

2）混凝土浇筑

管节混凝土采用立式(承口朝下)振动成型工艺。浇捣混凝土时,根据管节高度分层浇筑,每一层高度不大于30cm;振捣时,避免对模板产生挤压;防止混凝土侧压力及振捣压力挤压模板,造成胀模。

5. 治理措施

预制成型的管节存在较大尺寸偏差,弃用,重新预制合格的管节。

32.1.2 接头施工缺陷

1. 现象

(1)橡胶止水圈破损。

(2)橡胶止水圈脱落。

(3)接头的偏转角过大。

2. 规范规定

《顶管施工技术及验收规范(试行)》(中国非开挖技术协会行业标准):

5.1.14.6 采用橡胶圈防水接口时,应符合下列规定:

混凝土管节表面应光洁、平整,无砂眼、气泡,接口尺寸符合规定;

橡胶圈的外观和断面组织应致密、均匀,无裂缝、孔隙或凹痕等缺陷;

安装前应保持清洁,无油污,且不得在阳光下直晒;

钢套环接口无疵点,焊接接缝平整,肋部与钢板平面垂直,且应按设计规定进行防腐处理;

木衬垫的厚度应与设计顶力相适应。

5.1.14.7 密封介质的使用还应满足表5.1.14中的要求。

密封介质的尺寸和安装要求   表5.1.14

	密封介质		
	1 粘结剂		2 可压缩的橡胶
接口宽度 b (mm)	最小 10 mm		
接口深度 t (mm)	单层 $t \geqslant 12 + b/3$	双层 $t \geqslant 2(12 + b/3)$	$t \geqslant 2b$
工作面的特征	干燥(湿度<5%),除油、除尘		除油、不受湿度影响
	对管道表面的突起和坑洞进行平整		

3. 原因分析

(1)橡胶止水圈本身破损。

(2)止水密封装置粘贴不牢或反转、位移。

4. 预防措施

(1)材料

橡胶止水圈安装之间,对其进行张紧检验,对有裂缝、表面缺陷的弃用。

选择黏性大的胶粘贴止水密封装置。

(2)施工

在安装橡胶止水圈前,清扫干净粘贴基面,然后用强力胶粘贴合格的止水圈。待胶体达到强度后,对止水圈进行拉拔试验。不合格,弃之。

在管节安装之前,再一次对橡胶止水圈进行检查。

5. 治理措施

若橡胶止水圈破损,更换橡胶止水圈。若橡胶止水圈脱落或反转、位移,重新纠正其位置,并粘贴牢固。

32.2　出　洞

32.2.1　洞口出现涌水、涌砂

1. 现象

(1)拆除封门时,从洞口迎面加固区表面流出水、砂。

(2)拆除封门后,从四周渗漏处水、砂,甚至土体。

2. 规范规定

《顶管施工技术及验收规范(试行)》(中国非开挖技术协会行业标准):

10.2.2 拆除封门前应按施工组织设计的要求,分别检查以下技术措施是否有效:

通过水位观测孔检查洞口外段的降水效果是否达到要求;

洞口止水圈与机头外壳的环形间隙应保持均匀、密封良好、无泥浆流入;

用注浆法加固的洞口外段应有检测结果,确保在增加洞外土体固结力的同时地面无明显隆起或沉降。

3. 原因分析

始发井外地下水位高于封门,且未进行降水,或降水不到位。水从强度不足的加固区中渗漏出,并带出砂。

SMW 工法桩作为洞口封门时,拔出 H 型钢后形成涌砂涌水通道,水砂从不严密的水泥桩渗漏出。

洞口密封装置位置不正确,或强度不高,抵挡不住水土压力,受压破坏,水土从密封装置处冲出。

4. 预防措施

(1)设计

加固区采用水泥搅拌桩或高压旋喷桩加固洞口土体,强度要求 $q \geqslant 1.2MPa$,加固范围、加固深度根据顶进层土体强度、地下水位设定安全值。

通过埋深 10m 以上,洞口设计双袜套,阻水阻砂。

(2)施工

洞口背后加固区要满堂加固,桩与桩之间的搭接保证20%,不得有开叉现象。桩施工完成后,在养护期间不得扰动桩体。

始发井施工结束后,在地下水位较高的情况下及时进行洞口降水,将洞口地下水位降至顶管机以下 50cm。并在机头出洞前,定期通过水位观测孔检查洞口外段的降水效果是否达

到要求。

洞门密封圈安装位置准确,导轨上的管节必须保持同心,误差不能大于2mm。在机头推进的过程中要注意观察,防止机头刀盘的周边刀割伤橡胶密封圈。密封圈与机头外壳的环形间隙应保持均匀、密封良好。

SMW工法桩作为封门,拆除洞门时,尽量采用割除洞门范围内H型钢方式拆除封门,避免对地层的扰动、破坏。

5. 治理措施

(1)创造条件使机头尽快进入洞口,并对渗漏处洞门圈进行加固封堵,如双液注浆、直接冻结等。

(2)对拔出型钢留下的孔洞灌入聚氨酯或注浆填堵密实。

(3)在洞口设置深井降水,降低洞口地下水至顶管机以下50cm。

(4)加强监测,观测洞门附近、工作井和周围环境的变化。

32.2.2 机头磕头

1. 现象

顶管机穿过加固区,进入原状土层,出现机头下沉,机尾上翘的磕头现象。

2. 规范规定

《给水排水工程顶管技术规程》CECS 246-2008:

12.12.4 在软土地区,顶管机入土长度小于管道直径阶段,应采取以下措施防止顶管机头部下沉:

1 导轨前端应尽量接近穿墙管,减少顶管机的悬臂长度。

2 穿墙作业应迅速连续,不可停顿。

3 应在穿墙管内设置定心环。

3. 原因分析

大截面矩形顶管机重达一百多吨,在顶管机机头穿过加固区进入原状土体内,土体强度不足,受机头重压下沉,机头也随着下沉,机头向下偏离设计轴线。

4. 预防措施

(1)勘察设计

勘察时,布孔合理,根据历史资料,对地质变化处、特殊地质处加密勘探孔。真实全面反映出顶管顶进区域内土体性质、水文情况。避免出现勘察盲区。

根据勘察结果,设计选择合理路线。扩大加固区范围,对洞口前方软弱土层进行全面加固。

(2)施工

1)机头出洞前,根据勘察报告,了解加固区前方土层性质。若前方土体强度低,压缩量高时,制定预防顶管穿过加固区后发生磕头的措施。

2)在机头出洞前,在保持顶进架整体大体水平的前提下,顶进架前端比后尾略高,这样机头出洞后,不易"磕头"。

3)前三节混凝土管顶进时,用拉杆螺丝分别拉住第一节管和机头、前三节管节,以加大机头的受力截面积,防止机头下沉。

4)适当提高机头出洞标高,即机头出洞的标高比设计标高提高1cm,这样机头和管材发生少许下沉后,将和设计标高接近。

5)在顶管机进入原状土后,适当提高顶进速度,使正面土压力稍大于理论计算值,并控制正面土体流失,防止机头"磕头"。

5. 治理措施

出现"磕头"现象后,立即调节后座千斤顶、加大下部油缸伸出量进行纠偏。采用"勤纠微纠"的方式逐步调整机头姿态,一次纠偏量不能过大,过大会造成管节挤压破坏。纠偏量过大时,随时注意反纠偏。

32.2.3 顶进方向跑偏

1. 现象

机头出洞时,与洞门斜交,偏离轴线方向。

2. 规范规定

(1)《给水排水工程顶管技术规程》CECS 246-2008:

12.10 后座

12.10.4 后座面积应使反力墙后土体的承载力满足顶力要求。后座刚度应能保障顶进方向不变。

12.10.5 后座应与管道轴线垂直,允许不垂直度为 5mm/m。

12.11.1 导轨应符合下列规定:

1 导轨支架应采用钢材制作。固定在工作井顶板上的导轨在管道顶进时不可产生位移。其整体强度和刚度应满足施工要求。

2 导轨对管道的支承角宜为 60°,导轨的高度应保证管中心对准穿墙管中心。导轨的坡度应与设计轴线一致。

3 导轨安装的允许偏差应满足下列要求:

1)轴线位置:3mm;

2)顶面高程:0~+3mm;

3)两轨净距:±2mm。

(2)《顶管施工技术及验收规范(试行)》(中国非开挖技术协会行业标准):

7.0.4 采用装配式后座墙时,应满足下列要求:

(1)装配式后座墙宜采用方木、型钢或钢板等组装,组装后的后座墙应有足够的强度和刚度;

(2)后座墙土体壁面应平整,并与管道顶进方向垂直;

(3)装配式后座墙的底端宜在工作坑底以下(不宜小于50cm);

(4)后座墙土体壁面应与后座墙贴紧,有间隙时应采用砂石料填塞密实;

(5)组装后座墙的构件在同层内的规格应一致,各层之间的接触应紧贴,并层层固定;

(6)顶管工作坑及装配式后座墙的墙面应与管道轴线垂直,其施工允许偏差应符合表7.0.4 中的规定。

7.0.7 在设计后座墙时应充分利用土抗力,而且在工程进行中应严密的注意后背土的压缩变形值,将残余变形值控制在20mm 左右。当发现变形过大时,应考虑采取辅助措施,必要时可对后背土进行加固,以提高土抗力。

工作坑及装配式后座墙的施工允许偏差(mm)		表7.0.4
项 目		允许偏差
工作坑每侧	宽度	不小于施工设计规定
	长度	
装配式后座墙	垂直度	0.1%H*
	水平扭转度	0.1%L**

*H为装配式后座墙的高度(mm);**L为装配式后座墙的长度(mm)。

10.1.11 顶进过程中的方向控制应满足下列要求:

有严格的放样复核制度,并做好原始记录。顶进前必须遵守严格的放样复测制度,坚持三级复测:施工组测量员→项目管理部→监理工程师,确保测量万无一失。

必须避免布设在工作井后方的后座墙在顶进时移位和变形,必须定时复测并及时调整。

顶进纠偏必须勤测量、多微调,纠偏角度应保持在10′~20′,不得大于0.5°,并设置偏差警戒线。

初始推进阶段,方向主要是主顶千斤顶控制,一方面要减慢主顶推进速度,另一方面要不断调整油缸编组和机头纠偏。

开始顶进前必须制定坡度计划,对每一米、每节管的位置、标高需事先计算,确保顶进时正确,以最终符合设计坡度要求和质量标准为原则。

3. 原因分析

(1)测量差错或误差过大导致基座偏离轴线。由于测量仪器系统误差、测量人员水平低下或人为差错导致地面控制点引测到始发井内误差过大。始发井内安装测量依据的基准点不正确,导致基座中心线偏离通道设计轴线。

(2)顶管基座设计不合理,强度达不到要求,顶管机自重压力下导致基座变形或失稳。

(3)顶管后靠背不平顺。后靠背是顶进过程中主要受力体,后靠背不平顺引起顶力合线偏移,进而导致顶管在顶进的过程中逐渐偏离设计轴线。

(4)顶管后靠背发生位移、变形。后靠背在顶管顶进过程中受油缸反力,因后靠土体强度不够,不足以承受油缸传递的反力,后靠背发生位移、变形,导致顶进方向失控。

4. 预防措施

(1)设计

采用深层搅拌桩对始发井基底土体进行满堂加固。

后靠背强度设计值不小于最大顶力的安全值。后靠土体加固范围、加固深度、加固强度不小于最大顶力的安全值。

(2)施工

1)测量放样之前,将测量仪器送至专业检测机构进行检测,检测合格后,用于顶管工程测量放样工作,严禁使用不合格仪器。设立两个独立测量组,分别进行顶管测量工作,达到相互校核测量放样成果目的,保证测量放样成果的精确度。

2)基座结构设计属于施工设计。设计时,对基座框架结构的强度、刚度和稳定性进行验算,以满足机头和施工设备重量要求及出洞时顶管机穿越加固土体所产生的推力要求。

3)顶管基座的底面与始发井的底板之间要垫平垫实,保证接触面积满足要求。

4)导轨安装的允许偏差值的范围:轴线位置为3mm;顶面高程为0~+3mm;两轨内距为±2mm。安装后的导轨要牢固,不可在使用中产生位移且随时检查校核。在推进过程中合理控制盾构的总推力,使千斤顶合理编组;千斤顶要固定在支架上且与管道中心保持垂线对称,它的合力点要保持在管道中心的垂直线上。

5)后靠背采用钢筋混凝土结构预制而成时,模板使用大截面钢模,尽量减少搭接,搭接时,消除搭接错台,保证模板立面垂直平顺。保证后靠背与被动土区保持密贴,不密贴时加垫块调整密贴。在两侧方向对后靠背进行固定。

6)在后靠背施工结束后,对直接受力面进行垂直度校验。垂直度不合格,重新调整,直至合格。

7)后靠土体加固均按设计要求、规范要求进行施工,保证施工质量,并且养护达到设计强度,方可承载荷载。

(3)管理

建立测量仪器管理制度,测量仪器必须保持完好,必须定期进行计量校正。严格执行测量放样复核制度,消除人为过失或较大误差。

5.治理措施

(1)发生顶进方向跑偏现象时,立即停止顶进,查找原因。

(2)若测量错误或误差过大导致顶进方向跑偏,拉出机头,封堵洞门。设立两个组员经验丰富的测量组,重新对基点复测,重新进行测量放样,两组测量放样结果一致时,该测量放样成果方可作为施工指导。

(3)若基座变形、失稳,拉出机头,封堵洞门。重新设计基座结构,验算基座刚度、强度及稳定性,安装基座,机头重新落架。

(4)顶进过程中发现后靠背受力面不垂直,采用千斤顶伸缩量进行纠正。

(5)若后靠土体松散,后靠背位移、变形。对后靠土体补桩或注浆重新加固,提高后靠土体强度,使其在顶进最大反力下不变形、不破坏。

32.3 顶 进

32.3.1 顶进轴线偏差

1.现象

顶进过程中,顶进轴线偏离通道设计中心轴线。偏离方向有以下四种:向左、向右、向上、向下,或蛇形前进。

2.规范规定

《给水排水工程顶管技术规程》CECS 246-2008:

12.13.4 管道偏差测量每顶进500mm不宜少于1次,在纠偏阶段不宜少于2次。

12.13.10 应根据纠偏记录及时绘制顶管机顶进轨迹,指导纠偏。

3.原因分析

（1）施工测量出现差错，或施工测量误差太大。

测量人员在测量放样时粗心大意出现错误，导致顶进轴线较大偏离了通道设计轴线。

测量仪器精度低、系统误差较大，测量人员在测量放样过程中未发现或发现未引起重视，测量人员自身操作不规范导致人为误差大，均可导致顶进轴线偏离通道设计轴线。

（2）出现一侧超挖、欠挖。

在刀盘掘进过程中，后座顶进力不均衡，导致迎面土体一侧超挖、欠挖，顶管机向一侧偏移。

在刀盘掘进过程中，迎面土体不均匀，处于多种不同土体相交地带，多种土体的强度差异很大，刀盘在不同土体中切削能力不一致，导致一侧超挖、欠挖，顶管机推进过程中偏转。

（3）纠偏不及时，或纠偏不到位

顶管机发生偏转后，测量人员或施工人员没有及时发现问题，导致顶管机仍按错误路线进行掘进，顶进轴线偏离设计轴线程度越来越大。

顶管机发生偏转后，及时用纠偏油缸进行纠偏，却纠偏不足，仍然偏离设计轴线，或反复纠偏过量，导致蛇形前进。

（4）顶管处于非常软弱的土层时，如推进停止的间歇太长，当正面平衡压力损失时会导致盾构下沉。

4. 预防措施

（1）勘察设计

勘察时，布孔合理，根据历史资料，对地质变化处、特殊地质处加密勘探孔。真实全面反映出顶管顶进区域内土体性质、水文情况。避免出现勘察盲区。

（2）施工

1）顶进前，技术负责人及现场施工负责人明确顶管穿越土层状况，对土层变化段，提前制定应对措施。

2）设立两个独立测量组，分别进行顶管测量工作，达到相互校核测量放样成果目的，保证测量放样成果的精确度。

3）在每节管节顶进结束后，进行机头姿态测量，将测量结果绘制成通道施工轴线与设计轴线偏差图，一旦发现有偏离轴线的趋势，采取及时、连续、缓慢的纠偏方法进行矫正。

4）穿越高压缩性软土层时，可以采取加大下部油缸伸出量和加快顶进速度的办法来避免机头下沉。

5）在不均匀土质中，用多刀盘磨空硬土后再顶进，或向开挖面注入泡沫或膨润土的办法改善土体，控制迎面土压力、平衡正面压力。

（3）管理

1）建立测量仪器管理制度，测量仪器必须保持完好，必须定期进行计量校正。严格执行测量放样复核制度，消除人为过失或较大误差。

2）建立施工形象进度，与现场实际进度保持一致，准确预知顶管机头前方土层土质情况。

5. 治理措施

（1）调整千斤顶的编组、调整纠偏千斤顶的伸缩量等，调整顶管前进方向。纠偏遵守"勤纠、少纠"的原则，纠偏角度应保持在 10′~20′不得大于 1°，纠偏量过大，会造成相邻两段管节形成很大夹角。

(2)采用注浆纠偏,通过注浆设备在发生偏移的一侧注入重度大的泥浆,迫使顶管机脱离偏转方向。

32.3.2 地面沉降过大

1. 现象

在顶进过程中,出土量超常、机头有背土现象,机头上方地面出现超常沉降,甚至沉陷。

2. 规范规定

《给水排水工程顶管技术规程》CECS 246 - 2008:

12.15.4 在道路下顶进,当路面沉降超过10mm时,应钻孔取样检查土体孔隙比变化。

13.2.4 地面沉降应满足下列规定:

1 顶管造成的地面沉降不应造成道路开裂,大堤及地下设施损坏和渗水。

2 顶管造成的地面沉降量不应超过下列规定:

1)土堤小于或等于30mm;

2)公路小于或等于20mm;

3)顶管穿越铁路、地铁及其他对沉降敏感的地下设施时,累计沉降量尚应符合国家相关的规定;

4)当监测数据达到沉降限值70%时,应及时报警并启动应急事故处理预案。

3. 原因分析

(1)顶进过程中超挖,导致实际出土量大于理论出土量,地面发生沉降。

(2)泥浆套形成不好,机头、管道背土顶进,地面发生沉降。

(3)顶进轴线偏离,机头纠偏引起的地层损失,纠偏量越大,地层损失越大,土体沉降越大。

(4)机头后退,迎面土体发生坍塌,造成机头前方地面沉降过大,甚至沉陷。

4. 预防措施

(1)材料

一般情况下,在现场按重量进行泥浆的配制,所有的主要材料包括:膨润土、水、Na_2CO_3和CMC,有时也可以加入其他掺合剂,如废机油、粉煤灰和其他高分子化合物等。材料的配比通常为:

水:土 = (4 ~ 5):1

土:掺合剂 = (20 ~ 30):1

(2)施工

1)利用土压平衡矩形顶管机对矩形断面进行全断面切削。严格控制施工参数,防止超、欠挖。控制出土量,使其与理论出土量偏差在允许范围内。

2)解决矩形顶管机机头顶部背土问题

同步注浆,装压力表,控制好注浆压力。每节管节开顶时,都要检查注浆情况,确保和管节浆液与机尾浆液通畅,形成完整的浆套触变泥浆的注浆量。注浆量可按照管道与其周围土层之间的环状间隙体积的1.5 ~ 2.0倍估算。发现机尾缺浆,要及时补浆。润滑浆要有一定的稠度,不能太稀。

3)对于浆液难以到达的区域,可以在切削刀盘位置或顶管机的尾部进行注浆;对于浆液容易到达的区域,可通过管道上的注浆孔进行注浆,注浆结束后应对注浆孔进行密封。

4)顶管结束后,选用1:1的水泥浆液,通过注浆孔置换管道外壁浆液,根据不同的水土压力确定注浆压力,加固通道外土体,消除对通道使用过程中产生不均匀沉降的影响。

5)施工过程中注意纠偏,勤测勤纠,每次纠偏量要小。

5. 治理措施

(1)发现地面沉降大于安全范围时,立即注浆加固沉降处土体。

(2)注浆改良前方不均匀土体、调整顶进、顶进速度,使实际出土量与理论出土量保持一致。

(3)严禁一次纠偏量过大,采用多纠、少纠的方式调整顶进轴线,同时减小纠偏时引起的地层损失。

32.3.3 机头侧转

1. 现象

顶进时,机头发生绕轴线转动现象,见图32-1所示。

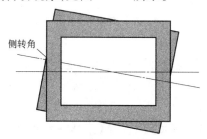

侧转角

图 32-1 侧转现象示意图

2. 规范规定

《顶管施工技术及验收规范(试行)》(中国非开挖技术协会行业标准):

10.5.2 采用挤压式顶管时,应符合下列规定:

(4)顶进时,应防止顶管掘进机转动;如发生转动,应采取措施及时纠正。

10.11.3 为了满足顶管施工精度要求,在施工中必须对下面几个参数进行测量:

(3)掘进机机身的转动。

3. 原因分析

(1)由于顶管机自身刀盘旋转切屑土体造成与大刀盘旋转方向相反的反作用力,在此作用力下,机头有朝向刀盘旋转反方向转动趋势。

(2)浅覆土施工时,地面不均匀荷载造成机头侧转。

4. 预防措施

(1)设备

在顶管机左右两侧上下备有两组平衡稳定翼装置,用来纠正机头侧转。

(2)施工

1)信息化施工:掘进机每掘进20 cm,除了控制倾斜仪显示数据外,还需进行一次左右两侧的高程比对。

2)改变刀盘转动方向:通过改变和调整前置刀盘的切削方向所提供的反扭矩,改善侧转倾向。

5. 治理措施

（1）调整刀盘向侧转反方向切屑来实现纠正侧转。

（2）采用"压浆或压土纠转"来纠正侧转，即在顶管机底部两侧安装注浆设备，向顶管机偏低侧底部注入大重度的泥浆或硬土，迫使顶管机逐渐向另一方向侧转而渐渐恢复水平。

（3）调整机头两侧平衡稳定翼装置的伸出量及旋转角度，利用两侧的土压力来被动调整顶管机的姿态。

32.3.4 管节接口处渗漏

1. 现象

顶管顶进过程中，通过注浆孔向机头、管节背后注入触变泥浆，减小摩阻力。在顶进过程中，泥浆从管节接口处漏出。

2. 规范规定

（1）《给水排水工程顶管技术规程》CECS 246－2008：

4.5.3 双插口管接头的密封圈宜采用 L 形、齿形及半圆半方形密封圈。密封圈材料应符合现行行业标准《橡胶密封件给排水管及污水管道用接口密封圈材料规范》HG/T 3091 的要求。

4.5.4 接头用的密封圈在遇有含油地下水的地方，宜选用丁腈橡胶；在含有弱酸弱碱地下水时宜选用氯丁橡胶；遇霉菌侵蚀时宜选用防霉等级达二级及二级以上的橡胶；在平均气温低的地方，宜选用三元乙丙橡胶。

（2）《顶管施工技术及验收规范（试行）》（中国非开挖技术协会行业标准）：

10.1.4 采用橡胶圈密封的企口或防水接口时，应符合下列规定：

粘结木衬垫时凹凸口应对中，环向间隙应均匀；

插入前，滑动面可涂润滑剂；插入时，外力应均匀；

安装后，发现橡胶圈出现位移、扭转或露出管外，应拔出重新安装。

3. 原因分析

（1）管口接口尺寸不匹配，对接后，接口不严密，存在缝隙。

（2）密封圈尺寸不正确或损坏：

1）密封圈尺寸过小，密封圈受压变形，其体积不能填满密封圈槽时，就产生了缝隙。密封圈尺寸过大，造成密封圈挤坏或挤出。

2）密封圈的材质问题和本身有裂纹或瑕疵，在受压的情况下断裂。

（3）在管节对接时，密封圈没有完全进入承口，或在插入的过程中发生反转，造成缝隙产生。

（4）纠偏转角过大，造成管节之间张角过大使密封失效，造成管节漏浆。

4. 预防措施

（1）设计

1）混凝土管材混凝土采用 C50。

2）管节插口端设置固定 PVC 条，在止胶台与塑料条中间形成一个放胶圈的凹槽，塑料条起固定密封圈作用，在施工过程中保证密封圈不位移、不脱落。

3）管道接口采用"F"承插式,接缝防水装置由锯齿形橡胶止水圈和弹性密封垫内外两道组成。

4）钢板和锯齿形橡胶及顶管管壁间的空隙采用环氧树脂、聚氨酯等防水材料注入。

（2）材料

1）混凝土管节表面应光洁、平整,无砂眼、气泡,接口尺寸符合规定。管节验收合格可使用。

2）安装前应检查橡胶止水圈的材料检测报告,并检查橡胶止水圈的规格、型号与外观质量。橡胶圈的外观和断面应致密、均匀、无裂缝、孔隙或凹痕等缺陷。检查裂纹,张紧橡胶圈,仔细检查橡胶圈表面。

（3）施工

1）管节止水圈粘贴前必须进行基面处理,清理基面的杂质,保证粘贴的效果。

2）管节对接时,密封圈在套入混凝土插口时要平整,在密封圈进入套环或承口时要涂硅油并缓慢地顶进油缸,使管节正确地插入合拢。

3）接口插入后,用探棒插入钢套环空隙中,沿周边检查止水圈定位是否准确,发现有翻转、位移、挤出等现象,应拔出重新粘接和插入。

4）对于曲线顶管,应该在曲线的外侧插入木垫板,尽量扩大在张角时的受压面积。同时密切关注管接口的缝隙变化,防止接口缝隙过大而导致接口渗漏。

5）在顶进过程中认真控制好方向,纠偏不要产生大起大落。

5. 治理措施

补注触变泥浆,维持管外浆套,并且防止地面沉降。同时,检查密封圈,对破损、尺寸不对密封圈进行更换,对发生位移、反转密封圈调整其位置,使其回到正确位置上,并固定。若管节之间张角过大管节产生缝隙,在管节缝隙用止水橡胶圈截堵泥浆,管节合拢时,拆除截堵止水橡胶圈。

32.3.5 管节破裂

1. 现象

管节破裂以管端破裂的情况较多。在顶进过程中,会产生管端内壁剥落和管端出现环形裂缝的情况,随着顶进继续,这些地方就会发生管节局部断裂的情况。

2. 规范规定

《顶管施工技术及验收规范(试行)》(中国非开挖技术协会行业标准):

5.3.6 钢筋混凝土管道的许用顶力

在顶管施工中,加压面的中心即顶力作用中心应与管壁中心重合,否则在管壁上除产生压应力外,还会引起其他应力的产生,如拉应力、弯曲应力和剪应力等,容易造成管壁的破坏。

从理论上讲,管道端面和顶铁应平整接触,无间隙,而实际上由于管道制造和顶铁加工中都存在误差,不可能实现密切接触,为了补救这一不足,在施工中需在两者之间加垫层,常采用的铺垫材料有油毡、橡胶、塑料和软木板等。

混凝土管道的许用顶力通常可用公式5.3.6进行计算:

$$[F_r] = \frac{\sigma_c \cdot A}{S}$$

（公式5.3.6）

式中 $[F_r]$——许用顶力,kN;

σ_c——管体抗压强度,kN/m²;

A——加压面积,m²;

S——安全系数,取 $S=2.5\sim3.0$。

3. 原因分析

(1) 混凝土管材存在质量问题:

1) 管体混凝土强度等级低于国家质量标准及设计要求,在没有达到临界顶力时,管节就出现裂缝。

2) 管节端面不平直,不垂直,倾斜偏差大于规范要求,并有石子凸出,使顶进时接触面积减少,造成局部应力集中,使管节产生破裂。

3) 管节本身存在超过规范要求的裂缝。

4) 管口处有蜂窝麻面,甚至露筋。

5) 管节壁厚不均匀。当顶力增大后,管节在管壁薄及接触面小的地方发生破裂。

(2) 管节接口处由于衬垫不良,产生应力集中。木衬垫如果过软和过硬,起不到顶力传递时的缓冲作用,对管端的冲击加大,产生破裂。

(3) 纠偏过大,造成相邻管节接口断面挤压破裂。

(4) 顶力过大,超过管道承受极限值,导致管道受压破裂。

4. 预防措施

(1) 设计

1) 管体混凝土强度等级不低于国家质量标准的前提下,根据顶进过程中管节所受最大顶力,计算所需管体混凝土强度,并保有规范要求的安全系数。

2) 管节接口处衬垫选择中等硬度的木制材料制成,可以起到很好缓冲作用。衬垫接口处以企口方式相接,衬垫厚为 $18\sim20$mm。

(2) 材料

1) 选择商品混凝土,混凝土性能指标满足设计及国家规范要求。混凝土在浇筑前不能发生初凝,浇筑时坍落度满足设计及规范要求。

2) 缓冲木衬垫的木材类别性能符号设计要求。衬垫表面平顺,厚度均匀。

(3) 施工

1) 管节安装前,对管节进行验收,发现存在质量问题,弃用。

2) 衬垫安装前,粘贴前注意清理管节的基面,管节拼装时发现有脱落的立即进行返工,确保整个环面衬垫的平整性、完好性。

3) 施工中,纠偏遵守"勤纠、少纠",每次纠偏动作要小。

4) 在顶进过程中,发现管壁着力的地方出现灰屑脱落和管壁外皮脱落现象,这就是开裂的预兆,应立即停止顶进,退回千斤顶活塞杆。

5) 顶力过大,采用土体改良剂改善土体,控制迎面土压力、平衡正面压力,或补助触变泥浆,减小摩阻力。

5. 治理措施

(1) 管壁着力的地方出现灰屑脱落和管壁外皮脱落现象,应立即停止顶进,退回千斤顶活塞杆,对出现灰屑脱落和管壁外皮脱落处进行补强。

(2)管节已被顶坏,应更换新管。

(3)当顶力大幅增加,或出现顶不动时,立即停止顶进,采用土体改良剂改善土体后,等顶力回落至正常值后继续顶进,或补助触变泥浆,减小摩阻力,减小顶力。

32.3.6 管节后退

1. 现象

在安装新管节时,发生机头后退现象。

2. 规范规定

> 《给水排水工程顶管技术规程》CECS 246—2008:
> 12.12.3 穿墙应根据不同条件采取以下相应措施:
> 3 穿墙管周围为淤泥质黏土时,应设置防管道回弹的措施。

3. 原因分析

安装管节时,主顶油缸缩回后,顶力消失。机头迎面主动土压力大于机头及管节周边摩擦阻力,致使机头、管节整体后退。

顶进正面主动土压力: $P = P_a \times (a_1 \times b_1)$;

顶管与土体之间摩阻力: $F_1 = (a_1 + b_1) \times L_1 \times f_1$;

管节与土体之间摩阻力: $F_2 = (a_2 + b_2) \times L_2 \times f_2$;

当 $P > F_1 + F_2$ 时,管节、机头后退。

P_a——正面土体主动土压强均值;

a_1——机头截面高度(m);

b_1——机头截面宽度(m);

L_1——机头长度(m);

f_1——顶管外表面与土体之间摩擦系数;

a_2——管道截面高度(m);

b_2——管道截面宽度(m);

L_2——管道长度(m);

f_2——管道外表面与土体之间摩擦系数。

4. 预防措施

施工

(1)在洞口两侧各安装一只手拉葫芦,在主顶油缸缩回前,手拉葫芦拉住最后一节管节或机头,不让其后退。

(2)在主顶油缸缩回前,用木棍把管节抵住,不让其后退。

(3)安装可调节止退装置。

5. 治理措施

立即伸出主顶油缸,顶住管节,使管节、机头不再后退。从机头向正面土体注浆,填补机头后退,正面土体塌陷造成的空隙、空洞。用手拉葫芦或木棍或止退装置抵住最后一节管节,保证缩回主顶油缸时管节、机头不后退,安装新管节。再次顶进之前,测量顶进轴线,若出现偏差,进行纠偏。

32.4 进 洞

32.4.1 偏离预留洞口

1. 现象

机头顶至接收井时,机头断面位置与预留洞口不吻合,机头无法从预留洞口破土而出。

2. 规范规定

《给水排水工程顶管技术规程》CECS 246－2008:

12.9.3 顶管施工测量的相对坐标的 X 轴线应为工作井穿墙管中心与接收井的墙管中心的连线。

3. 原因分析

(1)机头在顶进过程中偏离设计轴线,顶进方向在达到洞口之前也未纠正至设计方向。

(2)预留洞口位置错误,偏离设计位置。

4. 预防措施

(1)顶进过程中,随顶随测,一发生顶进方向跑偏立即纠正,始终将顶进方向偏离度控制在允许误差内。

(2)建立测量复核制度,所有测量放样都由两组测量人员相互检核,消除测量措施、减小测量误差。

5. 治理措施

机头达到洞口后,立即停止顶进,保证机头、管道在土体内静止不动,处于平衡状态。拆除预留洞口,根据机头位置重新放样出出洞洞口位置,重新施工预留洞口。

32.4.2 涌水、涌砂流失

见"32.2.1 洞口出现涌水、涌砂"。

32.5 其 他

32.5.1 浆液置换量不足

1. 现象

地面过大沉降。

2. 规范规定

(1)《给水排水工程顶管技术规程》CECS 246－2008:

12.1.1 施工组织设计应包括下列主要内容:

8 应采取的主要施工技术措施,包括以下内容

7)地面隆起、沉降和对周边挤压的控制。

(2)《顶管施工技术及验收规范(试行)》(中国非开挖技术协会行业标准):

11.1.6 在顶进施工的区域,应考虑土体和地下水条件以及顶管施工工艺,保证地层的沉降不大于允许的沉降值。

3. 原因分析

（1）顶进结束后,两头门洞封堵不严密,造成置换浆液渗出。

（2）用水泥砂浆、粉煤灰水泥砂浆等易于固结或稳定性较好的浆液置换出原减摩浆液填充管外空隙。置换施工中,浆液未置换充足,管道外壁与土体间空隙未被堵实,地面仍有沉降。

（3）压浆孔封堵不严密造成漏浆。

4.预防措施

（1）材料

水泥砂浆、粉煤灰水泥砂浆等易于固结或稳定性较好的单液浆或双液浆。浆液配比由试验决定。

（2）施工

顶管施工完成后,应迅速将两头门洞封堵严密。

设定好注浆压力,通过注浆管道,注入单液浆或双液浆,置换出触变泥浆,对管节外的土体进行加固。注入浆液量以地面有一定回弹量为准。

浆液置换结束后,拆除注浆管路后,封堵严密注浆孔,并尽快将管节与工作井洞门用钢筋连成一体,浇筑混凝土,并与工作井内壁浇平。

5.处理措施

（1）两头门洞封堵处或封堵注浆孔处漏浆,加强封堵。

（2）对地面沉降处,开启注浆孔,重新进行补注浆液。以地面出现一定回弹为准,停止注浆。

32.5.2 管节接头渗漏

1.现象

管节接头处嵌缝处理后仍出现起皮、渗水。

2.规范规定

> 《给水排水工程顶管技术规程》CECS 246－2008:
> 　4.3.11 钢承口接头的钢套管与混凝土的接缝应采用弹性密封填料勾缝。

3.原因分析

嵌缝强度不足,嵌缝起皮脱落,嵌缝后仍存在缝隙。

4.预防措施

（1）材料

接头嵌缝材料采用双组分聚硫密封膏或对单组分聚氨酯密封膏。

（2）施工

嵌缝前应先将缝隙内的杂质、油污清理干净,基面平整、干净、干燥,用配制好的聚硫膏在缝两侧先刮涂一遍,第二次在缝中刮填密封至所需厚度。

5.处理措施

（1）嵌缝处密封膏起皮脱落或渗水,清除原有密封膏,重新清理缝隙内的杂质、油污,基面平整、干净、干燥后,重涂密封膏,增加密封膏厚度。

（2）渗水现象很严重,密封膏完全封堵不住,在渗水处做引流管或引流槽将水引至通道外。

第五篇 城镇燃气输配工程质量

第33章 土方工程

33.1.1 槽底泡水

1. 现象

沟槽开挖后槽底土基被水浸泡。

2. 规范规定

> 《城镇燃气输配工程施工及验收规范》CJJ 33 - 2005:
> 2.1.5 在地下水位较高的地区或雨期施工时,应采取降低水位或排水措施,及时清除沟内积水。

3. 原因分析

(1)天然降水或其他流水流进沟槽。

(2)对地下水或浅层滞水,未采取排降水措施或排降水措施不力。

4. 预防措施

施工:

(1)施工前,应密切关注天气情况,遇到连续雨天时,尽量不安排开挖。

(2)由于工期原因不得不在雨期施工时,施工单位应合理安排各工序之间的施工搭接关系,择机、择时、择段安排工序作业,做到管沟开挖后能及时下管、回填,尽量避免沟槽开挖后形成较长时间的积水或泡水情况,影响管基的承载能力或稳定性。

(3)当因地下水位高或周边外流水进入开挖区域时,应当采取有效的降水、排水、截流措施,确保沟槽底部不积水、不泡水。

(4)当无须进行沟基特别处理时,在管道下沟前,沟槽内积水必须抽尽,防止管道漂浮,否则将影响管道系统受力而可能使管道局部形成破坏性应力,同时因管道底部架空,回填时无法确保管道周围规定区域空间范围内(尤其是管腔)密实度要求。

5. 治理措施

(1)沟槽被水浸泡,应立即检查排降水设备,疏通排水沟,将水引走、排净。

(2)已经被水浸泡而受扰动的地基土,可根据具体情况处治。当土层扰动在10cm以内时,要将扰动土挖出,换填级配砂砾或砾石夯实;当土层扰动深度达到30cm但下部坚硬时。要将扰动土挖出,换填大卵石或块石。并用砾石填充空隙,将表面找平夯实。

(3)当因特殊原因导致沟槽长期泡水时,应根据管道口径、管道材质、设计压力、土质、管基受扰程度等情况,依据设计文件进行处理。若设计无具体规定时,可由业主、设计、监理、施工商榷针对性的处理方案,经设计变更后方可组织实施。

33.1.2 槽底超挖

1. 现象

所开挖的沟槽槽底,普遍或局部或个别处低于设计高程,即槽底设计高程以下土层被挖除或受到扰动或松动。

2. 规范要求

《城镇燃气输配工程施工及验收规范》CJJ 33 - 2005:
2.3.2 管道沟槽应按设计规定的平面位置和标高开挖。

3. 原因分析

(1)测量放线的错误,造成超挖。

(2)采用机械挖槽时,司驾人员或指挥、操作人员控制不严格,局部多挖。

4. 预防措施

施工:

在挖槽时应跟踪并对槽底高程进行测量检验。使用机械挖槽时,在设计槽底高程以上预留 20cm 土层,待人工清挖。

当采用人工开挖且无地下水时,槽底预留值宜为 0.05 ~ 0.10m;当采用机械开挖或有地下水时,槽底预留值不应小于 0.15m;管道安装前应人工清底至设计标高。

5. 治理措施

(1)干槽超挖在 0.15m 以内者,可用原土回填夯实,其密实度不应低于原地基天然土的密实度。

(2)干槽超挖在 0.15m 以上者,可用石灰土处理,其密度不应低于轻型击实的 95%。

(3)槽底有地下水,或地基土壤含水量较大,不适于加夯时,可用天然级配砂砾回填。

33.1.3 沟槽坡脚线不直顺,槽帮坡度偏陡,槽底宽度尺寸不够

1. 现象

沟槽坡脚线不直顺,槽帮坡度偏陡,槽底宽度尺寸不够,示意图见图 33 - 1、图 33 - 2。

图 33 - 1 示意图一   图 33 - 2 示意图二

2. 规范规定

《城镇燃气输配工程施工及验收规范》CJJ 33 - 2005:
2.3.3 管沟沟底宽度和工作坑尺寸,应根据现场实际情况和管道敷设方法确定。

3. 原因分析

(1)施工技术人员在编制施工组织设计之前没有认真领会设计图纸和规范要求,没有充分了解挖槽地段的土质、地下构筑物、地下水位以及施工环境等情况,所确定的挖槽断面不

合理。

（2）挖槽的操作人员或机械开槽的司驾人员不按要求进行开槽断面施工。施工工程管理不力，一味图省工、省力。

4.预防措施

施工：

各施工单位的技术水平、施工机具和施工方法不同，施工环境和安装管道的材质不同等，沟底宽度可根据具体情况确定。沟底宽度及工作坑尺寸除满足安装要求外，还应保证管道和管道防腐层不受破坏，不影响安装工程的试验和验收工作。在实际开挖中，沟底宽度还应考虑工程预算。

确定合理的开槽断面和槽底宽度。开槽断面由槽底宽、挖深、槽底、各层边坡坡度以及层间留台宽度等因素确定。槽底宽度，应为管道结构宽度加两侧工作宽度。因此，确定开挖断面时，要考虑生产安全和工程质量，做到开槽断面合理。

5.治理措施

（1）在只有槽底宽度较窄，不影响生产安全的情况下，在槽底部两侧削挖坡脚，加设短木护桩，使槽底宽度达到要求。

（2）对于危及人身安全或严重影响操作，难以保证工程质量的不符合要求的槽宽，可再慎重研究，采取安全措施后，另行劈槽，直到符合标准为止。

33.1.4 土方回填质量不满足设计要求

1.现象

回填所用材料含软性物质及杂物，示意图见图33-3、图33-4；沟槽回填厚度不符合要求，示意图见图33-5、图33-6。

图33-3 示意图三

图33-4 示意图四

图33-5 示意图五

图33-6 示意图六

2.规范规定

(1)《城镇燃气输配工程施工及验收规范》CJJ 33-2005:

2.3.9 局部超挖部分应回填压实。当沟底无地下水时,超挖在0.15m以内,可采用原土回填;超挖在0.15m及以上,可采用石灰土处理。当沟底有地下水或含水量较大时,应采用级配砂石或天然砂回填至设计标高。超挖部分回填后应压实,其密实度应接近原地基天然土的密实度。

2.3.11 沟底遇有废弃构筑物、硬石、木头、垃圾等杂物时必须清除,并应铺一层厚度不小于0.15m的砂土或素土,整平压实至设计标高。

2.4.1 管道主体安装检验合格后,沟槽应及时回填,但需留出未检验的安装接口。回填前,必须将槽底施工遗留的杂物清除干净。

2.4.2 不得采用冻土、垃圾、木材及软性物质回填。管道两侧及管顶以上0.5m内的回填土,不得含有碎石、砖块等杂物,且不得采用灰土回填。距管顶0.5m以上的回填土中的石块不得多于10%、直径不得大于0.1m,且均匀分布。

(2)《城镇燃气设计规范》GB 50028-2006:

6.3.4 地下燃气管道埋设的最小覆土厚度(路面至管顶)应符合下列要求:

① 埋设在机动车道下时,不得小于0.9m;

② 埋设在非机动车道(含人行道)下时,不得小于0.6m;

③ 埋设在机动车不可能到达的地方时,不得小于0.3m;

④ 埋设在水田下时,不得小于0.8m。

注:当不能满足上述规定时,应采取有效的安全防护措施。

(3)《聚乙烯燃气管道工程技术规程》CJJ 63-2008:

4.3.3 聚乙烯管道和钢骨架聚乙烯复合管道埋设的最小覆土厚度(地面至管顶)应符合下列规定:

① 埋设在车行道下,不得小于0.9m;

② 埋设在非车行道(含人行道)不得小于0.6m;

③ 埋设在机动车不可能到达的地方时,不得小于0.5m;

④ 埋设在水田下时,不得小于0.8m;

注:当不能满足上述规定时,应采取有效的安全防护措施。

3. 原因分析

(1)松土回填,未分层夯实,或虽分层但超厚夯实,一经地面水浸入或经地面荷载作用,造成沉陷。

(2)沟槽中的积水、淤泥、有机杂物没有清除和认真处理,虽经夯打,但在饱和土上不可能夯实;有机杂物一经腐烂,必造成回填土下沉。

(3)部分槽段,尤其是小管径或雨水口连接管沟槽,槽宽较窄,夯实不力,没有达到要求的密实度。

(4)使用压路机碾压回填土的沟槽,在检查井周围和沟槽边角碾压不到的部位,又未用小型夯具夯实,造成局部漏夯。

(5)在回填土中含有较大的干土块或含水量较大的黏土块较多,回填土的夯实质量达不到要求。

(6)回填土不用夯压方法,采用水沉法(纯砂性土除外),密实度达不到要求。

4. 预防措施

（1）设计

结合工程具体实际,采用适宜的材料进行沟槽回填。必要时,可对管底及管顶以上30cm以内宜采用二灰砂进行回填。

（2）施工

沟底遇有大面积废旧构筑物、硬石、木头、垃圾等杂物或沟底以下影响管沟基础的废弃物较深时,可提请设计要求处理。

局部超挖部分应回填后压实,管道的不均匀沉降不但可能引起管道变形,且可能因管道变形而破坏防腐层,特别是如煤焦油瓷器防腐层。用石灰土、级配砂石、天然砂回填就是为确保密实度。

管道沟槽施工,施工单位应严格按照规范、设计要求分层回填夯实,对特殊地段,应经监理(建设)单位认可,并采取有效的技术措施,方可在管道焊接、防腐检验合格后全部回填。

及时回填沟槽可防止已验收合格的防腐层被损伤、管道暴晒和降雨引起管沟积水,可及时地恢复交通,减少不安全因素等。需立即回填的特殊地段,应确保施工质量,防止验收不合格返工;提前作好验收和回填土的准备,不可降低回填土的要求。

不得用冻土、垃圾、木材及软性物质回填不仅是为了保护管道和防腐层,而且是为了保证回填的密实度。碎石、砖块等坚硬物对管材或防腐层不受破坏不可小视,实际施工中,回填后用电火花检漏仪检查回填前已验收合格的防腐层出现不合格,基本都是因回填土不合格所致。

对特殊地段,应经监理(建设)单位认可,并采取有效的技术措施,方可在管道焊接、防腐检验合格后全部回填。

5. 治理措施

（1）局部小量沉陷,应立即将回填料挖出,重新分层夯实。

（2）面积、深度较大的严重沉陷,除重新将土挖出分层夯实外,还应会同设计、建设、质量监督、监理部门共同检验管道结构有无损坏,如有损坏应挖出换管或采取其他补救措施。

第34章　管道、设备的装卸、运输和存放

34.1.1 管道结构碰、挤变形

1. 现象

图34-1　管道变形

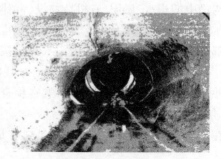

图34-2　管体压裂

(1)回填管道两侧胸腔时,人工或机械运送土方、将管带、基础管座或沟墙挤压变形,甚至造成管道中心位移,示意图见图 34-1。

(2)使用推土机运送土方,压路机动力夯压(夯)实时,将管体压裂,示意图见图 34-2。

2. 规范规定

《城镇燃气输配工程施工及验收规范》CJJ 33 - 2005:

2.4.4 沟槽回填时,应先回填管底局部悬空部位,再回填管道两侧。

2.4.5 回填土应分层压实,每层虚铺厚度宜 0.2~0.3m,管道两侧及管顶以上 0.5m 内的回填土必须采用人工压实,管顶 0.5m 以上的回填土可采用小型机械压实,每层虚铺厚度宜为 0.25~0.4m。

3. 原因分析

(1)回填土的顺序和分层压实不满足回填密实度的要求,管道在长期荷载作用下,形成竖向变形;回填后管道受的竖向土压力大于侧向土压力,不按回填的顺序和分层压实,极可能使管道竖向变形过大。

压实管道两侧的回填土时,注意保证管道及管道防腐层不受损伤。回填土的含水量对压实后的土壤密实度的影响较大,如果增加压实遍数不能达到密实度要求时,就应调整回填土的含水量和调整虚铺土厚度。

(2)管顶或沟盖顶以上覆土厚度小,使用机械夯实,由于机械的自重和震动冲击,超过了管体或沟盖板所能承受的安全外压荷载,造成管体破裂、沟盖断裂。

4. 预防措施

(1)设计

管线位置宜设计在绿化带等非承重结构等用地范围内,可保证道路不会因为管槽回填压实度不足而产生沉陷。

(2)施工

1)严格落实沟槽回填土工序报验制度;既要保证施工过程中管渠的安全,结构不被损坏,又要保证上部修路时及放行后的安全。

2)胸腔及管顶以上 50cm 范围内填土时,应做到分层回填,两侧同时回填夯实,其高度差不得超过 30cm;回填中不得含有碎砖、石块及大于 10cm 的冻土块;管座混凝土强度要达到 5MPa 以上,砖沟必须在盖板安装后,方可进行回填土。

3)管顶以上 50cm 范围内采用人工夯实;胸腔部位以上的回填土,当使用重型压实机械压实时或有较重车辆在回填土上行驶时,管顶以上必须有一定厚度的压实回填土,其最小厚度应满足压实机械的规格和管道设计承载力。

5. 治理措施

(1)由于回填土夯实,所造成的管道接口、管材保护层的损坏,应予修复,同时不应低于原有强度。

(2)对管道的轴线位移、管体的破裂问题,应会同设计、建设、质量监督、监理单位共同研究处置方法,一般都应返工重做。

34.1.2 管材质量损伤或损坏

1. 现象

因为管道的装卸、运输、存放和施工不当,造成管材破损、变形,影响其使用功能。

2. 规范规定

《城镇燃气输配工程施工及验收规范》CJJ 33 - 2005:

3.0.1 管材、设备装卸时,严禁抛摔、拖拽和剧烈撞击。

3.0.2 管材、设备运输、存放时的堆放高度、环境条件(湿度、温度、光照等)必须符合产品的要求,应避免曝晒和雨淋。

3.0.3 运输时应逐层堆放,捆扎、固定牢靠,避免相互碰撞。

3.0.4 运输、堆放处不应有可能损伤材料、设备的尖凸物,并应避免接触可能损伤管道、设备的油、酸、碱、盐等类物质。

3.0.5 聚乙烯管道、钢骨架聚乙烯复合管道和已做好防腐的管道,捆扎和吊装时应使用具有足够强度的具有保护管道防腐层免受损伤的绳索(带)。

3.0.6 管道、设备入库前必须查验产品质量合格文件或质量保证文件等,并妥善保管。

3. 原因分析

(1)未能按照产品的要求装卸、运输和存放,造成管道、设备损伤或损坏。有的损伤管件因难以被发现而进入安装工程,增大工程验收和运行调试的难度,影响工程整体质量。

(2)采购、建设、监理、施工方未把好材料质量关,致使不合格品入库或进入工地。

4. 预防措施

施工:

(1)加强管材在装卸、运输、存放过程中的管理,管材进场必须进行验收,并履行签字认可手续。

(2)管材搬运时,不得抛、摔、滚、拖;在冬季搬运时,应小心轻放。当采用机械设备吊装直管时,必须采用非金属绳(带)吊装。

(3)管材运输时,应放置在带挡板的平底车上或平坦的船舱内,堆放处不得有可能损伤管材的尖凸物,应采用非金属绳(带)捆扎、固定,并应有防晒措施。

(4)管材运输时,应按箱逐层叠放整齐、固定牢靠,并应有防雨淋措施。

(5)管材应存放在通风良好的库房或棚内,远离热源,并应有防晒、防雨淋的措施。

(6)管材严禁与油类或化学品混合存放,库区应有防火措施。

(7)管材应水平堆放在平整的支撑物或地面上。当直管采用三角形式堆放或两侧加支撑保护的矩形堆放时,每层货架高度不宜超过1m,堆放总高度不宜超过3m。

(8)管材存放时,应按不同规格尺寸和不同类型分别存放,并应遵守"先进先出"原则。

(9)管材在户外临时存放时,应采用遮盖物遮盖。

5. 治理措施

管材进场时,应对其外观质量全数进行检查,对外观存在缺陷,坚决不允许使用。用户验收管材、管件时,对聚乙烯管材物理力学性能存在异议时,应委托第三方进行检验。

第35章 钢质管道及管件的防腐

35.1.1 钢制管道锈蚀

1. 现象

管道因为各种因素的影响和破坏作用,造成管道腐蚀开裂,示意图见图 35 – 1、图 35 – 2。

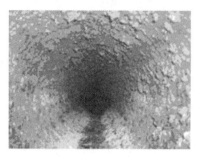 

图 35 – 1　管道腐蚀　　　　　　　图 35 – 2　管道腐蚀(2)

2. 规范规定

《城镇燃气输配工程施工及验收规范》CJJ 33 – 2005:

4.0.4 防腐前应对防腐原材料进行检查,有下列情况之一者,不得使用:

①无出厂质量证明文件或检验证明;

②出厂质量证明书的数据不全或对数据有怀疑,且未经复验或复验后不合格;

③无说明书、生产日期和储存有效期。

4.0.5 防腐前钢管表面的预处理应符合国家现行标准《涂装前钢材表面预处理规范》SY/T 0407 和所使用的防腐材料对钢管除锈的要求。

4.0.6 管道宜采用喷(抛)射除锈。除锈后的钢管应及时进行防腐,如防腐前钢管出现二次锈蚀,必须重新除锈。

4.0.11 补口、补伤、设备、管件及管道套管的防腐等级不得低于管体的防腐层等级。当相邻两管道为不同防腐等级时,应以最高防腐等级为补口标准。当相邻两管道为不同防腐材料时,补口材料的选择应考虑材料的相容性。

3. 原因分析

(1)未选择合适有效的管道防腐形式,从而造成管道的电化学腐蚀、化学腐蚀。

(2)现场除锈不彻底即进行防腐。主要是现场操作人员质量意识不高,现场检验不严格,应注重人员的质量意识培训,加强现场质量验收。

(3)防腐失效或存在缺陷:防腐存在气泡、折皱,防腐厚度不够。

(4)管道埋设于地下,长期受到土壤和内部介质以及其他不确定性因素的影响和破坏作用,造成管道腐蚀开裂。

4. 预防措施

(1)设计

采用合适的绝缘层防腐法,如熔结环氧粉末、石油沥青、冷缠胶粘带等;必要时,可采取电保护防腐法,如外加电源阴极保护法、牺牲阳极保护法等、杂散电流排流保护、电蚀防止法。

加强管线的防腐保护措施,如管道设置二灰砂垫层、管顶以上 30cm 内采用二灰砂作为填筑料等。

（2）材料

改善管道金属的本质。根据不同的用途选择不同的材料组成耐腐蚀合金，或在金属中添加合金元素，提高其耐蚀性，可以防止或减缓金属的腐蚀。例如，在钢中加入镍制成不锈钢可以增强钢的防腐蚀能力。

（3）施工

根据不同防腐材料对钢管的除锈等级的要求，按《涂装前钢材表面预处理规范》SY/T 0407 的要求对钢管表面进行预处理。

制定相应防腐方法的操作规程，加强人员的培训，考核合格后方可上岗施工。

操作人员严格按操作规程作业，管体应充分加热，使用工具对防腐层进行辗压；防腐材料厚度和搭接尺寸符合规范要求，防腐材料使用满足要求等。管道采用喷（抛）射除锈不但可减轻施工强度，提高效率，而且可大大提高除锈的质量。（管道下沟前，电火花检漏）

已检验合格的防腐管道按防腐类型、等级和管道规格分类堆放，不但可防止用错，而且可减少防腐管道的搬动次数。没有固化的防腐涂层堆放将严重损坏防腐层。对防腐层未实干的管道回填，将损坏防腐层。

5. 治理措施

对管道防腐层完整性进行全线检查，不合格必须对防腐层进行修补处理直至合格。若管道锈蚀现象严重，存在严重安全隐患时，则应停止管道运行，并更换管道（检漏、重新防腐）。

第 36 章　埋地钢管敷设

36.1.1　钢质管道焊接质量稳定性不足

1. 现象

确保燃气钢质管道焊接质量是控制燃气管道工程质量的重中之重，必须给予高度重视。但由于影响焊接质量的因素非常多（如人、料、机、法、环等），控制过程稍有疏漏，往往使其焊接质量稳定性不足，一次合格率不高，同时若焊缝焊后检查环节控制把关不严，将可能导致焊缝质量缺陷隐存于其中，增加了燃气泄漏及引发事故的发生概率。

管道焊接质量不符合焊接工艺评定要求，存在气孔、咬边、裂纹、夹渣等缺陷，示意图见图 36-1～图 36-3。

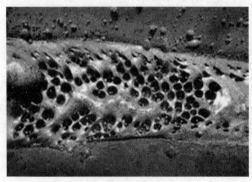

图 36-1　焊缝气孔

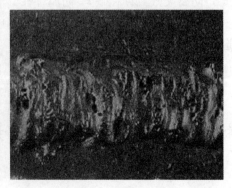

图 36-2　焊缝夹渣

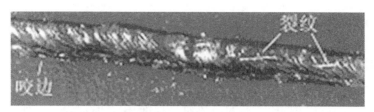

图 36 – 3　焊缝咬边、裂纹

2. 规范规定

《城镇燃气输配工程施工及验收规范》CJJ 33 – 2005:

5.2.2 管道的切割及坡口加工宜采用机械方法,当采用气割等热加工方法时,必须除去坡口表面的氧化皮,并进行打磨。

5.2.4 氩弧焊时,焊口组对间隙宜为 2~4mm。其他坡口尺寸应符合国家现行标准《现场设备、工业管道焊接工程施工及验收规范》GB 50236 的规定。

5.2.6 管道焊接完成后,强度试验及严密性试验之前,必须对所有焊缝进行外观检查和对焊缝内部质量进行检验,外观检查应在内部质量检验前进行。

5.2.7 设计文件规定焊缝系数为 1 的焊缝或设计要求进行 100% 内部质量检验的焊缝,其外观质量不得低于国家现行标准《现场设备、工业管道焊接工程施工及验收规范》GB 50236 要求的 Ⅱ 级质量要求;对内部质量进行抽检的焊缝,其外观质量不得低于国家现行标准《现场设备、工业管道焊接工程施工及验收规范》GB 50236 要求的 Ⅲ 级质量要求。

5.2.8 焊缝内部质量应符合下列要求:

1 设计文件规定焊缝系数为 1 的焊缝或设计要求进行 100% 内部质量检验的焊缝,焊缝内部质量射线照相检验不得低于国家现行标准《钢管环缝熔化焊对接接头射线透照工艺和质量分级》GB/T 12605 中的 Ⅱ 级质量要求;超声波检验不得低于国家现行标准《钢焊缝手工超声波探伤方法和探伤结果分级》GB 11345 中的 Ⅰ 级质量要求。当采用 100% 射线照相或超声波检测方法时,还应按设计的要求进行超声波或射线照相复查。

2 对内部质量进行抽检的焊缝,焊缝内部质量射线照相检验不得低于国家现行标准《钢管环缝熔化焊对接接头射线透照工艺和质量分级》GB/T12605 中的 Ⅲ 级质量要求;超声波检验不得低于国家现行标准《钢焊缝手工超声波探伤方法和探伤结果分级》GB11345 中的 Ⅱ 级质量要求。

5.2.9 焊缝内部质量的抽样检验应符合下列要求:

1 管道内部质量的无损探伤数量,应按设计规定执行。当设计无规定时,抽查数量不应少于焊缝总数的 15%,且每个焊工不应少于一个焊缝。抽查时,应侧重抽查固定焊口。

2 对穿越或跨越铁路、公路、河流、桥梁、有轨电车及敷设在套管内的管道环向焊缝,必须进行 100% 的射线照相检验。

3 当抽样检验的焊缝全部合格时,则此次抽样所代表的该批焊缝应为全部合格;当抽样检验出现不合格焊缝时,对不合格焊缝返修后,按下列规定扩大检验:

1)每出现一道不合格焊缝,应再抽检两道该焊工所焊的同一批焊缝,按原探伤方法进行检验。

2)如第二次抽检仍出现不合格焊缝,则应对该焊工所焊全部同批的焊缝按原探伤方

3.原因分析

管道定位、组对不符合要求,坡口尺寸不符合标准,未及时清除焊缝处焊渣、飞溅,坡口坡度不够,甚至坡口未打磨等因素,易影响焊接质量。另外,还包括:

(1)母材及填充材料使用不当,例如 0Cr19Ni9 的这类不锈钢的 C 含量与一般的奥氏体不锈钢 C 含量相当,并非超低碳不锈钢,并且没有加入稳定碳化物的 Ti,Nb 元素,如果在焊接时没有避开 450~850℃的危险温度区间,并且没有选用含 Ti、Nb 元素的焊接材料,就会在热影响区形成脆性大、塑性低的碳化铬,从而使热影响区、熔合线上产生晶界腐蚀裂纹。

(2)焊接工艺不合理,图 36-4 中可以看到,连弧焊接焊缝较宽,成型粗糙,弧坑较大,焊趾明显咬肉。由此可以看出,焊接时所用焊条直径较大,焊接电流也较大,焊速慢,停留时间过长,没有避开 450~850℃危险温度区间,道间温度控制也未见成效,这是形成晶界腐蚀裂纹的又一原因。

图 36-4 粗糙焊缝及较大弧坑

4.预防措施

施工:

(1)施工单位应建立有效的焊接质量控制保证体系,严格各环节的管理,责任到人,落实到位。

(2)所有参与施工的焊接作业人员,必须依据有关法律法规、条例及规范标准的要求,做到100%持有与本工程焊接相适应的有效操作资格证上岗,严禁无证人员进行焊接作业。

(3)用于工程焊接上的设备必须确保其完好性、先进性、稳定性。焊接材料和焊接保护介质应按设计规定或规范要求进行选择采购,严格材料进场报验、过程保管、烘烤保温程序,确保焊材适用与有效。

(4)在施工之前,应依据有关规定或相关规程进行焊接工艺评定,焊接工艺评定合格后,须制定相应的焊接工艺规程(包括返修),并张贴于便于对照实施、检查的现场适当位置。施工方的焊接质检人员同时做好相关焊接交底工作。

(5)参与工程焊接的人员,原则上应经过针对本工程的焊接考试合格之后,方可上岗焊接。焊接考试可由业主组织,由当地质量技术监督部门(如特检院)、工程监理进行技术把关评价,确保焊接考试切实有效。

(6)无损检测单位应由业主择优选择有资质的单位负责焊缝的无损检测工作,焊缝结果要确保其准确性、清晰性、及时性,保持相关方信息沟通顺畅有效。

(7)无损检测焊缝的选择,应当由监理方指定,检测结果须及时反馈监理知晓。

(8)对于中、高压钢质燃气管道的定向钻穿越段焊缝、固定口焊缝、分段试验后的对接死口焊缝,要求业主适当增加无损检测比例、手段,确保其完全合格。

(9)在恶劣天气环境(如风速过大、湿度过大、雨雪天气等)条件下施焊时,必须采取有效的防护措施,若不符合恰当的条件,不得进行焊接作业。

(10)焊接过程中,应建立相对完整的焊接记录,如实记录焊工号、焊缝号、相对位置、焊接工艺参数(如坡口角度、除锈去污、组对间隙、预热温度、层间温度、焊接层数、焊接电流电压、清根打磨、焊后保温、焊缝外观等情况),使焊接具有可追溯性。在此过程中,施工单位和监理单位应分别在焊接记录上留下自检记录和抽查记录,签字确认其合格。

(11)管道组对时,要对两对接口的匹配性进行合理配置,成品管道上的焊缝应依据相关规范进行错开和适当打磨,防止应力集中。

(12)施工单位对影响焊接质量的通病及其防范对策措施,应在施工组织设计或专项方案中进行分析,并通过自身质保体系做好各项防范工作。

(13)焊接完成后,焊接当事人须及时清理掉焊缝区域范围的焊渣、飞溅物、焊瘤等,存在局部外观可处理缺陷时,应当及时进行相关的处理,不可处理时,应当割掉重焊。

(14)对于有延期裂纹倾向的管道(如 X60、X70 等材质),无损检测应在 24h 后进行。

(15)当施工焊接过程中,出现某一带有一定普遍性的焊接质量问题时,应当立即停工,组织专题会议,分析问题症结,找到并落实好有效的措施后,方可继续焊接施工,并跟踪具体效果。

(16)除了注意上述需要留意的事项外,焊接施工必须严格执行设计及相关工程施工验收规范或标准的要求,同时注意应用适用的规范或标准。

5. 治理措施

(1)当经外观检查和内部检查出现焊缝质量不合格时,应当通过可行的方案进行返修或返工,经过返修或返工后的焊缝,应当再次进行外观检查、无损检查,并跟踪其结果达到质量合格标准的要求。

(2)压力管道的焊缝返修不宜超过两次,每次返修均应制定正确的返修工艺并经其企业技术负责人审核批准后实施。两次返修仍不合格者,该焊口应割去重焊。

36.1.2 法兰装配质量,管道连接处的强度和严密度不符合要求

1. 现象

法兰连接质量不符合规范要求,管道连接处的强度和严密度不符合要求。

2. 规范规定

《城镇燃气输配工程施工及验收规范》CJJ 33 - 2005:

5.3.1 法兰在安装前应进行外观检查,并应符合下列要求:

1 法兰的公称压力应符合设计要求。

2 法兰密封面应平整光洁,不得有毛刺及径向沟槽。法兰螺纹部分应完整,无损伤。凹凸面法兰应能自然嵌合,凸面的高度不得低于凹槽的深度。

3 螺栓及螺母的螺纹应完整,不得有伤痕、毛刺等缺陷;螺栓与螺母应配合良好,不得

有松动或卡涩现象。

5.3.2 设计压力大于或等于1.6MPa的管道使用的高强度螺栓、螺母应按以下规定进行检查：

1 螺栓、螺母应每批各取2个进行硬度检查，若有不合格，需加倍检查，如仍有不合格则应逐个检查，不合格者不得使用。

2 硬度不合格的螺栓应取该批中硬度值最高、最低的螺栓各1只，校验其机械性能，若不合格，再取其硬度最接近的螺栓加倍校验，如仍不合格，则该批螺栓不得使用。

为保证高强度螺栓的质量，要求对其进行硬度检查，确保安全。

5.3.3 法兰垫片应符合下列要求：

1 石棉橡胶垫、橡胶垫及软塑料等非金属垫片应质地柔韧，不得有老化变质或分层现象，表面不应有折损、皱纹等缺陷。

2 金属垫片的加工尺寸、精度、光洁度及硬度应符合要求，表面不得有裂纹、毛刺、凹槽、径向划痕及锈斑等缺陷。

3 包金属及缠绕式垫片不应有径向划痕、松散、翘曲等缺陷。

5.3.4 法兰与管道组对应符合下列要求：

1 法兰端面应与管道中心线相垂直，其偏差值可采用角尺和钢尺检查，当管道公称直径小于或等300mm时，允许偏差值为1mm；当管道公称直径大于300mm时，允许偏差值为2mm。

2 管道与法兰的焊接结构应符合国家现行标准《管路法兰及垫片》JB/T 74附录C的要求。

5.3.5 法兰应在自由状态下安装连接，并应符合下列要求：

1 法兰连接时应保持平行，其偏差不得大于法兰外径的1.5‰，且不得大于2mm，不得采用紧螺栓的方法消除偏斜。

2 法兰连接应保持同一轴线，其螺孔中心偏差不宜超过孔径的5%，并应保证螺栓自由穿入。

3 法兰垫片应符合标准，不得使用斜垫片或双层垫片。采用软垫片时，周边应整齐，垫片尺寸应与法兰密封面相符。

4 螺栓与螺孔的直径应配套，并使用同一规格螺栓，安装方向一致，紧固螺栓应对称均匀，紧固适度，紧固后螺栓外露长度不应大于1倍螺距，且不得低于螺母。

5 螺栓紧固后应与法兰紧贴，不得有楔缝。需要加垫片时，每个螺栓所加垫片每侧不应超过1个。

5.3.6 法兰与支架边缘或墙面距离不宜小于200mm。

5.3.7 法兰直埋时，必须对法兰和紧固件按管道相同的防腐等级进行防腐。

为减少道路上阀门井数量，许多地方将法兰直埋，但必须对法兰和紧固件进行防腐处理。

3.原因分析

法兰连接时法兰端面与管道轴线不垂直，可能造成强力连接，产生应力，影响使用寿命；未保证法兰焊接前管道自由状态下轴线的重合，未使用直角尺等手段仔细调整法兰端

336

面与管道的垂直。

4. 预防措施

（1）设计

法兰密封泄漏问题应从设计角度考虑,选择法兰密封时根据具体情况适当提高法兰材质、密封面形式、公称压力等级是必要的。

（2）材料

应保证法兰垫片的变形和回弹性能符合要求;

法兰压紧面的形式和表面粗糙度应与选用的垫片相适应;

螺栓预紧力必须使联接处实现初始密封条件,并保证垫片不被压坏或挤出;

为确保法兰的密封有效,应该保证法兰的有效刚度。

（3）施工

选择合适的垫片及法兰:在法兰组装前应先对所有的法兰及垫片进行检查。检查是否与选用的型号、压力等级、材质相符,并检查法兰及垫片的质量是否合格。

在法兰组对前,要将法兰面清理干净,去掉脏物和残留旧热片,保证密封效果。

法兰组对时,一定要认真检查两配对法兰的相对位置精度,如平行度、同轴度。若误差超标则予以调整,若强行组对会使一些螺栓随荷载过大易产生较大变形乃至断裂。

垫片放置时要放正,不得偏斜以保证受压均匀,防治垫片压偏造成泄漏,同时也要避免垫片伸入管内而受介质冲蚀。

为了使垫片受压均匀,螺栓要对称地分两三次拧紧,对温度较高的介质的法兰除安装时将螺栓拧紧外,当物料投用后,还要进行适当的热紧以补偿由于热膨胀引起的螺栓松弛现象。

当发现配对法兰之间局部张口过大或法兰产生较大变形,局部翘曲等现象时应拆下重新组装,使之达到规定误差范围之内。

任何形式的垫片都应避免多次拆卸、反复压紧,对于不允许随管道一起试压和吹扫的组合件,如各类阀门等连接的垫片,试压前安装临时垫片代替,与设备连接的法兰垫片也要用临时垫片,否则容易造成垫片受损而泄漏。

在试压之前对管道上的法兰进行一次全面的检查也是一项有效的措施。检查时首先对螺栓逐个检查,对未把紧的螺栓再次拧紧,使垫片能保持足够的压紧力,同时也要对垫片进行检查,若发现垫片受损、失去弹性或放置偏斜等现象都应重新更换,尤其石棉垫片。

5. 治理措施

若系统所选用的法兰及垫片不符合管道内介质的特性及操作的情况,应立即更换;法兰及垫片的安装不符合规范、设计要求时,应进行返工,经检查确认后方可进行管道试压。

36.1.3　管线施工保护措施不当

1. 现象

施工过程中,由于管道保护措施不当,造成管道及其防腐遭到破坏。

2. 规范规定

《城镇燃气输配工程施工及验收规范》CJJ 33－2005:

3.0.1 管材、设备装卸时,严禁抛摔、拖曳和剧烈撞击;

3.0.5 聚乙烯管道、钢骨架聚乙烯复合管道和已做好防腐的管道,捆扎和吊装时应使用具有足够强度,且不致损伤管道防腐层的绳索(带)。

3.0.9 管道、设备应平放在地面上,并应采用软质材料支撑,离地面的距离不应小于30mm,支撑物必须牢固,直管道等长物件应做连续支撑。

3.0.10 对易动的物件应做侧支撑,不得以墙、其他材料和设备做侧支撑。

5.4.3 管道下沟前,应清除沟内的所有杂物,管沟内积水应抽净;

5.4.4 管道下沟宜使用吊装机具,严禁采用抛、滚、撬等破坏防腐层的做法。吊装时应保护管口不受损伤。

3. 原因分析

(1)施工技术人员在编制施工组织设计之前没有认真领会或充分贯彻设计图纸和规范等相关文件要求,确定的挖槽断面不合理,造成管材在施工时遭到破坏。

(2)管道未采用尼龙吊带等软质吊带进行吊装,造成管材及其防腐破损。

(3)管道施工过程中拖、拉、撬、抛、摔,造成管材及其防腐破损。

4. 预防措施

施工:

施工技术人员严格贯彻已经审批的施工组织设计及专项施工方案,下管前,应严格按照专项施工方案中确定的挖槽断面进行开挖,检测人员严格按照规范要求做好管道回填前后的电火花检漏工作。

施工企业需加强过程控制及管理,保证工程质量受控。

中断施工时,管口必须做临时性封闭。再继续施工时,仍要检查管内有无杂物,确认无误后方可继续施工。

管材搬运时,不得抛、摔、滚、拖;在冬季搬运时,应小心轻放。当采用机械设备吊装直管时,必须采用非金属绳(带)吊装,吊装时,应注意对管道的保护,采取必要的措施,不得将绳索直接拴在管道上;吊装较长管段时,要采取加固措施。

管材运输时,应放置在带挡板的平底车上或平坦的船舱内,堆放处不得有可能损伤管材的尖凸物,应采用非金属绳(带)捆扎、固定,并应有防晒措施。

管材运输时,应按箱逐层叠放整齐、固定牢靠,并应有防雨淋措施。

管材应存放在通风良好的库房或棚内,远离热源,并应有防晒、防雨淋的措施。

管材严禁与油类或化学品混合存放,库区应有防火措施。

管材应水平堆放在平整的支撑物或地面上。当直管采用三角形式堆放或两侧加支撑保护的矩形堆放时,每层货架高度不宜超过1m,堆放总高度不宜超过3m。

管材存放时,应按不同规格尺寸和不同类型分别存放,并应遵守"先进先出"原则。

管材在户外临时存放时,应采用遮盖物遮盖。

高压管段螺纹应有防锈、防碰撞措施。

当管道经水冲洗合格后暂不运行时,应将水排净,并及时吹干。

5. 治理措施

严格落实工序报验制度,对未经验收或验收不合格的沟槽,严禁进行下管、布管作业。检测人员应严格按照要求做好管道回填前后的电火花检漏工作,发现管材防腐缺陷,立即进行处理。

第37章　聚乙烯和钢骨架聚乙烯复合管敷设

37.1.1　聚乙烯管热熔焊接时出现虚焊、焊不透、焊口碳化等质量缺陷

1. 现象

聚乙烯管热熔焊接存在虚焊、焊不透、焊口碳化等缺陷。

2. 规范规定

《聚乙烯燃气管道工程技术规范》CJJ 63－2008：

5.1.2　聚乙烯管材与管件的连接和钢骨架聚乙烯复合管材与管件的连接，必须根据不同连接形式选用专用的连接机具，不得采用螺纹连接或粘结。连接时，严禁采用明火加热。

5.2.1　热熔对接连接设备应符合下列规定：

1　机架应坚固稳定，并应保证加热板和铣削工具切换方便及管材或管件方便地移动和校正对中。

2　夹具应能固定管材或管件，并应使管材或管件快速定位或移开。

5.2.3　热熔对接连接操作应符合下列规定：

1　根据管材和管件的规格，选用相应的夹具，将连接件的连接端伸出夹具，自由长度不应小于公称直径的10%，移动夹具使连接件端面接触，并校直对应的待连接件，使其在同一轴线上，错边不应大于壁厚的10%。

2　应将聚乙烯管材或管件的连接部位擦拭干净，并铣削连接件端面，使其与轴线垂直。切削平均厚度不宜大于0.2mm，切削后的熔接面应防止污染。

3　连接件的端面应采用热熔对接连接设备加热。

4　在保压冷却期间不得移动连接件或在连接件上施加任何外力。

5.2.4　热熔对接接头质量检验应符合下列规定：

1　连接完成后，应对接头进行100%的翻边对称性、接头对正性检验和不少于10%的翻边切除检验。

2　翻边对称性检验。接头应具有沿管材整个圆周平滑对称的翻边，翻边最低处的深度不应低于管材表面。

3　接头对正性检验。焊缝两侧紧邻翻边的外圆周的任何一处错边量不应超过管材壁厚的10%。

4　翻边切除检验。应使用专用工具，在不损伤管材和接头的情况下，切除外部的焊接翻边。翻边切除检验应符合下列要求：

(1)翻边应是实心圆滑的，根部较宽。

(2)翻边下侧不应有杂质、小孔、扭曲和损坏。

(3)每隔50mm进行180°的背弯试验，不应有开裂、裂缝，接缝处不得露出熔合线。

5　当抽样检验的焊缝全部合格时，则此次抽样所代表的该批焊缝被认为全部合格；若出现与上述条款要求不符合的情况，则判定本焊缝不合格，并应按下列规定加倍抽样检验：

(1)每出现一道不合格焊缝，则应加倍抽检该焊工所焊的同一批焊缝，按本规程进行

（2）如第二次抽检仍出现不合格焊缝，则应对该焊工所焊的同批全部焊缝进行检验。

3. 原因分析

（1）热熔对接焊接时出现的虚焊，主要是对接焊机夹具行程不够和对接时夹具速度太快而引起虚焊的两种情况。

① 对接焊机夹具行程不够，两连接件对接前用铣刀铣平管口后进行焊前试碰，碰对后在夹具行程杆上应看到有一定的行程余量，行程余量不应小于 20mm 为宜。在焊接过程中，若不注意这种情况，夹具的行程余量不够时，焊接后表面上看对接的非常好，但实际上两对接件熔接的不够彻底，出现虚焊。

② 对接件对碰时夹具速度太快。两连接件经加热板加热后进行对碰，若对碰过程中夹具速度太快，在对碰瞬间，两连接件熔融部位大部分被挤压到内外壁两侧，致使熔合的部分不够充分而造成了虚焊。

（2）出现"焊不透"的情况主要原因是加热时间不够。一般情况下不同的管材、不同型号及规格的聚乙烯 PE 管，其焊接加热时间在出厂时都有规定，但所给的加热时间是在环境温度为 20℃、有微风时设定的，当环境温度低于 10℃ 和风力较大时，若按设定的加热时间进行加热焊接，焊接后表面上与正常时焊接没有多大区别，实际上没焊透，解决办法是当遇到施工环境温度低于 10℃ 和风力较大时，应根据管材不同型号、规格适当调整加热时间。

（3）焊口碳化的主要原因是加热时间过长，与焊不透的情况正好相反，对于热熔对接焊，有些施工人员认为焊接过程中加热时间越长，焊接效果越好，而事实恰好相反，聚乙烯 PE 管在加热时间过长时，会出现碳化现象，严重影响到焊接质量。

（4）聚乙烯（PE）管热熔焊接常见质量问题及控制措施如表 37-1。

聚乙烯（PE）管热熔焊接常见质量问题及控制措施　　　　表 37-1

质量问题	产生原因	控制措施
焊道窄且高	熔融对接压力高、加热时间长、加热温度高	降低熔融对接压力，缩短加热时间、降低加热板温度
焊道太低	熔融对接压力太低、加热时间短、加热温度低	提高熔融对接压力及加热温度、延长加热时间
焊道两边不一样高	①被焊的两管材的加热时间和加热温度不同；②两管材的材质不一样，熔融温度不同，使管材端面的熔融程度不一样；③两管材对中不好，发生偏移，使两管材熔融对接前就有误差	①使加热板两边的温度相同；②选用同一批或同一牌号的材料；③使设备的两个夹具的中心线重合，切削后要使管材对中
焊道中间有深沟	熔融对接时熔料温度太低，切换时间太长	检查加热板的温度，提高操作速度，尽量减少切换时间
接口严重错位	熔融对接前两管材对中不好，错位严重	严格控制两管材的偏移量，管材加热和对接前一定要进行对中检查

质量问题	产生原因	控制措施
局部不卷边或外卷内不卷或内卷外不卷	①铣刀片松动,造成管端铣削不平整,两管对齐后局部缝隙过大; ②加压加热的时间不够; ③加热板表面不平整,造成管材局部没有加热	①调整设备处于完好状态,管材切削后局部缝隙应达到要求; ②适当延长加压加热的时间,直到达到最小的卷边的高度要求; ③调整加热板至平整使加热均匀
假　焊	①熔融对接压力过大,将两管材之间的熔融料挤走; ②加热温度高或加热时间长,造成熔融料过热分解	①降低熔融对接压力; ②降低加热温度、减少加热时间

4. 预防措施

施工:

维护良好、性能稳定的连接设备对保证焊接质量十分重要。

焊接温度是热熔对接焊机最重要的参数,温度过高会降解材料,温度不足会导致材料软化不够,直接影响焊接质量。定期检测板面实际温度是为防止显示温度与实际温度发生偏差。

活动夹具的移动速度是否均匀、平稳,会对翻边的形成和翻边形状有影响。速度过快会使熔融物料挤出过多,并形成中空翻边;如活动夹具脉动行走,会使熔接压力不稳定。

施工环境对管道连接的质量有较大影响,环境温度过低或大风条件下进行管道连接,熔体的温度下降较快,热损失较大,不易控制熔焊面塑料熔化温度和融合时间,会出现局部过热或未完全融合等现象,焊接质量不易保证。为保证管道的连接质量,应尽量避免在恶劣环境下施工。保温措施包括对非焊端封堵或延长加热时间等。

管道的焊接参数须根据现场温度进行调整,管材、管件的温度高于或低于现场温度,可能会使设定的加热时间过长或过短,影响焊接质量。

管道连接后不能进行强制冷却,否则会因冷却不均匀产生内应力。接头只有在冷却到环境温度时才能达到最大强度,在完全冷却前拆除固定夹具、移动接头都可能降低焊接质量,而且这种连接强度的降低,外观检查很难发现。

在整个管道安装过程中应尽量保证管内清洁,减少清管的工作量。另外,防止坚硬物留在管中,清管过程中坚硬物极可能损伤管道内壁。

野蛮施工极易损伤聚乙烯管道,而且损伤处容易被忽略。所以在施工中应禁止可能损伤聚乙烯管道的操作。

热熔对接接头的质量检验可以分为非破坏性检验和破坏性检验两大类。前者主要包括外观检验、翻边尺寸检验、卷边切除后的目测和弯曲检验、超声波检测、X 射线检测等;后者主要包括各种形式的拉伸测试、静液压测试等。

外观检验时,如发现空心翻边或翻边根部太窄,可能是熔接压力过大或加热时间不足造成的;翻边下侧有杂质、小孔,翻边弯曲有细小裂纹,可能是铣削后管端或加热板被污染造成的;翻边中心低于管材表面,可能是活动夹具行程不到位造成的。沿整个圆周均匀对称的翻边接头是外观检验合格的重要条件之一,不沿整个圆周均匀对称的翻边造成的情况较多,如对接错位量或间隙过大,加热板温度不均匀或加热板被污染,活动夹具行程有问题等。

焊口做翻边切除可更直观地检查焊接质量,使用专用工具切除翻边,不会对接头的强度造成损伤。切除翻边检查应在外观检查合格之后进行,因有些焊接质量问题切除翻边后不易检查判断。在规范编制过程中,对全部焊口进行切除翻边检查还是进行抽查在编制组进行了讨论,在外观检查合格的基础上再进行最低10%的切边检查具有一定的代表性,在实际工程中,也可根据具体情况增加抽检的比例。在抽检中应重点抽查头几道焊口、外观检查不十分满意的焊口等。

5. 治理措施

(1)对焊接的外观质量有异议时,可以采取通过对同工艺焊接的实验件解剖、撕裂,来验证已安装管道的焊接质量。

(2)对接焊机夹具行程不够造成的虚焊,是热熔对接焊中常出现而又不易察觉的问题,解决的方法是每次施焊前都应注意留有足够的夹具行程余量。

(3)对接件对碰时夹具速度太快,解决的办法是操作人员控制机具的速度要均匀,使熔接部分充分融合。

(4)条件允许的情况下,应尽可能采用全自动焊机保证管道焊口质量,管道移动时使用支承滑轮降低拖拽力。

37.1.2 聚乙烯管电熔连接接头强度不足

1. 现象

聚乙烯管电熔连接接头存在强度不足等缺陷。

2. 规范规定

《聚乙烯燃气管道工程技术规范》CJJ 63 – 2008:

5.3.1 电熔连接机具应符合下列规定:

1 电熔连接机具的类型应符合电熔管件的要求。

2 输出电压的允许偏差应控制在设定电压的 ±1.5% 以内;输出电流的允许偏差应控制在额定电流的 ±1.5% 以内;熔接时间的允许偏差应控制在理论时间的 ±1% 以内。

3 电熔连接设备应定期校准和检定,周期不宜超过 1 年。

5.3.2 电熔连接机具与电熔管件应正确连通,连接时,通电加热的电压和加热时间应符合电熔连接机具和电熔管件生产企业的规定。

5.3.3 电熔连接冷却期间,不得移动连接件或在连接件上施加任何外力。

5.3.4 电熔承接操作应符合下列规定:

1 管材、管件连接部位擦拭干净;

2 测量管件承口长度,并在管材入端或插口管件入端标出入长度,刮除入长度加 10mm 的入段表皮,刮削氧化皮厚度宜为 0.1 ~ 0.2mm;

3 钢骨架聚乙烯复合管道和公称外径小于 90mm 的聚乙烯管道,以及管材不圆度影响安装时,应采用整圆工具对入端进行整圆;

4 将管材或管件入端入电熔承管件承口内,至入长度标记位置,并检查配合尺寸;

5 通电前,应校直两对应的待连接件,使其在同一轴线上,并用专用夹具固定管材、管件。

5.3.5 电熔鞍形连接操作应符合下列规定：

1 应采用机械装置固定干管连接部位的管段，使其保持直线度和圆度；

2 应将管材连接部位擦拭干净，并宜采用刮刀刮除干管连接部位表皮；

3 通电前，应将电熔鞍型连接管件用机械装置固定在管材连接部位。

5.3.6 电熔连接接头质量检验应符合下列规定：

1 电熔承连接

1) 电熔管件端口处的管材或插口管件周边均应有明显刮皮痕迹和明显的入长度标记；

2) 聚乙烯管道系统，接缝处不应有熔融料溢出；钢骨架聚乙烯复合管系统，采用钢骨架电熔管件连接时，接缝处可允许局部有少量溢料，溢边量（轴向尺寸）不得超过表5.3.6的规定；

钢骨架电熔管件连接允许溢边量（轴向尺寸）(mm)　　　　表5.3.6

公称直径 DN	$50 \leqslant DN \leqslant 300$	$300 < DN \leqslant 500$
溢出电熔管件边缘量	10	15

3) 电熔管件内电阻丝不应挤出（特殊结构设计的电熔管件除外）；

4) 电熔管件上观察孔中应能看到有少量熔融料溢出，但溢料不得呈流淌状；

5) 凡出现与上述要求条款不符合的情况，应判为不合格。

2 电熔鞍形连接

1) 电熔鞍形管件周边的管材上均应有明显刮皮痕迹；

2) 鞍形分支或鞍形三通的出口应垂直于管材的中心线；

3) 管材壁不应塌陷；

4) 熔融材料不应从鞍形管件周边溢出；

5) 鞍形管件上观察孔中应能看到有少量熔融料溢出，但溢料不得呈流淌状；

6) 凡出现与上述要求条款不符合的情况，判为不合格。

3. 原因分析

（1）污染或氧化、表面处理不到位。

电熔接头剥离检验时发生脆性破坏的重要原因之一是焊接表面污染或氧化层未去除。

（2）配合间隙、不圆度、插入深度、轴向对中与定位不规范。

（3）焊接设备未定期进行维护；用发电机作为电源时，未充分考虑其功率大小和工作特性。

（4）焊接电压不稳定。

（5）电热丝埋设深度影响焊接时熔池的深度，螺距设计则影响温度的均匀性。

电热丝应尽量靠近焊接表面，并且采用较大的螺距以使焊接面的塑料面积足够大。

另外，采用变螺距设计，可以调控温度场的分布。

焊接完成后，电热丝线圈不应出现任何不正常的偏移。

（6）焊接时间过长可能造成过热、碳化，使管材内壁软化变形，尤其是在鞍形管件焊接时。焊接时间过短则可能造成熔深不足，或者对焊接功率要求过高，造成电热丝附近过热。

（7）接头未达到足够的强度。

（8）管材和管件的刚性不满足使用要求。

（9）材料焊接性能不满足设计要求。

（10）环境温度不适宜电熔焊接作业。

4. 预防措施

施工：

（1）为避免污染，在将管件装到管材上之前尽量不要打开包装；如果管件各端是分别焊接的，最好一次只打开包装袋的一端，保留袋子可以避免管件内部污染。

切除表面氧化皮时，应达到连接程序中规定的刮皮深度，通常焊接表面刮皮深度为0.3mm左右，并尽量采用合适的工具连续切削。刮皮处理后的表面切勿手摸。此外，焊接表面必须干燥。

（2）检查和确认管端切口垂直于管材轴线，并且清除毛刺。

控制椭圆度。椭圆度引起的间隙，单边最大不应超过管材外径的2%（另一边贴紧）；或周边间隙不超过外径的1%。否则应检查部件的尺寸，或采取正圆处理。若使用盘管，解盘后可能由于椭圆度过大或沿轴线弯曲而无法与电容套筒装配，此时可采用以下办法处理：

1）用机械校直或复圆；

2）在端部热熔对接一小段直管。

检查插入深度（例如标记插入深度）。

使用对正夹具，以减少对中误差和相对移动。

（3）焊接设备定期进行维护；用发电机作为电源时，需充分考虑其功率大小和工作特性。

（4）焊接电压应稳定。

（5）焊接电压必须稳定。如果电源接线超过50m就必须检查导线截面积是否符合要求；超过100m时，最好使用发电机。

（6）电热丝分布：

电热丝埋设深度影响焊接时熔池的深度，螺距设计则影响温度的均匀性。

电热丝应尽量靠近焊接表面，并且采用较大的螺距以使焊接面的塑料面积足够大。

另外，采用变螺距设计，可以调控温度场的分布。

焊接完成后，电热丝线圈不应出现任何不正常的偏移。

（7）冷区设计对于封闭熔区、建立焊接压力非常重要。过宽的冷区会减少熔区长度或增加管件成本，而过窄的冷区可能会导致熔体溢出和电阻丝移位。熔体溢出不仅影响外观，严重时还可能造成内部缺料形成缩孔。

（8）电热丝温度系数不应过大，以免焊接过程中金属膨胀造成打折、弯曲而短路。

（9）电阻波动应在允许偏差范围内并尽量小。《燃气用埋地聚乙烯（PE）管道系统 第1部分：管件》GB/T 15558.2 对电阻误差的要求为（10% +0.1，-10%），并且出厂前应全检。

（10）焊接时间过长不仅可能造成过热、碳化，而且可能使管材内壁软化变形，尤其是在鞍形管件焊接时。焊接时间过短则可能造成熔深不足，或者对焊接功率要求过高，造成电热丝附近过热。

（11）冷却时间。冷却是为了使接头达到足够的强度。在冷却过程中应保持焊接组件处于夹紧状态。不得采取人为强制冷却措施。

344

（12）管材和管件的刚性：

电熔连接推荐用于 SDR17 或更厚的 PE 管,有些生产商也提供可用于 SDR33 的电熔管件,但用于鞍形管件焊接时,通常限制只能用于 SDR11 或更厚的管材。这些限制说明应标示于管件包装上。

管材和管件刚性较大时有利于快速建立熔体压力,缩短焊接时间要求,或提高焊接强度。

（13）材料焊接性能：

电熔焊接可以将不同 SDR 和不同牌号的管材相互连接,焊接的相容性较宽。但是,仍应保证互焊形成焊接界面的两种材料具有接近的焊接特性。

（14）环境：

环境温度变化在一定范围内时,电熔焊接也许不需采取特殊的预防措施。但必要时也应对输出到管件的能量进行调整,例如改变输出电压或增减焊接时间,以适应极限环境温度的要求。同时,应避免强烈的阳光直射造成管材(管件)温度不均。另外,刮风、扬尘、雨雪天气均应采取遮护措施以防污染。焊接较大口径的管材时,还要将管材远端管口封盖,避免气流形成"穿堂风"。

沟槽连接时,接头周边至少要有 150mm 的操作空间,以便于操作,减少污染的可能。

（15）其他注意事项：

熔接工种必须持证上岗。

焊接完成时,至少要有一个观察孔冒出来。若焊接过程中发现异常中断,应及时检查和排除异常。中断后 1h 内不得重新焊接。

焊接鞍形管件时,若管材椭圆度超过 2%,就要复原以保证贴合紧密;管材刮皮 0.2～0.4mm,不得刮的过深;鞍形管件焊接冷却完成后 10min 内不得切孔;若鞍形管件焊接后观察孔未冒起,应在间距至少 250mm 处焊接新的鞍形管件,并将原管件沿基座切去以免误用。

（16）做好电熔接头非破坏性检查——外观检查：

1）检查焊接部位的表面处理情况,应有明显的刮皮痕迹。

2）检查焊接时的熔融材料或电热丝,应没有从管材内部流出来,或在可接受的范围内。

3）观察孔的位置变化应符合制造商的要求。

4）如果焊接鞍形管件,应检查其分支是否垂直于管材中心线。

（17）按照规范设计要求进行电熔接头的拉伸剥离、挤压剥离试验和鞍形三通(旁通)焊接后抗冲击强度的测定。

5. 治理措施

（1）对焊接的外观质量有异议时,可以采取通过对同工艺焊接的实验件来验证已安装管道的焊接质量。

（2）电熔连接的焊接接头检查不符合要求应截去后重新连接,不能进行修补。熔融材料从管件内流出不符合要求被视为过熔;观察孔达不到要求可能是材料熔融不足造成;电熔管件中的电阻丝裸露可能是过熔或电熔管件有质量问题。出现不合格品应及时查找原因,调整焊接工艺。

（3）在管材、管件熔焊区表面处理不好、电熔管件温度高于环境温度、焊接电源电压不稳等情况下进行焊接时,均有可能在电熔管件边缘部位产生局部溢料。虽然溢料可造成熔接面局部质地疏松,但在熔焊溢边量(沿轴向尺寸)不超过本规范要求数值时,可保证满足《燃气用钢骨架聚乙烯塑料复合管件》CJ/T 126 的规定(电熔连接熔焊面塑性撕裂长度≥75%),且试验表明连接强度不会降低。

第38章 管道附件、设备安装

38.1.1 法兰与阀门连接处法兰大小、厚薄不一,法兰与阀门连接不同轴处于受力状态,法兰与阀门连接螺栓长短不一、外露长度不符合规范要求

1. 现象

阀门泄漏分内漏和外漏两种,内漏主要影响阀门的功能,外漏不但会造成介质的流失,而且对周围的设备及人员构成事故隐患,污染环境,影响极大。法兰与阀门连接处法兰大小、厚薄不一见示意图 38 -1、图 38 -2,法兰与阀门连接不同轴处于受力状态见示意图。图 38 -1,法兰与阀门连接螺栓长短不一,外露长度不符合规范见示意图 38 -5。

(a)　　　　　　　　　　　　　(b)

图 38 -1　示意图一

图 38 -2　法兰与阀门连接处法兰大小、厚薄不一

图 38 -3　法兰与阀门连接不同轴处于受力状态　　图 38 -4　外露长度不符合规范

346

图38-5 法兰与阀门连接螺栓长短不一,外露长度不符合规范

2. 规范要求

《城镇燃气室内工程施工与质量验收规范》CJJ 33－2005:

4.3.18 法兰连接应符合国家现行标准的有关规定,并应符合下列规定:

1 法兰连接应与管道同心,法兰螺孔应对正,管道与设备、阀门的法兰端面应平行,不得用螺栓强力对口;

2 法兰垫片尺寸应与法兰密封面相匹配,垫片安装应端正,在一个密封面中严禁使用2个或2个以上的法兰垫片;当设计文件对法兰垫片无明确要求时,宜采用聚四氟乙烯垫片或耐油石棉橡胶垫片,使用前宜将耐油石棉橡胶垫片用机油浸泡;

3 应使用同一规格的螺栓,安装方向应一致,螺母紧固应对称、均匀;螺母紧固后螺栓的外露螺纹宜为1~3扣,并应进行防锈处理。

5.3.1 法兰在安装前应进行外观检查,并应符合下列要求:

1 法兰的公称压力应符合设计要求。

5.3.5 法兰应在自由状态下安装连接,并应符合下列要求:

1 法兰连接时应保持平行,其偏差不得大于法兰外径的1.5‰,且不得大于2mm,不得采用紧螺栓的方法消除偏斜。

2 法兰连接应保持同一轴线,其螺孔中心偏差不宜超过孔径的5%,并应保证螺栓自由穿入。

3. 原因分析

(1)法兰与阀门连接处法兰大小、厚薄不一。

(2)法兰与阀门连接不同轴处于受力状态。

(3)法兰与阀门连接螺栓长短不一,外露长度不符合规范。

(4)安装前,未检查法兰、阀门的产品合格证、安装使用说明书及其配套螺栓、螺帽的规格;未进行外观检查,未核对法兰、阀门铭牌上的技术参数与系统设计要求。

(5)安装过程中,未认真阅读安装使用说明书,未按照规范要求进行阀门的安装、连接。

(6)阀体和阀盖连接法兰是通过紧固螺栓压紧垫片实现密封的,其产生泄漏的原因有以下几个方面:

1)螺栓由于热冲击作用而产生应力松弛,造成螺栓的预紧力不够;或螺栓拧的不均匀。

2)垫片硬度高于法兰,或老化失效或机械振动等引起垫片与法兰结合面的接触不严。

3)接触面精度低(有沟槽、削纹等),以及被介质腐蚀或渗透漏。

4)装配时垫片偏斜,局部预紧力过度,超过了垫片的设计极限,造成局部的密封比压不足。

4.预防措施

（1）设计

阀门设计时要对螺栓预紧力进行计算,并在图纸上给出螺栓预紧力矩范围,阀门装配时用力矩扳手对螺栓预紧力进行控制,均匀对称施加预紧力。定期更换密封垫片。提高密封面的加工精度。设计时采用多重密封结构,防止泄漏。

（2）施工

1）严格落实法兰和阀门的进场报验制度,法兰、阀门的产品合格证、安装使用说明书等必须齐全;

2）按照相关规范及安装使用说明书的要求进行法兰、阀门的安装,连接;

3）根据阀门连接形式选配管侧的连接形式,管道法兰、螺纹应与阀门标准相同;

4）法兰阀门安装时,应注意对称、均匀地把紧螺栓;

5）垫片应根据法兰形式、压力级别、温度、介质等要求合理选择;

6）法兰连接时,应使用同一规格的螺栓,并符合设计要求。紧固螺栓时应对称均匀用力,松紧适度,螺栓紧固后螺栓与螺母宜齐平,但不得低于螺母。目的是为了保证螺栓的受力均匀,螺栓外露长度的控制主要是防止螺栓裸露生锈,不利于螺栓的拆卸。

5.治理措施

如低压时泄漏,高压时不漏,可能是螺栓预紧力不够,松开所有螺栓,重新均匀对称紧固螺栓。

如低压、高压时都发生泄漏,可能是密封圈及自压密封部位有划伤,或阀体内腔变形。需拆卸阀门,检查阀体自密封部位及密封圈,如阀体自密封部位有损坏,需进行研磨修复,如阀体自密封部位无损坏,只是密封圈有损坏,更换密封圈后,重新进行装配。

第39章　架空燃气管道的施工

39.1.1 架空燃气管道支架安装、间距设置,不同管道在相同点安装的间距,室外立管安装走偏、垂直度等不规范

1.现象

（a）

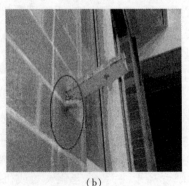
（b）

(c)　　　　　　　　　　　　　　　　(d)

(e)

图 39 - 1　管道支架形式、安装位置不规范

　　由于管道支架安装间距过大、标高不准等原因,造成管道投入使用后,管子局部塌腰下沉,管道与支架接触不严、不紧,严重影响管道使用。管道支架形式、安装位置不规范示意图见图 39 - 1;不同管道在相同点安装的间距不符合要求示意图见图 39 - 2;室外立管安装走偏,垂直度不符合要求示意图见图 39 - 3。

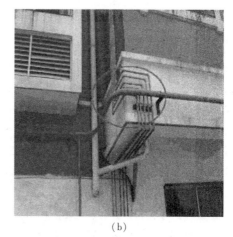

(a)　　　　　　　　　　　　　　　　(b)

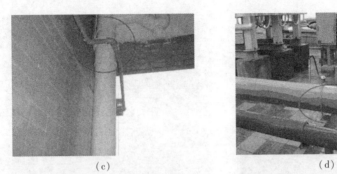

（c）   （d）

图 39 - 2   不同管道在相同点安装的间距不符合要求

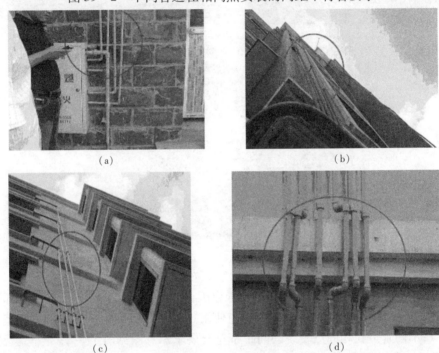

（a）   （b）

（c）   （d）

图 39 - 3   室外立管安装走偏，垂直度不符合要求

2. 规范规定

（1）《城镇燃气室内工程施工与质量验收规范》CJJ 94 - 2009：

2.2.14 燃气管道垂直交叉敷设时，大管应置于小管外侧；燃气管道与其他管道平行、交叉敷设时，应保持一定的间距，其间距应符合现行标准《城镇燃气设计规范》GB 50028。

2.2.15 燃气管道的支承不得设在管件、焊口、螺纹连接口处；立管宜以管卡固定，水平管道转弯处2m以内设固定拖架不应少于一处。

4.1.5 立管安装应垂直，每层偏差不应大于3mm/m且全长不大于20mm。当因上层与下层墙壁壁厚不同而无法垂于一线时，宜做乙字弯进行安装。当燃气管道垂直交叉敷设时，大管宜置于小管外侧。

4.3.27 管道支架、托架、吊架、管卡（以下简称"支架"）的安装应符合下列要求：

1 管道的支架应安装稳定、牢固，支架位置不得影响管道的安装、检修与维护；

2 每个楼层的立管至少应设支架1处；

6 水平管道转弯处应在以下范围内设置固定托架或管卡座：

1）钢质管道不应大于1.0m。

7 支架的结构形式应符合设计要求，排列整齐，支架与管道接触紧密，支架安装牢固，固定支架应使用金属材料；

8 当管道与支架为不同种类的材质时，二者之间应采用绝缘性能良好的材料进行隔离或采用与管道材料相同的材料进行隔离；隔离薄壁不锈钢管道所使用的非金属材料，其氯离子含量不应大于 50×10^{-6}；

9 支架的涂漆应符合设计要求。

（2）《城镇燃气设计规范》GB 50028 - 2006：

6.3.15 室外架空的燃气管道，可沿建筑物外墙或支柱敷设，并应符合下列要求：架空燃气管道与铁路、道路、其他管线交叉时的垂直净距不应小于表6.3.15的规定：

架空燃气管道与铁路、道路、其他管线交叉时的垂直净距　　　　表6.3.15

建筑物和管线名称		最小垂直净距(m)	
		燃气管道下	燃气管道上
其他管道、管径	≤300mm	同管道直径但不小于0.10	同左
	>300mm	0.30	0.30

3. 原因分析

（1）在进行支架安装时，支架距离不符合规定，管道投入使用后，由于重量增加造成管道弯曲塌腰；

（2）管道支架安装前，没有严格根据管道标高和坡度变化决定支架标高；

（3）支架安装不平、不牢固。

4. 预防措施

施工：

应严格按照施工图要求和经现场管道统一排列所确定的支吊架结构形式，支架标高、间距施工。

支架安装前应根据管道设计坡度和起点标高，算出中间点、终点标高，弹好线，根据管径、管道保温情况，按"墙不作架、托稳转角，中间等分，不超最大"原则，定出各支架安装点及标高进行安装。

支架安装必须保证标高、横平竖直、平正牢固，与管道接触紧密，不得有扭斜、翘曲现象；弯曲的管道，安装前需调直。

5. 治理措施

安装后管道产生"塌腰"，应拆除"塌腰"管道，增设支架，使其符合设计要求。

39.1.2 管道套管封堵、出地高度及防腐不符合要求

1. 现象

管道套管未封堵或封堵不规范见图39-4，出地高度或防腐不符合要求见图39-5。

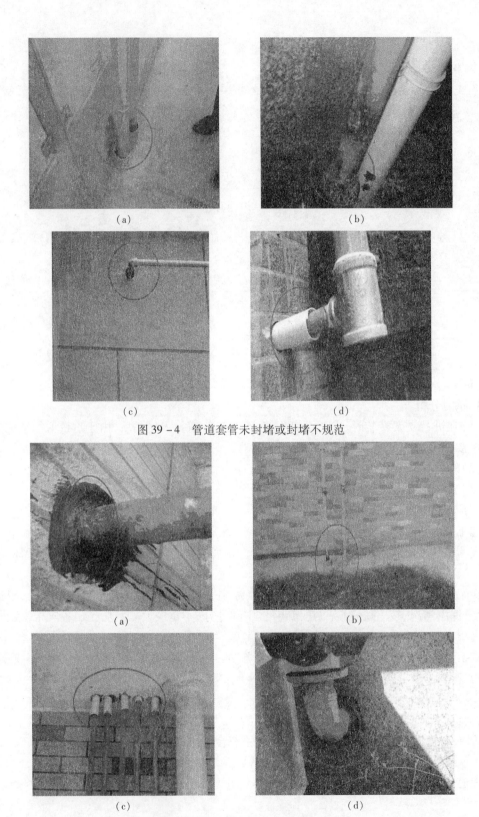

（a）

（b）

（c）

（d）

图 39 - 4　管道套管未封堵或封堵不规范

（a）

（b）

（c）

（d）

图 39 - 5　出地高度及防腐不符合要求

2. 规范规定

《城镇燃气室内工程施工及验收规范》CJJ 94 – 2009：

4.1.4 当燃气管道穿越管沟、建筑物基础、墙和楼板时应符合下列要求：

①燃气管道必须敷设于套管中，且宜与套管同轴；

②套管内的燃气管道不得设有任何形式的连接接头（不含纵向或螺旋焊缝及经无损检测合格的焊接接头）；

③套管与燃气管道之间的间隙应采用密封性能良好的柔性防腐、防水材料填实，套管与建筑物之间的间隙应用防水材料填实。

4.1.5 燃气管道穿过建筑物基础、墙和楼板所设套管的管径不宜小于表4.1.5的规定；高层建筑引入管穿越建筑物基础时，其套管管径应符合设计文件的规定。

表 4.1.5

燃气管直径(mm)	DN10	DN15	DN20	DN25	DN32	DN40	DN50	DN65	DN80	DN100	DN150
套管直径(mm)	DN25	DN32	DN40	DN50	DN65	DN65	DN80	DN100	DN125	DN150	DN200

4.1.6 燃气管道穿墙套管的两端应与墙面齐平；穿楼板套管的上端宜高于最终形成的地面5cm，下端应与楼板底齐平。

3. 原因分析

管道未经防腐处理或防腐不到位，或管道套管未按照规范、设计要求进行施工或使用过程中维护保养不到位，从而影响管道耐久性。

管道维护较难，管道多为隐蔽工程，管理维护工作难度较大。

管道所处环境较差。

管道出地面时未加套管，或套管与管道间未封堵到位。

4. 预防措施

施工：

在制造和安装的过程中严把质量关，排除管道及防腐缺陷。

如果管道敷设于外墙，应注意防水问题，套管应预留足够长度，便于防水和防腐材料的安装；若管道外加设套管，套管内宜采用柔性防水材料，套管外应用防水材料堵严，防火分区的隔墙还应加设阻燃材料。

5. 治理措施

若管道未进行封堵或封堵失效，应及时进行封堵。

若防腐破损，则应对防腐缺陷处进行修补，保证管道防腐有效。

39.1.3 引入管、埋地管、架空防腐不符合要求

1. 现象

管道安装后经目测检查或解体检查，经常存在既容易忽视又影响使用的缺陷，不能保证管道正常稳定的运行，示意图见图39 – 6。

2. 规范规定

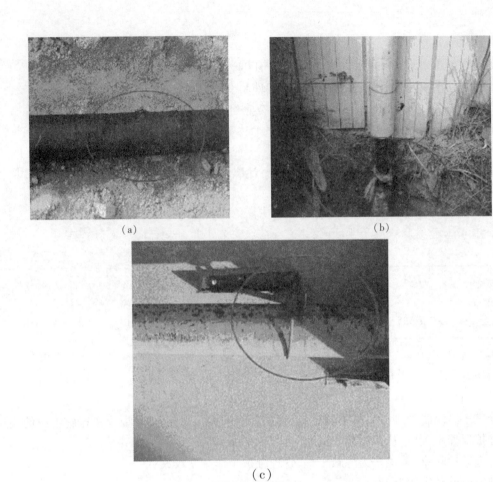

（a）   （b）

（c）

图 39 - 6　缺陷示意图一

（1）《城镇燃气室内工程施工及验收规范》CJJ 94 - 2003：

5.2.11 引入管防腐层的检验应符合下列规定：

1 材质和结构符合设计文件的要求；防腐层表面平整，无皱折、空鼓、滑移和封口不严等缺陷；防腐施工工艺要求如下：涂沥青后应立即缠绕玻璃布，玻璃布的压边宽度应为30～40mm，接头搭接长度不得大于100mm，各层搭接接头应相互错开，玻璃布的油浸透率应达到95%以上，不得出现大于50mm×50mm的空白；管端或施工中断处应留出长150～250mm的阶梯搭槎；阶梯宽度应为50mm。

（2）《城镇燃气埋地钢质管道腐蚀控制技术规程》CJJ 95 - 2003：

5.3.1 防腐管现场质量检验应符合下列规定：

1 外观：不得出现气泡、破损、裂纹、剥离缺陷等；

2 厚度：采用相关测厚仪，在测量截面圆周上按上、下、左、右4个点测量，以最薄点为准；

3 粘结力：采用剥离法在测量截面圆周上取1点进行测量；

4 连续性：采用电火花检测仪进行捡漏。

（3）《城镇燃气输配工程施工及验收规范》CJJ 33 - 2005：

10.2.2 涂料的种类、涂数次序、层数、各层的表干要求及施工的环境温度应按设计和所

354

选涂料的产品规定进行。

> 10.2.4 架空管涂层质量应符合下列要求:
> 1 涂层应均匀,颜色应一致;
> 2 涂膜应附着牢固,不得有剥落、皱纹、针孔等缺陷;
> 3 涂层应完整,不得有损坏、流淌。

3. 原因分析

(1)涂层材料选择不合理,管道经防腐处理后未达到良好的防腐效果。

(2)防腐涂层工艺选择不合理,通过管道表面涂层处理未能达到防锈蚀目的。

(3)涂基材表面的处理方式选择不合理,影响涂层的寿命。

(4)防腐施工不规范,影响防腐效果。

4. 预防措施

施工:

合理选择涂层材料,应满足3点要求:①与被涂物表面有良好的附着力;②对水、氧、酸、碱等各种腐蚀介质的渗透性极小;③在腐蚀介质中具有良好的化学稳定性,不会因介质的腐蚀而分解。除满足一般要求外还应根据管道所处外界自然条件、侵蚀介质的成分,以及各种防腐材料特性的不同来选用,该项目管道主要是受酸、碱、有机溶剂、水、油等侵蚀,防腐涂料多选用环氧树脂漆、酚醛树脂、乙烯树脂等。

合理选择防腐涂层工艺设备管道的防腐处理,常用的是通过表面涂层处理达到防腐蚀目的,涂层工序需根据涂料的不同使用要求、质量标准、环境腐蚀影响因素和操作工序等来决定。

在涂刷防腐漆前,基材都必须进行金属表面处理,目的是为了涂漆与金属表面有良好的粘结力。金属表面处理的好坏,直接影响涂层的寿命。基材的表面处理方法有多种方式,常用的有:手工打磨、酸洗除锈、机械除锈、喷砂处理等。采用的处理方式不同,防腐质量也明显不同。

5. 治理措施

需按照规范要求对防腐缺陷处进行修补,保证管道防腐有效。

39.1.4 长输管道焊口防腐质量缺陷

1. 现象

防腐层的表面应存在褶皱、流淌、气泡和针孔等缺陷示意图见图39-7。

2. 规范规定

> 《油气长输管道工程施工及验收规范》GB 50369-2006:
> 11.0.2 防腐层的外表面应平整,无漏涂、褶皱、流淌、气泡和针孔等缺陷;防腐层应能有效地附着在金属表面。

3. 原因分析

(1)地下敷设的管道,在管道工程中占有很大的比例;燃气管道由于管线较长,往往会通过各种复杂的地质、地形和地面障碍物,且施工过程易受恶劣天气影响,敷设管道施工材料的种类多,施工难度较大。但由于是埋于地下的隐蔽工程,有忽视工程质量的麻痹思想,往往造成隐患,影响使用。

(a)　　　　　　　　　　　(b)

图 39 - 7　缺陷示意图二

（2）焊口防腐材料选择不合理，焊口经防腐处理后未达到良好的防腐效果。

（3）焊口防腐工艺选择不合理，管道焊口通过处理未能达到防锈蚀目的。

（4）涂基材表面的处理方式选择不合理，影响涂层的寿命。

4. 预防措施

施工：

（1）严格落实工序报验制度，对验收不合格项进行整改，直至符合规范设计要求。

（2）合理选择防腐材料：①与管道表面有良好的附着力；②对水、氧、酸、碱等各种腐蚀介质的渗透性极小。

（3）合理选择焊口防腐工艺，达到防腐蚀目的。

（4）在焊口防腐处理前，基材都必须进行金属表面处理，目的是为了防腐材料与金属表面有良好的粘结力。金属表面处理的好坏，直接影响涂层的寿命。基材的表面处理方法有多种方式，常用的有：手工打磨、酸洗除锈、机械除锈、喷砂处理等。采用的处理方式不同，防腐质量也明显不同。

5. 治理措施

需按照规范要求对焊口防腐缺陷处进行修补处理，保证管道焊口防腐有效。

第 40 章　燃气场站

40.1.1 场站燃气管道及设备未设置防雷、防静电措施，或防雷、防静电装置不符合要求

1. 现象

场站燃气管道未设置防雷、防静电措施，示意图见图 40 - 1。

2. 规范规定

《城镇燃气设计规范》GB 50028 - 2006：

10.8.5.1 进出建筑物的燃气管道的进出口处，室外的屋面管、立管、放散管、引入管燃气设备等处均应有防雷、防静电设施。

3. 原因分析

（1）材料（镀锌扁铁、镀锌角钢）的跨度、厚度、锌层、机械性能不符合规定，材料无质量

证明文件等。

图 40－1 未设置防雷、防静电措施

（2）基础接地、均匀环搭接处焊接长度不够,弯曲半径过小（因≥10D）或采用热弯,扁钢小于宽度的 2 倍,圆钢小于直径的 6 倍或单面焊接,焊接不饱满,焊接处有夹渣、焊瘤、虚焊、咬肉和气孔,焊渣没有清理干净等缺陷。

（3）人工接地干线经人行道处埋深不够,未采取均压和保护措施。直埋于土壤中的焊接部位没有进行防腐措施处理。

（4）接地极没按规定制作或接地极埋入深度不够。

（5）基础接地未按设计要求焊接,形成环状接地电气通路、漏焊（部分被破坏的未及时恢复）或焊接数量不够等。

（6）测试点未按设计的要求设置。接地体电阻不达标。

4. 预防措施

（1）检查材料质量证明文件。检查材料表面应光滑,锌层完好,材料表面无大面积损伤等缺陷,无重皮现象。

（2）人工接地装置必须按图纸设计说明（高度）要求设接地测试点,测试接地装置的接地电阻必须符合设计要求。

（3）接地干线埋设深度不小于 0.6m,保护措施应符合规范要求。

（4）室外垂直接地体的垂直度、水平度、间距必须符合验收规范。焊接缝应平整,无咬肉、夹渣、漏焊、穿洞现象,搭接长度应符合规范要求（扁钢搭接长度应是宽度的 2 倍,焊接两长边、一短边。圆钢为其直径的 6 倍,且至少两面搭接。圆钢与扁钢连接时,其长度为圆钢直径的 6 倍。扁钢与钢管、角钢焊接时,除应在其接触部位两侧焊接外,还应有扁钢弯成弧形卡子或直接由扁钢本身弯成弧形）,焊接处（暗敷在混凝土除外）应有防腐措施。

5. 治理措施

停运系统后对避雷设施进行施工或修复。

40.1.2 法兰防静电跨接线未安装或安装不规范

1. 现象

示意图见图 40－2。

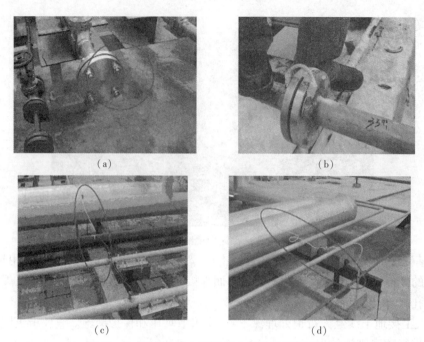

(a)　　　　　　　　　　　　　　　　(b)

(c)　　　　　　　　　　　　　　　　(d)

图40-2　法兰防静电跨接线未安装或安装不规范

2. 规范要求

(1)《石油化工静电接地设计规范》SH 3097-2000：

4.1.9 与地绝缘的金属部件(如法兰、胶管接头、喷嘴等)，应采用铜芯软绞线跨接引出接地；

4.3.3 当金属法兰采用金属螺栓或卡子紧固时，一般可不必另装静电连接线，但应保持至少有两个螺栓或卡子间具有良好的导电接触面。

(2)《建筑物防雷设计规范》GB 50057-2010：

4.2.2 平行敷设的管道、构架和电缆金属外皮等长金属物，其净距小于100 mm时应采用金属线跨接，跨接点的间距不应大于30m；交叉净距小于100 mm时，其交叉处亦应跨接。

(3)《压力管道安全技术监察规程—工业管道》TSG D0001-2009：

第八十条 有静电接地要求的管道，应当测量各连接接头间的电阻值和管道系统的对地电阻值。当值超过《压力管道规范—工业管道》GB/T 20801-2006或者设计文件的规定时，应当设置跨接导线(在法兰或者螺纹接头间)和接地引线。

(4)《工业金属管道工程施工规范》GB 50235—2010：

7.13.1 设计有静电接地要求的管道，当每对法兰或其他接头间电阻值超过0.03Ω时，应设导线跨接。

3. 原因分析

(1)有静电接地要求的管道，未按照要求测量各连接接头间的电阻值和管道系统的对地电阻值，未正确认识法兰跨线重要性，忽视其使用。

(2)平行敷设的管道、构架和电缆金属外皮等长金属物，其净距小于100 mm时未采用金属线跨接或跨接点的间距大于30m；交叉净距小于100 mm时，其交叉处未进行跨接。

(3)每对法兰或螺纹接头间电阻值大于0.03Ω时，未设导线跨接。

4. 预防措施

施工：

（1）有静电接地要求的管道,应当测量各连接接头间的电阻值和管道系统的对地电阻值。当值超过《压力管道规范—工业管道》GB/T 20801 - 2006 或者设计文件的规定时,应当设置跨接导线(在法兰或者螺纹接头间)和接地引线。

（2）有静电接地要求的管道,各段间应导电良好。当每一对法兰或螺纹接头间电阻值大于 0.03Ω 时,应有导线跨接。

（3）管道系统的对地电阻值超过 100Ω 时,应设两处接地引线。接地引线宜采用焊接形式。

（4）平行管道净距小于 100mm 时,每隔 20m 加跨接线。当管道交叉且净距小于 100mm 时,应加跨接线。

5. 治理措施

严格执行设计文件,若设计无明确静电接地要求,可通过测量电阻值的方式确定,对法兰间电阻值超过 0.03Ω 时,须有导线跨接。通过法兰紧固方式或金属螺栓数量来判定是否需要跨接。

若设计明确或通过测量电阻确定需要静电接地的,应按照相关要求对法兰做跨接处理。

40.1.3 防雷建筑物的防雷措施不规范

1. 现象

示意图见图 40 - 3。

图 40 - 3　防雷措施不规范

2. 规范规定

《建筑防雷设计规范》GB 50057 - 2010：

4.2.1 第一类防雷建筑物应装设接闪杆或架空接闪网。架空接闪网的网格尺寸不应大于 5m×5m 或 6m×4m。

4.3.2 第二类防雷建筑物外部防雷的措施,宜采用装设建筑物上的接闪网、接闪带或接闪杆,也可采用度闪网、接闪带或接闪杆混合组成的接闪器。

5.1.1 防雷装置使用的材料及其应用条件宜符合表 5.1.1 规定。

防雷装置的材料及使用条件						表 5.1.1
材料	使用于大气中	使用于地中	使用于混凝土中	耐腐蚀情况		
				在下列环境中能耐腐蚀	在下列环境中增加腐蚀	与下列材料接触形成直流电耦合可能受到严重腐蚀
铜	单根导体,绞线	单根导体,有镀层的绞线,铜管	单根导体,有镀层的绞线	在许多环境中良好	硫化物有机材料	—
热镀锌铜	单根导体,绞线	单根导体,铜管	单根导体,绞线	敷设于大气、混凝土和无腐蚀性的一般土壤中受到的腐蚀是可接受的	高氧化物含量	铜
电镀铜钢	单根导体	单根导体	单根导体	在许多环境中良好	硫化物	—
不锈钢	单根导体,绞线	单根导体,绞线	单根导体,绞线	在许多环境中良好	高氧化物含量	—
铝	单根导体,绞线	不适合	不适合	在含有低浓度硫和氯化物的大气中良好	碱性溶液	铜
铅	有镀铅层的单体导体	禁止	不适合	在含有低浓度硫和氯化物的大气中良好	—	铜、不锈钢

注:1. 敷设于黏土或潮湿土壤中的镀锌钢可能受到腐蚀;
   2. 在沿海地区,敷设于混凝土中的镀锌钢不宜延伸进入土壤中;
   3. 不得在地中采用铅。

3. 原因分析

(1)接闪器(防雷网)材料非镀锌钢筋,焊接后未进行防腐,防雷网锈蚀。防雷网支架固定不牢,间距高度不一,不顺直;采用对接焊,搭接焊缝质量差;

(2)防雷网未超出屋面(如钢制出孔管)的高度,未和屋面的金属物(钢制落水钢支架)、设备支架等连接;

(3)防雷网未覆盖应保护的部位;

(4)避雷带安装不平直、高度与设计不符(一般要求高度为150～200mm,安装前钢筋要调直)、支架设置不规范(水平段间距≤1m、垂直段间距≤1.5m、转弯段间距≤0.5m,支架设置均匀、高度一致、埋设牢固);

(5)防雷网的布置不符合有关规定,避雷网网格尺寸:一类防雷建筑物不大于5m×5m或6m×4m;二类防雷建筑物不大于10m×10m或12m×8m;三类防雷建筑物不大于20m×20m或24m×16m。主筋与屋面避雷带搭接采用90°立弯,引出线材质与避雷带不一致;

(6)避雷带焊接粗糙,避雷带与支架不应焊接。避雷带转角处理不当。

4. 预防措施

（1）对有些特殊的建筑工程项目系统，应注意设计中的说明，并做好交底工作。

（2）屋顶栏杆作避雷带时，钢管对接后还应用钢筋搭接，引下线搭接长度必须不小于引下线直径的6倍。建筑物顶部的所有金属物体应与避雷网连成一个整体。

（3）避雷带搭接长度不够；焊接必须按以下实施：

1）扁钢搭接长度应是宽度的2倍，焊接两长边、一短边。

2）圆钢为其直径的6倍，且至少两面焊接。

3）圆钢与扁钢连接时，其长度为圆钢直径的6倍。

4）扁钢与钢管、角钢焊接时，除应在其接触部位两侧焊接外，应由扁钢弯成的弧形（直角形）卡子或直接由扁钢本身弯成弧形（直角形）与钢管或角钢焊接。

（4）对避雷带焊接时，选用有焊工证的操作人员或焊接工艺好的操作人员进行焊接，做好技术交底和质量要求。

（5）避雷带与支架不应焊接，避雷带必须调直。施工前对施工人员要认真交底要求熟悉规范要求。

（6）避雷针和避雷网直接影响防雷接地的可靠性，应增加监控力度：一是要注意其规格必须符合设计要求；二是安装要牢固可靠。

5. 治理措施

企业应按照规范要求对突出建筑物的金属物体与屋顶避雷网连接。

40.1.4 管托的质量要求不符合规范

1. 现象

示意图见图40-4。

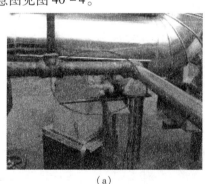

（a）   （b）

图40-4　管托质量不符合规范

2. 规范规定

硬聚氨酯泡沫应形成细密、均匀、密闭的泡孔，孔径小，从而有效降低泡沫体系的导热系数，提高绝热层的保温性能。主要应检测以下指标：（1）密度，（2）抗拉强度，（3）延伸率，（4）抗撕拉强度，（5）吸水率，（6）抗压强度，（7）压缩永久变形率，（8）热传导率，（9）加热尺寸变化，（10）阻燃性。

3. 原因分析

（1）管托未预偏装或偏装方向不正确；

（2）管托有效长度不满足要求；

（3）某些固定管托固定不牢或被破坏而失效，造成位移量和位移方向重新分布。

4. 预防措施

应将滑动管托和导向管托向其膨胀方向的反方向预偏装其伸长量的二分之一,核算管道的有效长度是否满足管道热膨胀量要求,固定管托本身及其焊缝强度应满足固定管托承受的荷载。

5. 治理措施

施工时,应严格按照要求设置管托,保证管托的有效长度。必要时,应停止运行,修复管托,保证安全。

40.1.5 LNG站低温管道、设备保冷失效

1. 现象

示意图见图40-5。

(a)　　　　　　　　　　　　(b)

图40-5　LNG站低温管道、设备保冷失效

2. 规范规定

(1)《工业设备及管道绝热工程设计规范》GB 50246-2013:

1.6.1.2 保冷结构应由防锈层、绝热层、防潮层及保护层组成。

2.6.2.1 绝热结构应有一定的机械强度,不应因受匀重或偶然外体用而破坏,对有振动的设备与管道的绝热结构,应采用加固措施。

3.6.2.5 绝热层铺设应采用同层错缝,内外层压缝方式敷设。内外层接缝应错开100~150mm,对尺寸扁小的绝热层,其错缝距离可适当减少,水平安装的设备及管道最外层的纵向接缝位置,不得布置在设备管道垂直中心线两侧45°范围内,对大直径设备及管道,当采用多块硬质成型绝热制品时,绝热层的纵向接缝可超出垂直中心或两则45°范围,但应偏离管道垂直中心线位置。

4.3.1 保护层材料应具有防水、防潮、抗大气腐蚀、化学稳定性好等性能,并不得对防潮层材料或绝热层材料产生腐蚀或溶解作用。

4.3.2 保护层应选择机械强度高,且在使用环境不软化、不脆裂和抗老化的材料。

6.2.4 除浇筑型和填充型绝热的结构外,在无其他说明的情况下,绝热层应按下列规定分层:

1 绝热层厚度大于80mm时,应分层或多层施工。

2 当内外层采用同种绝热材料时,内外层厚度宜近似相等。

3 当内外层为不同绝热材料时,内外层厚度的比例应保证内外层界面处温度绝对值不

362

超过外层材料推荐使用温度绝对值的0.9倍,对于保冷设计,应取保冷材料推荐 ITZJ 下限值的0.9倍。

6.3.1 设备与管道保冷层表面应设置防潮层。地沟内敷设管道的保温层外表面,宜设置防潮层。

6.3.2 在环境变化与振动的情况下,防潮层应能保证其结构完整性与密封性。

(2)《工业设备及管道绝热工程施工规范》GB 50126－2008:

5.1.8 绝热层各表面均应做严缝处理。

3. 原因分析

(1)设备保冷结构各层敷设不牢、没有错缝接缝、接缝不严、缺损的现象。

(2)保冷层厚度设计、施工偏薄。

(3)保冷材料老化、原始施工质量差、未做防潮隔汽层或年久失修。

4. 预防措施

(1)设计

保冷结构的设计,应选择符合管线、设备正常工况的保冷结构;

保冷厚度及冷损的确定应符合规范要求;

保冷改造可采用防凝露设计计算保冷厚度及冷损失,严格控制施工质量是改造的关键,并对操作温度在－50℃以下的设备及管道实施复合保冷技术。

(2)施工

改进后保冷结构及保冷效果的评价。保冷施工改进完工投入正常运行三个月后,应再次对其进行冷测试,检测应无凝露滴水现象。

5. 治理措施

停止运行后,对保冷系统进行检查维修;必要时,应进行保冷结构的改进设计,确保 LNG 站低温管道、设备的保冷厚度及冷损符合规范要求。

第六篇 园林绿化工程

第41章 土方工程

41.1 种植土

41.1.1 种植土杂质多

1. 现象

种植土质量差,垃圾、石块多(图41-1),土壤中含有有害成分。

图41-1 种植土杂质多

2. 规范规定

《园林绿化工程施工及验收规范》CJJ 82-2012:

4.1.2 栽植基础严禁使用含有害成分的土壤,除有设施空间绿化等特殊隔离地带,绿化栽植土壤有效土层下不得有不透水层。

4.1.3 园林植物栽植土应包括客土、原土利用、栽植基质等,栽植土应符合下列规定:

1 土壤pH值应符合本地区栽植土标准或按pH值5.6~8.0进行选择。

2 土壤全盐含量应为0.1%~0.3%。

3 土壤容重应为1.0~1.35g/cm³。

4 土壤有机质含量不应小于1.5%。

5 土壤块径不应大于5cm。

6 栽植土应见证取样,经有资质检验单位检测并在栽植前取得符合要求的测试结果。

7 栽植土验收批及取样方法应符合下列规定:

1)客土每500m³或2000m²为一检验批,应于土层20cm及50cm处,随机取样5处,每处取样100g,混合后组成一组试样;原状土2000m²以下,随机取样不得少于3处;

2)原状土在同一区域每2000mm²为一检验批,应于土层20cm及50cm处,随机取样5处,每处取样100g,混合后组成一组试样;栽植基质200m³以下,随机取样不得少于3袋。

3. 原因分析

(1)种植土使用了垃圾土、石灰土、盐碱土、受过工业污染的土。

(2)重盐碱土没有进过改良。

4. 预防措施

选用理化性能好、结构疏松、通气、保水保肥能力强,适宜园林植物生长的种植土。

5. 治理措施

(1)清理土壤中的石块、杂草、原有植物的根茎等杂物。

(2)对种植土进行检测,根据所种植的植物特性,对土壤进行酸碱度等理化性能改良。

41.1.2 土壤板结

1. 现象

土壤板结或结块,浇水后,土层中水分无法保存,肥力不足。

2. 规范规定

《园林绿化工程施工及验收规范》CJJ 82-2012:

4.1.6 栽植土施肥和表层整理应符合下列规定:

1 栽植土施肥应按下列方式进行:

1)商品肥料应有产品合格证明,或已经过试验证明符合要求;

2)有机肥应充分腐熟方可使用;

3)施用无机肥料应测定绿地土壤有效养分含量,并宜采用缓释性无机肥。

2 栽植土表层整理应按下列方式进行:

1)栽植土表层不得有明显低洼和积水处,花坛、花镜栽植地30cm深的表层土必须疏松;

2)栽植土表层应整洁,所含石砾中粒径大于3cm的不得超过10%,粒径小于2.5cm不得超过20%,杂草等杂物不应超过10%;土块粒径应符合表4.1.6的规定。

栽植土表层土块粒径　　　　　　　　　　表4.1.6

项次	项目	栽植土粒径(cm)
1	大、中乔木	≤5
2	小乔木、大中灌木、大藤本	≤4
3	竹类、小灌木、宿根花卉、小藤本	≤3
4	草坪、草花、地被	≤2

3. 原因分析

(1)种植土结块严重,未将土块敲碎。

(2)种植土贫瘠,肥力不足。

4. 预防措施

选用理化性能好、结构疏松、通气、保水保肥能力强,适宜园林植物生长的种植土。

5. 治理措施

(1)进行深耕、翻扒,使其疏松、通气。

(2)增施基肥,提高肥力。

41.2 景观地形

41.2.1 地形调整不到位

1. 现象

平整度不顺畅,积水(图41-2)。

图41-2 地形调整不到位

2. 规范规定

《园林绿化工程施工及验收规范》CJJ 82-2012:

4.1.5 栽植土回填及地形造型应符合下列规定:

1 地形造型的测量放线工作应做好记录、签认。

2 造型胎土、栽植土应符合设计要求并检测报告。

3 回填土壤应分层适度夯实,或自然沉降达到基本稳定,严禁用机械反复碾压。

4 回填土及地形造型的范围、厚度、标高、造型及坡度均应符合设计要求。

5 地形造型应自然顺畅。

6 地形造型尺寸和高程允许偏差应符合表1-2的规定。

项次	项目		尺寸要求	允许偏差(cm)	检验方法
1	边界线位置		设计要求	±50	经纬仪、钢尺测量
2	等高线位置		设计要求	±10	经纬仪、钢尺测量
3	地形相对标高 (cm)	≤100	回填土方自然沉降以后	±5	水准仪、钢尺测量每1000 m²
		101~200		±10	
		201~300		±15	
		301~500		±20	

4.1.6 栽植土施肥和表层整理应符合下列规定:

2 栽植土表层整理应按下列方式进行:

3)栽植土表层与道路(挡土墙或侧石)接壤土,栽植土应低于侧石3~5cm;栽植土与边口线基本平直;

4)栽植土表层整地后应平整略有坡度,当无设计要求时,其坡度宜为0.3%~0.5%。

3. 原因分析

(1)未按设计图要求的地形高度施工。

(2)负责地形调整的施工人员技术水平不高。

(3)对积水区域未做排水处理。

(4)设计人员经验不足,未充分考虑排水等细节。

4. 预防措施

(1)设计

1)设计阶段,设计人员应对容易积水区域做好排水设计。

2)设计图审核时,对需做排水而未做排水,排水设施设置过少,无法满足使用要求等设计缺陷,及早发现,及早调整。

(2)施工

1)严格按设计图施工。

2)选用经验丰富的施工人员调整地形。

5. 治理措施

(1)按设计图重新调整地形。

(2)如设计图与现场实际情况不符,请设计人员重新调整设计图。

(3)积水处做好排水处理,对未有设计的,及时与设计沟通,增加排水设计。

41.2.2 土层厚度不足

1. 现象

回填土时,土层厚度不够,无法满足苗木的最低要求

2. 规范规定

《园林绿化工程施工及验收规范》CJJ 82—2012:

4.1.1 绿化栽植或播种前应对该地区的土壤理化性质进行化验分析,采取相应的土壤改良、施肥和置换客土等措施,绿化栽植土壤有效土层厚度应符合表4.1.1规定。

		绿化栽植土壤有效土层厚度			表4.1.1
项次	项目	植被类型		土层厚度(cm)	检验方法
1	一般栽植	乔木	胸径≥20cm	≥180	挖样洞,观察或尺量检查
			胸径<20cm	≥150(深根) ≥100(浅根)	
		灌木	大、中灌木、大藤本	≥90	
			小灌木、宿根花卉、小藤本	≥40	
		棕榈类			
		竹类	大 径	≥80	
			中、小茎	≥50	
		草坪、花卉、草本地被		≥30	
2	设施顶面绿化	乔木		≥80	
		灌木		≥45	
		草坪、花卉、草本地被		≥15	

3. 原因分析

(1)未按设计图要求回填足够厚度的种植土。

(2)造地形时没有考虑到所种苗木对土壤厚度的要求。

4. 预防措施

(1)按设计图要求的厚度回填种植土。

(2)地形造好后,如果土层厚度不能满足所种植株的要求,请设计单位调整苗木品种或调整地形设计。

5. 治理措施

(1)根据所种植苗木的规格,保证回填的种植土厚度达到种植要求。

(2)增加回填种植土,重新调整地形,满足种植要求。

第42章 植物材料

42.1 苗 木

42.1.1 苗木规格未达到设计要求

1. 现象

进场苗木的规格(胸径、蓬径、高度、枝下高、土球直径等)未达到设计要求,不符合景观效果或移植要求。

2. 规范规定

《园林绿化工程施工及验收规范》CJJ 82－2012:

4.3.1 植物材料种类、品种名称及规格应符合设计要求。

4.3.4 植物材料规格允许偏差和检查方法有约定的应符合约定要求,无约定的应符合表4.3.4规定。

植物材料规格允许偏差和检验方法 表4.3.4

项次	项目			允许偏差（cm）	检查频率		检查方法
					范围	点数	
1	乔木	胸径	≤5cm	-0.2	每100株检查10株,每株1点,少于20株全数检查	10	量测
			6~9cm	-0.5			
			10~15cm	-0.8			
			16~20cm	-1.0			
		高度	-	-20			
		冠幅	-	-20			
2	灌木	高度	≥100cm	-10			
			<100cm	-5			
		冠径	≥100cm	-10			
			<100cm	-5			
3	球类苗木	冠径	<50cm	0	每100株检查10株,每株为1点,少于20株全数检查	10	量测
			50~100cm	-5			
			110~200cm	-10			
			>200cm	-20			
		高度	<50cm	0			
			50~100cm	-5			
			110~200cm	-10			
			>200cm	-20			
4	藤本	主蔓长	≥150cm	-10			
		主蔓茎	≥1cm	0			
5	棕榈类植物	株高	≤100cm	0	每100株检查10株,每株为1点,少于29株全数检查	10	量测
			101~250cm	-10			
			251~400cm	-20			
			>400cm	-30			
		地径	≤10cm	-1			
			11~40cm	-2			
			>40cm	-3			

3.原因分析

（1）设计单位未按有关规定控制苗木的合理规格,每档的规格幅度太大,或规格标注不详细,使施工单位钻空子,选择靠下限规格的苗木,直接影响景观效果。

（2）监理和甲方的现场管理人员在验收苗木时没有严格控制,导致不合规格的苗木被使用。

（3）施工中关于苗木的设计变更过多,影响苗木规格和质量的控制。

4. 预防措施

（1）设计

设计单位在设计时必须按相关规范控制好苗木规格的每档幅度:乔木胸径每档变幅范围控制在 2～3cm 内,乔木冠幅每档变幅范围控制在 50cm 内,对于行道树和一些主要景观树要明确其分枝点的高度;灌木高度与冠幅每档变幅范围控制在 5～10cm 内。

（2）材料

1）对一些特殊要求的苗木在备注中应具体说明;施工单位需按设计和合同要求提供苗木,以保证景观效果;甲方对苗木规格必须在合同中注明,包括形状等具体要求,监理和甲方现场管理人员在施工时对施工单位提供的苗木要严格按设计和合同的要求进行验收,验收不合格不得同意种植。

2）施工中对苗木不要有太多的变更,避免施工单位钻空子,对确需变更的,应详细规定所变更苗木品种、规格、形态、数量。

5. 治理措施

（1）对不符合规格要求的苗木,经设计确认,仍能满足设计效果的,按降低规格标准进行验收。

（2）对不符合规格要求的苗木,经设计确认,不能满足设计效果的,按退场处理,重新更换符合规格的苗木。

42.1.2 苗木景观效果差

1. 现象

树干弯曲,树冠偏冠(图 42 - 1),树干老化、开裂(图 42 - 2)。

图 42 - 1 偏冠

图 42 - 2 树干老化、开裂

2. 规范规定

《园林绿化工程施工及验收规范》CJJ 82 - 2012:

4.3.3 植物材料的外观质量要求和检验方法应符合表4.3.3的规定。

项次	项目		质量要求	检验方法
1	乔木灌木	姿态和长势	树干符合设计要求,树冠较完整,分枝点和分枝合理,生长势良好	检查数量:每100株检查10株,没株为1点,少于20株全数检查。检查方法:观察、量测
		病虫害	危害程度不超过树体的5%~10%	
		土球苗	土球完整,规格符合要求,包装牢固	
		裸根苗根系	根系完整,切口平整规格符合要求	
		容器苗木	规格符合要求,容器完整、苗木不徒长、根系发育良好不外露	
2	棕榈类植物		主干挺直,树冠匀称,土球符合要求,根系完整	
3	草卷、草块、草束		草卷、草块长宽尺寸基本一致,厚度均匀,杂草不超过5%,草高适度,根系好,草芯鲜活	检查数量:按面积抽查10%,4m²为一点,不少于5个点。≤30m²应全数检查。检查方法:观察
4	花苗、地被、绿篱及模纹色块植物		株型苗壮,根系基础良好,无伤苗、茎、叶无污染,病虫害危害程度不超过植株的5%~10%	检查数量:按数量抽查10%,10株为1点,不少于5点。≤50株应全数检查。检查方法:观察
5	整形景观树		姿态独特、质朴古拙,株高不小于150cm,多干式桩景的叶片托盘不少于7~9个,土球完整	检查数量:全数检查。检查方法:观察、尺量

植物材料外观质量要求和检验方法   表4.3.3

3.原因分析

选苗时未按照设计要求进行选择,选择的苗木质量差,选了老苗或僵苗。

4.预防措施

苗木种植前应进行选苗,选择植株健康、根系发达、生长健壮、无病虫害、符合设计要求的苗木。

具体质量要求:

(1)乔木:主干挺拔,分叉点符合要求,三到五分枝,分布均匀,无偏冠,树冠茂盛,针叶树树冠紧密、层次清晰、分枝点低。根系发育良好,无损伤,土球符合规范要求。

(2)花灌木:高度适宜,枝条茂盛,树冠浑厚,根系发达。

(3)绿篱:丛生,枝条耐修剪,萌发力强,根系发育良好。

(4)块茎、球根花卉:完整、苗壮,至少有两个以上幼芽。

5.治理措施

(1)对景观效果差的苗木,经设计确认,仍能满足设计效果的,按降低规格标准进行验收。

(2)对景观效果差的苗木,经设计确认,不能满足设计效果的,按退场处理,重新更换符合设计效果的苗木进行种植。

371

第43章 种植工程

43.1 苗木种植

43.1.1 种植放样与设计图不符

1. 现象

苗木种植位置与设计图不符,严重偏离设计要求。

2. 规范规定

《园林绿化工程施工及验收规范》CJJ 82-2012:

3.0.2 施工单位应熟悉图纸,掌握设计意图与要求,应参加设计交底,并应符合下列规定:

1 施工单位对施工图中出现的差错、疑问,应提出书面建议,如需变更设计,应按照相应程序报审,经相关单位签证后实施。

3.0.3 施工单位进场后,应组织施工人员熟悉工程合同及与施工项目有关的技术标准。了解现场的地上地下障碍物、管网、地形地貌、土质、控制桩点设置、红线范围、周边情况及现场水源、水质、电源、交通情况。

3.0.4 施工测量应符合下列要求:

1 应按照园林绿化工程总平面或根据建设单位提供的现场高程控制点及坐标控制点,建立工程测量控制网。

2 各个单位工程应根据监理的工程测量控制网进行测量放线。

3 施工测量时,施工单位应进行自检、互检双复核,监理单位应进行复测。

4 对原高程控制点及控制坐标应设保护措施。

4.2.1 栽植穴、槽挖掘前,应向有关单位了解地下管线和隐藏物埋设情况。

4.2.2 树木与地下管线外缘及树木与其他设施的最小平水距离,应符合相应的绿化规划与设计规定。

4.2.3 栽植穴、槽的定点放线应符合下列规定:

1 栽植穴、槽定点放线应符合设计图纸要求,位置准确,标记明显。

2 栽植穴定点时应标明中心点位置。栽植槽应标明边线。

3 定点标志应标明树种名称(或代号)、规格。

4 树木定点遇有障碍物时,应与设计单位取得联系,进行适当调整。

3. 原因分析

(1)施工人员对设计意图不理解,施工没有达到设计要求。

(2)施工人员在施工前没有踏勘现场,因现场与图纸有差异而造成放样偏差。

(3)没有按正确的基准点或基准线或特征线进行放样,造成放样偏差。

4. 预防措施

（1）设计

施工人员要理解设计意图。设计单位应对甲方、监理、施工单位进行全面而详细的技术交底,设计人员应向施工人员详细介绍设计意图,以及施工中应特别注意的事项,使施工人员在施工放线前对整个绿化设计有一个全面的理解。

（2）施工

1）施工放线必须遵循"由整体到局部,先控制大范围后做细节"的原则,施工人员在施工前要勘查现场,确定施工放线的总体区域,建立施工范围内的测量控制网,了解放线区域的地形,核对设计图纸与现场的差异,确定放样的方法。

2）首先要选择好放线的依据,确定好基准点或基准线或特征线,同时要了解测定标高的依据,如果需要把某些地物点作为控制点时,应检查这些点在图纸上的位置与实际位置是否相符,如果不相符,应对图纸位置进行修整,如果不具备这些条件,则须与设计单位研究,确定一些固定的参照物作为定点放线的依据,测定的控制点应以立桩作好标记。

3）对于主要景点及景观带的放样,应根据树形及造景需要,确定每棵树的具体位置。

5. 治理措施

（1）按设计图位置重新种植。

（2）放样过程中如发现现场与设计图有出入或有障碍物无法按设计位置种植,与设计单位联系,对设计图进行调整。

43.1.2 苗木种植不符合规范要求

1. 现象

施工单位在栽种时,没有按照施工规范和施工组织设计实施,随心所欲,导致设计景观效果无法体现。

2. 规范规定

《园林绿化工程施工及验收规范》CJJ 82 - 2012:

3.0.1 施工单位应依据合同约定,对园林绿化工程进行施工和管理,并应符合下列规定:

1 施工单位及人员应具备相应的资格、资质。

2 施工单位应建立技术、质量、安全生产、文明施工等各项规章管理制度。

3 施工单位应根据工程类别、规模、技术复杂程度,配备满足施工需要的常规检测设备和工具。

3.0.2 施工单位应熟悉图纸,掌握设计意图与要求,应参加设计交底,并应符合下列规定:

2 施工单位应编制施工组织设计(施工方案),应在工程开工前完成并与开工申请报告一并报予建设单位和监理单位。

3. 原因分析

（1）施工单位没有严格按相关规范和施工组织设计要求进行种植。

（2）施工单位的专业管理人员业务能力较差现场施工人员的专业知识缺乏。

（3）监理和甲方现场管理人员没有严格监督,致使施工单位偷工减料。

4. 预防措施

（1）要求施工单位有合理的施工组织设计,并严格按施工组织设计和相关规范要求进行种植。

（2）要求施工单位配备有经验的管理人员并提高施工人员的专业知识。

（3）监理和甲方有关管理人员应加强对施工单位的监督管理工作。

5.治理措施

（1）对施工单位违反规范要求和施工组织设计的行为进行制止。

（2）要求施工单位改正违反规范的行为。

（3）要求施工单位对违反规范施工部分进行整改。

43.1.3 倾倒或倒伏

1.现象

苗木种植后,发生倾倒或倒伏(图43-1)。

图43-1　倾倒或倒伏

2.规范规定

《园林绿化工程施工及验收规范》CJJ 82-2012:

4.6.3 树木支撑应符合下列规定:

1 应根据立地条件和树木规格进行三角支撑、四柱支撑、联排支撑及软牵拉。

2 支撑物的支柱应埋入土中不少于30cm,支撑物、牵拉物与地面连接点的链接应牢固。

3 连接树木的支撑点应在树木主干上,其连接处应称软垫,并绑缚牢固。

4 支撑物、牵拉物的强度能够保证支撑有效;用软牵拉固定时,应设置警示标志。

5 针叶常绿树的支撑高度应不低于树木主干的2/3,落叶树支撑高度为树木主干高度的1/2。

6 同规格同树种的支撑物、牵拉物的长度、支撑角度、绑缚形式以及支撑材料宜统一。

3.原因分析

（1）苗木种植时,覆土未捣实,根系与覆土不密实,风吹后植株出现倾斜。

（2）苗木在起挖前后,树冠未经合理修剪,使植株树冠过大,形成头重脚轻的现象,受风吹后易产生倾斜。

（3）苗木在种植过程中,种植深度不符合要求,太浅,使根系与土壤不密实,受风吹后易产生倾斜。

4.预防措施

（1）带土球苗木种植时，将土球放置在树穴的填土面上，然后从树穴边缘向土球四周培土，分层回填，分层捣实，使根系与土壤密实，培土高度到土球深度2/3处浇足水，水分渗透后整平。如有泥土下沉现象，三天内补填种植土，再浇水整平；裸根苗木种植，先在树穴内回填适当厚度的种植土，将根系舒展在树穴内，然后均匀培土，将树干扶正后分层培土，分层捣实，沿树穴边缘施做围堰，浇足水，以水分不向下渗透为止。

（2）使用钢管、杉木等硬质支撑，采用扁担撑、十字撑、三角撑等方法对种植的苗木进行支撑。

（3）挖种植穴、槽的大小、深度，应根据苗木根系、土球直径和土壤情况而定，需符合规定。

5.治理措施

（1）已发生倾倒或倒伏的苗木，按规范要求重新种植，做好支撑。

（2）未发生倾倒或倒伏的苗木，没有支撑的，及时做好支撑，有支撑的进行加固。

（3）按规范要求对苗木进行适当的修剪。

43.1.4 种植位置不当

1.现象

苗木种植在道路路口、转弯处，影响行人、车辆通行（图43-2）。

图43-2　种植位置不当

2.规范规定

《城市道路绿化规划与设计规范》CJJ 75-1997：

4.2.2 行道树定植株距，应以其树种壮年期冠幅为准，最小种植株距应为4m。行道树树干中心至路缘石外侧最小距离宜为0.75m。

4.2.4 在道路交叉口视距三角形范围内，行道树绿带应采用通透式配置。

5.1.2 中心岛绿地应保持各路口之间的行车视线通透，布置成装饰绿地。

5.3.2 停车场种植的庇荫乔木可选择行道树种。其树木枝下高度应符合停车位净高度的规定：小型汽车为2.5m；中型汽车为3.5m；载货汽车为4.5m。

3.原因分析

设计阶段，设计人员未按照规范要求进行设计，忽略了苗木对周围交通环境的影响。

4.预防措施

（1）设计单位严格按规范要求进行设计。

（2）在设计交底前，施工管理的相关人员应仔细阅读图纸，对图纸不明确或不合理的内容作出系统整理，分项列出问题清单，预先交给设计人员。在交底完成后，设计人员可按照问题清单作图纸答疑，通过答疑，能进一步促进设计与施工的协调沟通，为提升工程实施效果打好基础。

5. 治理措施

（1）影响行人、车辆通行的苗木，请设计重新确定位置种植。

（2）原位置如需种植苗木，请设计重新确定品种、规格，已不影响交通为前提。

43.1.5 造型树配置位置不当

1. 现象

造型树种植的位置不恰当，虽然与设计图相符，但与周围环境不协调，无法体现造型树的景观效果（图 43 - 3）。

图 43 - 3　造型树位置不当

2. 规范规定

《园林绿化工程施工及验收规范》CJJ 82 - 2012：

4.7.2 大树移植的准备工作应符合下列规定：

1 移植前应对移植的大树生长、立地条件、周围环境等进行调查研究，制定技术方案和安全措施。

2 准备移植所需机械、运输设备和大型工具必须完好，确保操作安全。

3 移植的大树不得有明显的病虫害和机械损伤，应具有较好观赏面。支柱健壮、生长正常的树木，并具备起重及运输机械等设备能正常工作的现场条件。

4 选定的移植大树，应在树干南侧做出明显标识，表明树木的阴、阳面及出土线。

5 移植大树可在移植前分期断根、修剪，做好移植准备。

3. 原因分析

（1）设计人员在造型树种植时，没有到现场实地考察，未考虑周围环境的整体效果。

（2）施工单位在种植造型树时，死板教条，未考虑实际效果就按图纸位置种植，也未请设计人员到现场调整。

4. 预防措施

造型树进场后，应请设计人员到场，根据现场实际情况，确定种植位置，使造型树与周围环境融为一体，达到最佳的景观效果。

5. 治理措施

（1）已种植的造型树与周围环境突兀，不协调时，应请设计人员到现场考察实地环境，重新确定种植位置、方向。

（2）重新种植造型树时，应根据规范要求进行挖掘、起吊、运输、种植，土球应适当放大，并重点养护。

43.1.6 黄土裸露

1. 现象

（1）灌木种植稀疏，黄土裸露（图43-4）。

（2）路边直接起坡，灌木种到路边，无法挡土，雨天会引起地表径流，污染环境（图43-5）。

（3）宿根花卉、草花等种植区块未采用常绿地被覆盖，冬季凋零，造成黄土朝天（图43-6）。

图43-4　黄土裸露（一）　　　图43-5　黄土裸露（二）　　　图43-6　黄土裸露（三）

2. 规范规定

《园林绿化工程施工及验收规范》CJJ 82-2012：

4.8.5　草坪和草本地被的播种、分栽，草块、草卷铺设及运动场草坪成坪后应符合下列规定：

1 成坪后覆盖度应不低于95%。

2 单块裸露面积应不大于25cm²。

4.9.2　花卉栽植应符合下列规定：

1 花苗的品种、规格、栽植放样、栽植密度、栽植团均应符合设计要求。

3 株行距应均匀，高低搭配应恰当。

5 花苗应覆盖地面，成活率不低于95%。

3. 原因分析

（1）设计人员经验不足，对细节考虑不充分。现场管理人员不重视，对设计中存在的明显缺陷听之任之，未及时与设计单位联系，进行调整。

（2）设计人员在选择苗木时，品种过于单调，未考虑四季的综合效果。

（3）设计单位设计时没有对苗木规格进行详细的规定。

（4）施工单位采购的苗木，其规格、形状不符合设计要求。

（5）施工单位种植时没有按设计要求密度和苗木本身的特性（如植株高低、分蘖多少、冠丛）来种植。

4. 预防措施

（1）设计

1）加强设计阶段的质量控制，图纸审核时及早发现缺陷，及时调整。

2）设计人员应综合考虑，常绿与落叶植被相结合，保证四季都有景观效果。

3）设计单位设计时应详细、严格制定好苗木规格及每平方米种植株数要求的规定。

（2）材料

施工单位应严格按设计要求采购苗木，规格、形状需达到设计要求。

（3）施工

1）施工过程中，现场管理人员发现问题后及时与设计单位联系，加强沟通，及时调整设计。

2）种植时，植株行距应按设计要求和植株高低、分蘖多少、冠丛大小的特性来种植，以种植完成后不露黄土为宜。

5. 治理措施

（1）选择规格、形状符合设计要求的植株种植。

（2）适当增加种植密度。

（3）沿路边加设收水沟或增铺草坪带。

（4）补种常绿地被。

43.1.7 草坪不平整

1. 现象

草坪高低不平，下雨或浇水后有积水。

2. 规范规定

《园林绿化工程施工及验收规范》CJJ 82 – 2012：

4.8.3 铺设草块、草卷应符合下列规定：

4 草卷、草块铺设前应先浇水地细整找平，不得有低洼处。

5 草地排水泡坡度适当，不应有坑洼积水。

6 铺设草卷、草块应相互衔接不留缝，高度一致，间铺缝隙应均匀，并填以栽植土。

7 草块、草卷在铺设后应进行滚压或拍打与土壤密切接触。

3. 原因分析

（1）草坪在种植或铺设前，地坪没有整理平整。

（2）草坪在种植或铺设完成，浇水后没有整平。

（3）浇水后，有行人上草坪践踏。

4. 预防措施

（1）在种植草坪前，应对地坪进行深翻，深度应大于20cm，并清除土壤中的杂草根、砖块、石头等杂物，大于5cm的土块要敲碎。

（2）平整好的地坪要带有3%～10%的排水坡度。

5. 治理措施

（1）草坪种植或铺设完成后，应覆0.5～1cm的疏松土，并充分碾压、浇水，保持湿润，在草生根前不可践踏。

（2）在起伏明显的区域，将草坪掀起，把场地重新平整后，再铺设草坪。

43.2　苗木生长

43.2.1 叶片萎蔫

1. 现象

叶片萎蔫分为两种情况:一是进场种植时就已经发生萎蔫;二是种植后发生萎蔫。

2. 规范规定

《园林绿化工程施工及验收规范》CJJ 82－2012:

　　4.2.4 栽植穴、槽的直径应大于土球或裸根苗木根系展幅40~60cm,穴深宜为穴径的3/4~4/5。穴、槽应垂直下挖,上口下底应相等。

　　4.2.5 栽植穴、槽挖出的表层土和底土应分别堆放,底部应施基肥并回填表土或改良土。

　　4.2.6 栽植槽底部遇有不透水层或重黏土层时,应进行疏松或采取排水措施。

　　4.2.7 土壤干燥时应于栽植前灌水浸穴、槽。

　　4.2.8 当土壤密实度大于1.35g/cm³或渗透系数小于10^{-4}cm/s时,应采取扩大树穴、疏松土壤等措施。

　　4.4.2 苗木运输量应根据现场栽植量确定,苗木运到现场后应及时栽植。确保当天栽植完毕。

　　4.4.4 裸根苗木运输时,应进行覆盖,保持根部湿润。装车、运输、卸车时应不得损伤苗木。

　　4.4.5 带土球苗木装车和运输时排列顺序应合理,捆绑稳固,卸车时应轻取轻放,不得损伤苗木及散球。

　　4.4.6 苗木运到现场,当天不能栽植的应及时进行假植。

　　4.4.7 苗木假植应符合下列规定:

　　1 裸根苗可在栽植现场附近选择适合地点,根据根幅大小,挖假植沟假植。假植时间较长时,根系应用湿土埋严,不得透风,根系不得失水。

　　2 带土球苗木假植,可将苗木码放整齐,土球四周培土,喷水保持土球湿润。

3. 原因分析

(1)苗木从起苗到种植持续时间太长,植株大量失水。

(2)苗木在运输过程中未做好防护措施,由于高温、大风、阳光照射等,造成叶片蒸腾量增加,叶片失水过多。

(3)种植时,根系与土壤间有空隙,不密实,浇水后根系无法吸收到水分。

(4)种植后,头遍水未浇透,根系失水。

(5)苗木在挖掘前未合理修剪,疏枝疏叶不到位,根冠比失调,造成叶片蒸腾量过大。

(6)苗木在起苗时,土球未包扎紧实,造成土球松散,使根系失水。

(7)苗木种植后,未采取遮阳等措施,遇到高温、大风、阳光照射强度高,造成蒸腾量过大。

4. 预防措施

(1)坚持"随挖、随运、随种"的原则,保证挖、运、种的各个环节严格按规范操作,缩短起苗到种植的时间。苗木进场后及时种植,不具备种植条件时,对裸根苗木进行假植或培土,对带土球苗木用湿润草帘覆盖土球。

(2)起苗前,对苗木进行适度修剪,协调根冠比。

(3)严格按照规范要求开挖苗木土球,包扎结实可靠,土球底部直径大于直径的1/3。

(4)选择阴天、风小、温度适宜的天气运输苗木,减小运输中的蒸腾量,保持裸根苗木根部湿润。

5. 治理措施

(1)带土球苗木种植时,将土球放置在树穴的填土面上,然后从树穴边缘向土球四周培土,分层回填,分层捣实,使根系与土壤密实,培土高度到土球深度2/3处浇足水,水分渗透后整平。如有泥土下沉现象,三天内补填种植土,再浇水整平;裸根苗木种植,先在树穴内回填适当厚度的种植土,将根系舒展在树穴内,然后均匀培土,将树干扶正后分层培土,分层捣实,沿树穴边缘施做围堰,浇足水,以水分不向下渗透为止。

(2)苗木种植后,如遇高温,阳光照射强度高,使苗木蒸腾量大时,应采取疏枝疏叶、搭棚遮阳、叶面喷雾保湿、根部浇水等措施。

(3)当苗木种植后几天内,如发生整株叶片萎蔫的现象,可能是由于种植时覆土未捣实,因此需重新种植,将树坑的覆土从表层逐层挖出堆于坑侧,挖至土球的2/3处,捣实,再逐层培土,分层捣实。

(4)由于头遍水没有浇透,而造成叶片萎蔫时,则应及时补水,即在树坑周围做一围堰,浇足水,以水分不再渗透为止。

43.2.2 叶片枯焦

1. 现象

叶片上有焦黄色枯斑,叶片容易脱落。

2. 规范规定

《园林绿化工程施工及验收规范》CJJ 82－2012:

4.5.1 苗木栽植前的修剪应根据各地自然条件,推广以抗蒸腾剂为主体的免修剪栽植技术或采取以疏枝为主,适度轻剪,保持树体地上、地下部位生长平衡。

4.5.4 苗木修剪应符合下列规定:

1 苗木修剪整形应符合设计要求,当无要求时,修剪整形应保持原树形。

2 苗木应无损伤断枝、枯枝、严重病虫枝等。

3 落叶树木的枝条应从基部剪除,不留木橛,剪口平滑,不得劈裂。

4 枝条短截时应留外芽,剪口应距留芽位置上方0.5cm。

5 修剪直径2cm以上大枝及粗根时,截口应肖平应涂防腐剂。

4.5.5 非栽植季节栽植落叶树木,应根据不同树种的特性,保持树型,宜适当增加修剪量,可剪去枝条的1/2～1/3。

3. 原因分析

(1)苗木在起挖过程中,使用工具不当或开挖方式不对,对根部造成破坏,产生劈裂或拉断,使得根部吸水能力下降。

(2)苗木种植时,根部与覆土间有空隙,未捣实,浇水后根部无法吸收水分或吸收水分不均匀而形成。

(3)种植土基肥过多,导致土壤渗透压变大,水势变低,苗木吸水困难,严重时苗体内水分倒流入土壤,形成烧苗。

4. 预防措施

(1)坚持"随挖、随运、随种"的原则,保证挖、运、种的各个环节严格按规范操作,缩短起苗到种植的时间。苗木进场后及时种植,不具备种植条件时,对裸根苗木进行假植或培土,对带土球苗木用湿润草帘覆盖土球。

(2)起苗前,对苗木进行适度修剪,协调根冠比。

(3)在起苗时,选择合理的工具,如锋利的铁锹、锯子、剪枝剪等,直径大于 3cm 的主根要用锯子锯断,小根用剪枝剪剪断。

(4)严格按照规范要求开挖苗木土球,包扎结实可靠,土球底部直径大于直径的 1/3。

(5)选择阴天、风小、温度适宜的天气运输苗木,减小运输中的蒸腾量,保持裸根苗木根部湿润。

(6)准备种植土时,合理施作基肥,基肥要充分腐熟。

5. 治理措施

同"43.2.1 叶片萎蔫治理措施"。

43.2.3 发芽后萎蔫死亡

1. 现象

植株在种植后已发芽,开始抽枝展叶后发生叶片萎蔫或整株死亡。

2. 规范规定

《园林绿化工程施工及验收规范》CJJ 82－2012:

4.6.2 树木浇灌水应符合下列规定:

1 树木栽植后应在栽植穴直径周围筑高 10～20cm 围堰,堰应筑实。

2 浇灌树木水质应符合现行国家标准《农田灌溉水质标准》GB 5084 的规定。

3 浇水时应在穴中放置缓冲垫。

4 每次浇灌水量应满足植物成活及需要。

5 新栽树木应在浇透水后及时封堰,以后根据当地情况及时补水。

6 对浇水后出现树木倾斜,应及时扶正,并加以固定。

4.6.4 非种植季节进行树木栽植时,应根据不同情况采取下列措施:

4 夏季可采取遮荫、树木裹干保湿、树冠喷雾或喷施抗蒸腾剂,较少水分蒸发;冬季应采取防风防寒措施。

5 掘苗时根部可喷布促进生根激素,栽植时可加施保水剂,栽植后树体可注射营养剂。

6 苗木栽植宜在阴雨或傍晚进行。

4.6.5 干旱地区或干旱季节,树木栽植应大力推广抗蒸腾剂、防腐促根、免修剪、营养液滴注等新技术。采用土球苗,加强水分管理措施。

3. 原因分析

（1）苗木种植时，覆土未捣实，根系与土壤不密实，浇水后根系吸收水分不充足而形成。

（2）苗木种植后，在抽枝展叶后，浇水养护不及时，使树木失水而形成。

（3）在苗木起挖过程中，土球大小不符合规定要求，如过小会造成根冠比失衡，使地上部分水分蒸腾量过大而形成。

（4）在苗木起挖过程中，土球包扎不结实，运输过程中造成土球松散，使根系失水而形成。

4. 预防措施

（1）材料

1）在苗木起挖过程中，土球规格应符合规定要求，对树形进行适度修剪，使根冠比协调。

2）在苗木起挖过程中，土球包扎要结实牢固。

（2）施工

1）在苗木种植过程中，应将覆土分层捣实，使根系与土壤密实，培土高度到土球深度的2/3 时，浇足水，水分渗透后整平。

2）苗木种植后，在抽枝展叶后，应及时进行浇水养护，保证苗木生长所需的水分。

5. 治理措施

（1）发生萎蔫的植株需重新种植，将树坑的覆土从表层逐层挖出堆于坑侧，挖至土球的2/3 处，捣实，再逐层培土，分层捣实。

（2）已死亡的植株，必须清除，重新种植同品种、同规格的苗木。

（3）加强养护管理工作，特别是水肥管理，确保不再有植株因缺水死亡。

第 44 章　养护管理

44.1　长势差

44.1.1 植株不发芽

1. 现象

植株在种植后一直不发芽，也不抽枝展叶。

2. 规范规定

《园林绿化工程施工及验收规范》CJJ 82－2012：

4.6.4 非种植季节进行树木栽植时，应根据不同情况采取下列措施：

1 苗木可提供环状断根进行处理或在适宜季节起苗，用容器假植，带土球栽植。

2 落叶乔木、灌木类应进行适当修剪并应保持原树冠形态，剪除部分侧枝，保留的侧枝应进行短截，并适当加大土球体积。

3 可摘叶的应摘去部分叶片，但不得伤害幼芽。

4.7.5 大树移栽时应符合下列规定：

6 栽植回填土壤应用种植土，肥料应充分腐熟，加上混合均匀，回填土应分层捣实、培土高度恰当。

7 大树栽植后设立支撑应牢固，并进行裹干保湿，栽植后应及时浇水。

8 大树栽植后,应对新植树木进行细致的养护和管理,应配备专职技术人员做好修剪、剥芽、喷雾、叶面施肥、浇水、排水、搭荫棚、包裹树干、设置风障、防台风、防寒和病虫害防治等管理工作。

3. 原因分析

(1)苗木从开挖到种植持续时间太长,根系失水。

(2)苗木在运输过程中,顶芽损伤。

(3)苗木种植时,根部与土壤有空隙,覆土不密实,浇水后根系无法吸收到水分。

(4)苗木种植后,头遍水未浇透,根系失水。

(5)在起苗时,土球包扎不结实,运输时造成土球松散,使根系失水。

4. 预防措施

(1)坚持"随挖、随运、随种"的原则,保证挖、运、种的各个环节严格按规范操作,缩短起苗到种植的时间。苗木进场后及时种植,不具备种植条件时,对裸根苗木进行假植或培土,对带土球苗木用湿润草帘覆盖土球。

(2)严格按照规范要求开挖苗木土球,包扎结实可靠,土球底部直径大于直径的1/3。

(3)带土球苗木种植时,将土球放置在树穴的填土面上,然后从树穴边缘向土球四周培土,分层回填,分层捣实,使根系与土壤密实,培土高度到土球深度2/3处浇足水,水分渗透后整平。如有泥土下沉现象,三天内补填种植土,再浇水整平;裸根苗木种植,先在树穴内回填适当厚度的种植土,将根系舒展在树穴内,然后均匀培土,将树干扶正后分层培土,分层捣实,沿树穴边缘施做围堰,浇足水,以水分不向下渗透为止。

5. 治理措施

苗木从种植到发芽要持续一段时间,如发现不发芽,再采取措施往往已无效果,需按同品种、同规格更换植株。

44.1.2 草坪长势不良

1. 现象

草坪长势不良,杂草丛生。

2. 规范规定

《园林绿化工程施工及验收规范》CJJ 82-2012:

4.8.1 草坪和草本地被播种应符合下列规定:

1 应选择适合本地的优良种子;草坪、草本地被种子纯度应达到95%以上;冷地型草坪种子发芽率应达到85%以上,暖季型草坪种子发芽率应达到70%以上。

2 播种前应做发芽试验和催芽处理,确定合理的播种量,不同草种的播种量可按照表4.8.1进行播种。

3 播种前应对种子进行消毒,杀菌。

4 整地前应进行土壤处理,防治地下害虫。

5 播种时应先浇水浸地,保持土壤湿润,并将表层土搂细耙平,坡度应达到0.3%~0.5%并轻压。

6 用等量沙土与种子拌匀进行散播,播种后应均匀覆细土0.3~0.5cm并轻压。

不同草种播种量			表4.8.1
草坪种类	精细播种量（g/m²）	粗放播种量（g/m²）
剪股颖	3~5	5~8
早熟禾	8~10	10~15
多年生黑麦草	25~30	30~40
高羊茅	20~25	25~35
羊胡子草	7~10	10~15
结缕草	8~10	10~15
狗牙根	15~20	20~25

7 播种后应及时喷水，种子萌发前，干旱地区应每天喷水1~2次，水点宜细密均匀，浸透土层8~10cm，保持土表湿润，不应有积水，出苗后可减少喷水次数，土壤一见湿见干。

8 混播草坪应符合下列规定：

1) 混播草坪的草种及配合比应符合设计要求；

2) 混播草坪应符合互补原则，草种叶色相近，融合性强；

3) 播种时宜单个品种一次单独散播，应保持各草种分布均匀。

3. 原因分析

（1）由于草坪被病菌、害虫感染，使草坪长势变弱，叶片逐渐枯萎，甚至死亡。

（2）由于环境条件、气候状况不良，平时水肥管理不当，造成草坪叶片枯萎，当气候适宜时，又恢复生长。

（3）草坪种植时，草皮中杂草含量大，生长过程中，杂草的生存能力、生长速度超过草坪。

4. 预防措施

（1）材料

草坪进场前，进行检疫，防止带有病虫害的草坪种植。

（2）施工

1) 加强水肥管理，增强长势，提高对环境的适应能力。

2) 生长季节，经常对草坪进行修剪，保证其生长势。

5. 治理措施

（1）气温高时，早晚对草坪进行浇水。

（2）发现病株及时销毁，并对土壤进行消毒。

（3）杂草防治，综合治理，选择合适的除草剂，提高对杂草的杀伤率。

44.2 病虫害

44.2.1 伤口腐烂

1. 现象

植株在种植过程中形成的伤口未及时处理，体内水分损失，造成伤口附近的枝条逐渐腐烂，最后枯死（图44-1）。

图44-1 伤口腐烂

2. 规范规定

3. 原因分析

因冬春修剪、机械损伤、人畜损伤、装卸过程中操作不规范、冻害、风害等造成苗木不同程度的损伤,由于不及时保护和修补,经过雨水的侵蚀和病菌的寄生,逐渐腐烂。

4. 预防措施

尽量减少和避免修剪、机械损伤及人畜对树木的损伤,出现伤口时要及时涂刷保护剂或蜡,以防止病菌侵入,并清除重病株,以减少病源。

5. 治理措施

(1)枝杆出现伤口或腐烂等情况时,在发病初期,应及时用快刀刮除病部的树皮,深度达到木质部,最好刮到健康部位,刮后用毛刷均匀涂刷75%的酒精或1%~3%的高锰酸钾液,也可涂刷碘酒杀菌消毒,然后涂蜡或保护剂使伤口早日愈合。

(2)有的苗木枝杆受吉丁虫、天牛危害留下许多虫孔,并有排泄物,可用快刀把被害处的树皮刮掉,灭绝虫害,并在被刮处涂上相应的杀虫剂和保护剂。

(3)捆扎绑吊。对被大风吹裂或折伤较轻的枝干,可把半劈裂枝条吊起或顶起,恢复原状,清理伤后,用绳或铁丝捆紧或用木板套住捆扎,使裂口密合无缝,外面用塑料薄膜包严,半年后可解绑。

(4)树洞修补。当伤口已成树洞时,应及时修补,以防树洞继续扩大,先将洞内腐烂部分彻底清除,去掉洞口边缘的坏死组织,用药消毒,并用水泥和小石料按1:3的比例混合后填充。对小树洞可用木桩填平或用沥青混以30%的锯末堵塞,也有良好的效果。

44.2.2 叶片变色

1. 现象

植株整株叶片变色、黄化。

2. 规范规定

《园林绿化工程施工及验收规范》CJJ 82-2012:

4.15.2 绿化栽植工程应编制养护管理计划,并按计划认真组织实施,养护计划应包括下列内容:

1 根据植物习性和墒情及时浇水。

2 结合中耕除草,平整树台。

3 加强病虫害观测,控制突发性病虫害发生,主要病虫害防治应及时。

4 根据植物生长情况应及时追肥、施肥。

5 树木应及时剥芽、去蘖、疏枝整形。草坪应适时进行修剪。

6 花坛、花境应及时清除残花败叶,植株生长健壮。

7 绿地应保持整洁;做好维护管理工作,及时清理枯枝、落叶、杂草、垃圾。

8 对树木应加强支撑绑扎及裹干措施,做好防强风、干热、洪涝、越冬防寒等工作。

3. 原因分析

(1)营养缺乏,土壤中缺少苗木所需的营养元素,根系无法吸收到,使叶片变色或黄化。

(2)大气污染,当空气中 SO_2、氟化物等污染物集中长期存在,对这些污染物敏感的苗木就会产生这些受害的症状。

(3)环境不适宜,温度过高或过低,湿度过大或过小,造成苗木生长不良或死亡。

(4)使用化学药剂时,药剂品种、用量、操作不当造成苗木伤害。

(5)由于病菌、害虫侵袭,未及时防治,造成苗木损伤。

4. 预防措施

(1)材料

1)选择对大气污染物有较高抗性的苗木种植。

2)加强对苗木的检疫,防止带有病菌、虫害的植株进场种植。

(2)施工

1)苗木种植前,土壤中施基肥,种植后在养护期间追肥。

2)定期对养护工具进行消毒,避免工具传毒。

5. 治理措施

(1)针对不同的苗木,不同的病虫害,选择适当的药物,合理的浓度进行喷洒。

(2)夏季搭设遮阳设施,对树冠、叶片喷水,降温增湿。冬季在树干上包扎草绳薄膜,对树干进行涂白。

(3)加强养护期间的栽培管理,增强树势,合理修剪,增加植株的通风透光性。

(4)注意土壤的排水,控制土壤含水量。